普通高等教育
软件工程 "十三五" 规划教材

13th Five-Year Plan Textbooks
of Software Engineering

安徽省高等学校
一流本科教材建设项目

Java 编程
从入门到精通

胡平 刘涛 ◎ 主编

姜飞 许荣泉 ◎ 副主编

人民邮电出版社

北京

图书在版编目（CIP）数据

Java编程从入门到精通 / 胡平，刘涛主编. -- 北京：
人民邮电出版社，2020.2
　　普通高等教育软件工程"十三五"规划教材
　　ISBN 978-7-115-52693-9

Ⅰ. ①J… Ⅱ. ①胡… ②刘… Ⅲ. ①JAVA语言—程序
设计—高等学校—教材 Ⅳ. ①TP312.8

中国版本图书馆CIP数据核字(2019)第274254号

内 容 提 要

　　本书立足于新工科和工程教育，从工程应用和实践者的视角，全面系统地介绍了目前在工业界中使用最为广泛的 JDK 8 的全部核心知识。全书共 14 章，主要内容包括 Java 概述，基本类型与运算符，程序流程控制，数组，类与对象，抽象类、接口与嵌套类，GUI 编程，Swing 高级组件，异常与处理，I/O 流与文件，多线程与并发，容器框架与泛型，字符串与正则表达式，反射与注解。

　　本书可作为普通高等院校、高职院校计算机及相关专业的教材，也可作为 Java 爱好者、程序开发人员的参考书。

◆ 主　　编　胡　平　刘　涛
　　副主编　姜　飞　许荣泉
　　责任编辑　许金霞
　　责任印制　王　郁　陈　犇

◆ 人民邮电出版社出版发行　　北京市丰台区成寿寺路 11 号
　　邮编　100164　　电子邮件　315@ptpress.com.cn
　　网址　http://www.ptpress.com.cn
　　北京建宏印刷有限公司印刷

◆ 开本：787×1092　1/16
　　印张：24.5　　　　　　　　　　2020 年 2 月第 1 版
　　字数：645 千字　　　　　　　2025 年 1 月北京第 7 次印刷

定价：69.80 元

读者服务热线：(010)81055256　　印装质量热线：(010)81055316
反盗版热线：(010)81055315
广告经营许可证：京东市监广登字 20170147 号

前　言

作为发展速度最快、最为开放的面向对象编程语言，Java 已成为网络环境下软件开发的首选之一。从消费类电子产品到超级计算机，从 Android 智能移动终端应用到企业级分布式计算，Java 技术已经渗透到人们日常生活的方方面面。

本书作者作为具有 18 年 Java 平台下企业级商业项目的设计开发经验以及 14 年高校计算机专业课程教学经验的实践派，常常思考几个问题：为什么计算机相关专业的很多毕业生在毕业前会报名参加一些社会机构组织的、价格不菲的 Java 技术培训（事实上，培训的大多内容完全可以通过自学完成）？为什么很多毕业生在求职面试时，对用人单位问及的一些主流技术和框架完全不熟悉甚至未曾听过？原因之一是一些 Java 基础教材在组织内容时仅停留在知识点本身——学院派味道十足，未能形成完整的、贴近企业真实技术需求的知识体系，从而导致学生在课程结束之后，要么不知道应继续学习哪些可用于企业实际开发的知识，要么因基础不够扎实而不具备自主学习这些知识的能力。

本书主要定位于高等学校计算机学科相关专业的 Java 语言程序设计课程，同时对于从事 Java 平台下软件开发的企业技术人员同样适用。无论是行文风格，还是知识点扩展，本书均以提升读者的工程实践能力为目标。相对于同类教材，本书具有以下特色。

1. 立足新工科和工程教育，从实践者视角构建内容体系

当前，全国很多高校正在大力推进新工科建设，一些专业也在积极准备工程教育认证，如何培养具备扎实的工程应用能力和一定创新能力的新型工程技术人才，是每个教材编写者必须面对和思考的问题。

本书立足于新工科和工程教育，从工程应用和实践者的视角，系统介绍了目前在工业界中使用最为广泛的 JDK 8 的全部核心知识。全书共包含 150 个示例程序、16 个案例实践、14 次习题练习，对于正文中需要进一步解释和延伸的内容，本书都给出了相应的脚注。此外，本书还专门以附录形式给出了主流 IDE 的使用、API 文档和源码查阅、编程规范与最佳实践、Java 全栈工程师学习路线等带有强烈工业色彩的内容。

2. 注重核心知识，不追求大而全

Java 不仅仅是一门编程语言，而是语言、平台、架构、标准和规范的总和，这一点可以通过其官方站点的文档所含内容之多得到印证。此外，由于 Java 的发展一直非常活跃——每半年就发布一个 JDK 主版本，因此即使是只针对 Java SE，也几乎不可能将其所有内容在一本书籍中详述殆尽。

本书不追求大而全，而是着重介绍 Java SE 的核心及目前工程实践中经常使用到的知识，使得读者在学习完这些内容后，具备自主、高效学习 Java EE（也包括 Android、大数据）等其他领域知识的能力。

3. 遵循最佳实践，强调惯例和约定的重要性

近年来，随着 Spring、Spring MVC、Struts、MyBatis、Hibernate、Spring Boot、Spring Cloud 等开源框架在分布式企业级项目开发中的广泛使用，在 Java 开发领域流行一句名言——约定优于配置、配置优于编程。惯例和约定不是企业对开发人员制定的可遵循、可不遵循的代码书写规范——遵守惯例和约定是一名优秀的 Java 开发者所必须具备的素质之一。

本书各示例程序和案例实践无论是类、方法、变量的命名，还是代码的组织风格，都遵循 Java 程序员的惯例和约定，其目的就是使读者从一开始就养成良好的编程习惯。此外，为指导实际开发，本书以附录形式给出了较为完整的 Java 编程规范与最佳实践。

4. 深入浅出，在快速入门和参考指南之间合理平衡

学习一种新技术，阅读官方网站提供的文档无疑是较好的方式。通过阅读官方文档中类似于 Quick Start（快速入门）的内容，可以对一种技术有一个概括性的认识——该技术是什么、能做什么，以及该技术的简单示例。若要以该技术开发实际项目，则还需要继续阅读其 Reference/Guide（参考/指南）——与该技术的高级主题相关的文档及最佳实践。相比之下，快速入门类的书籍内容简单，读者通过其中可实践的示例，能够快速掌握一门技术最基本的用法，但其缺点也很明显——很难指导实际项目的开发。而参考/指南类的书籍虽扩展和延伸度都较为深入，但初学者阅读这样的内容，不仅需要花费大量的时间，而且往往会因为没有实际项目经验而不自知地偏离学习主线，因此不适合于初学者。

本书大多知识点以快速入门型的示例程序开始，并在案例实践中做适当扩展后及时回归到知识主线。此外，在罗列相关 API 时也针对企业实际需求有所取舍，以期在快速入门和参考/指南之间找到一个合理的平衡点。此外，为使读者在初学时就知道所学内容在整个 Java 技术栈中所处的位置以及未来选择自身感兴趣的技术方向，本书以附录形式给出了 Java 全栈工程师的学习路线图。

本书由安徽工程大学计算机与信息学院胡平副教授、刘涛教授统筹，全书共分为 14 章，其中，第 4 章由刘涛编写，第 11 章由张义老师编写，第 13 章由汪国武老师编写，第 1 章由宿州学院姜飞副教授编写，第 3 章由巢湖学院许荣泉老师编写，其余各章及附录由胡平编写。参与本书统稿工作的还有邹姗、谷灵康等老师。

因时间仓促加之能力所限，书中难免存在不妥之处，欢迎读者朋友批评指正。

胡平 刘涛

2019 年 10 月

目　录

第1章　Java 概述 ················· 1

1.1　Java 语言的诞生及发展 ········· 1
　　1.1.1　Java 语言的诞生 ··········· 1
　　1.1.2　Java 语言的发展历程 ······· 1
1.2　Java 的特点及地位 ············· 2
　　1.2.1　Java 语言的特点 ··········· 3
　　1.2.2　Java 在主流编程语言中的地位 ····· 4
1.3　Java 平台及版本 ··············· 5
　　1.3.1　JRE 组成 ················· 6
　　1.3.2　版本划分 ················· 6
　　1.3.3　Java 程序的种类 ··········· 7
1.4　JDK 安装及环境配置 ··········· 8
　　1.4.1　本书为何基于 JDK 8 ······· 8
　　1.4.2　JDK 下载与安装 ··········· 9
　　1.4.3　JDK 的目录结构 ·········· 11
　　1.4.4　配置环境变量 ············ 11
1.5　第一个 Java 程序 ············· 14
　　1.5.1　编辑源文件 ·············· 14
　　1.5.2　编译源文件 ·············· 15
　　1.5.3　运行类文件 ·············· 16
1.6　程序错误与调试 ·············· 17
　　1.6.1　语法错误 ················ 17
　　1.6.2　运行时错误 ·············· 18
　　1.6.3　逻辑错误 ················ 18
　　1.6.4　程序调试 ················ 18
习题 ····························· 19

第2章　基本类型与运算符 ····· 20

2.1　标识符 ······················ 21
　　2.1.1　关键字和保留字 ·········· 21
　　2.1.2　用户标识符 ·············· 22
　　2.1.3　命名惯例和约定 ·········· 22
2.2　变量与常量 ·················· 23
　　2.2.1　变量 ···················· 23

　　2.2.2　常量 ···················· 24
2.3　整型 ························· 24
　　2.3.1　整型常量 ················ 25
　　2.3.2　整型变量 ················ 25
2.4　浮点型 ······················ 26
　　2.4.1　浮点型常量 ·············· 26
　　2.4.2　浮点型变量 ·············· 27
2.5　字符型 ······················ 28
　　2.5.1　Unicode 概述 ············ 28
　　2.5.2　字符型常量 ·············· 29
　　2.5.3　字符型变量 ·············· 31
2.6　布尔型 ······················ 31
2.7　类型转换 ···················· 31
　　2.7.1　自动转换 ················ 32
　　2.7.2　强制转换 ················ 32
2.8　基本类型的包装类 ············ 33
　　2.8.1　包装类 ·················· 33
　　2.8.2　包装类的主要方法 ········ 34
　　2.8.3　自动装箱和拆箱 ·········· 35
2.9　运算符与表达式 ·············· 35
　　2.9.1　赋值运算符 ·············· 37
　　2.9.2　算术运算符 ·············· 37
　　2.9.3　关系运算符 ·············· 40
　　2.9.4　条件运算符 ·············· 40
　　2.9.5　逻辑运算符 ·············· 41
　　2.9.6　位运算符 ················ 42
　　2.9.7　表达式 ·················· 43
习题 ····························· 44

第3章　程序流程控制 ·········· 46

3.1　语句及语句块 ················ 46
3.2　分支结构 ···················· 47
　　3.2.1　if 语句 ················· 47
　　3.2.2　if-else 语句 ············ 48
　　3.2.3　if 及 if-else 的嵌套 ····· 49

3.2.4　switch 语句 ············ 50

3.3　循环结构 ··················· 53

3.3.1　while 语句 ············· 53

3.3.2　do-while 语句 ········· 55

3.3.3　for 语句 ··············· 55

3.3.4　break 与 continue 语句 ·· 57

3.3.5　循环的嵌套 ············ 58

3.3.6　带标号的 break 与 continue 语句 ··· 61

3.4　案例实践 1：简单人机交互 ·· 62

习题 ··························· 63

第 4 章　数组 ················· 65

4.1　一维数组 ·················· 65

4.1.1　声明一维数组 ·········· 65

4.1.2　创建一维数组 ·········· 66

4.1.3　访问一维数组 ·········· 67

4.1.4　增强型 for 循环 ········ 68

4.1.5　命令行参数 ············ 69

4.2　案例实践 2：约瑟夫环问题 ·· 70

4.3　二维数组 ·················· 71

4.3.1　声明和创建二维数组 ···· 71

4.3.2　二维数组的存储结构 ···· 72

4.3.3　访问二维数组 ·········· 72

4.4　案例实践 3：K-Means 聚类 ·· 74

习题 ··························· 77

第 5 章　类与对象 ············· 78

5.1　面向对象概述 ·············· 78

5.1.1　产生背景 ·············· 78

5.1.2　相关概念 ·············· 79

5.1.3　基本特性 ·············· 80

5.2　类 ························· 82

5.2.1　类的定义格式 ·········· 82

5.2.2　变量的作用域 ·········· 83

5.3　方法 ······················ 84

5.3.1　方法定义 ·············· 84

5.3.2　return 语句 ············ 85

5.3.3　方法调用 ·············· 86

5.3.4　方法重载 ·············· 87

5.3.5　构造方法 ·············· 88

5.3.6　this 关键字 ············ 91

5.3.7　变长参数方法 ·········· 92

5.3.8　native 方法 ············ 93

5.4　包 ························· 96

5.4.1　包的概念 ·············· 96

5.4.2　package 语句 ·········· 96

5.4.3　import 语句 ············ 97

5.5　常用修饰符 ················ 98

5.5.1　访问权限修饰符 ········ 98

5.5.2　final 和 static ·········· 99

5.6　案例实践 4：单例模式 ····· 102

5.7　对象 ····················· 103

5.7.1　对象的初始化 ········· 103

5.7.2　对象的引用 ··········· 104

5.7.3　栈和堆 ··············· 104

5.7.4　参数传递 ············· 105

5.7.5　垃圾回收 ············· 106

5.8　类的继承 ················· 108

5.8.1　继承的语法与图形化表示 ·· 109

5.8.2　super 关键字 ·········· 110

5.8.3　构造方法的调用顺序 ··· 111

5.8.4　方法重写与运行时多态 ·· 112

5.8.5　对象造型与 instanceof ·· 113

5.8.6　根类 Object ·········· 114

5.8.7　对象的等价性 ········· 115

5.9　枚举 ····················· 117

5.9.1　定义枚举类型 ········· 117

5.9.2　带构造方法的枚举 ····· 118

5.10　案例实践 5：简单工厂模式 ·· 119

习题 ·························· 121

第 6 章　抽象类、接口与嵌套类 ··· 124

6.1　抽象类 ··················· 124

6.1.1　抽象方法 ············· 124

6.1.2　抽象类 ··············· 125

6.2　接口 ····················· 126

6.2.1　声明接口 ············· 126

6.2.2　接口继承接口 ········· 126

6.2.3　类实现接口 ··········· 127

6.2.4　含默认方法的接口 ····· 130

6.3　抽象类与接口的比较·············131

6.3.1　从语法层面·············131

6.3.2　从设计层面·············132

6.4　案例实践6：适配器模式·········133

6.5　嵌套类·····················135

6.5.1　静态嵌套类·············135

6.5.2　内部类·················136

6.5.3　局部内部类·············137

6.5.4　匿名内部类·············138

6.6　函数式接口与 Lambda 表达式···140

6.6.1　函数式接口·············140

6.6.2　Lambda 表达式·········142

6.6.3　方法引用···············144

习题···························146

第 7 章　GUI 编程·············149

7.1　概述·······················149

7.1.1　AWT···················149

7.1.2　Swing··················150

7.1.3　SWT···················151

7.2　Swing 库的架构············152

7.2.1　组件类的继承关系·······152

7.2.2　java.awt.Component·····153

7.2.3　java.awt.Container·······154

7.2.4　java.awt.Window········154

7.2.5　java.awt.Frame··········155

7.2.6　JComponent············155

7.3　容器组件···················156

7.3.1　窗口：JFrame···········156

7.3.2　面板：JPanel···········157

7.3.3　可滚动面板：JScrollPane···158

7.3.4　分割面板：JSplitPane·····160

7.3.5　分页面板：JTabbedPane··161

7.4　标签和图片·················163

7.4.1　标签：JLabel···········163

7.4.2　图标/图片：Icon/ImageIcon···164

7.5　按钮和工具提示·············166

7.5.1　常规按钮：JButton·······166

7.5.2　开关按钮：JToggleButton···168

7.5.3　单选按钮——JRadioButton···169

7.5.4　复选按钮：JCheckBox·····170

7.6　文本组件···················171

7.6.1　文本框：JTextField······171

7.6.2　密码框：JPasswordField···173

7.6.3　文本区：JTextArea······174

7.7　可调节组件·················175

7.7.1　进度条：JProgressBar····175

7.7.2　滚动条：JScrollBar······176

7.7.3　滑块条：JSlider·········177

7.8　菜单和工具栏···············179

7.8.1　菜单相关组件：JMenuBar/JMenu/
　　　　JMenuItem·············179

7.8.2　弹出菜单：JPopupMenu··181

7.8.3　工具栏：JToolBar·······182

7.9　颜色和字体·················183

7.9.1　颜色：java.awt.Color····183

7.9.2　字体：java.awt.Font·····184

7.10　布局管理··················186

7.10.1　布局管理器：LayoutManager·····186

7.10.2　流式布局：FlowLayout···186

7.10.3　边界布局：BorderLayout···187

7.10.4　网格布局：GridLayout···189

7.10.5　网格包布局：GridBagLayout···189

7.10.6　空布局：绝对定位·······192

7.10.7　可视化 GUI 设计器······192

7.11　案例实践7：仿 QQ 聊天窗口···193

7.12　事件处理··················196

7.12.1　事件处理模型···········196

7.12.2　事件监听器类的编写方式···197

7.12.3　常用事件类············201

7.12.4　常用事件监听器接口·····201

习题···························203

第 8 章　Swing 高级组件········204

8.1　对话框·····················204

8.1.1　基本对话框：JDialog·····204

8.1.2　文件选择器：JFileChooser···206

8.1.3　选项面板：JOptionPane···207

8.2　列表和下拉列表·············210

8.2.1　MVC 模式··············210

8.2.2　列表：JList ··············210

8.2.3　下拉列表：JComboBox ·······213

8.3　表格和树 ················215

8.3.1　表格：JTable ···········215

8.3.2　树：JTree ·············220

8.4　其他高级组件 ············225

8.4.1　微调按钮：JSpinner ·······225

8.4.2　内部窗口：JInternalFrame ··227

习题 ······················228

第9章　异常与处理 ·········229

9.1　异常的概念和分类 ·········229

9.1.1　异常的概念 ···········229

9.1.2　异常的分类 ···········230

9.2　异常处理及语法 ···········232

9.2.1　异常的产生及处理 ·······232

9.2.2　throw 语句及 throws 子句 ··233

9.2.3　try-catch ············235

9.2.4　finally ·············237

9.2.5　try-catch-finally 的嵌套 ···239

9.2.6　try-with-resources ······240

9.3　异常类的主要方法 ·········243

9.3.1　Throwable 类的方法 ·····243

9.3.2　Exception 类的构造方法 ···243

9.4　自定义异常类 ············244

9.5　案例实践8：用户登录 ······246

习题 ······················247

第10章　I/O 流与文件 ·······248

10.1　概述 ·················248

10.1.1　I/O 与流 ···········248

10.1.2　流的分类 ···········248

10.2　字节流 ················249

10.2.1　字节输入流：InputStream ·······249

10.2.2　字节输出流：OutputStream ·····250

10.3　字符流 ················250

10.3.1　字符输入流：Reader ·····251

10.3.2　字符输出流：Writer ·····251

10.4　文件流 ················252

10.4.1　File 类 ············252

10.4.2　字节文件流：FileInputStream 和
FileOutputStream ········254

10.4.3　字符文件流：FileReader 和
FileWriter ············254

10.5　案例实践9：文件复制器 ····255

10.6　缓冲流 ················257

10.6.1　字节缓冲流：BufferedInputStream
和 BufferedOutputStream ···257

10.6.2　字符缓冲流：BufferedReader 和
BufferedWriter ··········259

10.7　转换流 ················260

10.8　打印流 ················262

10.9　数据流 ················264

10.10　对象流 ···············267

10.11　案例实践10：程序快照机 ···268

10.12　其他常用 I/O 类 ········269

10.12.1　读入器：Scanner ·······269

10.12.2　控制台：Console ·······271

习题 ······················273

第11章　多线程与并发 ·······274

11.1　概述 ·················274

11.1.1　程序、进程与线程 ·······274

11.1.2　多任务与多线程 ········275

11.1.3　线程状态及调度 ········275

11.1.4　Thread 类与 Runnable 接口 ··276

11.2　线程状态控制 ············278

11.2.1　start 方法 ···········278

11.2.2　sleep 方法 ··········278

11.2.3　join 方法 ···········279

11.2.4　yield 方法 ··········280

11.2.5　interrupt 方法 ········281

11.3　案例实践11：数字秒表 ·····282

11.4　并发控制 ··············284

11.4.1　同步与异步 ··········284

11.4.2　synchronized 关键字 ·····285

11.4.3　wait、notify 和 notifyAll 方法 ···287

11.5　案例实践12：生产者与消费者
问题 ················287

习题 ······················289

第 12 章 容器框架与泛型 ·········291

12.1 核心接口 ·········291
12.1.1 容器根接口：Collection ·········292
12.1.2 集合接口：Set ·········292
12.1.3 列表接口：List ·········293
12.1.4 队列接口：Queue ·········293
12.1.5 映射接口：Map ·········294
12.1.6 遍历容器 ·········295

12.2 常用集合类 ·········297
12.2.1 哈希集合：HashSet 和 LinkedHashSet ·········297
12.2.2 树形集合：TreeSet ·········299

12.3 案例实践 13：产品排序 ·········300

12.4 常用列表类 ·········302
12.4.1 顺序列表：ArrayList ·········302
12.4.2 链式列表：LinkedList ·········304

12.5 常用映射类 ·········305
12.5.1 哈希映射：HashMap 和 LinkedHashMap ·········305
12.5.2 树形映射：TreeMap ·········307

12.6 遗留容器类 ·········308
12.6.1 向量：Vector ·········308
12.6.2 哈希表：Hashtable ·········309

12.7 容器工具类 ·········309
12.7.1 Collections ·········310
12.7.2 Arrays ·········310

12.8 泛型 ·········311
12.8.1 为什么需要泛型 ·········311
12.8.2 泛型基础 ·········312
12.8.3 泛型不是协变的 ·········313
12.8.4 类型通配符 ·········314
12.8.5 有界泛型 ·········314
12.8.6 泛型方法 ·········315
习题 ·········316

第 13 章 字符串与正则表达式 ·········317

13.1 String 类 ·········317
13.1.1 字符串是对象 ·········317
13.1.2 字符串对象的等价性 ·········318

13.1.3 常用 API ·········319

13.2 字符串格式化 ·········320
13.2.1 Formatter 类 ·········320
13.2.2 格式说明与修饰符 ·········322

13.3 案例实践 14：简单文本搜索器 ·········327

13.4 StringBuffer 类 ·········328
13.4.1 可变与不可变 ·········328
13.4.2 StringBuffer 类 ·········329

13.5 正则表达式 ·········330
13.5.1 概述 ·········330
13.5.2 Pattern 类 ·········330
13.5.3 Matcher 类 ·········331
13.5.4 正则表达式语法 ·········332

13.6 案例实践 15：用户注册校验 ·········334
习题 ·········335

第 14 章 反射与注解 ·········336

14.1 类型信息 ·········336
14.1.1 Class 类 ·········336
14.1.2 获得 Class 对象 ·········338

14.2 成员信息 ·········341
14.2.1 Member 接口 ·········341
14.2.2 Field 类 ·········341
14.2.3 Method 类 ·········343
14.2.4 Constructor 类 ·········344

14.3 注解 ·········346
14.3.1 注解的定义与使用 ·········346
14.3.2 访问注解信息 ·········347

14.4 标准注解 ·········349
14.4.1 @Override ·········349
14.4.2 @Deprecated ·········350
14.4.3 @SuppressWarnings ·········351

14.5 文档注解及 API 文档生成 ·········353
14.5.1 文档注解 ·········353
14.5.2 生成 API 文档 ·········356

14.6 元注解 ·········356
14.6.1 @Target ·········356
14.6.2 @Retention ·········357
14.6.3 @Documented ·········358
14.6.4 @Inherited ·········359

14.7　案例实践 16：简易单元测试工具·····360

习题 ···362

附录 A　Eclipse 使用简介 ················363

附录 B　查阅 API 文档和源码··········371

附录 C　Java 编程规范与最佳
　　　　实践··374

附录 D　Java 全栈工程师学习
　　　　路线··382

第1章
Java 概述

本章主要介绍 Java 语言的历史、特点、平台、版本以及编程环境的安装配置等，并以一个简单的例子阐述 Java 程序的基本结构和编程步骤。学习本章内容时，读者应着重理解 Java 语言的特点、平台组成以及编程环境的配置，这将有助于后续章节的学习。

1.1 Java 语言的诞生及发展

1.1.1 Java 语言的诞生

1990 年 12 月，Sun Microsystems 公司（简称 Sun 公司）的工程师 Patrick Norton 获得了公司一个名为 Stealth 的研究项目，该项目被改名为 Green 之后，James Gosling（后来被誉为 Java 之父）也加入了 Patrick 的研究团队。

随着项目的进行，Sun 公司预测未来科技将被广泛应用于家用电器领域，于是团队开始改变 Green 项目的目标——研究用于下一代智能家电程序的新技术。团队最初考虑使用 C 语言，而包括 Sun 公司当时的首席科学家 Bill Joy 在内的很多成员发现 C 语言及其 API 在某些方面并不能满足项目要求，他们需要的是一种易于移植到各种不同硬件设备上的新技术。Janes Gosling 起初尝试修改和扩展 C 语言的功能，后因某些原因而放弃了，随后他设计了一种全新的编程语言——Oak（橡树，灵感源于他办公室外的树）。1992 年，Green 项目开始瞄准电视机顶盒市场，但由于当时的市场环境等因素，项目并未在该领域产生任何商业效益。

1994 年六七月间，在经历了一场历时 3 天的头脑风暴讨论后，团队决定再一次改变目标——将 Green 项目应用于万维网。由于当时 Oak 商标已经被一家显卡公司注册，于是团队将 Oak 语言更名为 Java①，并提供了 1.0 alpha 版本的下载。在 1995 年 3 月的 Sun World 大会上，Java 语言被首次公开发布，并获得了当时的主流浏览器 Netscape 的支持。1996 年 1 月，Sun 公司成立了 Java 业务部门，专门负责 Java 相关技术的研发。

1.1.2 Java 语言的发展历程

从诞生至今，Java 语言取得了巨大的发展，表 1-1 列举了其中的一些里程碑事件。

---

① Java 是印度尼西亚爪哇岛的英文名称，因该岛盛产一种咖啡豆，故后来 Java 的商标也被设计为一杯冒着热气的咖啡。某些 Java 技术和产品的命名也和咖啡豆有着一定的联系，如 JavaBean、NetBeans 等。

表 1-1 Java 语言发展历程中的里程碑事件

序号	时间	里程碑事件
1	1996 年 1 月	JDK 1.0 发布。JDK 即 Java 开发工具（Java Development Kit），是开发 Java 环境所必须安装的软件
2	1997 年 4 月	Sun 公司举办第 2 届 JavaOne 大会，参会者逾 1 万人，创当时全球同类会议之纪录
3	1998 年 12 月	JDK 1.2 发布，并更名为 Java 2
4	1999 年 6 月	Java 2 被划分为 3 个版本——J2SE、J2EE 和 J2ME
5	2002 年 2 月	JDK 1.4 发布，Java 的执行性能从此有了大幅提升
6	2004 年 9 月	JDK 1.5 发布，它为 Java 引入了众多新特性，是 Java 发展史上的又一重要里程碑。为凸显该版本的重要性，JDK 1.5 更名为 JDK 5
7	2005 年 6 月	JDK 6 发布，并改变了以往 Java 各版本的命名方式，J2SE、J2EE 和 J2ME 分别更名为 Java SE、Java EE 和 Java ME
8	2007 年 11 月	Google 发布智能手机操作系统 Android[①]，该系统基于 Linux，其上的应用程序大多采用 Java 语言编写[②]
9	2009 年 4 月	著名数据库厂商 Oracle 宣布收购 Sun 公司
10	2011 年 7 月	JDK 7 发布
11	2014 年 3 月	JDK 8 发布
12	2017 年 9 月	JDK 9 发布。Oracle 宣布将改变以往的 JDK 主版本发布策略，此后每半年发布下一版本的 JDK
13	2018 年 3 月	JDK 10 发布
14	2018 年 9 月	JDK 11 发布
15	2019 年 3 月	JDK 12 发布

经过 20 余年的发展，Java 已经由一门编程语言逐渐演变为语言、平台、架构、标准和规范的组合，它在各个重要行业和领域得到了广泛的应用。迄今为止，Java 已吸引了全球 1000 多万名软件开发者，采用 Java 相关技术的设备已超过 60 亿台，其中包括 8 亿台计算机、30 亿部手机以及其他众多智能设备。

1.2　Java 的特点及地位

Java 语言诞生并发展于互联网兴起的时代，它继承和舍弃了当时一些主流编程语言各自的优缺点，这也注定了其具有区别于其他编程语言的特点及地位。

---

① Google 发布 Android 后短短一年多时间，便迅速占领智能手机市场。截至 2018 年 9 月，搭载 Android 操作系统的智能手机已占全球智能手机市场 85%以上的份额，大幅超过苹果的 iOS 和微软的 Windows。

② Google 在其举办的 Google I/O 2017 大会上，宣布将 Kotlin 纳入 Android 平台的官方开发语言。Kotlin 是由 JetBrains 公司在 2011 年开发的一种静态类型编程语言。作为同样运行于 Java 虚拟机之上的语言，Kotlin 提供的语法特性相较于 Java 更为丰富，其实现相同功能所需的代码量也比 Java 要少得多。可以预见，未来越来越多的 Android 应用将采用 Kotlin 语言开发。

1.2.1　Java 语言的特点

1. 简单

Java 的语法与 C 语言很接近，使得大多数开发者能够快速学习和使用 Java 语言。另一方面，Java 舍弃了 C++ 中很少使用的、晦涩且容易出错的特性，如运算符重载、多重继承等。特别地，Java 还从语法层面取消了指针，同时提供了自动内存回收机制，使开发者不必频繁编写代码显式地释放内存。

2. 完全面向对象

在 Java 世界中，万事万物皆对象[①]。与 C++ 不同，Java 对面向对象的要求十分严格，任何变量和方法都只能包含于某个类的内部，这使得程序的结构更为清晰。Java 提供了封装、继承和多态等基本的面向对象特性，并且只支持单继承。为了能表达多重继承的语义，同时避免引入如 C++ 的多重继承所带来的复杂性，Java 使用了接口的概念——类可以继承另一个类，同时也能实现若干个接口。此外，Java 提供了全面的动态绑定机制，而不像 C++ 只能对虚函数使用动态绑定。总之，Java 是一种完全的面向对象的编程语言。

3. 分布式

作为诞生并发展于互联网兴起时代的编程语言，Java 提供了丰富的用于编写网络应用程序的 API，这在 Java EE 中体现的尤为明显。Java 提供的 RMI（Remote Method Invocation，远程方法调用）机制甚至允许执行网络中另一台机器上的代码，这使得一个 Java 程序可以被分布到网络中若干不同的物理机器上，并形成一个逻辑上的整体。更为重要的是，这种分布机制所涉及的细节对于程序的编写者和使用者来说几乎是完全透明的——跨机器的通信就如同访问本地资源一样简单。

4. 安全

Java 程序经常需要被部署在开放的网络环境中，为此，Java 从诞生之初就非常重视安全性。例如，在编译阶段进行语法、语义和类型安全检查，类被装载到 Java 虚拟机时进行字节码校验等。对于通过网络下载的类，Java 也提供了多层安全机制以防止程序被恶意代码侵害，这些机制包括代码行为检查、分配不同的命名空间以防止本地同名类被替换等。此外，Java 还允许用户自定义安全管理器，以便灵活地控制访问权限。

5. 健壮

Java 的设计目标之一是要协助开发人员编写出各方面可靠的程序。Java 具有的强类型检查、异常捕获及处理、资源自动释放以及垃圾自动回收等机制，为程序的健壮性提供了重要保证。此外，前述的安全检查机制也使得 Java 程序更具健壮性。

6. 平台中立与可移植

Java 在发布之初便宣称 "Write Once, Run Anywhere"，即每个 Java 程序可以不加任何修改而随处运行。然而，互联网是由各种异质平台组成的，这种异质既包括硬件（如 CPU），也包括软件（如操作系统）。为使 Java 程序能够运行在网络中的任何平台，Java 源文件被编译为平台中立（即无关）的字节码文件，后者可以在所有实现了相应规范的 Java 平台上运行。

---

① 由于基本类型（即非对象类型）的存在，严格来说，早期的 Java 并不具有 "一切皆对象" 的特性。从 JDK 5 开始，Java 提供了基本类型的自动封箱和拆箱机制（详见第 2 章），从而保证了这一特性。

7. 解释型

如前所述，Java 源文件被编译为平台中立的字节码，而后者是 CPU 无法直接理解的，因此需要由平台上的 Java 虚拟机将这些字节码"解释"成 CPU 能够理解的指令并交由 CPU 执行。平台中立与可移植性决定了 Java 是一种解释型的编程语言[①]。

8. 高性能

由于存在解释的过程，故从理论上来说，Java 程序的执行性能是低于传统的编译型语言（如 C、C++）的[②]。在 Java 诞生之初，事实上也的确如此。但与纯解释型的脚本语言（如 VBScript、JavaScript、Python 等）相比，Java 的性能却要高得多。随着近年来 JIT（Just In Time，即时的）编译以及 HotSpot（一种新的 Java 虚拟机规范）等字节码优化技术的出现，Java 程序的性能已非常接近于 C++，对于绝大多数应用，这种性能差距是完全可以接受的。从另一个角度看，Java 以极小的性能损失为代价所换取的平台中立与可移植性却是非常有价值的。

9. 动态特性

Java 是可扩展的、具有动态特性的面向对象编程语言，用 Java 编写的程序能够较好适应不断变化的业务需求。除了接口和自动类型推断所提供的动态特性外，Java 语言的动态性更多体现在反射机制上。反射机制允许程序在运行而非编译阶段动态地访问类和对象的元数据（用来描述数据的数据），这使得 Java 语言比那些直接被编译成本地代码的语言更具动态性。

说明：尽管 Java 提供了较为丰富的动态特性，但相较于 JavaScript、Ruby、Python 等能在运行时修改变量类型（甚至程序结构）的动态编程语言而言，Java 仍属于静态编程语言的范畴。

10. 开源

与其他众多技术不同，Java 从诞生之初便坚持开源（Open Source，开放源代码）策略。任何个人和组织都可以免费下载 JDK 核心类库的源代码。也正因如此，任何 Java 开发者都能扩展官方代码，从而创建出适合自己需求的类库[③]。此外，开发者[④]还能以提交 JSR（Java Specification Request，Java 规范请求）的方式，建议官方为 JDK 的下一发布版本增添某些新特性和服务。总而言之，开源使得 Java 语言的功能和特性日趋丰富，同时也使得开发 Java 程序越来越方便。

基于上述特点，Java 已成为网络环境下软件开发的首选技术之一。从消费类电子产品到超级计算机，从智能移动终端应用到企业级分布式计算，Java 无处不在。

1.2.2　Java 在主流编程语言中的地位

目前，在软件工业中使用较多的编程语言多达数十种，Java 在这些编程语言中处于什么地位呢？我们可以通过 TIOBE 指数[⑤]粗略地评价这些编程语言的流行和受欢迎程度，具体如表 1-2 所示。

---

① 相对于纯解释型语言（如 JavaScript、Python 等），Java 有编译的过程，故有些资料也将 Java 划归为半编译、半解释型语言。
② 另一方面，作为一类特殊的程序，Java 虚拟机本身就是以 C/C++编写的。
③ 如目前被广泛使用的 Struts/SpringMVC、Hibernate/MyBatis、Spring/SpringBoot 等 Java 开源框架。
④ 通常指 JCP (Java Community Process，Java 社区进程)，其成员包含了全世界顶级的使用 Java 相关技术的公司和组织，如 Oracle、IBM、Intel、Twitter、阿里巴巴、西安交通大学等。
⑤ TIOBE 指数全称为 TIOBE 编程语言流行度指数。该指数基于全世界有经验的工程师、开设的课程以及第三方软件厂商的数量，并通过 Google、Bing、Wikipedia 和 Baidu 等流行的搜索引擎计算得到，且每月更新一次。

表 1-2		TIOBE 指数排名前 10 的编程语言		
2019 年 3 月排名	2018 年 3 月排名	编程语言	指数（%）	增长率（%）
1	1	Java	14.880	−0.06
2	2	C	13.305	+0.55
3	4	Python	8.262	+2.39
4	3	C++	8.126	+1.67
5	6	Visual Basic .NET	6.429	+2.34
6	5	C#	3.267	−1.80
7	8	JavaScript	2.426	−1.49
8	7	PHP	2.420	−1.59
9	10	SQL	1.926	−0.76
10	14	Objective-C	1.681	−0.09

　　注意：每种编程语言都有自己擅长的技术领域和业务场景。以多年来稳居 TIOBE 指数排名在前的 Java、C 和 C++语言为例，Java 适合开发分布式环境下的企业级应用以及 Android 智能移动终端应用，而不适合（或不支持）开发 GUI 桌面、嵌入式、系统或驱动级应用——而这些恰恰是 C 和 C++语言所擅长的领域，反之亦然。

　　随着语言自身和软硬件平台的不断发展，以及技术热点、政策导向和市场环境等外部因素的不断变化，每种编程语言的流行程度也在不断变化。以 Python 语言为例，随着近年来数据科学、机器学习以及人工智能的兴起，它在 2014 年后排名跃升非常明显，甚至在 2018 年 9 月首次超过 C++成为第 3 名，具体如图 1-1 所示。

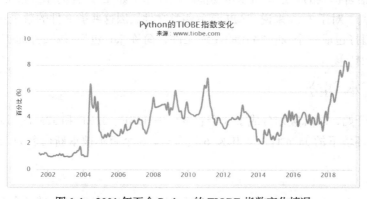

图 1-1　2001 年至今 Python 的 TIOBE 指数变化情况

　　如前所述，没有任何一种编程语言能适用于所有的技术领域和业务场景，更不存在所谓的"最好的编程语言"，即使是对于长期占据 TIOBE 指数排名第 1 的 Java 也是如此。正如 TIOBE 指数官网中特别提到的——TIOBE 指数并不说明某种编程语言到底有多好，也不反映采用该种语言编写的代码量有多少。

1.3　Java 平台及版本

　　平台（Platform）通常指运行程序所需的软硬件环境，它是操作系统与底层硬件的组合。Java

平台仅指运行在硬件平台之上的软件环境，它是运行 Java 程序所必需的环境，因此也称为 Java 运行时环境（Java Runtime Environment，JRE）。

1.3.1　JRE 组成

JRE 具体由 JVM（Java Virtual Machine，Java 虚拟机）和 API（Application Programming Interface，应用程序编程接口）组成，如图 1-2 所示。

1. Java 虚拟机

Java 源程序文件（扩展名为 java）被编译为类文件（扩展名为 class）后，后者包含的字节码（Bytecode）无法直接被 CPU 理解，需要由一个特殊的程序进行翻译和解释，该程序被称为 Java 虚拟机，如图 1-3 所示。不同的软硬件平台只需安装对应的 Java 虚拟机，同一个类文件便能不加修改地运行在这些平台上，从而保证了 Java 程序的可移植性。

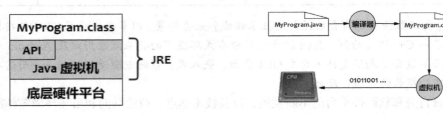

图 1-2　Java 平台的组成　　　　　　图 1-3　Java 程序的执行过程

2. API

API 是编程语言提供的一组具有基本功能的组件库（如 C 语言的库函数），开发者可以在程序中直接调用它们。对于 Java 来说，API 是一些类文件，因这些类文件的数量众多（往往多达几千个），故将它们打包成一个 zip 格式的压缩文件，简称 jar 包[1]，该文件的扩展名为 jar（Java ARchive，Java 归档）。

1.3.2　版本划分

从 JDK 1.2 开始，Java 被划分成了 3 个版本[2]——J2SE、J2EE 和 J2ME，以开发不同规模的硬件平台与计算环境下的 Java 程序。JDK 6 发布时，3 个版本被重新命名为 Java SE、Java EE 和 Java ME。

1. Java SE

Java SE（Java Standard Edition，Java 标准版）适合开发运行于客户端的命令行或图形用户界面程序（通常称为桌面程序）。Java SE 包含了 Java 的核心 API，并为 Java EE 提供支撑。绝大多数 Java 初学者应从标准版开始，这也是本书基于的版本。

2. Java EE[3]

Java EE（Java Enterprise Edition，Java 企业版）适合开发和部署分布式的、业务逻辑相对复杂以及数据和并发量相对庞大的企业级应用。Java EE 构建于 Java SE 的基础之上，其核心是一套

---

[1] 一些第三方 API 也是以 jar 包的形式提供的。

[2] 此处的版本是对 Edition 一词的翻译。实际上，SE、EE 和 ME 各自都有不同的发布版本号（Version）。

[3] 2017 年 11 月，Oracle 将 Java EE 移交给 Eclipse 基金会。2018 年 3 月，Eclipse 基金会宣布将 Java EE 更名为 Jakarta EE。

关于组件和服务的规范与参考实现，如 JSP/Servlet、EJB、JMS、JPA 和 JTA 等，使得网络中所有遵循 Java EE 规范的异构平台和系统能够良好通信和交互。

3. Java ME

Java ME（Java Micro Edition，Java 微型版）适合开发运行在移动和嵌入式设备（如智能卡、手机[①]、树莓派、电视机顶盒等）上的 Java 程序。由于这些设备的计算能力、存储容量、能源、网络带宽以及屏幕分辨率等都较计算机弱，因此，Java ME 的虚拟机以及核心 API 使用了 Java SE 的子集。此外，Java ME 还提供了一些可选 API 以支持某些移动设备特有的功能，如多媒体、游戏和蓝牙通信等。

说明：Java 的优势和强大之处更多地体现于企业版，绝大多数读者在学习完标准版之后，应继续学习企业版。此外，学习微型版（或 Android）之前也应先学习标准版。

1.3.3 Java 程序的种类

不同版本下的 Java 程序具有不同的开发方式和运行特点，这些程序可以被分为以下几类。

1. Standalone Application

Standalone Application，即独立应用程序，通常简称为应用程序。这种程序有且仅有一个 main 方法，虚拟机将该方法作为程序的执行入口点。根据运行界面的不同，独立应用程序又可分为控制台（Console）程序和图形用户界面（GUI）程序。以 Java 标准版开发的大多属于独立应用程序，本书后续各章节的程序也是如此。

2. Applet

Applet，即小程序，也称为浏览器小程序。这种程序不能独立执行，一般通过两种方式：①嵌到 HTML 网页中，由浏览器来执行[②]；②由 JDK 自带的 Applet 查看器执行。实际上，Applet 的本质仍是图形用户界面程序（只不过程序入口不再是 main 方法），它也是以标准版开发的。目前，Applet 程序已很少使用。

3. JSP/Servlet

JSP（Java Server Page，Java 服务器端网页）是 Java 平台下的动态网页技术标准，属于 Java 企业版定义的规范之一。JSP 的实质是嵌入了 Java 代码的 HTML 页面，其必须被部署到支持 JSP 规范的 Web 服务器[③]中，并通过浏览器进行访问。Web 服务器首先将 JSP 编译为 Servlet（服务器端小程序），然后执行页面中的 Java 代码，并将动态生成的内容填充到 HTML 页面中，最后将 HTML 页面交由浏览器渲染。

4. Android App

Android 是 Google 于 2007 年 11 月发布的基于 Linux 平台的智能手机操作系统，Android 系统从下至上包括 Linux 内核层、系统运行库层、应用程序框架层以及应用程序层。目前，绝大多数的 Android App[④]是以 Java 语言编写的，并由 Android SDK（Software Development Kit，软件开发工具）编译、打包成一个扩展名为 APK（Android PacKage，Android 安装包）的 zip 格式压缩文件，该文件包含了 Android 系统特有的虚拟机所能理解的字节码。

---

① 尽管同为支持 Java 的移动计算平台，但 Java ME 与 Android 的虚拟机、API 及程序开发方式都截然不同。
② 这种方式只是通过浏览器将 Applet 下载到本机，Applet 仍由本机上安装的、已向浏览器注册的 JRE 来执行。
③ 一种安装于服务器端的、能解释 JSP 页面中 Java 代码的软件，如 Tomcat、Jetty、JBoss 等。
④ 为区别于传统的 PC 端应用程序（Application），移动端的应用程序通常称为 App。

5. MIDlet

MIDlet（Mobile Information Device Applet，移动信息设备小程序）是指运行在支持 Java ME 规范的移动设备上的 Java 程序。实际上，在以 Android 和 iOS 为代表的智能手机操作系统出现之前，市场占有率最高的手机操作系统是 Nokia 的 Symbian，而 Symbian 是支持 MIDlet 程序的。伴随着 Android 和 iOS 的绝对垄断，Symbian 平台早已落寞，目前 MIDlet 程序已使用较少，仅出现在某些特定领域（如智能卡）。

事实上，除了上述几种程序之外，还有其他一些基于特定平台、规范和 API 的 Java 程序，如 JSF、Java FX 等，但它们目前尚未成为主流，故未专门列出。

1.4　JDK 安装及环境配置

与其他任何编程语言一样，在开始 Java 编程之前，需要安装相应的开发工具，这个工具就是 JDK（Java Development Kit，Java 开发工具）。

1.4.1　本书为何基于 JDK 8

如前所述，经过 20 余年的发展，JDK 已经发布了 10 余个主版本，应该基于其中哪个版本来学习呢？我们认为应遵循以下几个标准。

1. 不选择最新或较老的版本

与日常生活中使用各种应用软件不同，开发软件时所使用的各种开发工具和运行环境通常不建议选择最新的版本，原因有以下几个方面。

（1）尽管最新版通常都向下兼容之前的版本，但由于其发布时日较短，尚未经过足够的实际项目检验，可能存在较多的未知 Bug。

（2）对于最新版所引入的新特性，绝大多数项目根本不会用到，或者能通过其他方式达到相同的效果。

（3）最新版能够获取到的文档资料相对较少。

也不建议选择较老的版本。较老版本由于不支持某些语言或语法特性，从而导致无法实现某些特定功能或降低开发效率。此外，官方可能不再提供对这些较老版本的修复、更新和支持。再有，大多数 Java 项目所依赖的主流开源框架和库也对 JDK 的最低版本有一定要求，而该最低版本通常集中在 JDK 6、JDK 7 或 JDK 8。

2. 选择长期支持版本

从 JDK 6 开始，Oracle 为每个 JDK 主版本都提供了支持时间表，如表 1-3 所示。

表 1-3　　　　　　　　　　　　　JDK 6 以后各主版本的支持时间

主版本	是否为 LTS	发布时间	首要支持至	扩展支持至
6	是	2006 年 12 月	2015 年 12 月	2018 年 12 月
7	是	2011 年 7 月	2019 年 7 月	2022 年 7 月
8	是	2014 年 3 月	2022 年 3 月	2025 年 3 月
9	否	2017 年 9 月	2018 年 3 月	不提供

续表

主版本	是否为 LTS	发布时间	首要支持至	扩展支持至
10	否	2018 年 3 月	2018 年 9 月	不提供
11	是	2018 年 9 月	2023 年 9 月	2026 年 9 月
12	否	2019 年 3 月	2019 年 9 月	不提供

可见，截止到本书完成时间（2019 年 3 月），对 JDK 6 的首要和扩展支持均已停止，对 JDK 7 的首要支持即将停止。JDK 9、JDK 10、JDK 12 虽然发布不久，但各自仅提供半年的首要支持，且不提供扩展支持，而 JDK 8、JDK 11 均为 LTS（Long Term Support，长期支持）版本。

在支持时间截止前，官方将不断为相应版本的 JDK 修复已知 Bug 和兼容性问题，并做性能优化和改进工作。因此，应尽可能选择 JDK 的长期支持版本。

3. 选择工业界使用最为广泛的版本

对于今后开发实际项目，还应充分考量 JDK 版本的成熟和稳定性，以及当遇到各种技术问题时，是否能较为便捷地通过官网或搜索引擎获取到有效的文档资料和解决方案。就目前而言，工业界绝大多数已上线或正在开发中的 Java 项目是基于 JDK 6、JDK 7 或 JDK 8 的[①]。

综合考量以上标准，故本书选择了基于 JDK 8 而非 JDK 6、JDK 7、JDK 9、JDK 10、JDK 11 或 JDK 12。

1.4.2　JDK 下载与安装

打开浏览器，进入 JDK 下载首页，根据所要下载的 JDK 主版本（此处为 JDK 8），单击页面中的相应按钮后，进入该主版本的 JDK 下载页面，如图 1-4 与图 1-5 所示[②]。

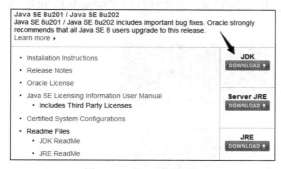

图 1-4　JDK 下载首页

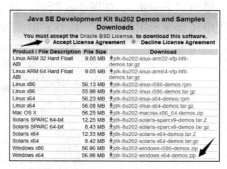

图 1-5　JDK 8 下载页面

接着单击 Accept License Agreement（接受许可协议），页面下方有对应不同软硬件平台的 JDK 下载链接，名称如 jdk-8u202-xxx-yyy.zzz。其中：

（1）8 代表 JDK 的主版本号。

（2）u202 代表主版本的第 202 次更新（Update）。考虑到主版本的每一次更新都会做修复 Bug 或改善性能的工作，因此，通常应选择主版本的最后更新版本。

（3）xxx 代表操作系统的类别，如 windows。

---

① 一些项目即便基于 JDK 9 或以上版本，但大多将项目编译级别降到了 8 甚至 7，而未用到所安装 JDK 版本的任何新增特性。

② 因网站更新，实际页面内容可能与本书所述不一致，后同。

（4）yyy 代表 CPU 的架构，PC 机一般选择 i586 或 x64——32 位操作系统只能选择 i586，64 位操作系统则选择 i586 或 x64 均可。

（5）zzz 代表安装文件的扩展名。

笔者所用机器的操作系统为 64 位 Windows 10，故应下载 jdk-8u202-windows-x64.exe 或 jdk-8u202-windows-i586.exe，读者可根据自己所用的操作系统下载对应文件。

运行下载的安装程序，其会自动匹配操作系统的默认语言，用户可以更改 JDK 的安装路径[①]，本书则使用默认的 C:\Program Files\Java\jdk1.8.0_202[②]。如图 1-6 所示，用户可以选择要安装的功能（默认全部安装），具体功能如下。

1. 开发工具

开发工具为必选，它包含开发和运行 Java 程序所必需的工具和类库等。此选项还会安装一个 JDK 专用的 JRE，位于 JDK 安装目录的 jre 目录下。

2. 源代码

源代码为可选，它包含 JDK 运行时类库（文件名为 rt.jar，包含了 Java 的核心 API）的源代码。若选择了此项，JDK 安装目录下将有一个名为 src.zip 的文件，若对其解压，可得到 rt.jar 中绝大多数类文件的源代码。在今后的程序开发中，建议读者经常查看和跟踪源代码，以深入理解某些 API 的执行细节，因此推荐安装。

3. 公共 JRE

公共 JRE 为可选，它包含一个独立于 JDK 的 JRE，其默认安装在与 JDK 相同的目录之下。公共 JRE 会向操作系统和浏览器注册，以便后二者能识别并调用合适的程序去执行 Java 程序。因安装开发工具时也会安装 JRE，故此处的 JRE 可以选择不安装，并不会影响 Java 程序的开发和调试。值得一提的是，若只是想运行而非开发 Java 程序，则可以下载单独的 JRE 安装文件。

单击"下一步"，如图 1-6 所示，便可开始 JDK 的安装，若之前选择了安装公共 JRE，安装过程中还会提示用户选择公共 JRE 的安装目录[③]。

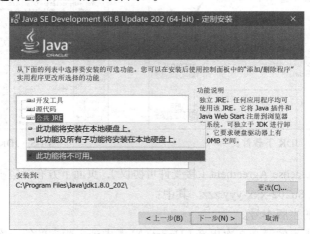

图 1-6　JDK 安装选项

---

① 尽管可以为 JDK 指定任意的安装路径，但考虑到今后在命令行中切换路径方便起见，尽量不要指定过深的或含有中文字符的路径。

② 可见，尽管从 JDK 1.5 起，官方开始将次版本号提升为主版本号。然而，即使到了 JDK 8，JDK 的默认安装目录依然沿用了 JDK 1.4 时代的命名风格。

③ 默认为 C:\Program Files\Java\jre1.8.0_202。

1.4.3　JDK 的目录结构

JDK 安装目录的结构如图 1-7 所示，其下的子目录主要包括以下几个。

1. bin

bin 包含若干用于编译、运行和调试 Java 程序的命令工具，它们实际上是一些可执行程序，具体如表 1-4 所示。

注意：此目录需要被配置到 Path 环境变量中（见 1.4.4 节）。

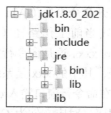

图 1-7　JDK 的目录结构

表 1-4　　　　　　　　　　　JDK 下 bin 目录包含的主要命令工具

命令	功能描述
javac	Java 编译器，负责将源文件编译为类文件。c 表示 compiler（编译器）
java	Java 解释器，负责解释并执行类文件
javadoc	API 文档生成工具，其扫描源文件中的文档注释，并生成 HTML 文档，具体见第 14 章。doc 表示 document（文档）
jdb	Java 调试器，用于在命令行调试 Java 程序。db 表示 debug（调试）
javap	Java 类文件解析器，用于获取类文件的部分源代码及相关信息，因此也被称为 Java 反编译器。p 表示 parse（解析）
jar	Java 类库生成工具，用于将多个 Java 类文件压缩成一个 zip 格式的 jar 文件
native2ascii	将含有本地编码字符的文件转换为 Unicode 编码字符的文件，该工具主要用于生成多语言版本程序的资源文件
appletviewer	Applet 查看器，该工具可以直接运行 Applet 程序

初学者只需掌握 javac 和 java 命令，其他命令使用相对较少。

2. jre

jre 是 JDK 专用 JRE 的根目录，是运行 Java 程序必需的环境，其有如下两个子目录。

（1）bin：包含若干可执行程序和 DLL（C/C++程序经编译得到的动态链接库）文件，Java 虚拟机会使用到这些文件。

（2）lib：包含 jre 用到的核心类库、属性设置和资源文件等。

注意：通常要将此目录下的 rt.jar（或其他 jar 文件）配置到 Classpath 环境变量中（见 1.4.4 节）。

3. include 和 lib

包含开发工具和 Java 虚拟机需要使用到的 C 头文件、类库及其他文件等。

1.4.4　配置环境变量

从 JDK 5 开始，安装程序会自动将 JDK 的有关信息写入操作系统（如 Windows 的注册表），特别是采用了 IDE①后，配置环境变量已不再是必须的操作。尽管如此，初学者仍需理解 JDK 环境变量配置的目的及具体方法。很多 Java 程序，特别是那些用到了第三方类库的程序能否成功运

---

① IDE (Integrated Development Environment，集成化开发环境) 是指整合了编辑、管理、编译、运行、调试、发布等众多功能的软件开发工具。主流 Java IDE 包括 Eclipse、MyEclipse、IDEA、NetBeans 等。

行往往与环境变量有着密切的关系。在讲解环境变量的配置之前，有必要先知道环境变量的作用是什么，下面通过一个试验来说明。

打开命令窗口（Win + R → 输入 cmd 并回车），其当前工作路径（">"左侧的路径）为 C:\Users\xxx，这是命令行窗口被打开时的默认工作路径，其中的 xxx 是系统当前登录的用户名。接着，在命令行窗口输入 calc（Windows 自带的计算器程序，对应文件为 C:\WINDOWS\System32\calc.exe）并回车，如图 1-8 所示。

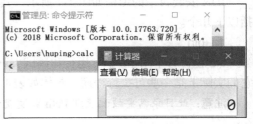

图 1-8　默认路径下输入 calc

不难发现，尽管路径 C:\Users\xxx 下并没有名为 calc.exe 的程序，但命令行仍然成功打开了计算器程序，这是为什么呢？现在打开环境变量对话框（Win + R → 输入 sysdm.cpl 并回车 → 高级 → 环境变量），在对话框下部的系统变量中找到名为 Path 的项并双击，弹出对话框如图 1-9 所示。

图 1-9　Path 环境变量

Path 环境变量包含了多个路径，其中一个为 "%SystemRoot%\System32"，此处的 "%SystemRoot%" 表示引用名为 SystemRoot 的环境变量的值，该变量在系统注册表中定义，其值为 Windows 的安装根目录——C:\Windows。因此，"%SystemRoot%\System32" 等同于 C:\Windows\System32，而这正是 calc.exe 所在的位置。

当在命令行窗口输入一个非内部命令并回车后，系统会依次在 Path 环境变量中指定的各个路径中寻找该命令（首先在当前工作路径下寻找），若找到则执行该命令，否则报错。

现在删除图 1-9 中的 "%SystemRoot%\System32"[①]，并单击两次确定直至回到系统属性对话框，然后重复之前图 1-8 所示的操作（注意要关闭并重新打开命令行窗口，否则无效）。如图 1-10 所示，尽管工作路径以及输入命令与之前一样，但由于此时已将 calc.exe 所在的路径从 Path 环境变量中删除，故而报错。

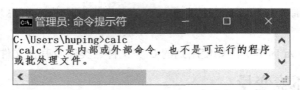

图 1-10　默认路径下输入 calc（修改了 Path 环境变量之后）

通过上述试验不难看出，将某个路径（假设为 P）添加到 Path 环境变量的作用在于能够在命令行的任何工作路径下执行 P 路径下的程序，而不用先将工作路径切换到 P。

JDK 的配置涉及 2 个环境变量——Path 和 Classpath。

---

① 环境变量对话框上部的用户变量中可能也有名为 Path 的变量，该变量可能也包含 C:\Windows\System32，为成功演示，请将该路径一并删除。

1. 配置 Path

类似地，为了能够在命令行的任何工作路径下执行表 1-4 中的命令，需要将这些命令所在的 bin 目录的完整路径添加到 Path 环境变量中，如图 1-11 所示。

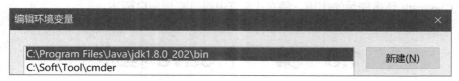

图 1-11　在 Path 环境变量中添加 bin 目录的完整路径

说明：

（1）若 Path 环境变量不存在，可自行新建。

（2）添加的是 "JDK 安装目录\bin" 而不是 "JDK 安装目录\jre\bin"。

（3）因路径较长，为避免出错，可通过对话框右侧的浏览按钮来选择 bin 目录。

（4）可以将 bin 路径添加到 Path 的任何位置。

单击两次确定并重新打开命令行窗口，输入 "java -version" 并回车，若配置成功则出现图 1-12 所示的界面，以后便可以在命令行的任何工作路径下执行 bin 下的工具命令。

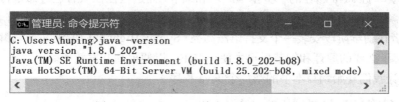

图 1-12　配置 Path 环境变量成功后的界面

2. 配置 Classpath

在前述的环境变量对话框中单击下部的新建按钮，在弹出对话框的变量名中输入 Classpath，在变量值中输入 ".; C:\Program Files\Java\jdk1.8.0_202\jre\lib\rt.jar"，如图 1-13 所示。

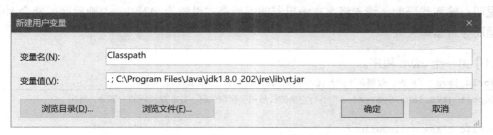

图 1-13　新建 Classpath 环境变量

说明：

（1）因 Windows 不区分大小写，故写成 Classpath、classpath 或 CLASSPATH 均可，但要注意 class 与 path 之间没有空格。

（2）变量值开头的西文点号代表命令行的当前工作路径，其后的西文分号作分隔用。

（3）要一直指定到 rt.jar，而不只是该文件所在的路径，这是初学者容易犯的错误之一。

（4）可以继续添加所需的其他路径或 jar 文件[①]，彼此间以西文分号隔开即可。

（5）类似地，为避免出错，可通过对话框下侧的浏览目录或浏览文件按钮来选择所需的目录或 jar 文件。

关于 Classpath 环境变量的作用，将在 1.5 节中通过实例加以阐述。

1.5　第一个 Java 程序

安装并配置完 JDK 之后，便可以开始编写 Java 程序了。本节的目的并不在于讲解 Java 语言的语法细节，而是期望通过一个简单的程序让读者对 Java 程序的编写步骤有粗略的认识，同时阐述 1.4 节中配置的 Classpath 环境变量的作用。

编程之前，请思考一个问题——用什么样的工具来编写源文件？学习 C 语言时，读者可能使用过 Turbo C、Visual Studio、Dev-C++等 IDE。然而，IDE 的使用并非必须，考虑到任何编程语言的源文件都是纯文本格式的，因此，从理论上来说，仅仅采用简单的纯文本编辑工具（如 EditPlus、Notepad++、Windows 自带的记事本等）就能编写任何语言的源文件了。

初学者需要掌握 Java 编程的一些基本原理和细节，而这些往往只有通过命令行的方式才会有较为深刻的理解。另一方面，很多 IDE 在某些操作和配置上也与这些原理和细节有着一定的联系。因此，建议读者在初学阶段安装一个支持语法高亮（Syntax Highlight）的纯文本编辑器来编写 Java 程序[②]，在理解了必要的原理和细节后再去使用 IDE，以便提高开发效率。

接下来，让我们开始编写本书的第一个 Java 程序。

1.5.1　编辑源文件

首先，在 D 盘下新建名为 MyJavaSource 的文件夹，以作为本书后续示例程序对应源文件的根目录。接着，在文本编辑器中输入【例 1.1】中的代码，并保存到 D:\MyJavaSource 下名为 HelloWorld.java 的文件中。

说明：输入代码前，请先将文本编辑器的编码格式设置为 ANSI，否则后面可能会因中文编码问题而导致编译失败。

【例 1.1】第一个 Java 程序。

HelloWorld.java　// 此行仅提示下面的代码应保存到什么文件，并非源代码，后同

```
001   import java.lang.System; // 各行左侧的行号用于标识代码，并非源代码的一部分，后同
002
003   public class HelloWorld {
004       /*
005        * 程序入口
006        */
007       public static void main(String[] args) {
008           System.out.println("欢迎踏上 Java 实践者之路!");   // 在显示器上输出一行文字
009       }
010   }
```

[①] 可以是 JDK 中的 jar 文件，也可以是第三方框架或库的 jar 文件。

[②] 推荐初学者使用 Notepad++ (https://notepad-plus-plus.org)。IDE 则推荐 Eclipse，具体见附录 A。

保存文件时需要注意两点。

（1）Java 源文件的文件名必须和代码中 class 后的名称严格一致，包括每个字母的大小写，且中间不能含空格。对于本例，文件名必须是 HelloWorld。

（2）java 是所有 Java 源文件的扩展名[①]。

HelloWorld.java 虽然只有数行，却具有一个 Java 源文件的大部分特征，具体包括以下几点。

（1）第 1 行表示程序引入了 JDK 类库（rt.jar）所提供的一个类，该类名为 System，位于 java.lang 包下，包的概念将在第 5 章介绍。

（2）第 3 行中的 class 表示定义的是一个类，类是 Java 程序的基本组成单元。class 之后是类的名称，类名后以一对花括号括起来的内容称为类体（第 4～9 行）。

（3）第 3 行中的 public 修饰了类的可见性，表示 HelloWorld 类是公共的。

（4）第 4～6 行中的"/*"与"*/"是块注释符号，用于注释连续的多行；第 1、8 行中的"//"是单行注释符号，用于注释本行其后的内容。注释是对代码的解释和说明，一般放在要说明的代码上边或右边。注释是给人看的——编译器不会解析它们，因此，注释可以是任何内容。为代码加上必要的注释可增加代码的可理解性。

（5）第 7 行中的 main 是方法名称，类似于 C 语言的函数。方法位于类中，其后一对圆括号中的内容是方法的形式参数，圆括号后以一对花括号括起来的内容称为方法体（第 8 行）。方法体中可以包含语句，每条语句均以分号结尾。

（6）第 7 行开始的 main 方法是 Java 独立应用程序的入口，程序总是从 main 方法开始执行。一个 Java 独立应用程序有且仅有一个名为 main 的方法。

（7）第 8 行中，System 是第 1 行所引入的类的名字；out 是 System 类中的一个静态字段的名字，其类型是 PrintStream（打印流，同样是 JDK 提供的类）；println 是 PrintStream 类所具有的一个方法的名字，其功能是向标准输出流（此处为命令行窗口）打印一些内容并换行，其后一对圆括号中的内容是 println 方法的实际参数，其指定了要打印的内容——以一对双引号括起来的字符串常量。

（8）通过点号访问类的字段及方法（第 8 行），这与访问 C 语言中结构体的成员类似。

上述大部分特征与 C 语言是一致的，没有面向对象编程经验的读者可能会对其中部分内容较为陌生，这里仅需有一个初步的认识，详细内容将在后续章节分别介绍。

1.5.2　编译源文件

源文件编辑完毕并保存后，就可以对其编译了。打开命令行窗口，执行以下操作。

（1）输入"D:"并回车，工作路径将切换到 D 盘。

（2）输入"cd　MyJavaSource"并回车，工作路径将切换到 D 盘下的 MyJavaSource 目录，即 Java 源文件所在的目录[②]。

（3）输入"javac　HelloWorld.java"并回车，注意 javac 后的文件名要与之前保存的文件名严格一致。若源文件没有错误，则执行完此命令后的命令行窗口将没有任何输出内容，如图 1-14 所示。

[①] 重命名 Java 源文件时，应先让操作系统显示出源文件的扩展名，以便对其进行更改。具体操作为：任意文件夹窗口 → 查看 → 选项 → 查看 → 取消选中高级设置中的"隐藏已知文件类型的扩展名" → 确定。

[②] CD（Change Directory，改变目录）是命令行的内部命令，用于改变命令行的当前工作路径。

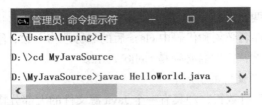

图 1-14　成功编译源文件

打开 D 盘下的 MyJavaSource 文件夹，会发现多了一个名为 HelloWorld.class 的文件，它就是 Java 源文件被成功编译的结果——类文件。

1.5.3　运行类文件

有了类文件，接下来就可以运行它了。在命令行窗口输入"java　HelloWorld"，注意不要在 HelloWorld 后加 ".class"，程序将在命令行窗口中打印一行文字，如图 1-15 所示。

图 1-15　成功运行 Java 类文件

现在，请读者思考两个问题。

（1）Java 解释器是如何找到 HelloWorld.class 这个类文件的？

（2）HelloWorld 类用到了 JDK 类库提供的 System 类，后者又是如何被找到的？

前面配置的 Classpath 环境变量指定了两部分内容——"."和"rt.jar"，前者代表命令行窗口的当前工作路径。由于在运行 HelloWorld 类之前，已经将当前工作路径切换到了 HelloWorld.class 文件所在的路径（即 D:\MyJavaSource），因此 Java 解释器能在该路径下找到相应的类文件。

如前所述，多个 Java 类文件可以被压缩为一个 zip 格式的、扩展名为 jar 的文件，即每个 jar 文件都相当于一个目录。读者可用解压缩工具查看 rt.jar 的目录结构，如图 1-16 所示。

当把某个 jar 文件加到 Classpath 后，Java 运行环境就能根据 Classpath 环境变量找到该 jar 文件，从而找到其中所有的类。HelloWorld 类所引入的 System 类就在 rt.jar 中（具体位于 java 目录下的 lang 目录中），而该 jar 文件已被加到 Classpath 环境变量中了。

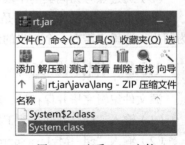

图 1-16　查看 rt.jar 文件

可见，Classpath 环境变量的作用是让 Java 运行环境知道到哪里去找程序需要的类文件，因此，完全可以将编译出来的类文件所在的路径加到 Classpath 中[①]。若程序用到了第三方 jar 文件中的类，则应该将这些 jar 文件（包括其所在路径）也加到 Classpath 环境变量中。

---

① 例如，可以将 D:\MyJavaSource 加到 Classpath，这样就可以在任何工作路径下直接输入"java　HelloWorld"以运行 HelloWorld 类。通常很少这样做，因为 class 文件所在的路径往往不固定。另一方面，既然配置了"."，故只要先将工作路径切换到 class 文件所在路径，便能找到该路径下的 class 文件。

1.6　程序错误与调试

大多数初学者在编写第一个程序时，都会遇到各种错误，这是完全正常的。事实上，即使对于有着丰富经验的开发者，也几乎不可能编写出不经任何修改就运行无误的程序（除非功能特别简单）。程序中的错误可以分为 3 类——语法错误、运行时错误和逻辑错误。

1.6.1　语法错误

语法错误是指源文件的某些代码不符合编程语言的语法规范（如缺少了一个分号），具有语法错误的程序是不能运行的——因为无法通过编译[①]。

编译源文件时，编译器会分析源文件的语法，若有错误则会给出错误所在的行号与描述信息，因此，语法错误的定位与修改较为简单。以前述 HelloWorld.java 为例，现对其做几处修改以故意制造语法错误：将第 3 行中的 public 改为 Public、删除第 8 行中的结束双引号。保存并重新编译，结果如图 1-17 所示。

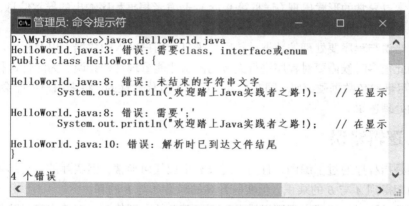

图 1-17　编译有语法错误的源文件

可见，编译器不仅提示了错误的个数，而且还给出了每个错误所在的行号（源文件名后的数字）、具体位置（由 "^" 指示）及描述（行号后的文字）等，但需要注意以下几点。

（1）编译器提示的错误个数可能不准确。如刚才制造了 2 个语法错误，但编译器提示有 4 个。实际上，后 3 个错误都是由同一个错误引起的——缺少了结束双引号。因此，不要总是试图在程序中找出与提示相一致的错误个数。比较好的做法是，每改正一个错误（或所有能够确定的错误）后立即保存并重新编译。

（2）编译器提示的错误描述信息也不一定准确。如第 3 个错误提示第 8 行需要分号，但该行并不缺少分号，而是缺少结束的双引号。由于 Java 中的字符串字面值都是用一对双引号括起来的，而该错误实际上已被第 2 个错误提示描述了。

（3）一般来说，提示的错误所在行号总是准确或相对准确的。因此，要根据错误所在行号并结合描述信息及位置，综合判断出真正的错误所在。

[①] 对于不存在编译过程的解释型语言，运行具有语法错误的程序时，运行环境将直接抛出错误。

语法错误还包括一类不安全的、无效的、或在特定情况下可能引发逻辑错误的"轻微错误"。例如，声明了从未被用到的变量、存在永远都不可能被执行到的代码、使用了原始类型的容器等，这类"错误"被称为警告。

严格来说，警告并不属于语法错误的范畴，有警告的源文件依然能够被成功编译并运行，并且通常不会影响程序的运行逻辑。因此，警告的去除并不是必须的，但出于可靠性和代码优化的角度，去除警告将有助于降低运行程序时出现逻辑错误的可能性[①]。

此外，大多数编程语言的编译器以及 IDE 都提供了多种编译选项，允许以不同的宽松级别对待程序中的警告。对于 Java 语言，还可以通过注解机制有选择地"抑制"程序中的某些警告（详见第 14 章）。

1.6.2　运行时错误

运行时错误是指程序在运行阶段出现的错误，这种错误通常由程序中的某些数据（如表示数组下标的变量超过了范围）、来自用户的输入（如输入的除数是 0）或程序所处的软硬件环境（如不存在 D 盘）引起，因而不可能在编译阶段检查出来。

运行时错误通常会中断程序的执行，严重的运行时错误甚至可能引起程序的崩溃。在 Java 中，运行时错误通常以异常的形式出现（详见第 9 章），开发者根据程序输出的异常信息，通常能够快速判断出运行时错误出现的原因及位置。

因运行时错误与程序要处理的数据（特别是来自于用户输入的数据）以及程序所处的软硬件环境有关，因此很多时候需要对程序进行大量的测试才能重现这种错误。为降低运行时错误出现的可能性，应尽量避免数据硬编码，同时充分考虑各种有代表性的、将来用户可能会输入的数据，并编写相应的处理逻辑。

1.6.3　逻辑错误

逻辑错误是指程序通过了编译，且运行时没有出现任何异常，但实际的运行结果与预期不一致。例如，预期得到 A 与 B 的乘积，但实际计算的却是 A 与 B 的和。

在软件的开发阶段，代码出现逻辑错误是不可避免的，即使对于有着丰富经验的开发者也是如此。逻辑错误发生时，通常不会出现任何异常或提示，因而这种错误也是最难察觉的。寻找具有逻辑错误的代码所耗费的时间往往比改正这个错误要多得多。

通常，应先根据程序的输出信息判断出错误所在的大致位置（范围），然后通过人工检查的方式逐行检查范围内的每行代码是否正确——注意不是检查语法上是否正确，而是检查代码是否完成了预期的逻辑，如"应该是乘而不是加"。

人工检查的方式只适合于程序的代码行数较少或判断出的错误所在范围较小的情况，在实际开发中，这些情况很少被满足。另外，由于粗心或思维定势等原因，这种方式经常不能检查出错误所在，因此，更为可靠地定位并改正逻辑错误的方法是调试。

1.6.4　程序调试

无论使用何种编程语言和编程工具，调试（Debug）的基本原理和步骤都是一样的。

（1）首先，通过人工检查的方式粗略判断出错误所在的范围，若无法判断，则认为被执行的

---

① 要求比较严格的软件项目可能会规定代码必须符合"零警告"。

第一行代码可能有错误。

（2）然后在范围的起始处设置断点，并以调试方式执行程序。当程序执行到断点处时，会暂时停止执行。

（3）接着，查看相关的变量或感兴趣的表达式在这一刻的实际值与预期值（即人脑计算出来的值，假设该值总是正确的）是否一致。若一致，则让程序从该断点处继续执行下一行代码。重复这一过程直至发现不一致，此时，被执行完的最后一行代码就是错误所在的位置。

注意：在对比实际值与预期值的过程中，还要对比程序的实际执行流程是否与预期流程一致，这对于定位分支、循环等结构中错误代码所在的位置尤为有用。

编程工具一般会提供诸如设置断点、查看变量或表达式，以及让程序从断点处执行下一行或下若干行代码的功能。JDK 也提供了用于调试程序的工具——jdb.exe，但该工具是基于命令行的，在实际使用中非常不方便，对于较为复杂的程序，通常借助 IDE 来调试（详见附录 A）。

人工检查与调试这两种判断逻辑错误所在位置的方式，读者都应当熟练掌握，当程序逻辑较为复杂时，应优先考虑使用调试方式。当然，调试方式也有着自身的局限性，对于某些特定的程序，有时很难用调试的方式来定位逻辑错误，如多线程程序[①]。对于这样的程序，可以采用一些辅助的技巧来帮助寻找逻辑错误。例如，在程序的合适位置添加输出语句，将变量或表达式的值输出到命令行窗口，以观察程序的运行细节、注释或取消注释某些代码行并结合排除法判断错误所在行等。

总而言之，在定位程序的逻辑错误时，没有一种方法能适用于所有场合。编程时，应学会并尽量遵守某些已被证明是行之有效的编码规范和最佳实践（详见附录 C），以最大限度地减少逻辑错误的出现机会。当错误不可避免地发生时，应当根据错误所表现的具体特征以及实际情况，灵活运用多种方式来分析和定位逻辑错误。

习　　题

1. 简述 Java 程序的执行过程，以及 Java 是怎样保证平台中立与可移植特性的。
2. Java 被划分为哪几个版本？各自适用于什么样的平台？
3. Java 源文件的文件名命名有何规则？制订这样的规则有何意义？
4. 配置环境变量 Path 与 Classpath 的目的是什么？具体怎样配置？
5. 简述 javac.exe 与 java.exe 命令的功能，并给出各自的使用格式。
6. 程序中的错误分为哪几种？各自是由什么原因引起的？
7. 什么是 Debug？Debug 的一般步骤是什么？
8. JDK、JRE 和 JVM 的联系和区别是什么？

[①] 若在多线程程序的代码中设置断点，程序会因该断点而暂停执行其他线程。另外，由于 CPU 对多个线程的准确调度时机是无法预期的，断点的设置将影响实际的线程执行顺序。换句话说，对于完全相同的代码和数据，程序的运行逻辑和结果与用户选择让程序从断点处继续向后执行的时机有关，这使得对程序的调试具有了不确定性。

第2章
基本类型与运算符

数据类型（Type）是很多编程语言都具有的概念，对于 Java 语言，数据类型的意义主要体现在以下几个方面。

（1）任何数据在任何时刻都有其所属类型。

（2）不同的数据类型能够存放不同性质和意义的数据。例如，整型能够用来表示年龄，而布尔型能够用来表示性别是否为男性。

（3）不同的数据类型在内存中被分配的字节数可能不相同，从而它们各自能表示的数值范围也不同。

（4）数据类型决定了能够对数据进行的操作。例如，可以对整型数据做移位操作，可以对字符型数据做大小写转换操作。

Java 的数据类型可以分为两大类——基本类型和对象类型。基本类型又称为原始（Primitive）类型，用以表示具有原子性的数据，如整数、小数、字符等；而对象类型则是复合的数据类型，它是由基本类型或对象类型组合而成的——类似于 C 语言的结构体。

如表 2-1 所示，Java 的基本类型可以分为 4 类——整型、浮点型、字符型和布尔型。其中，前两类用来表示整数和实数，各自又分为几种不同的长度或精度；字符型用来表示单个字符；布尔型用来表示逻辑值（又称真假值）。

表 2-1　　　　　　　　　　　　　　　　Java 的基本类型

分类	类型名	占据的字节数	表示范围	默认值
整型	byte	1	$-2^7 \sim 2^7-1$	0
	short	2	$-2^{15} \sim 2^{15}-1$	
	int	4	$-2^{31} \sim 2^{31}-1$	
	long	8	$-2^{63} \sim 2^{63}-1$	
浮点型	float	4	$-3.4E+38 \sim 3.4E+38$（6～7 位有效数字）	0.0
	double	8	$-1.7E+308 \sim 1.7E+308$（15～16 位有效数字）	
字符型	char	2	$0 \sim 2^{16}-1$	'\u0000'（空字符）
布尔型	boolean	未明确定义[①]	true（真）和 false（假）	false

[①] boolean 类型所占字节数与虚拟机的实现有关，Oracle 官方文档对此的解释是：boolean 型 "呈现" 为 1 位信息，但其 "大小" 并未明确定义。考虑到计算机存取信息的最小单位是字节，因此可以简单地认为 boolean 类型占一个字节（高 7 位均为 0）。

注意：Java 中所有的数值型（整型、浮点型）都是有符号数。此外，Java 中各种基本类型的数据在内存中占据的字节数都是固定的，且与所使用的编译器和软硬件平台无关[1]，这样设计的目的很明显——保证 Java 的跨平台特性。

2.1　标　识　符

标识符（Identifier）是编程语言的"单词"，它是组成程序最基本的元素。标识符可以分为关键字、保留字和用户标识符。

2.1.1　关键字和保留字

关键字（Keyword）是一类具有特殊含义和用途的标识符，而保留字（Reserved Word）则是预留的关键字，只是当前尚不可用，但可能在后续的 JDK 版本中成为正式的关键字[2]。关键字通常用于表示数据类型、程序结构或修饰变量等，它们对编译器有特殊的含义。表 2-2 列出了 JDK 8 中所有的关键字。

表 2-2　　　　　　　　　　　　　　JDK 8 中的关键字

分　类		关　键　字
类型相关	基本类型名	boolean, byte, short, int, long, char, float, double
	类型值	false, true, null
	类型定义	class, interface, enum
	与其他类型的关系	extends, implements
	对象引用	this, super
	对象创建	new
	返回类型	void
修饰符	访问控制	private, protected, public
	属性控制	final, abstract, static
	浮点精度控制	strictfp
	本地方法	native
	序列化	transient
	多线程	synchronized, volatile
流程控制	分支	if, else, switch, case, default
	循环	for, do, while, break, continue
	异常处理	try, catch, finally, throw, throws
	其他	instanceof, assert, return
包相关		import, package
留待扩展（保留字）		const, goto

---

[1] 对于 C 语言的 int 型，若用 Turbo C 编译器编译源程序，则被分配 2 个字节，而用 Visual C++ 6.0 编译器，则被分配 4 个字节。

[2] 关键字和保留字通常统称为关键字。

Java 中所有的关键字都是小写的，本书将在后续章节分别介绍这些关键字的具体作用和用法。

注意：C 语言支持的 sizeof 并非 Java 的关键字，它不受 Java 支持。此外，随着 JDK 版本的更新，关键字可能会有所增加，如 strictfp 和 enum 分别是 JDK 1.2 和 JDK 5 引入的。

2.1.2　用户标识符

用户标识符（User Identifier）是除关键字之外的任何合法标识符，它们是由用户（即开发者）命名的。用户标识符有时也称为自定义标识符，通常简称为标识符。如同给人起名字一样，标识符的命名也有着一定的规则，只有满足这些规则的标识符才会被编译器接受。

Java 的标识符命名规则包括以下几类。

（1）能包含数字（0～9）、字母（a～z、A～Z、汉字[①]等）、下划线（ _ ）、美元符号（ $ ）。

（2）不能以数字开头。

（3）不能与关键字相同。

表 2-3 列举了一些合法和非法的标识符。

表 2-3　　　　　　　　　　　　　　　　　标识符举例

标　识　符	说　　明
aBC, max_value, xy$ab, $1, value$	合法
true123, $true$, _false	合法，允许关键字作为标识符的一部分
If, NULL, INT	合法，但不推荐
π, 学生甲, a 按钮, 按钮 b	合法，但不推荐
1_max, 24hours	非法，数字开头
for	非法，与关键字相同
the-value	非法，含有非法字符（横线）
min value	非法，含有非法字符（空格）

说明：

（1）标识符的长度没有限制，但不要过长。

（2）标识符区分大小写（或称大小写敏感），如 Max 和 max 是不同的标识符。

（3）除某些特定位置之外，标识符命名应尽量使用英文单词，并做到顾名思义，如 CourseInfo、getCurrentValue、order_total_price、WINDOW_HEIGHT。

（4）标识符可以包含下划线而非横线，Java 编译器会将后者理解为运算符，从而导致语法错误，如 order-total-price 是非法标识符。这是初学者容易犯的错误之一。

（5）一般不推荐使用$字符。若确实需要将标识符分隔成几部分，可使用下划线。

2.1.3　命名惯例和约定

除必须满足的规则外，标识符的命名还应遵守一些惯例和约定，原因有以下几点。

（1）这些惯例和约定已经被大量实践证明有利于软件代码的编写、阅读和维护。

[①] 事实上，因 Java 采用了 Unicode 字符集（详见 2.5.1 节），故 Java 中的标识符完全可以包含非西文字符（如汉字），但为了保证代码的可读性以及避免潜在错误的发生，一般不推荐使用非西文字符命名标识符。

（2）全世界绝大多数的 Java 开发者都遵守着这些惯例和约定。

（3）遵守这些惯例和约定不仅有利于团队中其他人理解开发者的代码，也有利于开发者理解自己以前编写的代码。

下面以表格的形式给出这些惯例和约定，如表 2-4 所示。

表 2-4　　　　　　　　　　　　　Java 标识符的命名惯例和约定

分类	命名惯例和约定	示例
包	• 采用"从大到小"的方式——与网络域名的顺序相反 • 每级包名都用小写字母 • 若由多个单词组成，则直接连在一起	edu.ahpu.oa.ui com.mycompany.mysoft
类	• 使用"大驼峰"（UpperCamelCase）表示法——每个单词的首字母大写，其余小写 • 尽量使用名词结尾	Account MobilePhone VipCustomer
接口	• 使用"大驼峰"表示法 • 通常以 able 结尾，有时也以大写字母 I（interface）开头	Drawable IShape、MouseListener
方法	• 使用"小驼峰"（lowerCamelCase）表示法——从第 2 个单词开始，每个单词的首字母大写，其余小写 • 第一个单词一般是动词 • 若是取值型（读）方法，一般以 get 开头 • 若取的值是 boolean 型，一般以 is 开头 • 若是设值型（写）方法，一般以 set 开头	deleteStudent getUserInfo isFemale setParentNode
字段和局部变量	• 使用"小驼峰"表示法 • 命名应能体现变量值的意义 • 短名称一般只用于局部变量且是基本类型，如循环结构中的整型计数器可命名为 i、j、k1、k2 等 • 若变量是数组或容器，则应使用单词的复数形式 • GUI 组件型变量也可以采用"匈牙利"表示法——类型缩写前缀 + 变量描述，如 btnLogin、dlgDeletion、frmLogin 等	studentWithMaxAge allMaleEmployees loginDialog okButton
常量	• 全部大写，多个单词用下划线隔开	PI、WINDOW_HEIGHT

尽管命名惯例和约定不是强制性的，但建议读者在初学时就遵守并逐渐形成习惯。除标识符的命名之外，还有一些编程方面的惯例和约定，具体可参考附录 C。

2.2　变量与常量

变量与常量是承载数据的"容器"，它们是表示和访问数据的基础。

2.2.1　变量

变量（Variable）是指在程序运行期间其值能被修改的量。与 C 语言一样，Java 是静态类型的编程语言——所有的变量必须先声明（Declaration），即指定类型后才能使用。此外，变量一旦被指定为某种类型，在程序运行期间该变量将一直保持这一类型。

Java 中变量的声明格式为：

[修饰符] 类型名 变量名 1[=初始值 1][, 变量名 2[=初始值 2]...];

说明：

（1）方括号中的内容是可选的。除非特别说明，本书后续章节也是如此。

（2）类型名与首个变量名之间至少要有一个空格。

（3）可以在声明变量的同时为其赋以初值，也可以只声明而不赋初值。

（4）可以一次声明多个变量，各变量名之间用西文逗号隔开。

（5）最后为一个西文分号。

阅读下面的代码：

```
001  int age; // 仅声明一个变量
002  int i, j, k; // 一次声明多个变量
003  public static long ID = 2018070120L; // 声明同时赋初值，并使用了多个修饰符
004  char ch1 = 'A', ch2, ch3 = 'Z'; // 部分赋初值
005  private boolean isMale = false, enabled = true;// 每个变量都赋了初值
```

在某些情形下，变量可以只声明而不赋以初值，此时的变量具有一个默认值，如前述表 2-1 所示。有关修饰符以及为变量赋初值的内容将在第 5 章介绍。

2.2.2 常量

常量（Constant）是指在程序运行期间其值不能被修改的量，具体可以分为两种——字面常量和 final 常量。

1. 字面常量

字面常量无须声明，可在代码中直接书写出来，如 123、−5、3.14、'A'、'我'、"Hello, World!" 等。字面常量也称为直接常量，简称为常量。

2. final 常量

final 常量是指以 final 关键字修饰的变量，它只能被赋值一次，且以后不允许再被赋值，因此，也被称为"最终"变量[①]。final 常量的声明格式为：

[修饰符] final 类型名 常量名 1[=常量值 1][, 常量名 2[=常量值 2]...];

说明：

（1）建议 final 常量名全部使用大写字母，若有多个单词，则用下划线连接。

（2）可以在声明 final 常量时赋值，也可以在后面某处赋值。

（3）一经赋值，以后即使将同样的值赋给 final 常量也是不允许的。

阅读下面的代码。

```
001  final double PI = 3.14159; // 字母均大写
002  final int LOGIN_WINDOW_HEIGHT = 200; // 下划线连接多个单词
003  final int COUNT = 10; // 首次赋值
004  ......
005  COUNT = 10; // 非法，即使赋以相同的值也不允许
```

2.3 整　型

整型用以存放整数。Java 中的整型具体分为 4 种——字节型（byte）、短整型（short）、基本

---

① final 常量的本质仍然是变量，考虑到其一经赋值便不允许修改的特性，本书将其归为常量。

整型（int）和长整型（long）。

2.3.1　整型常量

Java 用前缀来标识整型常量的进制，用后缀来标识整型常量的类型。

1. 前缀

（1）0：八进制整数。如 0123、-010，分别表示十进制的 83、-8。

（2）0x 或 0X：十六进制整数。如 0x123、-0X10、0xA、0x0A、-0xFF，分别表示十进制的 291、-16、10、10、-255。

（3）0b 或 0B：二进制整数。如 0b101、-0B01001101，分别表示十进制的 5、-77。

（4）无前缀：默认为十进制整数。如 123、-80。

注意：0b 和 0B 前缀是 JDK 7 引入的新特性。此外，以上 4 种常量均可使用下划线将数值中的若干位分隔开[①]，以便增加代码可读性，这同样是 JDK 7 及以后版本才支持的特性。例如，1000_000、1_23、-01_01、0x8_000、-0xFF_FF、0b0001_0001、0b1_11_110 分别表示十进制的 1000000、123、-65、32768、-65535、17、62。

2. 后缀

（1）l 或 L[②]：long 型，占 8 个字节。如 123l、-80L。

（2）无后缀：默认为 int 型，占 4 个字节。如 123、-80。

前缀与后缀可以同时使用，如 -0X123L。

注意：Java 并未提供用于 byte 和 short 型整数的后缀。

本章开头给出了基本类型各自的表示范围，对于整型来说，范围的上下界不仅难以记忆，而且直接写在代码中也不直观。可以肯定，每种基本类型的最大值和最小值都是固定的，而这些值都被定义在基本类型对应的包装类中。例如，打开 Long 类的源代码[③]，会发现如下的代码：

```
public static final long MAX_VALUE = 0x7fffffffffffffffL;
```

代码中的 MAX_VALUE 是 final 常量，其值则是一个十六进制的 long 型字面常量。有关包装类的内容，将在本章后续小节介绍。

2.3.2　整型变量

阅读下面的代码：

```
001    int i = 100;            // 正确：十进制 int 型常量赋给 int 型变量
002    int j = -0x100;         // 正确：十六进制 int 型常量赋给 int 型变量
003    int k = 100L;           // 错误：long 型常量赋给 int 型变量（即使值在 int 型范围内）
004    int m = 10000000000000;     // 错误：int 型常量超过了 int 型范围
005    byte b1 = 10;           // 正确：int 型常量赋给 byte 型变量（值在 byte 型范围内）
006    byte b2 = 200;          // 错误：int 型常量赋给 byte 型变量（值超过 byte 型范围）
007    short s1 = 400;         // 正确：int 型常量赋给 short 型变量（值在 short 型范围内）
008    short s2 = 40000;       // 错误：int 型常量赋给 short 型变量（值超过 short 型范围）
009    long p = 50000;         // 正确：int 型常量赋给 long 型变量
010    long q = 50000L;        // 正确：long 型常量赋给 long 型变量
```

通过上述代码中的错误，总结为整型变量赋值时需要注意的几点。

（1）不要将 long 型常量赋值给非 long 型变量，即使常量值在变量范围内，如第 3 行。

（2）字面常量不要超过其所属类型的表示范围，如第 4 行。

---

① 通常只对较长的二进制常量进行分隔，并以每 4 或 8 位为一组。

② 推荐用大写字母 L，因为大多数编程所用字体的小写字母 l 看起来与数字 1 非常相似，容易造成混淆。

③ Long 是基本类型 long 对应的包装类（详见本章 2.8 节），其源文件为 <JDK 目录>\src.zip\java\lang\Long.java。

（3）因 Java 中没有 byte 型和 short 型字面常量，故可将 int 型常量赋给 byte 型和 short 型变量，但要注意不要超过相应的范围，如第 6 行、第 8 行。

（4）总是可以将 int 型常量赋给 long 型变量——前者总在后者范围内，如第 9 行。

在实际开发时，可以根据数值可能的大小选择合适的整型。一般来说，long 型已满足大多数应用对整数的需求。若不能满足，则可以考虑使用 java.math 包下的 BigInteger 类，该类可以表示无限大小的整数。此外，某些应用需要使用特定的整型，例如，在处理网络通信或分析文件格式时，会经常使用到 byte 型。

2.4 浮 点 型

浮点表示法是计算机采用最为广泛的表示实数的方法。相对于定点表示，浮点表示法利用指数使小数点的位置可以根据需要而左右浮动，从而灵活地表达更大范围的实数。Java 中的浮点型分为两种——单精度浮点型（float）和双精度浮点型（double），后者能够表示更大范围和更高精度的实数。

2.4.1 浮点型常量

常规形式的浮点型常量的书写形式与数学表示基本一致，如 123.4、0.56、-10.2。除此之外，当整数（或小数）部分为 0 时，可以省略小数点左边（或右边）的 0，如 0.0123 可写为.0123、456.0 可写为 456.。

与整型常量一样，Java 也采用后缀来表示浮点型常量的类型。

1. 后缀

（1）f 或 F 后缀：float 型，占 4 个字节。如-123f、3.14F。

（2）d 或 D 后缀：double 型，占 8 个字节。如-123d、3.14D。

（3）无后缀：默认为 double 型。如-123.4、3.14。

与整型常量不同，不能用前缀来表示常规形式的浮点型常量的进制。阅读下面的代码：

```
001    double d1 = 0x10.2;       // 错误
002    float f1 = 0x10.2f;       // 错误
003    float f2 = 010.2;         // 错误
004    float f3 = 010.2f;        // 正确
```

上述代码中，第 1 行、第 2 行都是错误的，因为不允许在浮点型常量左边加 0x 前缀。第 3 行、第 4 行在 10.2 左边加 0 却是允许的，因为此处的 0 并非表示八进制数的前缀，而是作为填充位数用的前导零。第 3 行之所以错误，是因为 010.2 是 double 型的，不允许赋给 float 型变量（见小 2.4.2 小节）。

2. 指数形式

众所周知，任一实数 N 可以用指数形式表示为：$N = \pm M \times 10^E$，其中，M 是尾数（或称系数），E 是指数（或称阶数）。Java 允许用指数形式来书写浮点型常量，这特别适合于表示较大的实数，具体格式为：

[±][0x|0]尾数 E|P[±]指数[f|d]

其中：

（1）第 1 个 ± 表示浮点数的符号，若未指定则为正。

（2）竖线 "|" 表示 "或"，即只能指定 "|" 分隔开的若干项中的某一项。

（3）尾数可以是整数或小数，均可带前缀，这与常规形式的浮点型常量不同。

（4）前缀 0x 表示尾数是十六进制数，而前缀 0 只是前导零而并非八进制数。

（5）E 表示以 10 为底，P 表示以 2 为底，大小写均可。

（6）当尾数是十进制数时，只能使用 E。

（7）当尾数是十六进制数时，只能使用 P，因为字母 E 是十六进制数的其中一个基数。

（8）第 2 个 ± 表示指数的符号，若未指定则为正。

（9）指数必须是十进制整数，可以带前导零。

表 2-5 列举了若干以指数形式表示的浮点型常量。

表 2-5　　　　　　　　　　　　　以指数形式表示的浮点型常量

示例	十进制数值	类型	说　　明
2E3F	2000.0	float	$2×10^3$，F 是 float 型后缀
2.4E+3	2400.0	double	$2.4×10^3$，默认为 double 型
−2.4E04d	−24000.0	double	$−2.4×10^4$，指数可以带前导零，d 是 double 型后缀
2.4E+3.5	非法	−	指数不能是小数
2.4E0x3d	非法	−	指数不能是十六进制数
0x2E3F	11839	int	不是浮点型，是十六进制整型
0x2E-3F	非法	−	尾数是十六进制数时，不允许使用 E，而 2E-3F 是一个非法的十六进制数
012E-2D	0.12	double	$12×10^{-2}$，0 是前导零，D 是 double 型后缀
012.4E2	1240.0	double	$12.4×10^2$
12.4P2D	非法	−	尾数是十进制数时，不允许使用 P
0x20P-6f	0.5	float	$32×2^{-6}$，P 是以 2 为底，f 是 float 型后缀
−0x2.4P-3	−0.28125	double	$−2.25×2^{-3}$

在实际应用中，为提高代码的可读性，应使用最为常规的指数形式，如−1.23E5，其他形式仅作一般了解即可。

2.4.2　浮点型变量

阅读下面的代码：

```
001    float f1 = -12.3E+5;    // 错误，不能将 double 型常量赋给 float 型变量
002    float f2 = -12.3E+5f;   // 正确
003    double d1 = 2018.7;     // 正确
004    double d2 = 2018.7d;    // 正确
005    double d3 = 2018.7f;    // 正确，float 型的范围在 double 型之内
006    float f3 = 0x1234;      // 正确，int 型的范围在 float 型之内
007    float f4 = 01234L;      // 正确，long 型的范围在 float 型之内
008    double d4 = 1234L;      // 正确，long 型的范围在 double 型之内
```

我们可以看出，总是可以将"小"类型常量赋值给"大"类型常量，因为前者能表示的数的范围在后者之内，如第 5 行～第 8 行；反之却不行，如第 1 行。

有关 float 型和 double 型的表示范围和精度[①]，读者不必深究。一般来说，double 型已能满足绝大多数应用对实数的需求。若对精度要求较高或涉及到货币计算，则应优先考虑使用 java.math

---

① 感兴趣的读者可查阅 IEEE-754 规范。

包下的 BigDecimal 类，该类可以表示任意精度的有符号十进制数。

2.5 字 符 型

2.5.1 Unicode 概述

大多数读者应该对 ASCII（American Standard Code for Information Interchange，美国信息交换标准代码）不陌生，它是一套基于拉丁语言的字符编码方案，适用于英语和部分西欧语言[①]。因 ASCII 码是单字节的，故最多只能表示 256 个字符，显然，对于非拉丁语言（如汉语、俄语、阿拉伯语等）中的字符，ASCII 码是无能为力的。因此，一部分国家在 ASCII 码基础之上制定了适合本国语言的编码标准，这些编码标准虽然能很好地处理拉丁语言和本国语言中的文字，但无法应对不兼容的多语言文字混合出现的情况[②]。

为解决上述问题，统一码联盟[③]在 1991 年发布了 Unicode 规范的第一个版本。Unicode 旨在为世界上所有语言和文字中的每个字符都确定一个唯一的编码，以满足跨语言、跨平台进行文字的转换和处理的需求。在问世以来的二十多年里，Unicode 已被广泛应用到可扩展标记语言（XML）、编程语言、操作系统和 Emoji 表情符号等领域，目前最新的 Unicode 规范是 12.0.0 Beta 版。

Unicode 规范可分为编码和实现两个层次。目前，实际使用较为广泛的 Unicode 编码采用 16 位的编码空间，即每个字符占用 2 个字节，理论上共能表示 65536 个字符，基本满足各种语言的需要。

Unicode 的实现则不同于编码，尽管每个字符的 Unicode 编码是确定的，但在实际传输过程中，因不同系统和平台的设计可能不一致以及出于节省空间的考虑，故而出现了 Unicode 编码的不同实现方式。Unicode 的实现方式称为 UTF(Unicode Transformation Format，Unicode 转换格式），如 UTF-8、UTF-16 等，这些实现往往与每个国家和地区自己定义的编码标准不兼容。

Java 在设计之初就考虑了语言的兼容性问题，因此采用了 Unicode 编码。具体来说，Java 源文件被编译为 class 文件后，不管源文件采用何种编码存储，在 class 文件中均被转换成 Unicode 编码。当 class 文件被执行时，Java 虚拟机会自动探测所在操作系统的默认语言[④]，并将 class 文件中以 Unicode 编码表示的字符和字符串转换成该语言使用的编码。也就是说，若操作系统（或用以显示运行结果的软件环境）所设置语言的编码与源文件的编码一致（或兼容），就能正确显示源文件中的字符和字符串，否则将出现乱码[⑤]。有兴趣的读者可查阅有关 Unicode 和 Java 虚拟机规范的资料，初学者对此不必深究。

---

① 在 2015 年上映的科幻电影《火星救援》中，有被困火星的男主角与 NASA 之间通过十六进制的 ASCII 码来传递信息的桥段。

② 因为这些语言各自遵循着不同的编码标准，例如中国大陆地区使用 GB2312/GBK 编码，而中国台湾地区使用 BIG5 编码，这样就可能出现同一个编码在不同标准中对应着不同字符的情况，从而降低程序的通用性。

③ 一个负责制订 Unicode 规范的非盈利性机构，由多个国家的政府和软件厂商的代表组成，致力于以 Unicode 规范取代现有的多种字符编码方案，以支持多语言环境。

④ 对于 Windows 10 操作系统，可通过"控制面板 → 区域 → 管理 → 更改系统区域设置"更改。

⑤ 实际上，中文乱码问题对于绝大多数 Java 初学者都会遇到，尤其是用 Java 编写 Web 或数据库程序时。可以遵循一个原则——若采用纯文本编辑器编写代码,则编码格式选择 ANSI;若采用 IDE,则选择 UTF-8。

说明：Unicode 编码是兼容 ASCII 码的，也就是说，ASCII 码中每个字符的编码值在 Unicode 编码中并无变化，只是由原来的 8 位扩展到了 16 位。

2.5.2　字符型常量

字符是指自然语言中的单个文字。Java 中的字符型常量用一对西文单引号括起来，具体有 3 种表示形式。

1. 常规表示

常规表示适用于常规字符，在单引号中直接书写即可，如'A'、'风'、'風'、'★'。

2. 转义表示

对于特殊字符，若以常规表示的形式直接输入到代码中，会破坏程序的语法，因此要对这些字符进行转义（Escape）。转义字符以反斜杠"\"开头，如表 2-6 所示。

表 2-6　　　　　　　　　　　　常用的转义字符

字　　符	转义字符	说　　明
'	\'	西文单引号
"	\"	西文双引号
\	\\	反斜杠
回车	\r	Return，光标跳到本行开头
换行	\n	Newline，光标跳到下一行开头
退格	\b	Backspace，光标左移一列
跳格/制表	\t	Table，光标跳到下一个制表列

说明：

（1）命令行窗口总是在光标处输出字符，若输出的是拉丁字符，则光标自动右移 1 列，若是汉字，则右移 2 列。

（2）"\b"只是将光标左移一列，并不会抹去左侧的字符，除非后面还有输出，这与在文本编辑器中按下退格键有所不同。

（3）命令行窗口中的第 1 列、第 9 列、第 17 列、... 等列称为制表列[①]。

（4）"\t"是 1 个字符（ASCII 码为 9），而不是 8 个。若光标当前分别在第 9 列、第 13 列、第 16 列，则下一个制表列同为第 17 列。

（5）光标从当前位置跳到下一个制表列时，会抹去中间的所有字符。

说明：

某些转义字符对光标的控制和实际输出与具体运行平台和环境有关。例如，Eclipse 的控制台窗口遇到"\r"也换行，而"\b"则根本不被识别。表 2-6 仅对 Windows 的命令行窗口而言，读者对此不必深究。

3. 编码表示

严格来说，编码表示也属于转义表示，考虑到这种方式能以一种统一的格式表示任何一个字符，因此单独列出，如表 2-7 所示。

---

① 在命令行窗口中使用字符来绘制表格时，经常需要将光标跳到同一列，以便对齐不同的行，这也是制表字符名称的由来。

表 2-7 字符的编码表示

格式	说　明	举　例
\ddd	用于表示拉丁字符。ddd 是 1～3 位的八进制数，可以加前导零	'\101': 'A'　　'\63': '3'　　'\063': '3' '\81': 非法的八进制数 '\0101': 超过了 3 位，非法
\uxxxx	能表示所有 Unicode 字符。u 必须小写，xxxx 是 4 位的十六进制数，若不够 4 位，必须加前导零补足 4 位，且不能加 0x 前缀	'\u0041': 'A'　　'\u0033': '3' '\u98A8': '風'　　'\u98CE': '风' '\u41': 不足 4 位，非法 '\U0041': 大写 U，非法

"\ddd" 的格式与 C 语言是相同的，其只能表示拉丁字符，因此 "\uxxxx" 的格式更为通用。此外，在编写多语言版本的 Java 程序时，经常需要将代码中的非拉丁字符转义成 "\uxxxx" 的格式，此时可以借助前述表 1-4 中的 native2ascii.exe 工具来完成，IDE 一般也会提供更为便捷的工具。

4. 字符串常量

多个字符常量可以放在一对西文双引号中组成字符序列，称为字符串（String）常量。

说明：字符串不是基本类型，而是对象类型。考虑到其与字符的关系较为密切，同时为方便后述演示程序的编写，故放在此处介绍。有关字符串的内容详见第 13 章。

【例 2.1】字符和字符串常量演示（见图 2-1）。

CharDemo.java

```
001  public class CharDemo {
002    public static void main(String[] args) {
003      System.out.println("我是第一行\n 我是第二行\r 我才是第二行");
004      System.out.println("学号\t 姓名\t 专业");
005      System.out.println("1\t 李晓明\t 计算机");
006      System.out.println("102\tTom\t 英语");
007      System.out.println("Java 中的双引号字符要被转义成\\\"");
008      System.out.println("\'\\\u6211\'对应着\'\u6211\'");
009      System.out.println("测试 A\b\b");
010      System.out.println("测试 B\b\bABC");
011    }
012  }
```

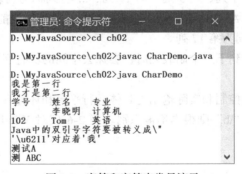

图 2-1 字符和字符串常量演示

为便于组织源文件，从本章起，本书后续示例程序的源文件将按章号存放在 D:\MyJavaSource 下的相应目录内——如本章为 ch02。编译前，请先将命令行窗口切换到相应目录，具体如图 2-1 所示。

2.5.3　字符型变量

字符型变量以关键字 char（Character，字符）声明，为其赋值时需要注意以下几点。

（1）在 Java 语言中，字符是基本类型，而字符串却是对象类型。因此，不能将字符串常量赋值给字符型变量，即使前者仅包含一个字符。

（2）在 C 语言中，允许一对单引号紧挨在一起，此时表示的是 ASCII 码为 0 的空字符，而 Java 不允许这样，即一对单引号中必有且仅有一个字符常量。

阅读下面的代码：

```
001    char ch1, ch2 = 'A';      // 合法
002    char ch3 = '\t', ch4 = '\102', ch5 = '\u98CE'; // 合法
003    char ch6 = '';            // 非法，单引号中必须有一个字符常量
004    char ch7 = 'abc';         // 非法，单引号中不能有 2 个及以上的字符常量
005    char ch8 = "A";           // 非法，不能将字符串赋值给字符型变量
```

2.6　布　尔　型

在介绍布尔型（Boolean）之前，先请阅读一段 C 语言的代码：

```
001    int i = 1;
002    if(i = 2){
003        printf("i=2");
004    }
```

运行上述代码会发现，无论第 1 行的 i 值为多少，总会执行第 3 行。由于在 C 语言中没有专门用以表示真假值的类型，或者说 C 语言中任何数值都能表示真假——只有 0 表示假，其他值均表示真。而 i = 2 作为赋值表达式，表达式的值是 2，所以 if 条件总为真。

上述代码第 2 行有意将"关系等"运算符写成了"赋值"运算符，而 C 的编译器并不认为这是语法错误，但程序此时的逻辑与预期逻辑完全不同。可见，C 语言的这种以数值表示真假值的方式为程序带来了潜在的逻辑错误。

Java 摒弃了 C 语言的不安全做法，专门以布尔型表示真/假、成立/不成立的概念，若在 Java 程序中写出上述第 2 行代码，将视为语法错误。

1. 布尔型常量

布尔型专门用于表示真假，故只有 2 个常量——true（真）和 false（假），它们实际上是 Java 中的关键字。

2. 布尔型变量

布尔型变量以关键字 boolean 声明，取值只能是 true 或 false，默认为 false。

注意：布尔型和整型有着本质的区别，true 和 false 并不对应着某两个具体的整数，因此不要试图在布尔型和整型之间做类型转换的操作。

2.7　类　型　转　换

本章前述内容介绍了 Java 的 8 种基本类型，在实际开发中，经常会遇到不同类型的数据混合出现的情形。另外，某些运算对参与运算的数据的类型有所要求，可能需要先将某种类型的数据

"强行"转换成符合要求的类型。为此，Java 提供了两种类型转换的机制——自动转换和强制转换。

2.7.1　自动转换

自动转换又称为隐式转换或类型提升，由 Java 编译器和运行时环境自动完成。自动转换一般发生于基本类型混合出现的情形。阅读下面的代码：

```
001    int a = 100;
002    long b = 200;
003    long c = a + b;
```

上述代码中，变量 a 是 int 型，变量 b 则是 long 型。对于第 3 行，Java 会自动将 a（的值）转换成 long 型，然后完成相加的运算（结果为 long 型），并将结果赋给变量 c。Java 对基本类型混合出现时的自动转换规则为：

```
byte, short, char → int → long → float → double
```

开发者通常无须关心自动转换的细节。不同的基本类型相遇时，自动转换总是将"小"类型提升为"大"类型，这样做的目的很明显——保证值和精度不会丢失。例如，byte 型与 long 型相遇时，前者将被符号扩展为 64 位的 long 型。对于 byte、short 和 char 型，它们相遇时不会发生自动转换，如确实需要转换，可以使用 2.7.2 节介绍的强制转换。

2.7.2　强制转换

强制转换又称为显式转换或造型（Cast），这种转换由代码显式告知 Java 编译器和运行时环境将某种类型的数据转换成其他类型，其语法格式为：

（目标类型）式子　或　（目标类型）(式子)

其中，目标类型是要转换到的类型。若式子仅含单个常量或变量，则可以省略其外的一对圆括号，否则不能省略。例如，"(int) a"与"(int) (a)"是等价的——都是将 a 的值强制转换为 int 型，而"(long) (a+b)"与"(long) a+b"却不等价——因求和运算优先级低于强制转换，前者是将 a 与 b 的和强制转换为 long 型，而后者却是先将 a 的值强制转换为 long 型，再与 b 相加。

【例 2.2】强制转换演示（见图 2-2）。

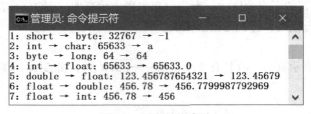

图 2-2　强制转换演示

CastDemo.java

```
001    public class CastDemo {
002        public static void main(String[] args) {
003            short s = 32767;          // 二进制：0111 1111 1111 1111
004            int i = 65536 + 97;       // 二进制的低 16 位对应十进制数 97
005            byte b = 64;
006            double d = 123.456787654321; // 小数位较多
007            float f = 456.78f;
008
009            System.out.println("1: short → byte：" + s + " → " + (byte) s);
010            System.out.println("2: int → char：" + i + " → " + (char) i);
011            System.out.println("3: byte → long：" + b + " → " + (long) b);
```

```
012        System.out.println("4: int → float: " + i + " → " + (float) i);
013        System.out.println("5: double → float: " + d + " → " + (float) d);
014        System.out.println("6: float → double: " + f + " → " + (double) f);
015        System.out.println("7: float → int: " + f + " → " + (int) f);
016    }
017 }
```

为便于观察结果，上述代码第 9～15 行输出了一些辅助信息，其中的 "+" 运算符的作用是将其两侧的内容拼接成一个新字符串。对于基本类型，强制转换具体有以下几种情况，其中的箭头表示强制转换的方向。

（1）小整型 → 大整型：值不会丢失，如第 11 行。

（2）大整型 → 小整型：只保留低若干字节，值有可能丢失，如第 9 行。

（3）整型 → 字符型：保留整型数据的低 16 位（有符号数，若不足 16 位则符号扩展至 16 位），并作为字符的 Unicode 编码（无符号数），如第 10 行。

（4）浮点型 → 整型：直接丢弃浮点型的小数部分（并非四舍五入），如第 15 行。

（5）整型 → 浮点型：整数部分的值不会丢失，小数部分为 0，如第 12 行。

（6）double ⟷ float：值和精度（小数位较多时）都有可能丢失[①]，如第 13 行、第 14 行。

在实际应用中，强制转换更多是用于那些彼此间具有继承关系的对象类型（详见第 5 章）。例如，将 Person 类型的对象 p 强制转换为 Student 类型的对象。相对于自动转换，强制转换更为灵活，使得开发者能自由控制转换的方向以满足不同的需求，但需要注意以下两点。

（1）不能在 boolean 型与其他基本类型之间做强制类型转换。

（2）无论是自动转换还是强制转换，转换的过程中只是得到一个临时的变量，而被转换变量的类型并没有发生变化，仍然是声明变量时所指定的类型。例如，上述代码的第 10 行执行完后，变量 i 依然是 int 型。

2.8　基本类型的包装类

基本类型虽能满足程序对数值、字符以及布尔值的需求，但具有一些局限性。

（1）有时候，程序还关心除了值和所属类型之外的其他信息，如 float 型的最大值。

（2）程序需要对值进行某种操作，如判断一个字符串是否为合法的十六进制数形式的字符串、将某个 long 型的值转换成其八进制形式的字符串等。

尽管可以编写专门的代码以获得、完成上述信息和操作，但这无疑增加了工作量，并且编写出的代码通常是不健壮的。

本节部分内容涉及第 5 章的知识点，之所以将包装类列于本章，是考虑到其与基本类型的联系较为紧密，初学者对本节内容只需做简单了解。

2.8.1　包装类

如同包装类（Wrapper Class）的名字一样，Java 以类的形式为 8 种基本类型提供了相应的包装，具体如表 2-8 所示。通过包装类，可以将基本类型的常量或变量包装为对应包装类的对象，并通过包装类提供的方法，方便地获取相关信息或执行某些常用操作。

---

① 因浮点数在计算机中采用近似表示，故而即使是 float 型转换为 double 型，小数部分的值也有可能变化。

表 2-8   Java 基本类型对应的包装类

基 本 类 型	包 装 类	直 接 父 类
byte	Byte	
short	Short	
int	Integer	
long	Long	Number
float	Float	
double	Double	
char	Character	
boolean	Boolean	Object

8 种基本类型的包装类均位于 java.lang 包下。从类名看，除了 Character 和 Integer 外，其他包装类的名称均是将对应基本类型名的首字母改为大写即可。因前 6 种基本类型都属于数值型，故它们对应的包装类都继承自 Number 类，而 Character 和 Boolean 类则继承自 Object。

2.8.2　包装类的主要方法

每个包装类都提供了大量的方法，可以通过这些方法完成常用的与基本类型相关的操作。考虑到不同包装类中的某些方法的功能非常类似，下面以功能来划分包装类的方法。

1.　创建包装类的对象

该类方法主要用于从基本类型（或字符串）创建对应的包装类对象，即"包装"基本类型，格式为：

包装类名　对象名　=　new　包装类名(基本类型或字符串);

阅读下面的代码：

```
001    int a = 20;
002    boolean b = true;
003
004    Integer intObj1 = new Integer(10);      // 从基本类型字面常量创建包装类对象
005    Character charObj = new Character('A');
006    Integer intObj2 = new Integer("10");    // 从字符串创建包装类对象
007    Float floatObj = new Float("3.14");
008    Integer intObj3 = new Integer(a);       // 从基本类型变量创建包装类对象
009    Boolean boolObj = new Boolean(b);
```

2.　将字符串解析为基本类型

该类方法是静态方法（无须通过对象而直接以类名调用），主要用于将一个字符串解析（Parse）为其对应的基本类型的值，格式为：

包装类名.parseXxx(字符串[，进制]);

其中第 2 个参数是可选的，用以指定解析整型数据时采用的进制。阅读下面的代码：

```
001    int i = Integer.parseInt("12");            // i=12
002    byte b = Byte.parseByte("12", 16);         // b=18
003    double d = Double.parseDouble("123.456");  // d=123.456
004    Boolean.parseBoolean("true");              // 得到 true
005    int k = Integer.parseInt("ABC12");         // ABC12 无法解析为整数，运行时出错
```

注意：若指定字符串不能被解析为对应类型，则在运行时（而非编译时）会出错，如上述代码第 5 行。

3.　从包装类对象获得值

该类方法主要用于从包装类的对象中获得其对应基本类型的值，格式为：

对象名.xxxValue();

阅读下面的代码：

```
001    Integer intObj = new Integer(10);
002    Character charObj = new Character('A');
003    Float floatObj = new Float("3.14");
004
005    int i = intObj.intValue();           // i=10
006    char c = charObj.charValue();        // c='A'
007    float f = floatObj.floatValue();     // f=3.14
```

容易看出，该类方法实际上是前述第 1 类方法的逆方法。

4. 将基本类型转为字符串

该类方法主要用于将基本类型的值转换为字符串，格式为：

包装类名.toString(基本类型[, 进制]);

其中第 2 个参数是可选的，用以指定将整型数据转换为字符串时所采用的进制。阅读下面的代码：

```
001    System.out.println(Integer.toString(10));      // 输出 10
002    System.out.println(Long.toString(12, 2));      // 输出 1100
003    System.out.println(Long.toString(12, 16));     // 输出 c
004    System.out.println(Float.toString(-3.2E4f));   // 输出 -32000.0
005    System.out.println(Boolean.toString(false));   // 输出 false
```

容易看出，该类方法实际上是前述第 2 类方法的逆方法。

除了方法之外，包装类还提供了一些静态常量，如对应基本类型的最大和最小值等，具体请查阅 JDK 的 API 文档。

2.8.3　自动装箱和拆箱

阅读下面的代码：

```
001    int i;
002    Integer a = 10;     // 相当于 Integer a = new Integer(10);
003    i = a;              // 相当于 i = a.intValue();
```

在第 2 行中，将 int 型常量赋值给 Integer 型变量看起来是错误的，毕竟前者是基本类型，而后者是对象类型。对于第 3 行，也是类似的。

从 JDK 5 开始，Java 提供了自动装箱和自动拆箱的机制。

1. 自动装箱（Auto Boxing）

将基本类型（包括常量和变量）自动包装成其对应的包装类对象，如上述代码第 2 行。

2. 自动拆箱（Auto Unboxing）

从包装类的对象中自动提取出其对应的基本类型的数据，如上述代码第 3 行。

程序被编译时，编译器会自行判断是否需要进行自动装箱或拆箱的操作，使得在那些本应使用包装类对象的地方可以直接使用其对应的基本类型的数据，反之亦然。因此，上述代码是正确的，它们分别等价于各自注释中的代码。

Java 的自动装箱和拆箱机制隐藏了基本类型与其对应的包装类之间的转换细节，使得编写的代码更加简洁。尽管如此，读者仍需理解基本类型和包装类之间的联系和差异。

2.9　运算符与表达式

运算符（Operator，也称操作符）是一些特定的符号，允许对常量、变量及式子施加某种操作。运算符相当于自然语言中的动词，那些被操作的常量、变量及式子被称为操作数（Operand），不同的运算符对参与运算的操作数和类型可能也有不同要求。此外，与数学上一样，Java 中的运算符也具有优先级。若多个运算符出现在同一式子中，则优先级高的先运算，对于优先级相同的运算符，则视运算符的结合性，具体如表 2-9 所示。

表 2-9　　　　　　　　　　　　　运算符的优先级与结合方向

优 先 级	运 算 符	结 合 性
1	() (显式先运算、方法调用)　　　[]　　.　　:: (方法引用)	→
2	!　　+ (正)　　– (负)　　~　　++　　– –　　() (强制转换)	←
3	*　　/　　%	→
4	+ (加)　　– (减)	→
5	<<　　>>　　>>>	→
6	<　　<=　　>　　>=　　instanceof	→
7	==　　!=	→
8	&	→
9	^	→
10	|	→
11	&&	→
12	||	→
13	?:	←
14	=　+=　–=　*=　/=　%=　&=　^=　|=　<<=　>>=　>>>=	←

说明：

（1）表 2-9 中的优先级从高到低排列——优先级数字越小，优先级越高。

（2）优先级为 2 的运算符是一元的[①]——只对一个常量、变量或式子进行运算，优先级为 13 的运算符是 Java 中唯一的三元运算符，其余都是二元运算符。

（3）结合性是指多个具有相同优先级的运算符出现在同一个式子中时，运算所采取的方向，大部分运算符的结合性都是从左向右（或称左结合）。较为典型的从右向左（或称右结合）的运算符是负号，如式子"3+–4"等价于"3+(–4)"。

（4）尽管 C 语言中作为运算符的逗号可以出现在 Java 代码的某些位置（如一次声明多个变量），但其并不是 Java 的运算符。

（5）同一个运算符出现在式子的不同位置，可能具有不同的含义、优先级甚至结合性。例如，圆括号用作显式先运算或方法调用（用于将实参括起来）时，优先级为 1（结合性为→），而用作强制转换时，优先级则为 2（结合性为←）。类似的运算符还有"+"和"–"等。

Java 包含的运算符非常丰富，本章后续内容将按功能划分，分别介绍这些运算符。

注意：实际开发中，若某个式子含有多个运算符，即使开发者清楚地知道各运算符的优先级与结合性，也应当尽量使用圆括号（优先级最高）显式标识出式子中的哪部分先运算[②]——提高代

---

① 有些资料也称一目或单目，对二元、三元运算符，也有类似的称法。

② 除非多个运算符的优先级高低关系非常明显。例如，通常不需要将式子 a=b+c 写成 a=(b+c)，因为=运算符的优先级最低对于任何开发者来说都是常识。

码的可理解性。因此，除经常使用的运算符（如=、+、!等）外，通常无须刻意记忆运算符的优先级与结合性。

2.9.1　赋值运算符

赋值运算符是使用频率最高的运算符之一，其功能是将某个常量、变量或式子的值赋给某个变量。赋值运算符具体包含两种：简单赋值运算符和复合赋值运算符。

1. 简单赋值

简单赋值运算符是指"="，它将"="右边的常量、变量或式子的值赋给左边的变量。

说明：

（1）"="的优先级是最低的，它总是被最后运算。

（2）"="左边只能是变量，右边通常是常量或变量，也可以是其他任何式子。

（3）"="运算符与数学上的"="不同。后者除了"="的左右均可以是任何式子之外，还有强调"左右相等"之意，而前者无此含义——这是初学者易犯的错误之一。

（4）"="右边的值类型与左边变量的类型可以不一致。若右边类型较左边类型小，则系统自动将右边小类型转为左边大类型，反之则视为语法错误。

阅读下面的代码：

```
001    int a, b = 2;
002    long c = 0x100000101L, d;
003    a = 3;              // 合法，a 为 3
004    b = a;              // 合法，b 为 3
005    b = b;              // 合法，但有警告（无效代码）
006    a = a + b;          // 合法，a 为 6
007    3 = a;              // 非法
008    a + b = 3;          // 非法
009    d = a;              // 合法（小类型赋给大类型），d 为 6L
010    a = c;              // 非法（大类型赋给小类型）
011    a = (int) c;        // 合法（强制转换），a 为 257
012    a = (byte) c;       // 合法（强制转换），a 为 1
```

2. 复合赋值

复合运算符具体包含 12 个，如前述表 2-9 的最后一行。复合赋值运算符是 12 个运算符分别与"="运算符的组合——在完成某种运算的同时进行赋值运算，如式子 a+=2 等价于 a=a+2。前述有关简单赋值运算符的说明也同样适用于复合赋值运算符。复合赋值运算符涉及的 12 个运算符将在本章后续内容中介绍。

2.9.2　算术运算符

算术运算符用以完成数学上的加减乘除运算，具体包括 7 个：+、−、*、/、%、++和−−，其中前 5 个统称为四则运算符，后 2 个分别称为自增和自减运算符。

1. 四则运算

四则运算符与数学上对应的符号基本一致，它们都是二元运算符，即要求 2 个操作数参与运算。比较特殊的是其中的"%"——模除运算符，其计算某个整数对另一个整数的余数，因此也称为取余运算符。此外，"+"和"−"还可以作为一元运算符，以表示某个数的正负。

阅读下面的代码：

```
001    int a = 5, b = -2;
002    long c = 20, d = 10, m;
003    float f1 = 3.2F, f2 = -2F, f3;
```

```
004     m = a + b;                  // 合法，m=3L
005     m = -c + -b;                // 合法，m=-18L
006     m = +b - d - a;             // 合法，m=-17L
007     m = a / b - 2 * a;          // 合法，m=-12L
008     m = b - 2a;                 // 非法，乘号不能省略
009     m = a / (b - a) * d;        // 合法，m=0L
010     m = a % b;                  // 合法，m=1L（商为-2，余数为1）
011     m = a % f1;                 // 非法，float 型不能赋给 long 型
012     m = (long)a + f1;           // 非法，同上（+优先级比强制转换低）
013     m = (long)(a + f1);         // 合法，m=8L
014
015     f3 = -a / b * 1.0f;         // 合法，f3=2.0F（整除）
016     f3 = 1.0f * a / b;          // 合法，f3=-2.5F（精确除）
017     f3 = a % f1;                // 合法，f3=1.8F
018     f3 = f1 / f2;               // 合法，f3=-1.6L（精确除）
019     f3 = (f1 - 0.1F) / f2;      // 合法，f3=-1.5500001L（结果不准确）
020     f3 = f1 % f2;               // 合法，f3=1.2L
```

说明：

（1）与数学上一样，乘除优先级高于加减并具有左结合性（第 7 行、第 9 行）。但 "+" "−" 分别用作取正、取负时的优先级高于乘除，并具有右结合性（第 5 行）。

（2）对负数取正无效（第 6 行）。

（3）乘号不能省略，否则视为语法错误（第 8 行）。

（4）对于 "/"，若参与运算的均为整数则做整除（第 7 行），否则做精确除（第 18 行）。

（5）若整除时 2 个数的符号相反，则余数符号与被除数相同，并向零靠近（第 7 行）。

（6）对于 "%"，若参与运算的 2 个数（假设分别为 a 和 b）均为整数[①]，则结果为整除所得的余数（第 10 行），否则结果为 a−(b*q)，其中 q=(int)(a/b)，如第 17 行。

（7）不同类型相遇时，小类型被自动提升为大类型，运算结果为大类型（第 15 行）。

（8）因浮点型有精度限制，故除法（包括 "%"）的结果可能不准确（第 19 行）。

注意：作为二元运算符，"+" 还具有拼接字符串的功能。

【例 2.3】"+" 运算符演示（见图 2-3）。

AddDemo.java
```java
001 public class AddDemo {
002     public static void main(String[] args) {
003         int a = 1, b = 3;
004         char c = '我';   // '我'字符的 Unicode 编码为 25105
005         System.out.print(a + b + c + "\t");      // 打印后不换行
006         System.out.print(a + b + "我" + "\t");
007         System.out.print("I am " + true + "\t");
008         System.out.print("我" + a + b + "\t");
009         System.out.print("我" + (a + b) + "\t");
010         System.out.print("我" + (a + "" + b));
011     }
012 }
```

图 2-3   "+" 运算符演示

---

① 这与 C 语言不同，C 语言要求参与 "%" 运算的必须是整数。为避免不必要的复杂性，一般不要在 Java 中对浮点型数据做取余运算。

说明：

（1）当"+"两侧都是数值（包括字符）型时，完成的是相加而非拼接（第 5 行）。

（2）当"+"两侧都是字符串时，直接拼接。若仅有某一侧是字符串，系统会自动将另一侧的值转换为对应的字符串形式，并拼接二者。

（3）以"+"拼接字符串的方式存在一定的性能损失，不要过多使用（特别是在循环结构中）。此时可采用 StringBuilder 或 StringBuffer 类（详见第 13 章）。

2. 自增与自减

"++"和"—"均是一元运算符，分别称为自增和自减运算符，它们的作用是将某个变量的值加 1 或减 1 后存回该变量。根据出现的位置不同，自增和自减运算符各自都有两种形式——前置形式和后置形式。下面以"++"为例来讲解，对于"—"也是类似的。

（1）前置自增

若"++"位于变量之前，如式子"++i"，此时称为前置自增运算符——将 i 自增 1，然后用增 1 后的值参与式子的运算。

（2）后置自增

若"++"位于变量之后，如式子"i++"，此时称为后置自增运算符——用 i 的原值参与式子的运算，然后将 i 自增 1。

阅读下面的代码：

```
001    int i = 1, m;
002    5++;                // 非法
003    (i+i)++;            // 非法
004    i++;                // i=2，等价于 i=i+1
005    i = 1;
006    ++i;                // i=2，等价于 i=i+1
007    i = 1;
008    m = i++;            // m=1，i=2。等价于 m=i 以及 i++
009    i = 1;
010    m = ++i;            // m=2，i=2。等价于 i++以及 m=i
011    i = 1;
012    m = (++i) + (++i) + (++i);    // m=2+3+4=9，i=4
013    i = 1;
014    m = (i++) + (i++) + (i++);    // m=1+2+3=6，i=4
015    i = 1;
016    m = i + (++i) + (i++);    // m=1+2+2=5，i=3
017    m = m++;            // m=5
018    m = ++m;            // m=6
```

说明：

（1）只能对变量而不能对常量和式子进行自增或自减（第 2 行、第 3 行）。

（2）自增和自减运算符的使用场合相对固定，如 for 循环的第 3 个式子等（详见第 3 章），其他地方应尽量使用常规的加减法形式，除非仅仅想对某个变量自增或自减 1 而不参与其他式子的运算（第 4 行、第 6 行）。

（3）尽管是可解释的，但强烈建议不要在一个式子中多次对同一变量使用自增或自减运算符[①]，以免降低代码的可理解性（第 12 行、第 14、第 16 行）。

（4）无论前置还是后置形式，相应变量总是被自增或自减 1（第 12 行、第 14 行、第 16 行）。

（5）类似地，尽量不要对变量自增或自减后赋给相同变量（第 17 行、第 18 行）。

---

① 尤其对于实际项目，绝对不要写出类似的代码。不幸的是，很多学院派的教材将这样的代码当做知识点和考点来讲授。

2.9.3　关系运算符

关系运算符用于比较两个操作数的大小关系，具体包括 6 个：= =、!=、>、>=、<和<=，分别用以判断两个操作数的值是否呈相等、不相等、大于、大于等于、小于和小于等于的关系，故关系运算符构成的式子的值是 boolean 类型。阅读下面的代码：

```
001    boolean b1 = false, b2 = true, result;
002    int m = 2, n = 3;
003    char c = 'A';
004    float f = 3.00000003F;
005    result = b1 == m;              // 非法
006    result = b1 >= b2;             // 非法
007    result = m < n < f;           // 非法
008    result = m != n;              // result=true
009    result = m < 3;               // result=true
010    result = ++m < 3;             // result=false (3<3)，m=3
011    result = b1 != b2;            // result=true
012    result = b1 == b2;            // result=false
013    result = b1 = b2;             // result=true (赋值，从右向左)，b1=true
014    result = c > n;               // result=true
015    result = n == f;              // result=true (f=3.0)
016    result = n - 2.12 == 0.88;    // result=false (3-2.12=0.8799999999999999)
```

说明：

（1）关系运算符的优先级低于算术运算符，前者内部，= =和!=的优先级低于其他 4 个。

（2）因 boolean 型不能被转换为数值型，故其不能与其他基本类型进行关系运算（第 5 行）。此外，2 个 boolean 型数据间只能进行相等或不相等的比较（第 6 行）。

（3）不能用数学上 a<b<c 的形式来连续比较数值型（第 7 行）[①]，因为式子 a<b 的值是 boolean 型，不能与数值型 c 比较。此时应当用 2.9.5 节的逻辑运算符来连接。

（4）注意 "= =" 与 "=" 运算符的区别（第 12 行、第 13 行）。

（5）由于精度限制，尽量不要使用关系运算符在整型与浮点型、浮点型与浮点型之间做直接的大小比较，否则可能得到非预期的结果（第 15 行、第 16 行）[②]。

（6）尽量不要用 "= =" 运算符判断两个字符串是否相等，而应使用 String 类的 equals 方法（详见第 13 章）。

2.9.4　条件运算符

条件运算符是指 "?:"，其使用 "?" 和 ":" 隔开 3 个式子，是 Java 中唯一的三元运算符。条件运算符的使用格式为：

式子 1 ? 式子 2 ： 式子 3

条件运算符的逻辑是：若式子 1 成立，则取式子 2 的值作为整个式子的值，否则取式子 3 的值。因整个式子的取值取决于式子 1 是否成立，故式子 1 也被称为条件，且值必须是 boolean 型。阅读下面的代码：

```
001    boolean b1 = false, b2 = true, b;
002    int m = 2, n = 3, max, maxOrMin;
003    b = b1 == true ? false : true;    // b=true (将 b1 取反赋给 b)，b1 不变
004    b = b2 ? false : true;            // b=false (将 b2 取反赋给 b)，b2 不变
005    max = m > n ? m : n;              // max=3 (将 m 和 n 的较大者赋给 max)
006    // 条件运算符的结合性是从右向左的，因此第 9 行代码等价于
```

① C 语言允许这样写，但结果可能与预期不一致，如式子 "2<1<3" 结果为 1（即成立）。
② 若确实需要比较，可以判断两个数之差的绝对值是否小于某个值（如 0.0000001），若是，则认为相等。

```
007    // maxOrMin = b2 ? (m > n ? m : n) : (m < n ? m : n);
008    // 其具体逻辑请读者分析
009    maxOrMin = b2 ? m > n ? m : n : m < n ? m : n;
010    max = m++ > n ? m-- : ++n;        // max=4, m=3 (m--未执行), n=4
```

条件运算符能够实现简单的选择逻辑，其代码往往较选择结构（详见第 3 章）更简洁。此外，条件运算符的优先级几乎是最低的——只比赋值运算符高，故通常不需要对 3 个式子加圆括号，但若式子中存在多个条件运算符，则建议加上圆括号。

2.9.5 逻辑运算符

逻辑运算符具体包括 3 个：!、&&、||，它们均要求参与运算的式子的值为 boolean 型，并且整个式子的值也是 boolean 型，具体运算规则如表 2-10 所示，其中的 A、B 均是值为 boolean 型的式子。

表 2-10　　　　　　　　　　　　逻辑运算符的运算规则

运算符	使用格式	运 算 规 则
!（逻辑非）	!A	若 A 为 true，整个式子为 false，否则为 true
&&（逻辑与）	A && B	只有当 A、B 同为 true 时，整个式子才为 true，其他情况均为 false
||（逻辑或）	A || B	只有当 A、B 同为 false 时，整个式子才为 false，其他情况均为 true

阅读下面的代码：

```
001    int a = 2, b = 3, c = 6;
002    boolean aIsMin, aIsNotMin, isOrdered, t = false;
003    t = !t;               // t=true, =右边等价于 t==false
004    t = !!t;              // t=true (不变)
005    t = !(t == true);     // t=false, =右边等价于 t!=true
006    t = a && b;           // 非法
007    // aIsMin=true，判断 a 是否是最小者（与第 10 行互为"补集"）
008    aIsMin = a <= b && a <= c;
009    // aIsNotMin=false，判断 a 是否不是最小者
010    aIsNotMin = a > b || a > c;
011    // isOrdered=true，判断 a、b、c 是否严格有序
012    isOrdered = (a > b && b > c) || (a < b && b < c);
```

说明：

（1）"!"是一元运算符，其优先级高于四则运算符和关系运算符，且具有右结合性。

（2）"&&"的优先级高于"||"，故可将第 12 行中的两对圆括号去掉（但不推荐）。

（3）与 C 语言不同，不能对非 boolean 型数据进行逻辑运算，如第 6 行。

（4）与数学上的补集运算类似，"(A&&B)不成立"等价于"(A 不成立)||(B 不成立)"，类似地，"(A||B) 不成立"则等价于"(A 不成立)&&(B 不成立)"，如第 8 行、第 10 行。

对于式子 A&&B，若 A 为 false，则不管 B 是否成立，整个式子的值便能确定（false），故此时子 B 不会被执行。类似地，对于式子 A||B，若 A 为 true，则式子 B 也不会被执行。以上称为逻辑运算符的短路（Short Circuiting）规则[1]。阅读下面的代码：

```
001    int m = 2, n = 3;
002    boolean b;
003    b = m > n && ++m > 0;      // b=false, m不变
004    b = m < n || ++m < n++;    // b=true, m、n均不变
005    b = ++m >= n++ || m++ > 0; // b=true, m=3, n=4
```

---

[1] 可以把 A 和 B 想象成两个电路开关（这也是短路规则名称的由来），A&&B 相当于两个开关的串联，A||B 则相当于并联。

2.9.6　位运算符

位运算符的操作对象是二进制位，并要求操作数必须是整数（或字符）型，具体可分为两类——按位运算符和移位运算符。相对于本章前述的运算符，位运算符用得相对较少。

1. 按位运算符

按位运算符依次对操作数的每一位进行运算，具体包括 4 个：~、&、| 和 ^。

（1）按位非：~

按位非是位运算符中唯一的一元运算符，其对操作数的每一个二进制位进行"非"运算——0 变 1、1 变 0，如图 2-4(1) 所示。

（2）按位与：&

按位与对 2 个操作数的每一对二进制位分别进行"与"运算——只有 1 和 1 相遇，结果才为 1，其他情况均为 0。按位与运算符可以实现对整数 A 的某些二进制位清 0，其余位不变。为了达到这样的效果，需要选取合适的整数 B——将 B 对应于 A 要清 0 的位的那些位设为 0，其余位设为 1，此时的整数 B 被称为掩码（mask），如图 2-4(2) 所示。

（3）按位或：|

按位或对两个操作数的每一对二进制位分别进行"或"运算——只有 0 和 0 相遇，结果才为 0，其他情况均为 1。按位或运算符可以实现对整数 A 的某些二进制位置 1，其余位不变，将掩码 B 对应于 A 要置 1 的那些位设为 1，其余位设为 0，如图 2-4(3) 所示。

注意： 从 JDK 7 开始，按位或运算符还能用于在一个 catch 子句中捕获多个异常类，详见第 9 章。

（4）按位异或：^

按位异或对两个操作数的每一对二进制位分别进行"异或"运算——相异为真 (1)，即 1 和 0 或者 0 和 1 相遇，结果为 1，其他情况均为 0。按位异或运算符可以实现对整数 A 的某些二进制取反，其余位不变，将掩码 B 对应于 A 要取反的位的那些位设为 1，其余位设为 0，如图 2-4(4) 所示。

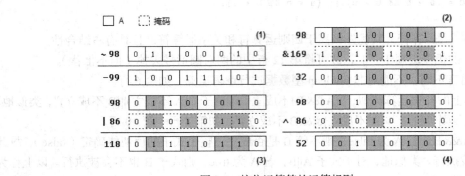

图 2-4　按位运算符的运算规则

【例 2.4】 按位运算符演示（见图 2-5 ）。

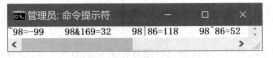

图 2-5　按位运算符演示

BitDemo.java
```
001  public class BitDemo {
002     public static void main(String[] args) {
003        int a = 98, mask;
004        System.out.print("~" + a + "=" + ~a + "     ");
005        mask = 169;
006        System.out.print(a + "&" + mask + "=" + (a & mask) + "     ");
007        mask = 86;
008        System.out.print(a + "|" + mask + "=" + (a | mask) + "     ");
009        mask = 86;
010        System.out.print(a + "^" + mask + "=" + (a ^ mask));
011     }
012  }
```

2. 移位运算符

移位运算符将操作数对应的二进制位向左或向右移动若干位，具体包括 3 个：<<、>>、>>>，它们均是二元运算符，运算符左侧是要移动的数，右侧是移动位数，如 a<<3。

（1）有符号数左移：<<

每移动 1 位，二进制数的最高位被舍弃，最低位补 0。在没有产生溢出的前提下，每左移 1 位都相当于将左侧操作数（有符号数）乘以 2，故左移 n 位相当于乘以 2 的 n 次方。

（2）有符号数右移：>>

每移动 1 位，二进制数的最低位被舍弃，最高位补原来的最高位（即符号扩展），以保持数的符号不变。每右移 1 位都相当于将左侧操作数（有符号数）整除 2，故右移 n 位相当于整除 2 的 n 次方。

（3）无符号数右移：>>>

每移动 1 位，二进制数的最低位被舍弃，最高位补 0。每右移 1 位都相当于将左侧操作数（无符号数）除以 2（整除），故右移 n 位相当于除以 2 的 n 次方。

说明：

（1）移位操作并不改变被移动的操作数，除非将结果存回了。

（2）若对 byte、short 和 char 型数据移位，数据会自动转换成 int 型。

（3）移动位数 n 可以是任何整数（包括负数），但实际取其低 5 位值（即 0～31，对 int 型移位）或低 6 位值（即 0～63，对 long 型移位）。

本章至此介绍了 Java 中大部分的运算符，剩下的几个因涉及其他内容，故在后续章节讨论。初学者应重点关注运算符的功能和使用时需要注意的事项，而对它们的优先级与结合性仅作一般了解即可。

2.9.7　表达式

表达式（Expression）相当于自然语言中的短语，通常由常量、变量以及运算符组成。本章前述的"式子"即表达式。

表达式是有类型的，一般来说，一个表达式中最后被运算的部分决定了整个表达式的类型。例如，表达式"a=b+c"是赋值表达式，而表达式"(a=b)+c"则是算术表达式。此外，任何表达式都有一个值，故表达式可以嵌套——只要表达式的值符合运算符的相应规定，该表达式就可以作为另一个表达式的操作数。具体来说，赋值表达式的值是赋值运算符右边表达式的值，其他类型的表达式的值则为相应的运算结果。表 2-11 列出了常见类型的表达式以及它们各自的值。

表 2-11　　　　　　　　　　　　常见类型的表达式及值

表达式类型	示　　例	相关变量值	表达式值
赋值表达式	a = b = 1 + 2	b=3, a=3	3
	a *= b + 4	a=21	21
	c = !(d = (1>2))	d=false, c=true	true
算术表达式	(i = 4) * (--i)	i=3	12
	i--	i=2	3
	++i	i=3	3
	i * 3 % 4	i=3	1
关系表达式	false == (1 >= 2 ? true : false)	–	true
条件表达式	false == 1 >= 2 ? true : false	–	true
逻辑表达式	true && (i = 6) > 9	i=6	false
	++i % 7 == 0 ‖ --i < 5	i=7	true
	!(i % 7 == 0) && --i < 5	i=7	false
	!(i % 7 == 0 && --i < 5)	i=6	true
按位表达式	(a = 2) & -1	a=2	2
	a ^ a	a=2	0
移位表达式	(a = 3) << a	a=3	24

　　除了由常量、变量以及运算符组成的表达式之外，表达式还可能包含方法调用、对象创建等，这些内容将在第 5 章介绍。

习　　题

一、简答题

1. Java 中用户标识符的命名规则是什么？

2. 除了要满足命名规则之外，常量和变量一般还要遵循哪些命名惯例和约定？

3. Java 具有哪些基本类型，各自占用多少字节？

4. Java 中的基本类型所占字节数是否会因软硬件平台或编译器的不同而不同，为什么？

5. 什么是最终变量，如何声明？

6. 字符型数据的存储实质是什么？为什么 Java 中的字符型变量能存放汉字？

7. 类型转换分为哪两种，各自有何特点？

8. 自动转换通常发生于什么场合，具体转换规则是什么？

9. 给出每种基本类型对应的包装类，并列出其常用方法的名称及意义。

10. 简述基本类型的自动装箱和拆箱机制，以及该机制对于开发者有哪些意义。

11. 若没有自动装箱和拆箱机制，如何通过代码完成相同的操作？

12. 什么是逻辑运算符的短路规则？

13. 逻辑运算符与位运算符有何区别？

14. 对于任意整数 m，表达式 m<<1 的结果是否一定是 2×m，为什么？

15. 哪些运算符组成的表达式的值是布尔值？

16. 设有 int 型变量 i，char 型变量 ch，分别写出满足以下要求的表达式。

（1）判断 i 是否为奇数。

（2）判断 i 是否为 3 位的十进制数。

（3）判断 ch 是否为十进制数字字符。

（4）判断 ch 是否为十六进制数字字符。

（5）判断 ch 是否为英文字母。

（6）计算十进制数字字符 ch 对应的数值。

（7）计算十六进制数字字符 ch 对应的数值。

二、阅读程序题

1. 设 a、b 为 int 型，c、d 为 double 型，判断下列表达式的合法性（若非法请说明原因）。

（1）a + c +++ d　　　（2）(a + b) −　　　（3）c << b　　　（4）a ++ ? c : d

2. 设 "int a=3, b=5;"，计算下列表达式及相关变量的值（各表达式彼此无关）。

（1）(a + b) % b　　　（2）b >> a　　　（3）−b >>> a　　　（4）a & b

（5）++a − b ++

3. 设 "int x=3, y=17; boolean flag=true;"，计算下列表达式及相关变量的值（各表达式彼此无关）。

（1）x + y * x −−　　　（2）　x * y + y　　　（3）x < y && flag　　　（4）!flag && ++x > 3

（5）y != ++x ? x : y　（6）y++ / −−x　　　（7）　y >>> 3

三、编程题

1. 写出满足以下要求的 Java 代码。

（1）声明一个 float 型变量 value，并赋以初值 2.5。

（2）同一行声明 2 个 boolean 型的变量 b1 和 b2，其中 b2 被赋以初值 true。

（3）声明字符型最终变量 AN_HUI，并赋以初值"皖"。

（4）分别输出上述变量。

2. 求"程""序"这两个汉字各自的 Unicode 编码。

3. 写出将 int 型数据 123 转换为字符串"123"以及逆向转换的代码。

4. 调用包装类的合适方法，输出十进制整数 32767 的八进制形式。

第3章
程序流程控制

通常，代码在文件中出现的顺序就是它们被执行的顺序。显然，这样的程序能完成的功能非常有限。流程控制允许程序有选择性地跳过或重复执行某些特定的代码，从而改变程序的执行流程。本章介绍 Java 的流程控制语句，它们的语法结构与 C/C++非常类似。

3.1 语句及语句块

语句（Statement）相当于自然语言中的句子，是程序的基本执行单元，具体分为 4 种。

1. 表达式语句

表达式后跟一个分号[①]。这些表达式包括：

（1）赋值表达式，如 "i = 3;"。

（2）自增或自减表达式，如 "i++;" "--i;"。

（3）方法调用，如 "System.out.println("Hi");"。

（4）创建对象，如 "new Integer(10);"。

2. 声明性语句

变量声明后跟一个分号，如 "char ch;" "int a=1;"。

3. 流程控制语句

用以控制程序执行流程的语句，如 3.2.1 节的 if 语句。

4. 空语句

只有一个分号的语句。

有时需要将连续的多条语句当作一个整体——以一对花括号括起来，这些语句连同花括号一起被称为语句块（Block），有时也称为复合语句。

说明：

（1）语句块可以不包含任何语句，此时称为空语句块（注意与空语句的区别）。

（2）可以在语句块内声明变量，但该变量只在语句块内部有效。

（3）语句块内部声明的变量不能与之前外部声明的变量重名。

（4）在语句块内部可以访问之前在外部声明的变量。

---

① 需要注意，在 Java 中，不是所有的表达式都能跟一个分号以构成语句，如 "i+1;" "2;" 等均是非法语句（在 C/C++中是合法的）。可以这样理解，Java 中的语句必须完成有意义的操作。

（5）语句块可以嵌套，并列的多个语句块内部可以声明重名的变量。

【例 3.1】语句块演示。

```
BlockDemo.java
001  public class BlockDemo {
002      public static void main(String[] args) {
003          {    // 语句块 1 (空语句块)
004          }
005          int a = 1;
006          {    // 语句块 2
007              System.out.println(a);           // 访问语句块外的变量 a，打印 1
008              int i = 2;    // 在语句块内声明变量
009              int a = 3;    // 非法 (与语句块外的变量 a 重名)
010              {    // 语句块 3 (嵌套在语句块 2 内部)
011                  System.out.println(a);       // 打印 1
012              }
013          }
014          System.out.println(i);    // 非法 (此处不能访问语句块 2 中的变量 i)
015          {    // 语句块 4 (与语句块 1、2 并列)
016              int i = 4;    // 与语句块 2 中的变量 i 重名
017              System.out.println(i);       // 打印 4
018          }
019      }
020  }
```

3.2　分　支　结　构

分支结构也称选择结构，其特点是：根据某个表达式的成立与否（或不同取值），让程序执行不同的分支。分支结构具体包含 3 种语句——if 语句、if-else 语句及 switch 语句。

3.2.1　if 语句

if 语句的执行流程如图 3-1 所示：当条件成立时，执行某个语句或语句块[①]，否则跳过它们，什么都不执行。

if 语句的语法格式为：

if（条件）
　　语句或语句块

说明：

（1）条件表达式的值必须是 boolean 型，不能是数值。

（2）关键字 if 与条件组成的行并不是语句，它们连同其后的语句或语句块一起才构成了一个完整的语句，即 if 语句。

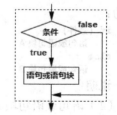

图 3-1　if 语句的执行流程

（3）若要让 if 控制多条语句，这些语句必须被置于一对花括号中以构成语句块，否则 if 只控制其后的第 1 条语句[②]，而后面的语句并不受 if 控制。

（4）不要在用于包裹条件的圆括号后加分号。若加了，并不会出现语法错误，但此时的代码逻辑完全变了——if 控制的是一条空语句，而原本要控制的语句或语句块不再受 if 控制，这是初

[①] 通常称该语句或语句块受 if 控制，此法也适用于其他流程控制语句。

[②] 一个良好的编程习惯是，即使只想让 if 控制一条语句，也应将该语句置于花括号中，这样使得程序结构更加清晰，也方便将来增加新的受控语句。此法也适用于其他流程控制语句，详见附录 C。

学者最容易犯的错误之一。

（5）受 if 控制的语句应尽量采取缩进形式[1]，以提高代码可读性。具体做法是：受控语句行相对于 if 的起始列向右缩进 4 个空格（或一个 Tab），属于同一级别的语句行应对齐。

（6）语句块的起始（左）花括号可以放在 if 行的最后，也可以单独占一行[2]，但结束（右）花括号最好单独占一行。

上述说明也适用于后述的大部分流程控制语句，此后不再赘述。

【例 3.2】if 语句演示（见图 3-2）。

IfDemo.java

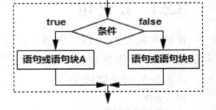

图 3-2　if 语句演示

```java
001  public class IfDemo {
002      public static void main(String[] args) {
003          int a = 1, b = 2;
004          if (a < b)                              // true
005              System.out.print("a<b\t");          // 执行
006          if (a > b)                              // false
007              System.out.print("a>b\t");          // 不执行
008          if (a<b) {                              // true
009              System.out.print("+++\t");          // 执行
010              System.out.print("---\t");          // 执行（属于语句块）
011          }
012          if (a>b)                                // false
013              System.out.print("***\t");          // 不执行
014          // 执行（缩进对程序运行没有影响，下行不受第 4 个 if 控制）
015          System.out.print("///\t");
016          if (a>b);                               // false，此 if 控制的是空语句
017          System.out.print("%%%");                // 执行
018      }
019  }
```

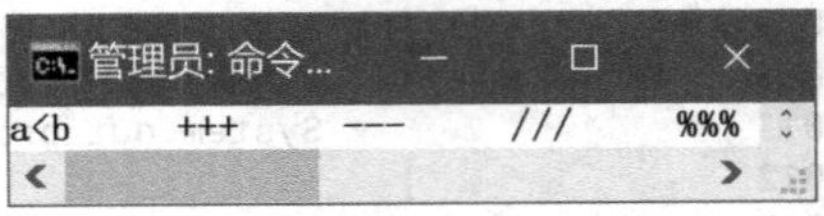

3.2.2　if-else 语句

if-else 语句的执行流程如图 3-3 所示：当条件成立时，执行语句或语句块 A，否则执行 B。if-else 语句的语法格式为：

```
if (条件)
    语句或语句块 A
else
    语句或语句块 B
```

图 3-3　if-else 语句的执行流程

说明：

（1）语句或语句块 A 和 B 二者是互斥的——必有且仅有一个被执行。

（2）else 之前必须有与其匹配的 if，前者不能单独出现。

（3）if 与 else 之间的多条语句必须置于一对花括号中，否则视为语法错误。

---

[1] 缩进是使用任何语言编写代码时都应具备的基本素质之一。事实上，除了流程控制语句外，在定义类和方法时也应该缩进，详见附录 C。尽管缩进与否并不会影响程序的运行结果，但不缩进的代码通常很难阅读，建议读者在初学时就养成良好的缩进习惯。此外，IDE 通常也会提供自动格式化（即缩进）代码的功能。

[2] 事实上，关于左花括号是否应单独占据一行的争论在编程社区从未停止过。通常，Java 程序员倾向于将左括号放在上一行末尾，而 C/C++ 程序员则倾向于单独占一行。

【例 3.3】if-else 语句演示（见图 3-4）。

IfElseDemo.java

```
001    public class IfElseDemo {
002        public static void main(String[] args) {
003            int a = 1, b = 2;
004            if (a > b)      // false
005                System.out.print("a>b\t");
006            else
007                System.out.print("a<=b\t");       // 执行（此行受 else 控制）
008
009            if (a < b) {                           // true
010                System.out.print("+++\t");         // if 与 else 之间的多条语句必须加花括号
011                System.out.print("---\t");
012            } else;                                // 加了分号并不会有语法错误
013                System.out.print("***\t");         // 执行（此行不受 else 控制）
014
015            if (a > b)                             // false
016                System.out.print("@@@\t");
017            else {
018                System.out.print("%%%\t");         // else 控制多条语句也必须加花括号
019                System.out.print("!!!\t");
020            }
021        }
022    }
```

图 3-4　if-else 语句演示

3.2.3　if 及 if-else 的嵌套

if 和 if-else 语句都能嵌套自身或互相嵌套，即它们控制的语句包含了 if 或 if-else 语句。请读者阅读图 3-5 虚线框中的代码，并思考：从整体上看，虚线框中的代码（故意未缩进）是 if 语句还是 if-else 语句？问题的关键在于第 4 行的 else 与之前的哪个 if 匹配——若与第 1 行的 if 匹配，则是 if-else 语句；若与第 2 行的 if 匹配，则是 if 语句，这两种理解方式所对应的逻辑是完全不一样的。

```
001  if (a > b)
002  if (b > c)
003      语句或语句块 A
004  else
005      语句或语句块 B
```

```
001  if (a > b)
002      if (b > c)
003          语句或语句块A
004  else
005          语句或语句块B
```

```
001  if (a > b)
002      if (b > c)
003          语句或语句块A
004      else
005          语句或语句块B
```

图 3-5　else 与 if 匹配的两种理解

Java 中 else 与 if 的匹配规则与 C 语言一样——else 总是与之前最近的、未被匹配的 if 相匹配，即上述两种理解方式的后一种。也可以这样看：第 2～5 行是一个完整的 if-else 语句，其受第 1 行的 if 控制。

当嵌套结构较为复杂时，为提高代码的可读性，开发者应尽量使用花括号显式标识出 if 和 else 各自控制的语句。例如，下面代码中的 else 将与第 1 行的 if 匹配。

```
001        if (a > b) {
002            if (b > c)
003                语句或语句块 A
004        } else {
005            语句或语句块 B
006        }
```

【例 3.4】if 及 if-else 语句的嵌套演示（见图 3-6）。

NestedIfElseDemo.java

```
001    public class NestedIfElseDemo {
002        public static void main(String[] args) {
003            int a = 1, b = 2, c = 3, d = 4;
004            if (a < b)                          // true
005                if (c > d)                      // false
006                    System.out.print("A");
007                else
008                    System.out.print("B");      // 打印 B
009
010            if (a < b) {                        // true
011                if (c < d)                      // true
012                    System.out.print("C");      // 打印 C
013            } else
014                System.out.print("D");
015
016            // 依次判断多个条件。一旦某个条件为 true，执行完相应语句或语句块后
017            // 退出整个结构。若所有条件都不成立，则执行最后的 else 控制的语句或语句块
018            // 为方便读者理解，采用了规范的缩进（因过深，故实际常缩进为第 31~38 的格式）
019            if (a > b)                          // false
020                System.out.print("E");
021            else
022                if (a > c)                      // false
023                    System.out.print("F");
024                else
025                    if (c < d)                  // true
026                        System.out.print("G");  // 打印 G
027                    else
028                        System.out.print("H");
029
030            // 下面的结构与上一结构完全等价
031            if (a > b)                          // false
032                System.out.print("E");
033            else if (a > c)                     // false
034                System.out.print("F");
035            else if (c < d)                     // true
036                System.out.print("G");          // 打印 G
037            else
038                System.out.print("H");
039        }
040    }
```

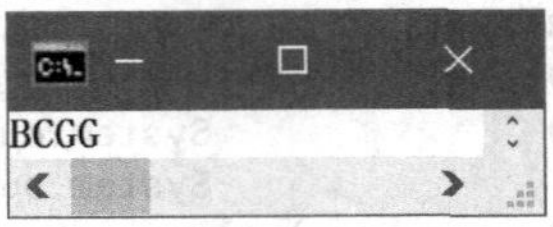

图 3-6　if 及 if-else 的嵌套演示

3.2.4　switch 语句

switch 语句又称开关语句，是一种多分支语句，其执行流程如图 3-7 所示，其中灰色背景标识的部分是可选的。switch 语句将某个表达式的值依次与值 1、值 2、……、值 n 进行比较，若某次比较相等，则执行相应的语句或语句块。每个语句或语句块都可以跟一个 break 语句——break 关键字加一个分号，以结束整个 switch 语句。若表达式的值与给定的 n 个值均不相等，则执行默认语句或语句块（若存在），整个 switch 语句也执行结束。

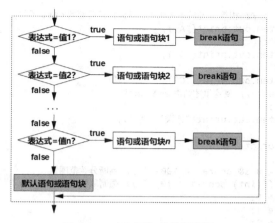

图 3-7　switch 语句的执行流程

switch 语句的语法格式为：

```
switch（表达式）{
    case  值1: 语句或语句块 1
               [break;]
    case  值2: 语句或语句块 2
               [break;]
    ......
    case  值n: 语句或语句块 n
               [break;]
    [default:  默认语句或语句块
               [break;]]
}
```

【例 3.5】switch 语句演示（见图 3-8）。

SwitchDemo.java

```
001   public class SwitchDemo {
002       public static void main(String[] args) {
003           char answer = 'A';      // char 型
004           float score = 48;       // float 型
005           String today = "Fri";   // 字符串型
006
007           switch (answer) { // char 型自动提升为 int 型
008               case 'B': // 直接常量
009                   System.out.print("B");
010                   break; // 立即结束所在的 switch 语句, 后同
011               case 64 + 1: // 相等（常量表达式）
012                   System.out.print("A");
013                   break;
014               case 'D': { // 花括号可以省略
015                   System.out.print("D");
016                   break;
017               }
018               case 'C':
019                   System.out.print("C");
020                   break;
021               default: // 均不相等（位于 switch 最后的子句, 可以省略 break 语句）
022                   System.out.print("错误答案! ");
023           }
024           System.out.print("\t");
025
026           switch (answer) {
027               case 'B':
028                   System.out.print("B");
```

图 3-8　switch 语句演示

```
029                case 'A': // 相等（此后不再比较，继续执行后面的 case 子句）
030                    System.out.print("A");
031                case 'D':
032                    System.out.print("D");
033                case 'C':
034                    System.out.print("C");
035                    break; // 到这里才结束 switch 语句
036                default:
037                    System.out.print("错误答案！");
038            }
039        System.out.print("\t");
040
041        if (score >= 0 && score <= 100) { // 判断分数范围
042            switch (((int) score) / 10) { // 强制取整后做整除
043                case 0:
044                case 1:
045                case 2:
046                case 3:
047                case 4:
048                case 5: // 0~59
049                    System.out.print("不及格");
050                    break;
051                case 6: // 60~69
052                    System.out.print("及格");
053                    break;
054                case 7: // 70~79
055                    System.out.print("中等");
056                    break;
057                case 8: // 80~89
058                    System.out.print("良好");
059                    break;
060                case 9:
061                case 10: // 90~100
062                    System.out.print("优秀");
063            }
064        } else { // 超过范围
065            System.out.print("分数小于 0 或大于 100！");
066        }
067        System.out.print("\t");
068
069        switch (today) { // JDK 7 开始支持字符串表达式
070            case "Mon":
071                System.out.print("周一");
072                break; // 一旦相等则结束 switch（以正确得到 today 是周几），后同
073            case "Tue":
074                System.out.print("周二");
075                break;
076            case "Wed":
077                System.out.print("周三");
078                break;
079            case "Thu":
080                System.out.print("周四");
081                break;
082            case "Fri":
083                System.out.print("周五");
084                break;
085            case "Sat":
086                System.out.print("周六");
087                break;
088            case "Sun":
089                System.out.print("周日");
090                break;
```

```
091                default:
092                    System.out.print("未知! ");
093            }
094        }
095 }
```

说明：

（1）表达式的值以及各 case 关键字后的值必须是 int、字符串或枚举类型[①]，若是 byte、short 和 char 型，则自动提升为 int 型。

（2）各 case 关键字后的值必须是直接常量、final 常量或常量表达式，且不能重复出现。此外，值与 case 关键字之间至少要有 1 个空格。

（3）case 关键字、值、冒号连同冒号后的语句或语句块一起称为 case 子句（Clause），类似的还有 default 子句。

（4）switch 语句可以有零至多个 case 子句，但至多有一个 default 子句。

（5）case 和 default 子句可以不含任何语句或语句块，但冒号不能省略。

（6）case 和 default 子句控制的多条语句可以不放在花括号中。

（7）当表达式的值与某个 case 子句中的值相等，执行完相应语句或语句块后，若没有遇到 break 语句，则此后不再比较，而直接执行后面的 case 和 default 子句，直至遇到 break。

（8）若每个 case 和 default 子句最后都有 break 语句，则它们的顺序可以任意交换，而不影响运行结果。通常，default 子句位于所有 case 子句之后，此时 default 子句可以不带 break 语句——执行完 default 子句，switch 语句便结束了。

3.3　循　环　结　构

循环结构的特点是：当条件成立时，重复执行某段代码。循环结构具体包含 3 种语句——while 语句、do-while 语句以及 for 语句。

3.3.1　while 语句

while 语句的执行流程如图 3-9 所示。当条件成立时，重复执行某个语句或语句块，否则结束 while 语句。while 语句的语法格式为：

```
while (条件)
    循环体
```

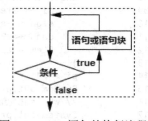

图 3-9　while 语句的执行流程

说明：

（1）被重复执行的语句或语句块称为循环体。

（2）条件决定着是否执行循环体，因此也称为循环条件，其对应的表达式的值必须是 boolean 类型。

（3）因先判断条件，再决定是否执行循环体，故 while 语句的循环体可能一次都不执行。

（4）进入循环前，通常要为相应的变量赋以合适的初值，这称为循环条件的初始化。

（5）通常不应在右圆括号后加分号。若加了，并不会出现语法错误，但此时循环体是一条空语句，而原本想作为循环体的语句或语句块则不受 while 控制，这很可能导致 while 语句陷入无限

[①] 枚举类型见第 5 章。需要注意，JDK 7 及其后版本的 Switch 语句才支持字符串类型。

循环（也称死循环）而无法结束。

（6）为防止陷入死循环，循环体中应包含使循环条件趋于不成立的语句。

上述说明也适用于后述的 2 种循环。

【例 3.6】计算 n 的阶乘（见图 3-10）。

WhileDemo1.java

```
001   public class WhileDemo1 {
002       public static void main(String[] args) {
003           int factorial = 1;        // 存放累乘积的变量初始化为1
004           int n = 6, i = 2;         // i 作为循环变量（也称循环计数器）
005           while (i <= n) {          // 计算2*...*n
006               factorial *= i;       // 累乘
007               i++;                  // 修改 i，以便下一次累乘。
008           }
009           System.out.println(n + " 的阶乘 = " + factorial);
010       }
011   }
```

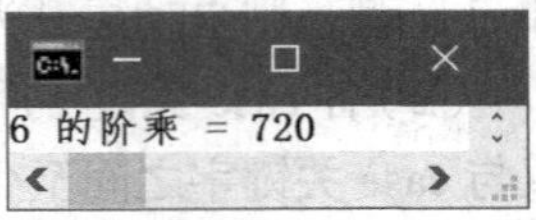

图 3-10　while 语句演示（1）

上例中，由于循环前 i 和 n 的值已知，因此循环次数可以预先确定（n–i+1 次）。while 语句也适用于循环次数难以预先确定的场合。例如，利用下列多项式计算圆周率，直至最后一项的绝对值小于或等于 10^{-6}（不含该项）。

$$\frac{\pi}{4} = 1 - \frac{1}{3} + \frac{1}{5} - \frac{1}{7} + \frac{1}{9} - \cdots$$

对于类似的问题，通常通过以下步骤求解：①根据各项的变化规律找出通项公式；②用循环对各项进行累加或累乘。

【例 3.7】计算圆周率（见图 3-11）。

WhileDemo2.java

```
001   public class WhileDemo2 {
002       public static void main(String[] args) {
003           double pi = 0;                    // 存放累加和的变量初始化为 0
004           double item = 1;                  // 当前项（含符号，第 1 项为 1）
005           int deno = 1;                     // 当前项的分母（第 1 项分母为 1）
006           int sign = 1;                     // 当前项的符号（第 1 项符号为正）
007           // 调用了 Math 类的 abs 方法求当前项的绝对值
008           while (Math.abs(item) > 1e-6) {   // 与指数形式的浮点数进行比较
009               pi += item;                   // 累加
010               sign = -sign;                 // 计算下一项的符号（正负交替）
011               deno += 2;                    // 计算下一项的分母
012               item = sign * 1.0 / deno;     // 计算下一项（注意 sign/deno 为整除）
013           }
014           pi *= 4;          // 公式计算的是 π /4
015           System.out.print("PI = " + pi + "    满足要求的最后一项 = ");
016           // while 语句结束后，item 是满足要求的最后一项的下一项，故要重新计算其前一项
017           System.out.print((-sign) * 1 + "/" + (deno - 2));
018       }
019   }
```

图 3-11　while 语句演示（2）

3.3.2 do-while 语句

do-while 语句的执行流程与 while 语句类似，如图 3-12
所示。当条件成立时，重复执行循环体，否则结束 do-while
语句。do-while 语句的语法格式为：

```
do
    循环体
while (条件);
```

说明：

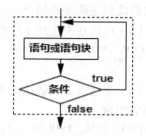

图 3-12 do-while 语句的执行流程

（1）与 while 语句不同的是，do-while 语句先执行循环
体再判断循环条件，因此，do-while 语句的循环体至少要执
行一次。

（2）若循环体含有多条语句，则必须置于一对花括号中，否则视为语法错误。

（3）右圆括号后的分号不能省略，以构成 do-while 语句。

注意：一些教材在介绍编程语言的循环结构时，喜欢将循环分为两类——当型（while）循环
和直到型（until）循环，于是很多读者下意识地将这两类循环分别对应到了 while 和 do-while 循
环。英语的 "do something until…" 从句表达的语义是：当 until 后的条件成立时，停止做某件事
情——而这与 do-while 的逻辑恰好相反。直到型循环的称法更适合于 pascal 语言中的 REPEAT-
UNTIL 循环，其与英语的 until 从句所表达的语义一致。读者应该牢记——C、C++和 Java 语言并
未提供直到型循环，这些语言中所有的循环均是在循环条件成立时才重复执行循环体。

【例 3.8】逆序输出整数（见图 3-13）。

DoWhileDemo.java

```
001  public class DoWhileDemo {
002      public static void main(String[] args) {
003          long n = 987654321;  // 要逆序输出的整数
004          do {
005              System.out.print(n % 10); // 打印个位数
006              n /= 10;                  // 整除（去掉个位数）
007          } while (n != 0);             // n 被除到 0 时, 结束循环
008      }
009  }
```

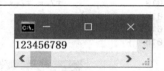

图 3-13 do-while 语句演示

3.3.3 for 语句

for 语句是使用最为频繁的循环语句，其执行流程如图 3-14
所示。①执行表达式 1；②判断表达式 2 是否成立，若成立，执
行循环体，否则结束 for 语句；③执行完循环体后执行表达式 3，
然后转②。for 语句的常规语法格式为：

```
for ([表达式 1]; [表达式 2]; [表达式 3])
    循环体
```

说明：

（1）表达式 1 执行且仅执行一次，通常用于循环条件的初始
化，如 i=1。

（2）循环体是否继续执行取决于表达式 2 是否成立，因此 for
语句的循环体可能一次都不执行。与 while 和 do-while 语句的循
环条件一样，表达式 2 的值必须是 boolean 型，如 i<10。

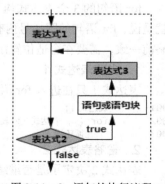

图 3-14 for 语句的执行流程

（3）表达式 3 在每次执行完循环体之后执行，通常用于修改循环条件，如 i++。

（4）表达式 1 和表达式 2 分别指定了循环条件的起始和结束边界，因此，for 语句较适合于循环次数能预先确定的场合。

（5）可以在表达式 1 中声明变量，该变量只在 for 语句内有效，如：

```
for (int i=1; i<10; i++) {
    // 此处可以访问 i
}
```

（6）表达式 2 和表达式 3 中可以用逗号分隔多个表达式，以方便初始化和修改多个用以控制循环的变量，如：

```
for (i=1, j=10; i<10 && j>1; i++, j--)
```

（7）与 while 语句类似，通常不应在右圆括号后加分号，否则可能导致无限循环。

【例 3.9】计算斐波拉切（Fibonacci）数列的前 18 项。斐波拉切数列的前两项均为 1，后面的每一项均等于该项的前两项之和（见图 3-15）。

ForDemo.java

```
001    public class ForDemo {
002        public static void main(String[] args) {
003            int f1 = 1, f2 = 1;                    // 相邻的两项
004            for (int i = 1; i <= 9; i++) {  // 循环 9 次（每次求两项）
005                // 为对齐结果，使用了格式化打印方法，与 C 语言的
006                // printf 库函数类似，具体见第 13 章
007                System.out.printf("F%-2d=%-8d", 2 * i - 1, f1);
008                System.out.printf("F%-2d=%-8d", 2 * i, f2);
009                if (i % 3 == 0) {                  // 每打印 6 项换行
010                    System.out.println();
011                }
012                f1 = f1 + f2;                      // 计算下一项（此行与下行不能交换顺序）
013                f2 = f2 + f1;                      // 继续计算下一项
014            }
015        }
016    }
```

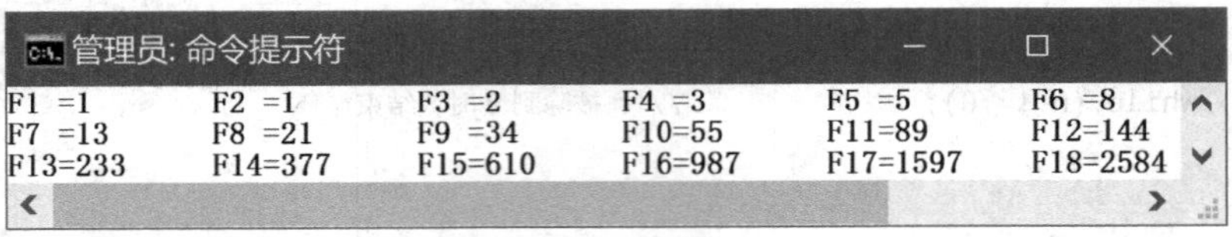

图 3-15　for 语句演示

for 语句的 3 个表达式均可以省略（图 3-14 中以灰色背景标识的部分），但分号不能省略，也就是说，for 语句的圆括号内有且仅有 2 个分号。当省略了表达式时，为了使程序的执行逻辑与省略前一致，需要在合适位置添加相应的代码，具体如下所述。

1. 省略表达式 1

表达式 1 只在进入 for 语句时执行一次，因此可以作为语句移到 for 语句之前，如：

```
001        表达式 1;
002        for ( ; 表达式 2; 表达式 3)        // 省略了表达式 1
003            循环体
```

2. 省略表达式 2

表达式 2 决定了是否继续执行循环体，因此可以移到循环体内部判断，如：

```
001        for ( ; ; 表达式 3) {              // 省略了表达式 1 和 2
002            if (表达式 2)
003                原来的循环体
```

```
004          else
005              break;
006          }
```

新的循环体（第 2～5 行）增加了一个 if-else 语句，并将表达式 2 作为条件。若成立，则执行原来的循环体，否则，执行 break 语句（此处的作用是结束 for 语句）——这与省略表达式 2 之前的逻辑是一致的。有关 break 语句出现在循环中的内容将在 3.3.4 节介绍。

3. 省略表达式 3

每次执行完循环体之后要执行表达式 3，因此可以作为语句移到原来的循环体之后，并作为新循环体的一部分，如：

```
001          表达式 1;
002          for ( ; ; ) {                        // 省略了 3 个表达式
003              if (表达式 2) {
004                  原来的循环体
005                  表达式 3;
006              }
007              else
008                  break;
009          }
```

除常规形式的 for 语句之外，从 JDK 5 开始还提供了专门用于迭代数组和容器类型的新语法——增强型 for 语句，有关内容将在第 4 章介绍。

本小节介绍的 3 种循环语句可以相互转化，其中使用 for 和 while 语句相对较多。

3.3.4　break 与 continue 语句

当满足一定条件时，可能需要提前结束循环，此时可以使用 break 或 continue 语句。

1. break 语句

除了 switch 语句，break 语句还可以出现在循环语句中。后者的作用是结束 break 语句所在的那一层循环（循环可以嵌套），并继续执行该层循环之后的代码。

【例 3.10】从键盘输入一个整数，判断其是否为素数（见图 3-16）。

BreakDemo.java

```
001  import java.util.Scanner;      // 引入 Scanner 类供本程序使用，具体见第 5 章
002
003  public class BreakDemo {
004      public static void main(String[] args) {
005          // 构造读入器对象以方便程序在运行时输入数据，具体见第 10 章
006          Scanner scanner = new Scanner(System.in);
007          int n;              // 待判断是否为素数的数
008          int i = 2;          // 除数从 2 开始
009          System.out.print("请输入一个整数：");       // 打印提示文字
010          n = scanner.nextInt();          // 等待键盘输入一个 int 型数据并赋值给 n
011          for (; i < n; i++) {            // 用 2~n-1 逐一试探（即穷举法）
012              if (n % i == 0) {           // 若某次能除尽
013                  System.out.println(n + "不是素数。");
014                  break;          // 结束所在的 for 语句（无须再除），跳至第 19 行继续执行
015              }
016          }
017          // 若 i 被加到了 n，说明前面的 for 语句第 2 个表达式（i<n）不成立
018          // 而结束的，即 2~n-1 都不能将 n 除尽，则 n 是素数
019          if (i == n) {
020              System.out.println(n + "是素数。");
021          }
022      }
023  }
```

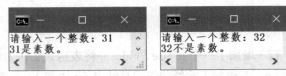

图 3-16　break 语句演示（2 次运行）

2. continue 语句

与 break 语句不同，continue 语句只能出现在循环语句中，其作用是结束本次循环，并继续执行下一次循环。执行 continue 语句时，将略过循环体中位于该 continue 之后的语句。

【例 3.11】求所有水仙花数（见图 3-17）。水仙花数是 3 位数，其个位、十位、百位的立方之和等于该数。

ContinueDemo.java

```
001  public class ContinueDemo {
002      public static void main(String[] args) {
003          int a, b, c;          // 分别存放百、十、个位
004          System.out.print("所有的水仙花数：");
005          for (int n = 100; n < 1000; n++) {       // 穷举
006              c = n % 10;                           // 个位
007              b = n / 10 % 10;                      // 十位
008              a = n / 100;// 百位
009              if (a * a * a + b * b * b + c * c * c != n) { // 若不相等
010                  continue;         // 直接试探下一个数（略过本行之后的循环体）
011              }
012              // 本行属于循环体。能执行到本行，说明前面的 if 条件不成立（即相等）
013              System.out.print(n + "  ");
014          }
015      }
016  }
```

图 3-17　continue 语句演示

3.3.5　循环的嵌套

循环的嵌套是指某个循环语句的循环体又包含循环语句，前者称为外层循环，后者称为内层循环。前述的 3 种循环均可以相互嵌套。

【例 3.12】求解百马百担问题（见图 3-18）。大马驮 3 担、中马驮 2 担、2 匹小马驮 1 担，现有 100 匹马正好驮 100 担，问大、中、小马各有多少匹？

NestedLoopDemo1.java

大马	中马	小马
2	30	68
5	25	70
8	20	72
11	15	74
14	10	76
17	5	78
20	0	80

```
001  public class NestedLoopDemo1 {
002      public static void main(String[] args) {
003          int a, b, c;          // 分别存放大、中、小马的匹数
004          System.out.println("大马\t 中马\t 小马");
005          System.out.println("--------------------");
006          for (a = 0; a <= 33; a++) {    // 穷举（大马最多 33 匹）
007              for (b = 0; b <= 50; b++) {    // 中马最多 50 匹
008                  c = 100 - a - b;           // 计算小马匹数
009                  // 若正好 100 担（注意 c/2 是整除）
010                  if (3 * a + 2 * b + c / 2 == 100 && c % 2 == 0) {
```

图 3-18　循环的嵌套演示（1）

```
011                    System.out.println(a + "\t" + b + "\t" + c);
012                }  // if 语句结束
013            }  // 内层 for 语句结束
014        }  // 外层 for 语句结束
015    }
016  }
```

说明：

（1）可将内层循环视为普通语句，其作为外层循环的循环体要执行多次。

（2）每次进入内层循环之前，应注意重新初始化内层循环的循环条件。

注意： 尽管 Java 对循环嵌套的层数没有限制，但尽量不要超过 3 层，否则会使代码难以阅读。若某个算法无法被优化为不超过 3 层的循环，则可将嵌套最深的一或多层循环抽取出来作为单独的方法。

【例 3.13】计算整数的所有素数因子，如：90=2*3*3*5（见图 3-19）。

图 3-19　循环的嵌套演示（2）（2 次运行）

NestedLoopDemo2.java

```
001  import java.util.Scanner;
002
003  public class NestedLoopDemo2 {
004      public static void main(String[] args) {
005          Scanner scanner = new Scanner(System.in);
006          int n;           // 待求解的数
007          int i = 2;      // 因子从 2 开始
008          System.out.print("请输入一个整数：");
009          n = scanner.nextInt();
010          System.out.print(n + " = ");
011          while (n > 1) {          // 求得最后一个素因子后，n 被自除到了 1
012              if (n % i == 0) {   // 判断 i 是否是 n 的因子
013                  int j = 2;
014                  for (; j < i; j++) {   // 判断 i 是否是素数
015                      if (i % j == 0) {
016                          break;                 // 结束 for 语句（跳至第 19 行继续执行）
017                      }
018                  } // for 结束
019                  if (j == i) {             // 若成立则 i 是素数
020                      System.out.print(i + "*");   // 打印素因子 i
021                      n /= i;           // 每求得一个素因子，将 n 自除该素因子
022                      i = 2;            // 求得一个素因子后，下次继续从 2 开始试探
023                  }
024              } else {
025                  i++;        // i 不是 n 的因子，继续试探下一个数
026              }
027          } // while 结束
028          System.out.print("\b ");   // 抹去最后一个*字符（注意\b 后有一个空格）
029      }
030  }
```

【例 3.14】输出图 3-20 所示的数字组成的形状，要求在运行时指定行数 rows。

此例的关键在于找出通项公式，包括：

（1）每行要输出的行首空格个数与当前行号之间的关系；

（2）每行要输出的数字个数与当前行号之间的关系；

（3）行中的每个数字与其所在的行号及列号之间的关系。

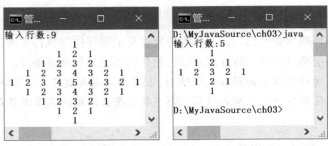

图 3-20　循环的嵌套演示（3）（2 次运行）

具体分析过程如表 3-1 所示。

表 3-1　　　　　　　　　　　　　　　例 3.14 的通项分析

当前行号（i）	行首空格个数	行中数字（每个占 3 字符）个数	当前行的列号范围（j）
$-$ rows / 2	3*rows / 2 + 1	1	0～0
$-$ rows / 2 + 1	3*(rows / 2 $-$ 1) + 1	3	-1～1
...	...	...	...
-2	7	rows -4	2 $-$ rows / 2～rows / 2 -2
-1	4	rows -2	1 $-$ rows / 2～rows / 2 -1
0	1	rows	$-$ rows / 2～rows / 2
1	4	rows -2	1 $-$ rows / 2～rows / 2 -1
2	7	rows -4	2 $-$ rows / 2～rows / 2 -2
...	...	...	...
rows / 2 -1	3*(rows / 2 -1) + 1	3	-1～1
rows / 2	3*rows / 2 + 1	1	0～0
通项	3*|i| + 1	rows $-$ 2*|i|	输出：rows / 2 + 1 $-$ |i| $-$ |j|

注意：为使代码更加精简，下面的示例代码使用了以下技巧。

（1）并未将行号范围（外层循环变量 i）设置为常规的 1～rows，而是 $-$ rows/2～rows/2，以便与整体输出形状一致——上下对称。

（2）在输出行首的若干空格时，并未编写专门的循环语句，而是直接调用了"printf("%总宽度 s", 要输出的字符串)"这样的 API。

（3）在输出每一行时，并未将列号范围（内层循环变量 j）设置为 1～rows $-$ 2*|i|，而是 |i| $-$ rows / 2～rows / 2 $-$ |i|，以便与每一行的输出数字一致——左右对称。

NestedLoopDemo3.java

```
001    import java.util.Scanner;
002
003    public class NestedLoopDemo3 {
004        public static void main(String[] args) {
005            int rows; // 总行数
006            Scanner s = new Scanner(System.in);
```

```
007            System.out.print("输入行数:");
008            rows = s.nextInt();
009
010            for (int i = -rows / 2; i <= rows / 2; i++) { // 共执行 rows 次
011                // 打印行首的若干空格
012                System.out.printf("%" + (3 * Math.abs(i) + 1) + "s", " ");
013                // 打印第 i 行的所有数字
014                for (int j = Math.abs(i) - rows / 2; j <= rows / 2 - Math.abs(i); j++) {
015                    System.out.printf("%-3d", rows / 2 + 1 - Math.abs(i) - Math.abs(j));
016                }
017                System.out.println(); // 换行
018            }
019        }
020    }
```

3.3.6　带标号的 break 与 continue 语句

前面介绍的 break 和 continue 语句可用于结束和继续它们所在的那层循环，而有些时候，我们可能需要结束或继续指定的某层循环，此时可以使用带标号的 break 和 continue 语句。

标号（Label）是指用以标记循环语句起始行的合法标识符，其后跟一个冒号。带标号的 break 语句用以结束标号所标记的那层循环，其语法格式为：

break　标号;

注意：Java 中的标号与 C 语言中 goto 语句所使用的标号不同，后者可以标记任何语句，而前者只能标记 3 种循环语句[①]。

【例 3.15】按图 3-21 所示的规律打印星号，当星号总个数达到 40 时，停止打印。
BreakWithLabelDemo.java

```
001    public class BreakWithLabelDemo {
002        public static void main(String args[]) {
003            final int LIMIT = 40;                    // 星号数上限
004            int i = 1, j;
005            int total = 0;                           // 已打印的星号数
006            OUTTER: while (true) { // 外层循环（加了标号）
007                for (j = 1; j <= 2 * i - 1; j++) { // 内层循环
008                    System.out.print("*");
009                    if (++total == LIMIT) {          // 到达上限
010                        // 结束外层循环（注意下行受内层循环控制）
011                        break OUTTER;
012                    }
013                }
014                System.out.println();                // 换行
015                i++;
016            }
017        }
018    }
```

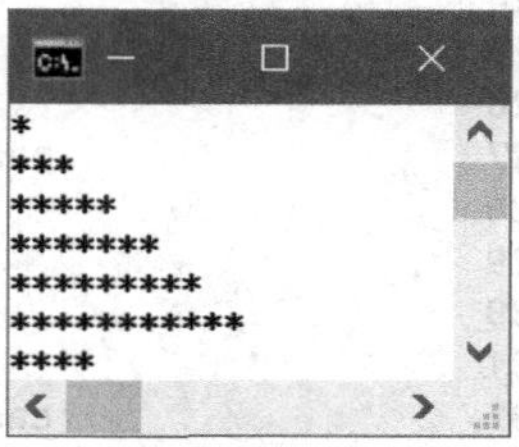

图 3-21　带标号的 break
语句演示

带标号的 continue 语句用以结束标号所标记的那一层循环的本次循环，并继续执行该层的下一次循环，其语法格式为：

continue　标号;

带标号的 continue 语句与不带标号的 continue 语句类似，只不过前者指定了继续哪一层循环的下一次循环，限于篇幅，不再编写其演示程序。

[①] C 语言的 goto 语句可以跳到程序的任何位置，使其具有汇编语言的某些特点。goto 语句虽然灵活，但过多使用会严重降低代码的可理解性，这也是为什么截止到最新的 JDK 12，Java 仍不支持 goto 语句的原因。

3.4　案例实践 1：简单人机交互

使用流程控制语句可以编写出执行流程相对复杂的程序。本书以案例实践的形式将每章已介绍的知识点进行综合应用，以此加深读者的理解。

【案例实践】编写一个程序，根据用户的输入，执行相应的功能并显示结果（见图 3-22）。

InteractionDemo.java

```
001  import java.util.Scanner;
002
003  public class InteractionDemo {
004      public static void main(String[] args) {
005          int option;    // 存放输入选项
006          int i;
007          float f;
008          String s;
009          System.out.println("---------- 选项菜单 --------");
010          System.out.println("1：输入整数       2：输入小数    \n3：输入字符串     0：退出      ");
011          System.out.println("--------------------------");
012          Scanner scanner = new Scanner(System.in);
013          loop: while (true) {    // 循环条件永远为 true (用 break 语句结束)
014              System.out.print("选项：");
015              option = scanner.nextInt();    // 等待输入选项
016              switch (option) {    // 判断输入的选项
017                  case 0:          // 退出
018                      System.out.print("\t 确定要退出吗（Y/N）：");
019                      s = scanner.next();    // 等待输入字符串
020                      // 判断字符串是否相等不要用 "==" 运算符 (见第 13 章)
021                      if (s.equalsIgnoreCase("Y")) {
022                          System.out.println("\t 程序退出！");
023                          break loop;    // 结束 while 循环
024                      } else {
025                          break;         // 结束 switch
026                      }
027                  case 1:              // 整数
028                      System.out.print("\t 请输入整数：");
029                      i = scanner.nextInt();    // 等待输入整数
030                      System.out.println("\t 你输入的是" + i + "。");
031                      break;
032                  case 2:
033                      System.out.print("\t 请输入小数：");
034                      f = scanner.nextFloat();    // 等待输入小数
035                      System.out.println("\t 你输入的是" + f + "。");
036                      break;
037                  case 3:
038                      System.out.print("\t 请输入字符串：");
039                      s = scanner.next();
040                      System.out.println("\t 你输入的是\"" + s + "\"。");
041                      break;
042                  default:                 // 其他选项
043                      System.out.println("\t 请输入正确的选项！");
044              }  // switch 结束
045          }  // while 结束
046      }
047  }
```

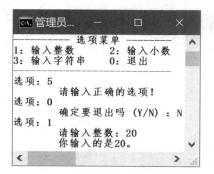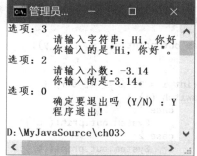

图 3-22　简单人机交互

习　　题

一、阅读程序题

1. 下列期望计算 1 累加到 n 的程序段错在哪里，执行后 i 和 s 的值分别是多少？

```
001    int i = 1, n = 10, s = 0;
002    for (i = 1; i <= n; i++);
003        s += i;
004    System.out.println("1+2+...+n=" + s);
```

2. 给出以下程序段各自运行后的输出。

（1）
```
001    int i, j;
002    for (j = 5; j >= 1; j--) {
003        for (i = 1; i <= j - 1; i++)
004            System.out.print(" ");          // 打印 1 个空格
005        for (; i <= 5; i++)
006            System.out.print(5 - i + 1);
007        System.out.println();
008    }
```

（2）
```
001    int i, j;
002
003    for (i = -3; i <= 3; i++) {
004        for (j = 1; j <= Math.abs(i); j++)     // Math.abs(i)为求 i 的绝对值
005            System.out.print(" ");              // 打印 1 个空格
006        for (j = 1; j <= 4 - Math.abs(i); j++) {
007            System.out.print(" *");             // 打印 1 个空格和 1 个 *
008        }
009        System.out.println();
010    }
```

（3）
```
001    int a = 3, b = 5;
002    if (a == 3)
003        if (b == 1)
004            a++;
005        else
006            b++;
007    System.out.println(a + "," + b);
008    int x = 1, y = 4;
009    if (x == 2) {
010        if (y == 4)
```

```
011              x++;
012      } else
013          y++;
014      System.out.println(x + "," + y);

（4）
001      for (int i = 1; i <= 4; i++) {
002          switch (i) {
003              case 1:
004                  System.out.print('a');
005              case 2:
006                  System.out.print('b');
007                  break;
008              case 3:
009                  System.out.print('c');
010              case 4:
011                  System.out.print('d');
012                  break;
013          }
014      }
```

二、编程题

1. 计算多项式 $1! + 2! + 3! + \cdots + n!$，当多项式之和超过 10000 时停止，输出累加之和以及 n 的值。

2. 小球从 100 米高度自由落下，每次触地后反弹到原高度一半，求第 10 次触地时经历的总路程以及第 10 次反弹高度。

第4章
数组

基本类型的变量只能存放单个值，而程序经常需要处理若干具有相同类型的数据，如 100 个学生的某门课成绩。尽管可以声明用 100 个变量来分别存放这 100 个学生的某门课程的成绩，但显然这样的方式过于烦琐，此时采用数组将极大地方便编程。

数组（Array）是由若干具有相同类型的元素构成的有序集，实际上它是一种用于存放固定个数的数据的容器。数组中的元素可以是基本类型，也可以是对象类型，但同一数组中的所有元素必须具有相同的类型——如 int 数组和字符串数组分别表示数组中所有元素是 int 类型（基本类型）和字符串类型（对象类型）。

数组中元素的总个数称为数组的长度（Length），每个元素在数组中所处的位置称为该元素的下标（Index），通过下标来定位数组中的某个元素。

说明：Java 中的数组与 C/C++有较大区别，读者在学习时应予以注意。

4.1 一 维 数 组

若能以一个下标定位到数组中的元素，此时的数组称为一维数组。

4.1.1 声明一维数组

数组是一种特殊的变量，因此也需要先声明。一维数组的声明有两种等价的格式为：

类型[] 数组名； // 如 int[] a，声明了基本类型的数组 a
类型 数组名[]； // 如 String names[]，声明了对象类型的数组 names

说明：

（1）此处的方括号不代表可选项，而是数组特有的语法。数组名左侧的类型并非指数组的类型，而是指数组中元素的类型。因此，前一种声明方式更能体现数组的实质（推荐这种方式），而后一种声明方式则与 C 的语法一致。

（2）不管数组中的元素是何种类型，数组本身是一种对象类型。至于数组对象所属的具体类型，则交由系统维护，对开发者是透明的。

（3）声明数组时不能在方括号中指定数组长度，而要在创建数组时指定，如下面的代码存在语法错误：

`int[5] a;` // 非法，声明数组时不能在方括号中指定数组长度

4.1.2　创建一维数组

仅仅声明数组，数组元素并未被分配内存单元，因此，声明数组后要进行创建的操作——为数组元素分配内存单元，否则不能访问该数组。创建一维数组的语法格式为：

数组名 = new　类型[长度]；　　// 如 a = new　int[5]

说明：

（1）关键字 new 右侧的类型必须与声明时指定的类型一致，对于对象类型则要兼容。

（2）长度不能省略，其可以是任何值为 int 型的表达式，但不能为负数。若长度是 byte、short 或 char 型，则自动提升为 int 型。

（3）可以在声明的同时创建数组，也可以先声明，再单独创建，如：

```
001  int[] a = new  int[5];      // 声明的同时创建数组
002  float[] b;                  // 先声明
003  b = new float[10];          // 单独创建
```

（4）创建数组后，各元素的值均为默认值（对象类型为 null）。

从内存角度看，数组名实际上代表着数组对象的引用，被分配在栈中，而数组元素则被分配在堆中，如图 4-1 所示。有关引用、栈和堆的内容见 5.7 节。

与其他编程语言一样，Java 中的数组也占据着一段连续的内存单元，因此数组具有随机存取（Random Access，RA）[1]的特性。随机存取（或称访问）是顺序存储结构所具有的特性，结构中任一元素的存放位置是计算出来的——结构的起始地址加上元素相对于该起始地址的偏移量。无

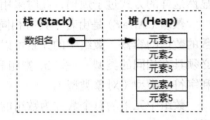

图 4-1　数组在内存中的结构

论要访问的元素的偏移量是多少，CPU 执行一条加法指令所耗费的时间都是一样的，因此找到数组中每个元素所耗费的时间也是一样的[2]。

与 C 语言一样，也可以在声明数组的同时为各元素指定初值，其语法格式为：

类型[]　数组名 = {初值 1，初值 2，...}；　// 如 int[] a = {3, 2, 1}

说明：

（1）多个初值彼此以逗号隔开，初值的个数决定了数组的长度。花括号中可以没有任何初值，此时数组长度为 0。此外，结束花括号后有一个分号。

（2）系统先根据初值个数创建出数组，然后将各初值按顺序赋给各元素。

（3）若初值个数较多，且具有一定规律，则通常采用循环结构在运行时为各元素赋值。

（4）各初值的类型要与声明的类型一致。若不一致，则系统会试图将初值类型自动转换为声明的类型，若不能转换，则视为语法错误，如：

```
int[] a = { 1, 2, 'a', 3L };    // 非法（3L 为 long 型，不能自动转换为 int 型）
```

（5）不允许先声明数组，再单独赋以初值，如：

```
int[] a;
a = { 1, 2, 3, 4, 5 };          // 非法
```

---

① 国内最早介绍 RA 的文献将 Random 译为了"随机"，该译法并未准确表达 RA 的本质，笔者认为译为"任意"更恰当。

② 与随机存取相对应的是顺序存取（Sequential Access），后者找到目标数据所耗费的时间与当前正在访问的数据在结构中所处的位置有关——如访问磁带。

4.1.3　访问一维数组

1. 取得数组长度

Java 中的任何数组都有一个标识数组长度的属性——length，可通过"数组名.length"的形式动态取得数组长度[①]，如：

```
int[] a = new int[10];
System.out.println("数组 a 的长度是：" + a.length);    // 打印 10
```

注意：length 是 final 常量，由系统自动赋值一次，故开发者不能修改该属性。

2. 访问数组元素

与 C 语言一样，Java 也通过下标来访问数组中的元素。对于一维数组，通过一个下标即能定位数组中的任一元素，其语法格式为：

数组名[下标]　　// 如 a[2] = 4; a[0] = a[2]; a[i] = 2 * i + 1

说明：

（1）下标可以是任何值为 int 型的表达式。

（2）尽管下标也位于方括号中，但其与创建数组时方括号中长度的意义完全不同——前者用于访问数组元素，后者用于创建数组。

（3）因 Java 从语法层面取消了指针，故不支持如 C 语言中"*(a + i)"那样通过元素所占的内存地址来访问数组元素。

（4）下标从 0 开始，第 i 个元素的下标是 $i-1$，即下标与自然计数之间相差 1。为方便编写及阅读程序，声明数组时，可以将数组长度增 1，并约定下标为 0 的那个元素不用，以统一下标与自然计数[②]。

注意：在程序运行时，JRE 会检查指定的下标是否超出了 0～数组长度-1 的范围。若是，则抛出名为 ArrayIndexOutOfBoundsException（数组下标越界异常，见第 9 章）的错误。而 C 语言并不检查下标——当访问的下标越界时，不会提示任何错误，但得到的值是不确定的[③]。从这个角度看，Java 比 C 语言更安全。

【例 4.1】以冒泡排序法将数组中的 16 个元素按非递减顺序排列并输出（见图 4-2）。

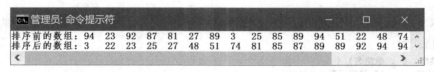

图 4-2　访问数组元素演示（冒泡排序）

AccessArrayDemo.java

```
001   import java.util.Random;
002
003   public class AccessArrayDemo {
004      public static void main(String[] args) {
005         Random random = new Random();    // 创建随机数生成器对象
```

① 将数组长度写成字面常量的编程风格称为硬编码（Hard Coding），这种编程风格不利于代码的修改和维护。例如，修改了数组长度后，还需要修改代码中其他位置出现的长度。应尽量避免使用硬编码。

② 例如，数组 a 需要存放 N 个元素，但创建 a 时将长度定为 $N+1$，并以 a[1] ～ a[N]分别存放这 N 个元素——第 i 个元素的下标就是 i。

③ 对于 C 语言，表达式 a[i]将被理解为*(a+i)，即使 i 越界了，但地址为 a+i 的内存单元通常也是可访问的，若之前未初始化该单元的值，则得到的值是不确定的。

```
006        int[] a = new int[16 + 1];          // 创建数组（只使用后 16 个元素）
007        int temp;          // 用于交换的临时变量
008        boolean exchanged;   // 每轮排序中是否发生了元素交换
009        System.out.print("排序前的数组: ");
010        for (int i = 1; i < a.length; i++) {
011            a[i] = random.nextInt(100);     // 产生 0~99 的随机整数（可能出现重复）
012            System.out.printf("%-4d", a[i]);    // 打印元素，每个占 4 列宽度（左对齐）
013        }
014        // N 个元素进行冒泡排序，至多执行 N-1 轮。
015        for (int i = 1; i < a.length - 1; i++) {
016            exchanged = false;          // 每轮排序前，初始化交换标志
017            for (int j = 1; j < a.length - i; j++) {
018                if (a[j] > a[j + 1]) {      // 相邻位置的元素比较
019                    temp = a[j];            // 若左大右小则交换
020                    a[j] = a[j + 1];
021                    a[j + 1] = temp;
022                    exchanged = true;      // 发生了交换，修改交换标志
023                }
024            }
025            if (exchanged == false) {      // 若未发生任何交换，则不用继续下一轮
026                break;  // 结束外层 for 循环
027            }
028        }
029        System.out.print("\n 排序后的数组: ");
030        for (int i = 1; i < a.length; i++) {   // 打印排序后的数组
031            System.out.printf("%-4d", a[i]);
032        }
033    }
034 }
```

3. 访问数组整体

与 C 语言不同，Java 允许通过数组名将数组作为整体进行访问，如：

```
001    int[] a = new int[5];
002    a = new int[10];                // 重新创建数组
003    int[] b = new int[20];
004    a = b;                          // 数组作为整体相互赋值
```

上述代码第 2 行、第 4 行其实是修改数组对象的引用 a，使其指向新的数组对象。

4.1.4　增强型 for 循环

从 JDK 5 开始提供了快速访问数组全部元素的新语法——增强型 for 循环（也称 for-each 循环），语法格式为：

for（类型　e：数组名）{
    循环体　　　　// 访问元素 e
}

说明：

（1）上述结构在执行时，会依次取数组中的各个元素并赋值到变量 e。

（2）元素 e 的类型要与声明数组时的类型兼容。

（3）增强型 for 循环屏蔽了数组元素的下标，若要在循环体中取得下标，可以在循环外部声明一个初值为 0 的 int 型变量，并在循环体结束前将该变量自增 1。

（4）在可能的情况下，应优先使用增强型而非常规的 for 循环。

除数组外，增强型 for 循环还支持对容器的访问，有关内容将在第 12 章介绍。

【例 4.2】以增强型 for 循环输出数组中各元素（见图 4-3）。

EnhancedForDemo.java

```
001  public class EnhancedForDemo {
```

```
002        public static void main(String[] args) {
003            int[] a = new int[5];
004            for (int i = 0; i < a.length; i++) { // 用循环赋值（元素具有一定规律）
005                a[i] = 10 - 2 * i;
006            }
007            int i = 0;    // 下标
008            for (int e : a) {     // 增强型 for 循环
009                System.out.print("a[" + (i++) + "]=" + e + "  ");
010            }
011        }
012    }
```

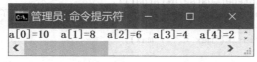

图 4-3　以增强型 for 循环访问数组元素

4.1.5　命令行参数

有时，程序可能需要一些额外的信息才能正确工作，这些信息可以在命令行中指定，故称为命令行参数。例如，Windows 下的 copy 命令至少需要指定 1 个参数——要复制的文件，若未指定，则该命令无法正确执行，如图 4-4 所示。

图 4-4　copy 命令至少需要 1 个参数

类似地，作为每个 Java 独立应用程序的入口，main 方法可能也需要一些参数才能正确执行，而这些参数存放在 main 方法的形式参数——1 个字符串数组中，如：

```
public static void main(String[] args) {  // args 即 Arguments（参数）
    方法体
}
```

在命令行中运行 Java 程序时[1]，类名后可以跟多个参数——彼此以若干个空格隔开，系统会将各个参数依次赋给 args 数组的对应元素。语法格式为：

java　类名　参数 1　参数 2　...

说明：

（1）输入的参数全部是字符串类型，可能需要将它们转换成所需的类型。

（2）参数从类名后开始，且不包括类名[2]。

（3）参数若含有空格，则应当用一对西文双引号括起来。

【例 4.3】输出命令行中指定的若干整数中的最大者（见图 4-5）。

图 4-5　命令行参数演示（2 次运行）

---

① 在 Eclipse 中给要运行的程序添加参数的方法请参见附录 A。
② C/C++程序的命令行参数包括了要执行的 exe 文件名。

CommandArgsDemo.java

```
001  public class CommandArgsDemo {
002      public static void main(String[] args) {
003          if (args.length < 2) {      // 少于 2 个参数
004              System.out.println("错误的命令格式, 至少要指定 2 个 int 型参数! ");
005              System.exit(0);      // 结束虚拟机的运行 (即退出 Java 程序)
006          }
007          int value;      // 存放参数
008          // 将首个参数作为当前最大者 (注意参数均是字符串, 要先解析为所需的 int 型)
009          int max = Integer.parseInt(args[0]);
010          for (int i = 1; i < args.length; i++) {   // 从第 2 个参数开始比较
011              value = Integer.parseInt(args[i]);
012              max = (max < value ? value : max); // 修改 max (找到了新的最大者)
013          }
014          System.out.println("max = " + max);
015      }
016  }
```

4.2　案例实践 2：约瑟夫环问题

约瑟夫环（Joseph Ring）描述了这样的问题——编号为 1～N 的 N 个人按顺时针方向围坐成一圈，从第 S 个人开始报数（从 1 报起），报数为 M 的人出圈，再从他的顺时针方向的下一个人重新报数，如此下去，直至所有人出圈为止，给出 N 个人的出圈顺序。

求解约瑟夫环问题的算法有很多种，下面给出其中较容易理解的一种。

（1）设置一个 boolean 数组 out，元素 out[i] 标记编号为 i 的人是否已出圈。

（2）从编号为 S 的人开始，若未报数至 M，则继续寻找下一出圈标记为 false 的人。

（3）输出报数为 M 的人的编号，并修改其对应的出圈标记为 true。

（4）若输出人数未达到 N，则继续寻找下一出圈标记为 false 的人并重新报数，否则结束。

该算法的完整程序如下。

【案例实践】求解约瑟夫环问题（见图 4-6）。

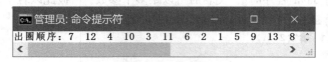

图 4-6　约瑟夫环问题

JosephRing.java

```
001  public class JosephRing {
002      public static void main(String[] args) {
003          final int N = 13;      // 总人数
004          final int S = 3;       // 从第 S 个人开始报数
005          final int M = 5;       // 报数为 M 的人出圈
006          boolean[] out = new boolean[N + 1]; // 统一下标与人的编号 (自然计数)
007          for (int i = 1; i <= N; i++) {   // 初始化数组元素
008              out[i] = false;    // 报数前所有人均未出圈
009          }
010          int i = S;         // i 存放下次开始报数的人的编号
011          int n = 0;         // 已出圈的人
012          int count;         // 报数为 count 的人
013          System.out.print("出圈顺序: ");
014          while (n < N) {        // 仍有人在圈内
```

```
015                   count = 0;            // 出圈后重新计数
016                   while (count < M) {          // 未报数至 M
017                       if (out[i] == false) {     // 报数的人未出圈
018                           count++;          // 报数
019                       }
020                       if (count < M) {     // 未报数至 M（上面的 if 语句可能修改了 count）
021                           // 求下一个人的编号（到达 N+1 则回到第 1 个人）
022                           i = (i + 1 > N ? 1 : i + 1);
023                       }
024                   } // 内层 while 结束
025                   System.out.print(i + "  ");   // 内层 while 结束，编号为 i 的人出圈
026                   out[i] = true;       // 标记出圈的人
027                   n++;                 // 又有 1 人出圈
028              } // 外层 while 结束
029          }
030     }
```

4.3　二　维　数　组

4.3.1　声明和创建二维数组

1. 声明二维数组

二维数组中的每个元素是一个一维数组，其声明格式为：

类型[][]　数组名;　　// 或　　类型　数组名[][];

两对方括号决定了数组是二维的，前述有关一维数组声明和创建的说明大多也适用于二维数组，后面不再赘述。

2. 创建二维数组

创建二维数组的常规语法格式为：

数组名 = new　类型[行数][列数];　　// 如 a = new　int[3][4];
类型[][]　数组名 = new　类型[行数][列数];　　// 也可以在声明的同时创建

二维数组经常用于表示数学上由若干行和若干列构成的矩阵，
故其第 1 维长度也称为行长度（或行数），第 2 维长度则称为列长度
（或列数），如图 4-7 所示。

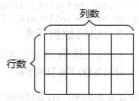

与一维数组类似，也可以在声明数组的同时为各元素指定初值，
其语法格式为：

类型[][]　数组名 = {{第 1 行初值}, {第 2 行初值}, ...};

图 4-7　用二维数组表示矩阵

注意： Java 中的二维数组与 C 语言有如下区别。

（1）内层花括号必不可少，花括号的对数即二维数组的行数。

（2）每一对内层花括号中值的个数可以不同——Java 允许二维数组的每一行具有不同的列数，如：

```
int[][] a = { { 1, 2 }, { 3, 4, 5, 6 }, { 7, 8, 9 } };
```

此时的二维数组如图 4-8 所示。

图 4-8　二维数组各行的列数不同

4.3.2 二维数组的存储结构

计算机的内存空间总是一维结构——由若干字节单元线性排列而成，因此，不管声明的数组是几维的，在内存中它们都会被映射成一维结构。

对于二维数组，可以将其每一行视为一个元素。如图 4-9 所示，该二维数组其实是一个包含 3 个元素(a[0]、a[1]、a[2])的一维数组，只不过这些元素各自又是一个包含若干元素的一维数组。

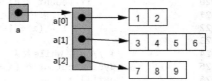

图 4-9 二维数组的实质仍是一维数组

说明：

（1）图 4-9 中以灰色背景标识的是引用，可以将 a[0]、a[1]和 a[2]当作一维数组名。

（2）二维数组中不同行的元素所占的内存单元可能不连续（与 C 语言不同）。

（3）二维数组的各行是相对独立的，故创建二维数组时，可以省略列数（但行数不能省略，与 C 语言不同），然后单独创建每一行，如：

```
int[][] a = new int[3][];      // 省略了列数
a[0] = new int[2];             // 创建第 1 行（共 2 列）
a[1] = new int[4];             // 创建第 2 行（共 4 列）
a[2] = new int[3];             // 创建第 3 行（共 3 列）
```

4.3.3 访问二维数组

1. 取得数组长度

可以对二维数组及其每一行取长度，如：

```
int[][] a = new int[3][];
a[0] = new int[2];
a[1] = new int[4];
System.out.println(a.length);       // 打印 3（有 3 行）
System.out.println(a[1].length);    // 打印 4（第 2 行有 4 列）
System.out.println(a[2].length);    // 运行时将出错（因尚未创建第 3 行）
int[][] b = { {} };                 // 1 行 0 列
System.out.println(b.length);       // 打印 1
System.out.println(b[0].length);    // 打印 0
```

2. 访问数组元素

访问二维数组的元素需要给出 2 个下标——行下标和列下标，其语法格式为：

数组名[行下标][列下标]　　// 如 a[1][3]

【例 4.4】打印 10 阶杨辉三角形（见图 4-10）。杨辉三角形是方阵的左下半，方阵中第 1 列和主对角线上的元素均为 1，其余位置的元素均满足 a[i][j]=a[i-1][j]+a[i-1][j-1]。

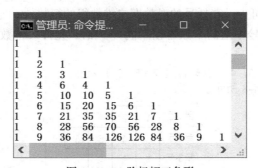

图 4-10 10 阶杨辉三角形

YangHuiTriangle.java

```
001   public class YangHuiTriangle {
002       public static void main(String[] args) {
003           final int N = 10;    // 阶数
004           int[][] a = new int[N][];    // 省略了列数（因每行列数不同）
005           for (int i = 0; i < a.length; i++) {    // 循环 N 次
006               a[i] = new int[i + 1];    // 第 i 行（从 0 开始）有 i+1 列
007               a[i][0] = 1;    // 每行第一列为 1
008               a[i][a[i].length - 1] = 1;    // 每行最后一列为 1（可写为 a[i][i]=1）
009           }
010           for (int i = 2; i < a.length; i++) {    // 从第 3 行开始为元素赋值
011               // 从第 2 列开始为元素赋值（不包括最后一列）
012               for (int j = 1; j < a[i].length - 1; j++) {
013                   a[i][j] = a[i - 1][j] + a[i - 1][j - 1];
014               }
015           }
016           for (int i = 0; i < a.length; i++) {    // 打印 N 行
017               for (int j = 0; j < a[i].length; j++) {    // 打印第 i 行
018                   System.out.printf("%-4d", a[i][j]);    // 打印元素
019               }
020               System.out.println();    // 每打印一行换行（属于外层 for）
021           }
022       }
023   }
```

【例 4.5】打印 10 阶螺旋方阵（见图 4-11）。螺旋方阵是从 1 开始的连续整数由方阵的最外圈以顺时针向内螺旋排列。

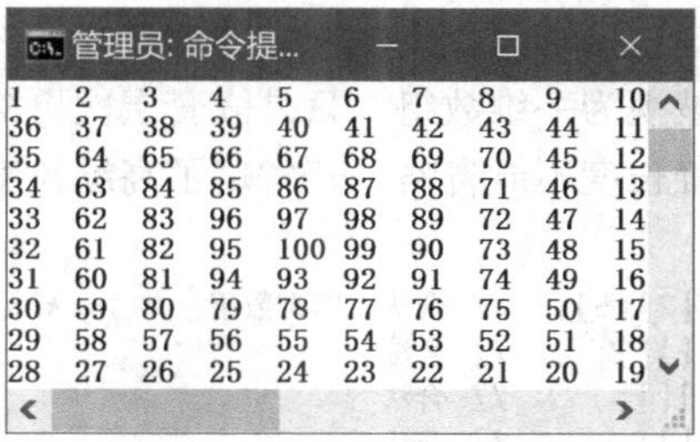

图 4-11　10 阶螺旋方阵

SpiralMatrix.java

```
001   public class SpiralMatrix {
002       public static void main(String[] args) {
003           final int ROWS = 10;    // 方阵的阶数
004           int start = 1;    // 左上角的起始值
005           int a[][] = new int[ROWS][ROWS];    // 方阵（全部元素均为 0）
006           char direction = 'R';    // 初始方向为右
007           int i = 0, j = 0;    // 起始步的行列下标
008           while (a[i][j] == 0) {
009               a[i][j] = start++;    // 后置自增
010               switch (direction) {    // 根据方向判断下一步的位置
011                   case 'R':    // 右
012                       if (j + 1 < ROWS && a[i][j + 1] == 0)// 未走到最右且未走过
013                           j++;    // 向右走
014                       else {    // 走到最右端或已走过
015                           i++;    // 下转
016                           direction = 'D';    // 修改方向
017                       }
018                       break;
019                   case 'D':    // 下
020                       if (i + 1 < ROWS && a[i + 1][j] == 0)// 未走到最下且未走过
021                           i++;
```

```
022                      else {
023                          j--;    // 左转
024                          direction = 'L';
025                      }
026                      break;
027                  case 'L':    // 左
028                      if (j > 0 && a[i][j - 1] == 0)
029                          j--;
030                      else {
031                          i--;    // 上转
032                          direction = 'U';
033                      }
034                      break;
035                  case 'U':    // 上
036                      if (i > 0 && a[i - 1][j] == 0)
037                          i--;
038                      else {
039                          j++;    // 右转
040                          direction = 'R';
041                      }
042              } // switch 结束
043          } // while 结束
044          for (int m = 0; m < ROWS; m++) {    // 打印方阵
045              for (int n = 0; n < ROWS; n++) {
046                  System.out.printf("%-4d", a[m][n]);
047              }
048              System.out.println();
049          }
050      }
051  }
```

二维以上的多维数组也能被视为一维数组，只是嵌套层次更深，它们的声明方式与二维数组类似。创建多维数组时，最高维长度不能省略，若省略了高维长度，则必须省略低维长度，否则视为语法错误，如：

```
int[][][][] a1 = new int[4][5][2][5];    // 合法，四维数组，共 4*5*2*5 个元素
int[][][][] a2 = new int[4][5][][];      // 合法
int[][][][] a3 = new int[4][][][];       // 合法
int[][][][] a4 = new int[][][][];        // 非法
int[][][][] a5 = new int[4][][2][];      // 非法
```

尽管 Java 对数组的维数没有限定，但在实际使用中通常不会超过三维。访问 N 维数组中的元素时，需要给出 N 个下标。此外，三维以上的多维数组可能没有相对应的数学模型，读者应抓住多维数组的存储实质来理解。

4.4　案例实践 3：K-Means 聚类

【案例实践】编写程序实现 K-Means 聚类算法（见图 4-12）。

K-Means 是一种聚类算法，属于机器学习中的无监督学习，用于识别给定数据集中的若干数据簇——即每个数据所属的分类。K-Means 算法的主要步骤如下。

（1）任选数据集中的 K 个数据点作为 K 个分类的初始质心（几何中心），其中 K 为数据的总分类数，由人通过观察整个数据集的分布而事先确定。

（2）将每个数据点指派到离其最近的质心所属的分类。

（3）重新计算每个分类的质心。

（4）重复步骤（2）、步骤（3），直至达到最大迭代次数或所有分类的质心不再变化。

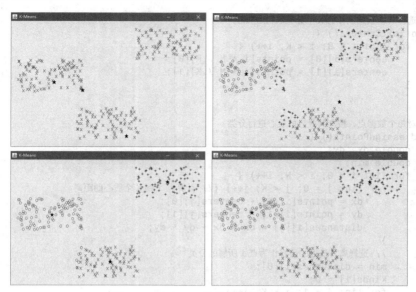

图 4-12　K-Means 聚类算法的迭代过程

KMeans.java

```java
001    import java.awt.Color;
002    import java.awt.Graphics;
003    import java.util.Random;
004
005    import javax.swing.JFrame;
006
007    public class KMeans {
008        int N = 300; // 数据点个数
009        int K = 3;// 分类数
010
011        double[][] points = new double[N][2];      // 数据点(2 列分别表示 x、y 坐标)
012        double[][] centers = new double[K][2];      // 分类质心
013        double[][] distances = new double[N][K]; // 数据点到分类质心的距离
014        int[] kinds = new int[N];// 数据点所属的分类
015
016        JFrame win; // 用于呈现分类结果的窗口
017        final int WIN_HEIGHT = 420;// 窗口高度
018        final int WIN_WIDTH = 600;// 窗口宽度
019
020        // 分类标记和颜色
021        final String[] MARKER_TEXTS = { "X", "O", "+" };
022        final Color[] MARKER_COLORS = { Color.RED, Color.MAGENTA, Color.BLUE };
023
024        // 围绕给定的 K 个点随机产生 N 个数据点
025        void generatePoints() {
026            // 给定 K 个点的坐标
027            double[][] ps = { { 300, 50 }, { 480, 300 }, { 120, 200 } };
028            Random r = new Random();// 随机数对象
029            int p;
030            for (int i = 0; i < N; i++) {
031                p = r.nextInt(K);// 随机选择一个给定的点
032                // 围绕点 p 随机产生一个数据点
033                points[i][0] = ps[p][0] + (r.nextBoolean() ? r.nextInt(100) : -r.nextInt(100));
034                points[i][1] = ps[p][1] + (r.nextBoolean() ? r.nextInt(50) : -r.nextInt(50));
035            }
036        }
037
```

```
038        // 选择 K 个数据点作为 K 个分类的初始质心
039        void initCenters() {
040            for (int i = 0; i < K; i++) {
041                centers[i][0] = points[i * N / K][0];
042                centers[i][1] = points[i * N / K][1];
043            }
044        }
045
046        // 对每个数据点，按离其最近的质心进行分类
047        void assignPoints() {
048            double dx, dy;
049            double min;
050            for (int i = 0; i < N; i++) {
051                for (int j = 0; j < K; j++) {// 计算点 i 到 K 个质心的距离
052                    dx = points[i][0] - centers[j][0];
053                    dy = points[i][1] - centers[j][1];
054                    distances[i][j] = dx * dx + dy * dy;
055                }
056                // 选择离其最近的质心作为点 i 所属的分类
057                min = distances[i][0];
058                kinds[i] = 0;
059                for (int j = 1; j < K; j++) {
060                    if (distances[i][j] < min) {
061                        min = distances[i][j];
062                        kinds[i] = j;
063                    }
064                }
065            }
066        }
067
068        // 根据所有点的分类，计算新的质心
069        void calcCenters() {
070            for (int j = 0; j < K; j++) {
071                centers[j][0] = 0;
072                centers[j][1] = 0;
073                int count = 0;
074                // 统计属于分类 j 的点的个数
075                for (int i = 0; i < N; i++) {
076                    if (kinds[i] == j) {
077                        centers[j][0] += points[i][0];
078                        centers[j][1] += points[i][1];
079                        count++;
080                    }
081                }
082                // 计算分类 j 的质心坐标(x、y 的算术均值——K-Means 算法名称的由来)
083                centers[j][0] /= count;
084                centers[j][1] /= count;
085            }
086        }
087
088        // 初始化 UI(仅用于呈现结果)
089        void initUI() {
090            win = new JFrame("K-Means");
091            win.setSize(WIN_WIDTH, WIN_HEIGHT);
092            win.setDefaultCloseOperation(JFrame.EXIT_ON_CLOSE);
093            win.setResizable(false);
094            win.setVisible(true);
095        }
096
097        // 绘制 N 个数据点及 K 个质心(仅用于呈现结果)
098        void plot() {
099            Graphics g = win.getGraphics();
```

```
100            g.clearRect(0, 0, WIN_WIDTH, WIN_HEIGHT);// 清除之前绘制的点
101            // 以不同标记和颜色绘制各分类中的点
102            for (int i = 0; i < N; i++) {
103                g.setColor(MARKER_COLORS[kinds[i]]);
104                g.drawString(MARKER_TEXTS[kinds[i]], (int) points[i][0],
105                        (int) (WIN_HEIGHT - 20 - points[i][1]));
106            }
106            // 绘制各分类的质心
107            for (int i = 0; i < K; i++) {
108                g.setColor(Color.BLACK);
109                g.drawString("★", (int) centers[i][0], (int) (WIN_HEIGHT - 20 - centers[i][1]));
110            }
111        }
112
113        // 程序入口
114        public static void main(String[] args) throws InterruptedException {
115            KMeans kMeans = new KMeans();
116            kMeans.generatePoints();
117            kMeans.initCenters();
118            kMeans.initUI();
119
120            for (int i = 0; i < 10; i++) { // 迭代 10 次
121                kMeans.plot();
122                kMeans.assignPoints();
123                kMeans.calcCenters();
124                Thread.sleep(500); // 暂停 0.5 秒(便于观察迭代过程)
125            }
126        }
127    }
```

　　注意: 若要对数组进行排序、查找、过滤及转换等操作,通常建议直接调用 java.util 包下的 Arrays 类所提供的静态方法。另外,作为最基本的数据容器,数组仅提供了非常有限的特性和功能,当程序需要表达较为复杂的数据结构时,应优先考虑使用容器框架中的相关类,具体见第 12 章。

习　题

一、简答题

1. 下列 2 行代码是等价的,哪一种写法更能体现数组的实质,为什么?

   ```
   int a[] = new int[5];
   int[] a = new int[5];
   ```

2. 如何理解数组具有的随机存取特性。

3. 作为引用类型,数组变量与基本类型的变量有哪些区别?

4. 对于 Java 的二维数组,其各行能否具有不同的长度,如何做到?

5. 如何取得二维数组 a 的行数以及第 i 行的列数?

6. 从内存的角度看,语句 "int[] a = new int[5];" 的作用是什么?

7. 怎样访问数组中某个位置的元素,需要注意什么? 当访问的位置实际并不存在时,Java 运行环境是如何处理的?

二、编程题

1. 将 Fibonacci 数列的前 20 项存放于一维数组中。

2. 判断以字符数组表示的字符串是否为回文(左右对称的文字,如 level、deed 等)。

3. 将不少于 8 行 5 列的矩阵转置并输出。

第5章
类与对象

本章主要介绍面向对象的基本理论及如何编写 Java 类。本章和第 6 章的内容对于系统地学习 Java 语言是非常重要的，读者在学习这些内容时，不仅要关注相应的语法规则，更要通过大量的编程实践来深刻理解它们与面向对象理论的联系。

5.1　面向对象概述

Java 语言是完全意义上的面向对象编程语言——在 Java 世界中，一切皆是对象。实际上，Java 语言中的很多关键字和语法规则都是面向对象思想的具体实现。为了更好地学习后续内容，有必要先介绍面向对象的产生背景、相关概念以及基本特征。

5.1.1　产生背景

面向对象是一种程序设计方法，它是在面向过程的程序设计方法（C 语言程序所基于的设计思想，也称为结构化程序设计方法）出现了一些问题的背景下产生的。面向过程的程序设计方法将软件视为若干具有特定功能的模块的集合，并采取"自顶而下、逐步求精"的求解策略——将要解决的问题逐层分解，直至分解出来的子问题较容易被求解；接着，再以合适的数据结构和算法分别描述各子问题中待处理的数据和具体的处理过程。面对日趋复杂多变的软件业务和需求，面向过程的程序设计方法逐渐暴露出以下不足。

1. 与人类惯用思维不一致

仔细分析可以发现，待解决问题所描述的很多事物恰恰是现实世界中客观存在的实体或由人脑抽象出来的概念，我们将这些事物称为客体，它们是人类观察和解决问题的主要目标。例如，对于教务管理系统，无论简单还是复杂，系统总会包含学生、教师、课程等客体。

每种客体都具有一些属性（Property）和行为（Behavior）。属性标识了客体的状态，如学生的学号、姓名等，而行为则标识了客体所支持的操作，如学生入学、选课、考试等。客体所具有的行为可以获取和改变依附于客体的属性，而人类所惯用的解决问题的思维就是让这些客体相互作用、相互驱动，最终使得每个客体按照设计者的意愿去维护自身状态。

面向过程的程序设计方法并不将客体作为一个整体，而是将客体具有的行为抽取出来，并以功能为目标来设计软件系统。这种做法将由客体构成的问题空间映射到由功能模块构成的解空间，背离了人类观察和解决问题的惯用思维，从而降低了软件系统的可理解性。

2. 软件难以维护和扩展

对于同一类问题，客体的种类是相对稳定的，而行为却是不稳定的。例如，无论是国家图书馆还是学校图书馆，都含有图书这种客体，但它们对图书的管理方式可能截然不同。面向过程的程序设计方法将观察问题的角度定位于不稳定的行为之上，并将客体的属性和行为分开，使得日后对软件系统进行维护和扩展相当困难，一个微小的需求变更就可能牵连到系统的其他众多部分[1]，从而引起现有代码被大面积重写——这对项目的影响是致命的。

3. 可重用性不足

可重用性标识着软件代码的可复用能力，是衡量软件设计质量的重要标志。当今的软件开发领域，人们越来越青睐于使用已有的、可重用的组件（如按钮组件，见第 7 章）来开发新的软件系统，使得软件开发方式由过去的代码级重用发展到现在的组件级组装，从而极大地提高了软件开发效率。由于面向过程的程序设计方法的基本单元是模块，而每个模块只是实现特定功能的过程描述，因此，其可重用单元只能是模块级——如编写 C 语言程序时被大量使用的库函数。对于当今的软件工业来说，这种粒度的重用显得微不足道。

面对问题规模的日趋扩大、软硬件环境的日趋复杂以及需求变更的日趋频繁，将计算机解决问题的基本方法统一到人类的惯用思维之上，提高软件系统的可理解性、可扩展性和可重用性，是面向对象理论被提出的主要原因。

1967 年，挪威计算中心的两位科学家开发了 Simula-67 语言，提供了比函数更高一级的抽象和封装，引入了数据抽象和类的概念，被认为是世界上第一个面向对象的编程语言。1972 年，由 Xerox PARC[2]开发的 Smalltalk 进一步完善了面向对象的思想，对随后出现的一些编程语言起到了极大的推动作用，如 Objective-C、Java 和 Ruby 等。90 年代出现的许多软件开发思想也都起源于 Smalltalk，如设计模式、敏捷编程和代码重构等。

5.1.2 相关概念

1. 面向对象

从方法学的角度来看，面向对象（Object Oriented）强调直接以问题域[3]中客观存在的事物为中心来观察和分析问题，并根据这些事物的本质特点，将它们抽象为对象，作为软件系统的基本组成单元。面向对象使得软件系统直接映射到问题域，保留了问题域中各事物及其相互关系的本来面貌。从编程的角度来看，面向对象首先根据用户需求（业务逻辑）抽象出业务对象，然后利用封装、继承和多态等编程手段逐一实现各业务逻辑，最后通过整合，使得软件系统达到高内聚、低耦合的设计目标[4]。

面向对象涉及软件开发的众多方面，除了面向对象编程（OOP）外，其思想更多地体现在面向对象分析（OOA）和面向对象设计（OOD）上。

---

① 需求变更在软件开发领域是司空见惯的，甚至可以说是无法避免的。
② Xerox PARC (Xerox Palo Alto Research Center，施乐帕罗奥多研究中心) 成立于 1970 年，是许多现代计算机技术的诞生地，其创造性的研发成果包括 Smalltalk、激光打印机、鼠标、以太网、图形用户界面等。
③ 问题域是指软件系统的应用领域，即在客观世界中由该系统负责处理的业务范围。
④ 内聚是指一个软件模块中各要素彼此的相关程度。高内聚是指一个软件模块只包含相关性很强的代码，也被描述为单一责任原则。耦合是指同一软件的不同模块之间的关联程度，关联越紧密，则这些模块的独立性也就越差——修改某个模块，可能会影响到其他模块。是否满足高内聚和低耦合是衡量软件设计质量的重要度量。

2. 对象

对象（Object）是人们要研究的具体事物（即前述的客体），从最简单的整数到极其复杂的飞机都可看作对象，它不仅能表示现实世界中有形的实体，也能表示无形的（即人脑抽象出来的）规则、计划或事件等。可以从不同的角度来理解对象。

（1）从设计者的角度，对象是具有明确责任并能够为其他对象提供服务的实体[①]。

（2）从开发者的角度，对象是由数据（描述了事物的属性）和作用于数据的操作（描述了事物的行为）构成的整体。

（3）从使用者的角度，对象是他们所熟知的现实世界中的具体个体，如王老师、这辆汽车、那个窗口等。

3. 类

类（Class）是人脑对若干具有相同（或相似）属性和行为的对象的抽象，如人们根据认知经验从现实世界中的这只麻雀、那只燕子等具体对象抽象出了鸟类的概念。类与对象的关系是密不可分的，这种关系包括以下几点

（1）类是对象的抽象，其实际上是一种概念，强调的是对象间的共性，而对象则是类的具体实例（Instance）。对象与类的关系就如同张三与人类的关系。

（2）从编程角度看，类是属性和行为的集合，必须先编写类，然后才能创建该类的对象[②]，创建对象也称为实例化（Instantiate）对象。

（3）可以创建出一个类的多个不同对象，任何对象都至少有一个所属的类。

此外，不同的类之间可能存在着一定的关系，通常，它们之间的关系有以下两种。

（1）特殊与一般的关系。其表达的逻辑是：类 A 是一种（is-a）类 B——前者比后者更为具体、特性更为丰富。例如，汽车（类）是一种交通工具（类）。

（2）整体与部分的关系。其表达的逻辑是：类 A 有一个（has-a）类 B——前者包含了后者、后者是前者的一部分。例如，汽车（类）有一个发动机（类）。

4. 消息

对象之间通过消息（Message）进行通信与交互，软件系统就是由成百上千个彼此间能传递消息的对象构成的。若对象需要履行自身所支持的某个行为（即完成某个操作），则需要向该对象发送一个消息。消息包含了使对象完成特定操作的全部信息——接受消息的对象（谁来完成操作）、消息的名称（要完成哪个操作）以及消息的相关信息（操作所需的附加信息）。从代码角度来看，发送消息实际上相当于调用某个对象的某个方法并传入相应参数，例如：

```
System.out.println("Hello");
```

上述代码实际上就是通知 out 对象执行其名为 println 的消息，同时传递一个字符串常量 Hello 作为该消息的附加信息。

5.1.3　基本特性

面向对象主要提供了 3 大特性——封装、继承和多态。

1. 封装

封装（Encapsulation）本质上是一种信息隐藏手段，即将对象的属性和行为封装为一个整体，并使得用户（即使用该对象的其他对象）只能看到该对象的外部接口（即对象暴露给外部的行为

---

① 这种理解方式关注的是对象的意图和行为，而非实现细节，它更能揭示对象的本质。
② 这与人类认知客观世界的过程是相反的。

说明），而对象的内部实现（属性及行为的具体实现细节）对用户则是不可见的。封装的目的在于隔离对象的编写者与使用者——使用者无法（也不必）知晓对象的具体实现细节，而是通过编写者为对象提供的外部接口来访问该对象。例如，驾驶员只需要通过操纵方向盘、加速踏板等（汽车提供的外部接口）就能够控制汽车的行为（转向、加速等），而不必知晓诸如踩下加速踏板后发动机如何将活塞的上下运动转化为齿轮的旋转运动、齿轮如何带动车轮等细节。

　　面向对象中的类是封装良好的模块。封装所带来的最大好处是降低了软件系统的耦合程度，当外部接口涉及的行为的实现细节发生变化时，只要接口不变，则使用该接口的那些对象也不需要做任何修改。例如，即便将自然吸气发动机更换为涡轮增压发动机（行为的实现细节发生了变化），但驾驶员仍按原来的方式驾驶汽车。

2. 继承

　　如前所述，有些类之间存在着特殊与一般的关系，面向对象就是通过继承（Inheritance）来表达这样的关系。其中，一般类称为父类，特殊类称为子类。即使未给子类指定任何属性和行为，它仍具有父类的全部属性和行为。例如，若交通工具类（父类）具有颜色、最高时速 2 个属性以及启动、加速、减速 3 个行为，则汽车类（子类）默认也具有这些属性和行为。此外，子类还能对继承自父类的属性和行为进行修改和扩充——青出于蓝而胜于蓝。例如，汽车类可以修改其父类的启动行为，也能增加父类所没有的"车门个数"属性和"更换轮胎"行为。

　　继承具有传递性——若类 A 继承了类 B、类 B 继承了类 C，则可以称类 A 也继承了类 C，为示区别，前二者称为直接继承，后者称为间接继承。此外，继承可分为单继承和多继承，前者指类只有一个父类，后者指类具有多个父类。多继承可以表达现实世界中类 A 既是一种类 B 也是一种类 C 的逻辑（注意类 B 和类 C 间没有继承关系），例如，汽车既是一种交通工具也是一种能避雨的事物。

　　继承极大地提升了软件代码的可重用性和软件系统的可扩展性，同时使得设计出符合 OCP 原则[①]的软件系统成为可能。

3. 多态

　　简单来说，多态（Polymiorphism）是指类的某个行为具有不同的表现形态，具体可分为两种级别：

　　（1）一个类中：一个类的多个行为具有相同的名称，但各自要处理的数据不同。

　　（2）多个类中：父类的某个行为在其各个子类中具有不同的实现方式。

　　假设有这样的需求——设计一个能够绘制正方形、三角形等不同形状的类。经验不足的设计人员可能做出这样的设计：定义一个 Painter 类，考虑到不同形状的绘制细节各有差异，故让 Painter 类包含若干名为 draw 的行为，并使这些同名的行为接收不同的形状（如 Square、Triangle 等）。此时，Painter 类的多个 draw 行为对于不同的形状具有不同的表现形态。

　　不难看出，上面的设计导致了较差的扩展性——当要求绘制新的形状时，需要在现有 Painter 类中增加新的行为，而这恰恰违背了 OCP 原则。另一方面，根据"对象是具有责任的实体"这一表述以及高内聚的目标，绘制这一行为应当是形状自身的职责——任何形状总是知道如何绘制自身，而不应交给别的类（如 Painter）。

---

① OCP (Open-Closed Principle，开-闭原则) 是指"一个软件实体应当对扩展开放，而对修改关闭"，其表达的真正含义是"设计良好的软件系统应允许增加新的功能需求，但增加的方式不是通过修改现有的模块（类），而是通过增加新的模块（类）做到的"。提出 OCP 原则的原因很明显——修改现有模块很可能导致那些与被修改模块有关联的、本来正常工作的模块出现问题，而增加模块则不会。

现在改进上述设计：

（1）定义一个父类 Shape，它具有唯一的 draw 行为。该行为不需要任何额外信息，也不指定任何的绘制细节——因为不知道具体的形状是什么，故无法绘制。

（2）使 Square、Triangle 等类继承 Shape，并指定父类 draw 行为的绘制细节——因为子类是具体的形状，知道如何绘制自身。

（3）当要求绘制新的形状（如 Circle）时，定义出新的 Circle 类（同样使其继承 Shape），并指定父类 draw 行为的绘制细节。

容易看出，改进的设计明显优于之前的设计——增加新需求时无须修改现有类，使得设计符合 OCP 原则。此时，父类 Shape 的 draw 行为在其各子类中具有不同的表现形态。

本节主要介绍了面向对象的相关概念和基本特征。这些知识看似简单，但其涉及的很多深层思想都是经无数软件项目（包括失败的）总结出来的，读者需要在编程实践中不断思考和分析才能真正领悟。

目前，绝大多数的主流编程语言都属于面向对象编程语言（或具有面向对象的部分特性），如 Java、C#、C++、Python、JavaScript 等，深入理解面向对象的思想将有助于快速学习这些编程语言。本章后续内容将从语法层面介绍 Java 语言对面向对象思想的具体实现。

5.2 类

5.2.1 类的定义格式

类是对具体对象的抽象，必须先定义类，才能创建该类的对象。类包含属性和行为，从代码的角度看，属性通常被称为成员变量（Member Variable）或字段（Field）[①]，而行为则通常被称为成员方法（Member Method，通常简称为方法），字段和方法统称为类的成员。类的常规定义格式为：

```
[修饰符] class 类名 [extends 父类] [implements 接口1, 接口2, ...] {
    [修饰符] 类型 字段名1;
    [修饰符] 类型 字段名2;

    [修饰符] 类型 方法名1([形参表]) {
        方法体
    }

    [修饰符] 类型 字段名3;

    [修饰符] 类型 方法名2([形参表]) {
        方法体
    }

    [修饰符] 类型 字段名4;
}
```

说明：

（1）关键字 class 用以定义类，其后以一对花括号括起来的内容称为类体（Class Body），其中包含了零至多个字段和方法。

（2）类名、字段名、方法名均应是合法的标识符，并尽量遵守相应的命名惯例（见表 2-4）。

――――――――――

① 成员变量是 C++ 中的称法，在 Java 中，属性通常被称为字段。

（3）类名、字段名、方法名均可以带可选的修饰符，具体见 5.5 节。

（4）关键字 extends 用于指定类所继承的父类（至多 1 个），关键字 implements 则用于指定类所实现的接口（可以有多个），它们都不是必须的，有关内容将在后续章节介绍。

（5）字段可以出现在类内部的任何位置，但必须位于方法之外，且彼此不能重名。字段的定义（或称声明）格式与第 2 章中的变量相同，其类型可以是任意的，如 int、Integer、float[ ]、Person 等。

注意：一个源文件通常只包含一个类，且源文件名（不含.java）必须与类名严格一致①，编译得到的 class 文件与源文件名相同。一个源文件也可以包含多个类，通常这些类之间是平行的关系（即不是彼此包含），此时的源文件名必须与被 public 关键字修饰的那个类名严格一致（具体见 5.5.1节），编译后将得到多个 class 文件，文件名分别与每个类名相同。

【例 5.1】定义 Person 类，以描述现实世界中"人"的概念。

Person.java

```
001   public class Person {          // 定义 Person 类
002       String name;               // 属性：姓名
003       int age = 20;              // 属性：年龄（指定了默认值 20）
004       String id;                 // 属性：身份证
005
006       String getName() {         // 行为：得到姓名
007           return name;           // 行为的细节（返回姓名属性）
008       }
009
010       int getAge() {             // 行为：得到年龄
011           return age;
012       }
013
014       void setAge(int newAge) {   // 行为：设置年龄
015           age = newAge;          // 修改年龄属性
016       }
017
018       void sleep(int minutes) {   // 行为：睡觉
019           System.out.println("睡 " + minutes + " 分钟...");
020       }
021   }
```

5.2.2 变量的作用域

作用域（Scope）是指一个变量起作用的范围，即允许在类的哪些位置访问该变量。根据变量在类中出现的位置不同，Java 中的变量可分为局部变量和字段。

1. 局部变量的作用域

局部变量（Local Variable，也称本地变量）声明在方法的内部，具体可分为以下 3 种。

（1）方法体中声明的变量：其作用域从声明处至方法结束。

（2）语句块中声明的变量：其作用域从声明处至语句块结束。

（3）方法的形参（见 5.3.1 节）：其作用域是整个方法体。

注意：局部变量只允许以 final 修饰或不带任何修饰符，具体见 5.5 节。

---

① C/C++等语言允许将源文件命名为如 1、aaa 这样无意义但合法的名字，Java 从语法层面对源文件的命名做出了限制。例如，例 5.1 中的 Person 类必须被保存到 Person.java 文件中。Java 这样规定的原因很明显——仅从源文件名（或 class 文件名）就可以大致知道文件中类的含义和功能而不用打开文件（前提是类的命名是合适的），这在一定程度上提高了软件项目的可管理性。

2. 字段的作用域

与 C 语言中的全局变量（Global Variable）不同，字段的作用域是整个类体而并非从声明处开始（字段间的访问除外）。因此，字段可以被类中的任何方法访问，无论该字段是声明在这些方法之前还是之后。

【例 5.2】变量的作用域演示。

ScopeDemo.java

```
001  public class ScopeDemo {
002      int i = 1;
003      int m = 3, n = m + 1;          // 合法：声明 n 时访问之前已声明的 m
004      int j = k + 3;                 // 非法：不能访问后面声明的字段 k
005
006      void m1(int n, int arg) {      // 合法：形参 n 可以与字段重名
007          int i = -1;                // 合法：方法体中的局部变量可以与字段重名
008          int n = 9;                 // 非法：方法体中的局部变量不能与形参重名
009          int value = 100;
010          System.out.println(m);     // 合法：在方法体中访问之前声明的字段（打印 3）
011          System.out.println(k);     // 合法：在方法体中访问后面声明的字段（打印 5）
012          System.out.println(i);     // 合法：局部变量 i 有效，字段 i 被屏蔽（打印 -1）
013          n = 9;                     // 合法：修改的是形参 n 而非字段 n
014          int p = 10;
015          if (p > 0) {
016              int q = 12;            // 合法：在语句块中可以声明局部变量
017              int p = 20;            // 非法：不能与方法体中之前声明的变量重名（与 C/C++不同）
018              System.out.println(p); // 合法：在语句块中访问方法体中之前声明的变量（打印 10）
019              System.out.println(q);
020              System.out.println(k); // 合法：在语句块中访问后面声明的字段（打印 5）
021          }
022          if (i > 0) {        // 下面两行代码虽然不会执行，但仍要被编译
023              int p = 30;     // 非法：原因同第 17 行
024              int q = 22;     // 合法：此处的 q 与第 16 行的 q 分属不同的语句块
025          }
026          System.out.println(p);     // 合法：打印 10
027          System.out.println(q);     // 非法：在语句块外不能访问语句块内声明的变量
028          int q = 13;                // 合法：方法体中的变量可以与之前语句块中的变量重名
029      }
030
031      void m2(int arg) {             // 合法 ：不同方法的形参可以重名
032          int value = 200;           // 合法：不同方法的局部变量可以重名
033          System.out.println(p);     // 非法：不能访问不同方法中声明的变量
034      }
035
036      int k = 5;   // 合法：即使在方法后声明字段，各方法也能访问该字段
037  }
```

注意：为了涵盖各种情形，上例有意被设计得较为复杂，在实际应用中通常不会同时出现这么多情形。初学者仅需记住几条有代表性的合法及非法情形即可，如第 6 行、第 8 行、第 12 行、第 13 行、第 17 行、第 24 行、第 27 行、第 36 行。

5.3 方   法

5.3.1 方法定义

方法（Method）描述了对象所具有的行为，方法必须先定义再调用。Java 的方法与 C 语言的

函数非常类似，其常规定义格式为：

［修饰符］返回类型 方法名（［类型 形参1［，类型 形参2，...］］）［throws 异常列表］{
方法体
}

说明：

（1）对象的某些行为可能需要一些数据，而这些数据的类型和名称通过形式参数（Formal Parameters，简称形参）指定。每个形参都要被指定类型和名称，彼此以逗号隔开，构成形参列表（简称形参表）。

（2）方法可以没有形参（此时称为无参方法），也可以有多个形参。无论参数个数多少，方法名后的圆括号必不可少。

（3）圆括号后以一对花括号括起来的内容称为方法体（Method Body），它描述了行为的细节，由局部变量的声明、语句及语句块组成。方法体可以为空（即方法不执行任何操作），但其外的一对花括号必不可少。

（4）一个类的各个方法彼此间是平行的，不能在方法内部定义另一个方法（即方法定义不能嵌套）。此外，方法在类中的先后位置对程序的执行没有影响。

（5）方法执行完毕后，可能需要带回一个结果。该结果的类型以方法名左边的返回类型指定。若方法不带回任何结果，则返回类型必须以 void 关键字代替，不能省略[①]。

（6）与字段类似，方法的形参类型与返回类型均可以是任意的。

说明：任何一个 Java 独立应用程序对应的多个类中，有且仅有一个名为 main 的方法（返回类型为 void，形参是一个字符串数组），该方法所在的类称为主类。main 方法是程序的启动入口，即程序总是从 main 方法开始执行，无论该方法位于类的什么位置。

5.3.2　return 语句

某些方法在执行过程中，若满足一定条件，需要立即结束方法的执行，还有些方法需要在方法结束的同时带回一个结果——这就是 return 语句的作用，其语法格式为：

return ［表达式］;　　　// 或 return［(表达式)］

说明：

（1）关键字 return 的意义是结束其所在方法的执行。return 语句会改变程序的执行流程，属于流程控制语句。

（2）返回类型为 void 的方法可以不含 return 语句（方法体执行完毕，方法便结束了），若含，则 return 后不能跟任何表达式而直接以分号结尾。

（3）返回类型不是 void 的方法至少要含一条 return 语句，且 return 后必须跟一个表达式以作为返回结果，并以分号结尾。对于含有分支结构的方法体，无论执行的是哪条分支，都要确保方法结束时会返回一个值。阅读下面的代码：

```
001  int abs(int a) {
002      if (a > 0) {
003          return a;
004      } else if (a <= 0) {
005          return -a;
006      }
007  }
```

从逻辑角度看，尽管第 2 行、第 4 行的两个 if 条件已经覆盖了形参 a 所有可能的取值，即无

---

① 一些 C 语言编译器允许函数省略返回类型，并默认其返回类型为 int。

论 a 为何值，总会执行第 3 行、第 5 行的两个 return 语句中的某一个，但从语法角度看，上述代码并未考虑两个 if 条件均不成立的情况，故而编译器提示 abs 方式存在语法错误——方法必须返回一个 int 值。修改后的代码如下[①]，请读者思考——为什么这两种修改方式是等价的？

```
001  int abs(int a) {              001  int abs(int a) {
002      if (a > 0) {              002      if (a > 0) {
003          return a;             003          return a;
004      } else if (a <= 0) {      004      } else if (a <= 0) {
005          return -a;            005          return -a;
006      } else {                  006      }
007          return a;             007      return a;
008      }                         008  }
009  }
```

（4）表达式可以用圆括号括起来，否则，它与 return 之间至少要有一个空格。

（5）表达式值的类型应与方法的返回类型一致。若不一致，系统会试图将前者转换为后者，若不能转换则视为语法错误。

（6）方法体可以含有多条 return 语句，但它们彼此是互斥的，即一旦执行了其中一条，方法立即结束。

5.3.3　方法调用

定义了方法后，就能对其进行调用了，方法调用的常规格式为：

方法名([实参 1[，实参 2，…]])

说明：

（1）方法调用代码所在的方法称为主调方法，被调用的方法则称为被调方法。

（2）调用方法时，直接给出方法名，并在其后的圆括号内给出需要的数据，这些数据称为实际参数（Actual Parameters，简称实参）。实参不需要被指定类型，多个实参彼此用逗号隔开，构成实参列表（简称实参表）。

（3）实参必须具有确切的值，通常是常量或变量，也可以是表达式或具有返回值的方法调用代码等。

（4）方法调用处的实参个数及类型应与方法定义处的形参一致。若个数不一致，则视为语法错误。若类型不一致，系统会试图将实参转换为对应的形参类型；若不能转换，则视为语法错误。此外，对于调用无任何参数的方法，方法名后的圆括号也必不可少。

（5）方法调用时，系统会将各实参的值依次传递给对应的形参，然后将程序的执行流程转到被调方法。被调方法执行结束后，将返回主调方法的调用代码处继续执行。实参向形参传递数据的机制与参数的类型有关，具体将在 5.7.4 节介绍。

（6）对于返回类型不是 void 的方法，可以将方法调用代码直接作为其他表达式的操作数，或作为其他方法调用的实参（即方法调用可以嵌套）。

（7）与 C 语言不同，在 Java 中可以直接调用位于主调方法之后的方法，而不需要在调用代码前加上被调方法的原型声明。

[①] 此例仅为讲解"带返回值的方法无论执行哪个分支都要确保返回一个相应类型的值"这一规则。实际上，对于本例要实现的具体逻辑——求 a 的绝对值来说，完全可以用更简洁的代码实现，如：return a < 0 ? -a : a;

【例 5.3】方法调用演示（见图 5-1）。

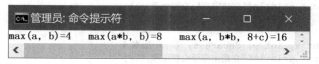

图 5-1　方法的定义及调用演示

MethodDemo.java
```java
001    public class MethodDemo {
002        static void doNothing() { // 不返回任何值，且方法体为空
003        }
004
005        public static void main(String[] args) { // 入口方法
006            int a = 2, b = 4, c = 6;
007            long max;
008
009            // 直接调用位于 main 之后的方法，并将调用结果作为表达式的一部分
010            max = getMax(a, b); // a、b 为实参（b 的值会被自动转为 long 型）
011            System.out.print("max(a, b)=" + max + "    ");
012            max = getMax(a * b, b); // 表达式作为实参
013            System.out.print("max(a*b, b)=" + max + "    ");
014
015            // 方法调用作为实参，因 getMax 的第一个形参要求是 int 型
016            // 而对应的实参是 long 型，系统无法自动转换，故需要强制转换
017            max = getMax((int) getMax(a, b * b), 8 + c);
018            System.out.print("max(a, b*b, 8+c)=" + max);
019            doNothing(); // 调用无参方法
020        }
021
022        static long getMax(int a, long b) { // 被调方法
023            if (a > b) {
024                return (a); // 结束 getMax 方法，并将 a 的值带回，等价于 return a;
025            }
026            return b; // 确保每条分支都返回值，请思考此行为何可以不放在 else 结构中
027        }
028    }
```

5.3.4　方法重载

与 C 语言不同，Java 允许类具有多个同名的方法。但这些方法的形参个数或类型不尽相同，这称为方法的重载（Overload）。方法重载实际上是多态特性在同一个类中的体现。

【例 5.4】编写程序实现前述 5.1.3 节中关于多态需求的第一种设计方案。

Painter.java
```java
001    class Square { // 矩形类
002    }
003
004    class Triangle { // 三角形类
005    }
006
007    public class Painter { // 绘制器类，含有 draw 方法的 5 个重载版本
008        void draw(String str) { // 版本 1
009            System.out.println("绘制字符串。");
010        }
011
012        void draw(Square s) { // 版本 2
013            System.out.println("绘制矩形。");
014        }
```

```
015
016        void draw(Square s, int x, int y) { // 版本 3
017            System.out.println("在指定坐标绘制矩形。");
018        }
019
020        void draw(int x, int y, Square s) { // 版本 4
021            System.out.println("在指定坐标绘制矩形。");
022        }
023
024        void draw(Triangle t) { // 版本 5
025            System.out.println("绘制三角形。");
026        }
027    }
```

说明:

(1)方法名相同的方法才是重载方法,但形参个数和类型不能完全相同。

(2)同一个类中不允许定义多个名称及形参完全相同但返回类型不同的方法,即,仅返回类型不同的多个方法并非互为重载方法,而是语法错误——定义了重复的方法。阅读下面的代码:

```
001  void m(int i) { // 语法错误:重复的方法
002      // do something ...
003  }
004
005  int m(int i) { // 语法错误:重复的方法
006      // do something ...
007      return 1;
008  }
```

编译器之所以做这样规定的原因很明显——防止方法调用时出现歧义。例如,假设上述代码是合法的,那么对于语句 "j = m(2);",很明显其调用的是第 5 行的 m 方法,但对于 "m(2);" 这样的语句,编译器无法区分到底调用的是哪个方法——毕竟,就算方法有返回值,完全也可以仅调用该方法而不将返回值赋给其他变量。

(3)方法调用时,系统会根据实参的个数和类型来决定调用哪个重载方法[1]。

5.3.5 构造方法

Java 以特殊的方法来创建类的对象。这种方法称为构造方法(Constructor,也称构造器)。构造方法专门用于创建对象[2],其并不像常规方法那样代表着类的行为。

【例 5.5】为前述 5.2.1 节的 Person 类增加几个构造方法。

Person.java

```
001  public class Person {
002      String name;
003      int age = 20;
004      String id;
005
006      String getName() {
007          return name;
008      }
009
010      int getAge() {
```

---

① 有时,各重载方法中没有任何一个方法的形参类型与实参类型完全相同,此时调用的是具有比实参类型稍 "大" 的形参对应的方法。例如,方法 m 的 3 个重载版本的形参分别是 byte、int 和 long 型,则 m('A') 调用的是形参为 int 型的方法。

② 严格来说,创建对象和初始化对象是两个不同的概念,前者为对象分配内存,后者设置对象的初始状态,因此,创建要先于初始化。在 Java 中,创建和初始化被捆绑在了一起——以构造方法描述。

```
011        return age;
012    }
013
014    void setAge(int newAge) {
015        age = newAge;
016    }
017
018    void sleep(int minutes) {
019        System.out.println("睡 " + minutes + " 分钟...");
020    }
021
022    /*---- 因下面编写了构造方法，系统不再为 Person 类提供默认构造方法 ----*/
023
024    /*---- 构造方法 1：　通过姓名构造 Person 对象 ----*/
025    Person(String _name) {
026        name = _name; // 形参_name 赋值给字段 name
027        id = "10010019990101000X"; // 形参不含身份证，故为其指定一个默认值
028    }
029
030    /*---- 构造方法 2：　通过姓名、身份证构造 Person 对象 ----*/
031    Person(String _name, String _id) {
032        name = _name;
033        id = _id;
034    }
035
036    /*---- 构造方法 3：　通过姓名、年龄、身份证构造 Person 对象 ----*/
037    Person(String _name, int _age, String _id) {
038        name = _name;
039        age = _age;
040        id = _id;
041    }
042 }
```

与常规方法相比较，构造方法具有以下特点。

（1）构造方法的名称必须与类名严格一致，且没有返回类型——连 void 关键字都没有，如上述代码第 25 行、第 31 行、第 37 行。

（2）构造方法也可以有多个重载的版本。其中，包含全部字段的构造方法称为完全构造方法，如第 37 行。不带任何参数的构造方法称为默认构造方法或无参构造方法，对于上述 Person 类则没有。

（3）若类不含任何构造方法，则系统自动为该类提供一个默认构造方法。反过来说，只要编写了任何一个构造方法，系统就不会提供默认的构造方法，如上述 Person 类。

（4）构造方法不允许使用除访问权限修饰符之外的其他任何修饰符，具体见 5.5 节。

（5）使用 new 关键字调用构造方法。

【例 5.6】编写测试类，创建 Person 类的几个对象，然后访问它们的字段和方法（见图 5-2）。

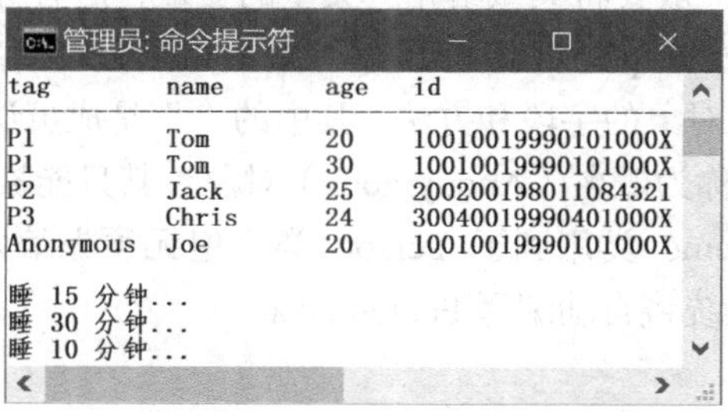

图 5-2　构造方法演示

ConstructorDemo.java

```
001   public class ConstructorDemo { // 用以测试 Person 类中构造方法的测试类
002       boolean isFirstPrint = true; // 是否首次调用 print 方法
003
004       public static void main(String[] args) { // 程序入口
005           // Person p = new Person(); // 非法：系统不会为 Person 类提供默认构造方法
006
007           // 调用不同构造方法创建 Person 类的对象，并赋给 Person 类型的变量
008           Person p1 = new Person("Tom");
009           Person p2 = new Person("Andy", "100200200109081234");
010           Person p3 = new Person("Chris", 24, "30040019990401000X");
011
012           // 创建本测试类的对象 demo，以调用其 print 方法
013           // 本测试类没有编写任何构造方法，则系统自动提供默认构造方法
014           ConstructorDemo demo = new ConstructorDemo();
015
016           demo.print("P1", p1);// 以 "对象名.方法名(实参表)" 的形式调用对象的方法
017
018           p1.setAge(30); // 修改 p1 对象的年龄
019           demo.print("P1", p1);
020
021           p2.name = "Jack"; // 以 "对象名.字段名" 的形式访问对象的字段
022           p2.id = "200200198011084321"; // 修改 p2 对象的身份证
023           p2.setAge(25);
024           demo.print("P2", p2);
025
026           demo.print("P3", p3);
027
028           // 直接将新创建的对象作为 print 方法的第 2 个实参
029           // 该对象没有赋给 Person 类型的变量，只能使用一次，称为 "匿名对象"
030           demo.print("Anonymous", new Person("Joe"));
031
032           System.out.println();
033           p1.sleep(15);
034           p1.sleep(30);
035           p1.sleep(10);
036       }
037
038       // 打印形参 p 指定的 Person 对象的信息（形参 tag 用作标记对象以便观察结果）
039       void print(String tag, Person p) {
040           if (isFirstPrint) { // 若首次打印，则打印表头
041               System.out.printf("%-10s %-10s %-5s %s\n", "tag", "name", "age", "id");
042               System.out.print("---------------------------------------------\n");
043               isFirstPrint = false;
044           }
045           System.out.printf("%-10s %-10s %-5d %s\n", tag, p.name, p.age, p.id);
046       }
047   }
```

说明：

（1）创建了对象之后，一般要将其赋给相应类型的变量，后者称为对象名，如第 8 行、第 9 行、第 10 行、第 14 行中的 p1、p2、p3、demo。此后可以通过 "对象名.字段名" 和 "对象名.方法名（实参表）" 的形式访问对象的字段和方法，其中的 "." 是成员访问运算符，如第 22～24 行。

（2）没有对象名的对象称为匿名（Anonymous）对象，其只能被使用一次，如第 30 行。

（3）尽管 ConstructorDemo 类用到了 Person 类，但无须先编译 Person.java 文件——编译 ConstructorDemo.java 时，系统将自动编译 Person.java。

5.3.6 this 关键字

this 关键字只能用于方法内部，其表示当前对象，即调用 this 所在方法的那个对象。this 关键字通常用于以下 3 种场合。

1. 访问字段和方法

（1）当字段与局部变量未重名时，在方法内通过变量名就可以区分访问的是字段还是局部变量，如前述【例 5.5】的第 26 行。但此时加上 this 关键字可以增加代码的可读性，如该行可以改为 "this.name = _name"，以强调赋值运算符左侧是类的字段。

（2）若字段与局部变量重名，则必须通过 this 关键字访问字段。例如，若将【例 5.5】第 25 行的形参改为 name——与字段 name 重名，则第 26 行必须改为 "this.name = name"——赋值运算符左侧是字段 name，右侧是形参 name[①]。

（3）调用同一个类的方法 m 时，可以直接调用，也可以加上 this 关键字以增加代码可读性，如 "this.m（实参表）"。

2. 在构造方法中调用本类的其他构造方法

【例 5.5】的 3 个构造方法存在一些重复的代码，如第 26 行、第 32 行、第 38 行等。在构造方法中，可以通过 this 关键字调用同一个类的其他构造方法，例如第 31 行开始的第 2 个构造方法可以改为：

```
Person(String _name, String _id) {
    this(_name, 20, _id);    // 也可以写成: new Person(_name, 20, _id);
}
```

说明：以 this 关键字调用本类构造方法的语句只能出现在构造方法中，且必须作为构造方法的第一条语句。

3. 返回当前对象

有时为了简化代码，需要连续多次调用对象的方法，此时可以将 this 关键字放在 return 之后——返回当前对象。例如，若将前述【例 5.5】的 sleep 方法改为：

```
Person sleep(int minutes) { // 方法返回类型改为 Person
    System.out.println("睡 " + minutes + " 分钟...");
    return this; // 返回当前对象
}
```

则前述【例 5.6】的第 33～35 行可以改为：

```
p1.sleep(15).sleep(30).sleep(10);
```

【例 5.7】修改后的 Person 类。

Person.java

```
001  public class Person {
002      String name;
003      int age; // 构造方法1、方法2指定了默认值, 此处不再指定
004      String id;
005
006      String getName() {
007          return name; // 等价于: return this.name;
008      }
009
010      int getAge() {
011          return age;
012      }
```

---

① 实际上，Java 的构造方法经常采用这种编写风格，很多 IDE 根据字段自动生成的构造方法代码也是这样。

```
013
014        void setAge(int age) { // 形参与字段重名
015            this.age = age;
016        }
017
018        Person sleep(int minutes) {
019            System.out.println("睡 " + minutes + " 分钟...");
020            return this;
021        }
022
023        Person(String name) { // 构造方法 1
024            this(name, 20, "N/A"); // 调用构造方法 3
025        }
026
027        Person(String name, String id) { // 构造方法 2
028            this(name, 20, id); // 调用构造方法 3
029        }
030
031        Person(String name, int age, String id) { // 构造方法 3（完全构造方法）
032            this.name = name;
033            this.age = age;
034            this.id = id;
035        }
036    }
```

5.3.7　变长参数方法

假设有这样的需求：编写一个方法，其返回传递给它的若干个整数中的最大者。根据目前已介绍的内容，这样的方法可以通过两种方式定义。

（1）编写方法的多个重载版本，分别具有不同个数的形参，如 4 个 getMax 方法分别具有 2～5 个形参。然而方法重载的次数是有限的，显然不能满足更多个数的参数，如获得 8 个整数中的最大者。

（2）只编写一个方法，将其唯一的形参指定为数组类型（如 main 方法）。这种方式能满足任何个数的参数，但调用之前需要先创建数组，并将各参数设置到该数组。

定义方法时，能否将方法的形参指定为具有不确定的个数呢？学习过 C 语言的读者可能知道，C 语言的 printf 库函数的参数个数其实就是不确定的——在调用时，可以传入任何个数的实参，如：

```
printf("Hello");        // 1 个实参
printf("%d", i);        // 2 个实参
printf("%d,%d, %d", i, j, k);        // 4 个实参
```

那么，printf 函数的形参是如何定义的呢？打开 stdio.h 文件，会发现如下原型声明：

```
int __cdecl printf(const char *, ...);
```

容易看出，printf 函数的第 1 个参数总是字符串常量，用于控制输出格式，后面的省略号（连续的 3 个点号）则代表了不确定个数（零至多个）的参数。

从 JDK 5 开始，Java 也提供了类似的机制——可以定义形参个数不固定的方法，这样的方法称为变长参数（Variable Arguments[①]）方法。

【例 5.8】变长参数方法演示（见图 5-3）。

VarArgsDemo.java

```
001    public class VarArgsDemo {
002        // 变长参数的格式为"类型... 形参名"
003        int getMax(int first, int... varArgs) {
```

[①] 单词 Argument 也有参数之意，一些资料用 Argument 特指实参，而以 Parameter 特指形参。

```
004        int max = first; // 将第 1 个作为当前最大者
005        for (int i : varArgs) { // 迭代（变长参数的本质是数组）
006            max = i > max ? i : max; // 修改 max
007        }
008        return max; // 返回 max
009    }
010
011    public static void main(String[] args) {
012        VarArgsDemo demo = new VarArgsDemo(); // 创建测试类的对象
013        // 调用方法，分别传入 1、2、6 个实参
014        System.out.println("max(1) = " + demo.getMax(1));
015        System.out.println("max(2,1) = " + demo.getMax(2, 1));
016        System.out.println("max(6,4,5,9,8,7) = " + demo.getMax(6, 4, 5, 9, 8, 7));
017    }
018 }
```

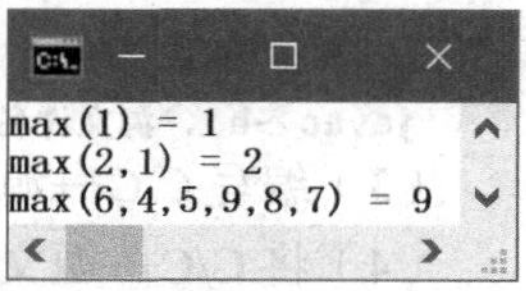

图 5-3　变长参数方法演示

说明：

（1）变长参数只能出现在方法的形参中，不能将其定义为变量或字段。

（2）一个方法只能有一个变长参数，且变长参数必须是方法的最后一个形参。

（3）变长参数实际上会被编译器转换为数组。

（4）若重载的方法中，有些含有变长参数，有些没有，并且它们都能匹配某个方法调用中的实参，则优先调用没有变长参数的方法。例如，若在上述程序中增加"int getMax(int first)"方法，则第 14 行调用的将是此增加的方法。

（5）若重载的方法均含有变长参数，并且它们都能匹配某个方法调用中的实参，则该调用存在语法错误——编译器不知道调用的是哪个方法。例如，若在上述程序中增加"int getMax(int... varArgs)"方法，则第 14～16 行均将出现语法错误。

5.3.8　native 方法

开发者有时可能会遇到以下几个方面的需求。

（1）需要访问操作系统的某些底层特性。作为跨平台的编程语言，Java 源代码被编译成了平台无关的字节码，这导致其无法直接访问操作系统的某些底层特性（如管理内存、读写 Windows 注册表、访问硬件端口等）。

（2）需要调用以其他语言编写的库。通常情况下，以某种语言编写的库或 API 是无法直接被其他编程语言调用的，对于 Java 也不例外。

（3）用其他语言实现某些时间敏感型的操作。程序中的某些操作是计算密集型的（如大矩阵的运算），需要尽可能地降低执行时间，故专门以平台相关的编程语言（如 C/C++）来实现这些操作，然后在 Java 代码中调用它们。

Java 提供的 Java 本地接口（Java Native Interface，JNI）规范就是用来解决上述需求的，其核心是：允许 Java 代码调用以 C、C++及汇编等被编译为平台本地代码的编程语言所编写的程序或库（或反向调用，但极少这样做），从而实现多语言的互操作。

若 Java 代码调用的某个方法是以其他语言实现的，则该方法称为本地方法。声明本地方法时需要加上 native 关键字，并且不带方法体——形参表所在的圆括号后直接以分号结尾，具体语法格式为：

native 返回类型 方法名(形参表);

与操作系统一样，绝大多数的本地方法是以 C/C++语言编写的。编写并调用本地方法的基本步骤如下。

（1）在 Java 源文件中声明本地方法。

（2）编译 Java 源文件，产生 class 文件以及包含了本地方法对应的 C/C++ 函数原型声明的头文件。命令格式为：

javac -h . 源文件名.java // 选项 "-h" 表示生成头文件，"." 表示在当前路径下生成

（3）编写 C/C++ 源文件以实现本地方法。

（4）将 C/C++ 源文件编译为 DLL 文件[①]。

（5）在需要调用本地方法的 Java 类中加载上一步的 DLL 文件并调用本地方法。

【例 5.9】native 方法演示（见图 5-4）。

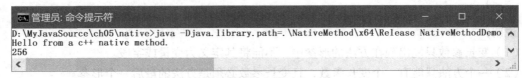

图 5-4　native 方法演示

NativeMethod.java

```
001   public class NativeMethod {
002       native void sayHello();   // 无参无返回值的本地方法
003
004       native long doCalc(int n);   // 有参有返回值的本地方法
005   }
```

NativeMethod.h（通过命令 "javac -h . NativeMethod.java" 产生）

```
001   /* DO NOT EDIT THIS FILE - it is machine generated */
002   #include <jni.h>   // 注意改为：#include "jni.h"
003   /* Header for class NativeMethod */
004
005   #ifndef _Included_NativeMethod
006   #define _Included_NativeMethod
007   #ifdef __cplusplus
008   extern "C" {
009   #endif
010       /*
011        * Class:     NativeMethod
012        * Method:    sayHello
013        * Signature: ()V
014        */
015       JNIEXPORT void JNICALL Java_NativeMethod_sayHello
016       (JNIEnv *, jobject);
017
018       /*
019        * Class:     NativeMethod
020        * Method:    doCalc
021        * Signature: (I)J
022        */
023       JNIEXPORT jlong JNICALL Java_NativeMethod_doCalc
024       (JNIEnv *, jobject, jint);
025
026   #ifdef __cplusplus
027   }
028   #endif
029   #endif
```

---

① DLL (Dynamic Link Library, 动态链接库) 是 Windows 下的应用程序在执行时由系统动态加载的共享库文件，UNIX 和 Linux 下也有类似作用的 so (Shared Object, 共享对象) 文件。

说明：

（1）因第 2 行的 jni.h 并非标准头文件，因此要将此行的尖括号改为双引号。

（2）第 15 行、第 23 行的函数名形如"Java_包名_类名_本地方法名"，多级包名中的点号将被下划线取代，有关包的内容将在 5.4 节介绍。

（3）第 16 行、第 24 行是函数形参，其中第 1 个形参"JNIEnv *"表示指向 JNI 环境的指针，第 2 个形参"jobject"相当于 Java 中的 this 关键字，后面的形参则分别对应本地方法中的各个形参。

NativeMethod.cpp

```
001  #include "stdafx.h"
002  #include "jni.h"
003  #include "NativeMethod.h"
004  #include <math.h>
005
006  JNIEXPORT void JNICALL Java_NativeMethod_sayHello(JNIEnv *env, jobject thisObj)
007  {
008      printf("Hello from a c++ native method.\n");
009      return;
010  }
011
012  JNIEXPORT jlong JNICALL Java_NativeMethod_doCalc(JNIEnv *env, jobject thisObj, jint n)
013  {
014      return pow(n, 2); // 计算 n^2
015  }
```

说明：

（1）为正确编译 cpp 文件，需要先将 JDK 提供的 jni.h、jni_md.h（分别位于"JDK 安装目录\include"和"JDK 安装目录\include\win32"下）以及之前生成的 NativeMethod.h 文件拷贝至 cpp 文件所在的目录下。

（2）将 cpp 文件编译为 DLL 的具体方法请查阅所用编译器或 IDE 的文档，本例使用的是 Visual Studio 2017，生成的 NativeMethod.dll 文件位于"D:\MyJavaSource\ch05\native\NativeMethod\x64\Release"下。

NativeMethodDemo.java

```
001  public class NativeMethodDemo { // 测试类
002      static {
003          System.loadLibrary("NativeMethod"); // 加载 NativeMethod.dll 文件
004      }
005
006      public static void main(String[] args) {
007          NativeMethod test = new NativeMethod();
008          test.sayHello();
009          System.out.println(test.doCalc(16));
010      }
011  }
```

说明：

（1）第 3 行的作用是让 Java 虚拟机加载指定的动态链接库文件，其中的参数无须加上库文件的扩展名。对于给定的操作系统，库文件的完整文件名是能确定的——对于 Windows 是 NativeMethod.dll，对于 UNIX/Linux 则是 libNativeMethod.so。

（2）运行测试类前，需要先将之前生成的库文件拷贝至 Java 虚拟机中名为"java.library.path"的环境参数所指定的若干路径之一（如"C:\Windows\System32"）下，以便第 3 行能够正确找到库文件。若不想拷贝文件，也可以在命令行将该环境参数指定为库文件所在的路径，具体如图 5-4 所示。

5.4　包

5.4.1　包的概念

一个软件项目可能会包含成百上千的类[①]，将它们全部放到同一个目录下显然不是好的解决方案。与管理计算机上的文件类似，可以根据职责和功能，将多个类组织到不同的目录下，这些目录被称为包（Package）。与目录下可以含有文件和子目录类似，包下可以含有类和子包，它们形成了一个层级结构（读者可以对 JDK 核心类库 rt.jar 解压缩，以查看其目录结构）。包的意义主要体现在以下几个方面。

（1）位于同一包下的多个类之间具有一定的联系，方便项目的管理。

（2）每个类都隶属于一个包，不同的包可以含有同名的类，利于类的多版本维护。

（3）便于开发者快速找到一个类。例如，与输入/输出相关的类均位于 java.io 包下、与实用工具相关的类均位于 java.util 包下。

（4）包提供了某种级别的访问权限控制（详见 5.5 节）。

注意：包是一个相对路径，它与存放所有源文件的根目录有关。例如，本章目前为止编写的所有类都未指定包名，它们对应的源文件均存放在 D:\MyJavaSource\ch05 下，若以该目录为根目录，则名为 demo 的包对应着 D:\MyJavaSource\ch05\demo 目录。若以 D:\MyJavaSource 为根目录，则 demo 包对应着 D:\MyJavaSource\demo 目录。

为避免二义性，一个 Java 项目用以存放所有源文件的根目录通常是固定的，该目录对应着默认包（Default Package）。对于本章目前的示例程序来说，默认包对应着 D:\MyJavaSource\ch05 目录。对于本章后续的示例程序来说，因要将对应的类组织到 ch05 包或其子包下，且 ch05 包对应的目录为 D:\MyJavaSource\ch05，故此时的默认包对应着 D:\MyJavaSource 目录。

5.4.2　package 语句

是否只要将源文件存放到默认包的某个目录下，源文件对应的类就被组织到了相应的包下了呢？答案是否定的。应该这样理解——将某个类组织到某个包下是通过编写特定的代码做到的，这样的代码称为 package（打包）语句。

【例 5.10】将 PackageDemo 类组织到 ch05.demo 包下。

PackageDemo.java
```
001  package ch05.demo;  // package 语句，指定了 PackageDemo 类位于 ch05.demo 包下
002
003  public class PackageDemo {    // 此类仅做演示
004      public static void main(String[] args) {
005          System.out.println("运行成功！");
006      }
007  }
```
说明：

（1）关键字 package 后的包名可以是多级包名，父包与子包间通过“.”分隔，各级包名应是合法的标识符，并尽量遵守相应的命名惯例（见表 2-4）。

---

① 因某些内容尚未介绍，此处的类是一种泛称，具体可以是类、接口、枚举和注解等，后同。

（2）类可以不含 package 语句，此时的类属于默认包。

注意：尽量不要将类组织在默认包下，即每个类都应该有一条 package 语句——显式指定类所在的包名。

（3）一个源文件最多只有一条 package 语句，且必须位于第一行，以分号结尾。

如 5.4.1 节所述，指定了包名之后，还必须将源文件存放到与包名相对应的目录下。上述 PackageDemo.java 必须存放在 D:\MyJavaSource\ch05\demo 下。对于指定了包名的源文件，在命令行中应先将工作路径切换到默认包对应的目录，并采用如下格式编译：

```
javac  包名/类名.java
```

编译完成后，得到的 class 文件将被存放到所有 class 文件所在的根目录下与包名相对应的那个目录下。对于本书目前为止一直采用的文本编辑器开发方式，存放所有 class 文件的根目录默认与源文件根目录相同，因此，上述命令生成的 PackageDemo.class 文件也位于 D:\MyJavaSource\ch05\demo 下[①]。运行 class 文件的命令格式与之前的编译类似，完整过程如图 5-5 所示。

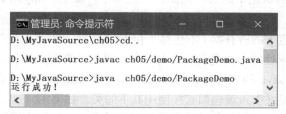

图 5-5　编译和运行带 package 语句的类

再次提醒读者，尽管没有语法错误，也不要将任何类组织在默认包下，本书后续所有的示例程序对应的类都将被组织到以章号为名的包或其子包下。

5.4.3　import 语句

import 语句用于引入某些包下的类，以便程序使用这些类。被引入的类可以是以下几种。

（1）由 JDK 内建的 jar 包中的类。

（2）当前项目中自己定义的类。

（3）当前项目依赖的其他任何 jar 包中的类。

【例 5.11】 import 语句演示。

```
ImportDemo.java
001  package ch05;
002
003  import java.lang.Integer; // 系统会自动引入 java.lang 包下的类，故此行可以省略
004  import java.util.Date;
005  import javax.swing.*; // 引入 javax.swing 包下的所有类，不推荐
006  import javax.swing.border.*; // 上行不会引入 swing 的子包（如 border）下的类，故要单独引入
007  import java.awt.Color;
008  import ch05.demo.PackageDemo; // 引入自己定义的类
009
010  public class ImportDemo {
011      Integer i = new Integer(5);
012      Object o = new Object(); // Object 类位于 java.lang 包下，无须引入
```

---

① 这种将源文件与 class 文件存放在同一目录下的方式不利于软件项目的管理和发布，使用 IDE 后，通常会将它们分开存放。例如，Eclipse 默认的源文件根目录是"工作空间所在路径\项目名\src"，class 文件根目录是"工作空间所在路径\项目名\bin"。

```
013        Date d1 = new Date(); // java.util 包下的 Date 类
014
015        // java.sql 包下的 Date 类, 与 java.util 包下的 Date 类重名, 故使用完全限定名
016        java.sql.Date d2 = new java.sql.Date(0);
017
018        // javax.swing 包下的 JButton 类
019        JButton b = new JButton("确定按钮");
020
021        // javax.swing.border 包下的 LineBorder 类
022        LineBorder border = new LineBorder(Color.BLUE);
023
024        // ch05.demo 包下的 PackageDemo 类
025        PackageDemo demo = new PackageDemo();
026    }
```

说明：

（1）import 语句也以分号结尾，紧跟在 package 语句之后，可以有零至多条。

（2）不能引入位于默认包下的类。例如，上述程序若加上 "import Person;"，则会报语法错误——找不到 Person 类，这也是前面一再强调 "不要将类组织在默认包下" 的原因。

（3）若要引入一个包下的所有类（不包括子包下的类），可使用通配符 "*"，但这种引入方式在某些情形下会降低编译性能，甚至引发命名冲突，因此不推荐，如第 5 行、第 6 行。

（4）java.lang 包是 Java 的核心包，包名中的 lang 即 language（语言）。Java 虚拟机规范规定——任何类都可以不显式引入该包而直接使用其下的类，如第 12 行。

（5）与正在编写的类处于同一包的那些类不需要被引入，可以直接使用它们。

（6）为避免冲突，不同包下的同名类只能引入一个，其余类必须通过完全限定名（Fully Qualified Name，带完整包名的类）的形式来访问，如第 4 行、第 13 行、第 16 行。

（7）可以使用带 static 关键字（详见 5.5.2 节）的 import 语句引入类的静态字段，如：

```
import static java.lang.System.out;
import static java.lang.Math.PI;
...
// 后面的代码可以直接使用 out、PI
out.println("Hello"); // 等价于 System.out.println("Hello");
s = PI * r * r; // 等价于 s = Math.PI * r * r;
```

在实际开发中，由于要引入的类往往较多，并且开发者很难记住每个类的准确名称以及它们所在的完整包名。因此，在使用 IDE 编写程序时，通常不需要手工输入各 import 语句，而是直接输入需要使用的类的前几个字母（或将光标置于这些字母的右侧），并按某个快捷键，IDE 会列出所有在当前位置可用的、以这些字母开头的类，当用户从中选择了某个类后，IDE 会自动添加相应的 import 语句。有关内容请参见附录 A。

5.5　常用修饰符

修饰符（Modifier）实际上是一些可选的关键字，主要用以修饰类、字段和方法，以便为它们增加某些特性或限制。Java 共有 11 个修饰符，根据功能可分为两类——访问权限修饰符和非访问权限修饰符。

5.5.1　访问权限修饰符

在定义类时，可能需要指定类的某些字段或方法只能被特定位置的代码访问，同时还需要控

制访问的级别（如只能获得而不能修改某个字段），这就是访问权限控制[①]。例如，使 Person 类中用于表示身份证的 id 字段只能被 Person 类本身修改，而其他类仅能获得该字段。Java 提供了若干用以控制访问权限的关键字，称为访问权限修饰符，具体包括 3 个：public、protected 和 private，如表 5-1 所示。

表 5-1 访问权限修饰符

修饰符	中文称法	可修饰			可见性/可访问性			
		类	字段	方法	包外	子类	包内	类内
public	公有的	√	√	√	●	●	●	●
protected	受保护的		√	√		●	●	●
未指定	包权限	√	√	√			●	●
private	私有的		√	√				●

说明：

（1）权限访问修饰符修饰的是类、字段和方法的可"被"访问性，即谁能看到它们，因此也被称为可见性（Visibility）。

（2）未指定任何权限访问修饰符时，则具有默认权限或称包权限。

（3）protected 和 private 不能修饰类（仅指外部类，对嵌套类则不同，详见第 6 章）。

（4）出于安全考虑，在满足需求的前提下，尽量使用权限更小的修饰符。

（5）字段尽量使用 private 修饰，然后编写对字段进行读/写的方法[②]，并采用合适修饰符有选择地公开这些方法。

现改写 5.3.6 节中的 Person 类，部分代码如下。

```
private String id;     // 私有字段（不允许其他类访问身份证）

public String getId() {     // 公有方法（允许其他类获取身份证）
    return this.id;     // 类内部仍能访问本类的私有字段
}
```

访问权限修饰符与面向对象理论有着紧密的联系，前者基于的核心思想是"让用户无法碰触他们不该碰触的东西"。类的编写者可以有选择地公开类的某些行为（即接口），对于那些未公开的（即不可见的）行为，用户无须关注，也无法关注，这不仅提高了代码的安全性，同时也降低了使用难度。另外，通过访问权限修饰符对用户公开接口、隐藏实现，使得行为实现细节的改变不会影响到行为的使用者。

说明：在同一个 Java 源文件中可以定义多个类，但其中只能有一个类是以 public 修饰的，且源文件名要与该类严格一致。若源文件中所有类都不是 public 的，则文件名可以是任意的[③]。

5.5.2 final 和 static

非访问权限修饰符具体包括 8 个：native、final、static、abstract、transient、synchronized、volatile

---

① 访问权限控制能做的绝不仅仅如此，其意义更多的是体现在软件的设计层面。
② 即获取和设置字段的方法，因方法名往往以 get 和 set 开头，这些方法也被称为 getter 和 setter。
③ 不推荐这样做。即使所有类都不是 public 的，文件名也应该与其中一个类名严格一致。

和 strictfp，其中，native 已在 5.3.8 节介绍过，strictfp 则较少使用[①]。本节先介绍 final 和 static，如表 5-2 所示，其余修饰符将分别在第 6 章、第 10 章、第 11 章介绍。

表 5-2   final 和 static 修饰符

修饰符	可修饰	意　义
final	类	最终类，即类不能被继承。final 类中的所有方法均是 final 方法
	方法	最终方法，即方法不能被子类重写，见 5.8 节
	字段	即第 2 章中的 final 常量。以 final 修饰的字段和局部变量，一旦赋值便不能再次赋值
	局部变量	
static	类	static 只能修饰嵌套类，具体见第 6 章
	方法	静态方法（静态字段），可直接通过类名访问，而无须先创建对象，因此也称为类方法（类字段）。换句话说，静态方法和字段独立于类的任何对象，它们在类被加载后（创建对象前）就已经初始化了。无论创建了多少个对象（包括 0 个），静态方法和字段只有一份，并被该类的所有对象共享
	字段	
	语句块	静态语句块，位于方法外部。当类被加载时，虚拟机会执行语句块中的代码。这对于想在类的加载阶段做一些复杂初始化操作的场合非常有用

【例 5.12】final 和 static 修饰符演示（见图 5-6）。

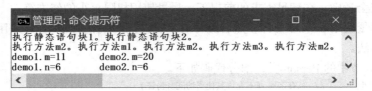

图 5-6   final 和 static 演示

FinalAndStaticDemo.java

```
001    package ch05;
002
003    public class FinalAndStaticDemo {
004        static final int MIN = 1; // static 经常与 final 组合使用
005        final static int MAX = 10; // static 与 final 的顺序可以交换
006        int m; // 实例字段(或称对象字段)，每个对象的实例字段都有独立的内存空间，彼此互不影响
007        static int n = 5; // 静态字段(或称类字段)，供所有对象共享
008        private static FinalAndStaticDemo demo1; // 私有静态字段
009
010        /**** 静态语句块(位于方法外) ****/
011        static {
012            System.out.print("执行静态语句块 1。");
013            demo1 = new FinalAndStaticDemo(10); // 静态语句块中可以调用构造方法
014        }
015
016        FinalAndStaticDemo(int m) { // 构造方法
017            this.m = m;
018        }
```

[①] strictfp (Strict Float Point，精确浮点) 可用于修饰类、接口和方法。在默认情况下，Java 虚拟机在处理浮点运算时，得到的结果往往不够精确，且在不同硬件平台上可能不一致。strictfp 关键字可强制 Java 虚拟机严格依照 IEEE-754 规范来执行浮点数相关的运算。有兴趣的读者可查阅 IEEE-754 规范。

```
019
020        private void m1() { // 实例方法
021            System.out.print("执行方法 m1。");
022            m2(); // 非静态方法中可以访问静态方法和字段
023            m3(); // 非静态方法中可以访问非静态方法和字段
024        }
025
026        private static void m2() { // 静态方法(或称类方法)
027            System.out.print("执行方法 m2。");
028        }
029
030        private void m3() { // 实例方法
031            System.out.print("执行方法 m3。");
032            final FinalAndStaticDemo d = new FinalAndStaticDemo(5); // final 常量
033            // d = new FinalAndStaticDemo(5); // 语法错误(不能修改 final 常量 d)
034            d.m = 40; // 但可以修改 d 指向对象的字段
035        }
036
037        /**** main 方法总是静态的，以便虚拟机无须创建对象便能调用该方法启动程序 ****/
038        public static void main(String[] args) {
039            m2(); // 静态方法中可以访问静态方法和字段
040
041            FinalAndStaticDemo demo2 = new FinalAndStaticDemo(20);
042            demo2.m1(); // 静态方法中不能直接访问非静态方法和字段，必须通过对象
043            demo2.m2(); // 可以通过对象访问静态方法和字段(但不推荐)
044
045            demo1.m = demo1.m + 1; // 修改实例字段(不会影响其他对象)
046            System.out.print("\ndemo1.m=" + demo1.m + "\t"); // 打印 11
047            System.out.println("demo2.m=" + demo2.m); // 打印 20
048
049            demo1.n = demo1.n + 1; // 修改类字段(会影响其他对象)
050            System.out.print("demo1.n=" + demo1.n + "\t"); // 打印 6
051            System.out.println("demo2.n=" + demo2.n); // 打印 6
052        }
053
054        /**** 类可以包含多个静态语句块，依次执行 ****/
055        static {
056            System.out.print("执行静态语句块 2。\n");
057        }
058    }
```

说明：

（1）未使用 static 关键字修饰的非静态方法与具体的对象相关联，因此也称为对象方法或实例方法，如第 20 行的 m1 方法。

（2）静态方法是属于类的，只有 1 份，其总能被该类的任何对象"看到"，因此，在非静态方法（设为 a）中可以直接访问静态方法（设为 b）。若 a 与 b 来自于同一个类，则可以省略 b 所属的类名，如第 22 行，否则必须写成"b 所属的类名.b（实参表）"。

（3）在非静态方法（设为 a）中可以直接访问本类的其他非静态方法（设为 b），因为 a 与 b 都来自于同一对象——调用 a 的那个对象，也就是当前对象，如第 23 行，该行等价于"this.m3();"。

（4）在静态方法中可以直接访问其他静态方法，如第 39 行。也可以通过对象来访问静态方法，但不推荐这样做，如第 43 行，该行等价于"m2();"。

（5）在静态方法中不能直接访问非静态方法——因为前者独立于任何对象，而后者与某个具体对象相关联，因此必须通过对象来访问，如第 42 行。

（6）不能修改 final 常量，但可以修改该常量指向对象的字段，如第 33 行、第 34 行。

以上说明中的前 5 点同样适用于字段。此外，因 this 关键字代表当前对象，故其不能出现在

静态方法或静态语句块中。

5.6 案例实践 4：单例模式

设计模式（Design Pattern）是一套关于软件项目的最佳实践与良好经验的总结，其关注的是软件在设计层面的问题。设计模式与使用的具体编程语言无关——它并不告诉人们具体如何编写代码，而是描述软件系统中普遍存在的各种问题的最佳设计方案。无论是初学者，还是具有丰富经验的开发者，遵循并合理使用这些方案将极大提升软件代码的可理解性、可重用性和可扩展性。

1995 年，以 Erich Gamma 为首的 4 个专家（Gang of Four，俗称四人组或 GoF）在《设计模式：可重用的面向对象软件元素》一书中首次将设计模式提升到理论高度，并提出了 23 种基本的设计模式，它们对此后 20 余年的面向对象软件设计产生了深远影响。事实上，现今流行的众多开发框架（Framework，如 Java 平台下被广泛使用的 Struts/Spring MVC、Hibernate/MyBatis、Spring/SpringBoot 等）都使用到了多种设计模式，学习设计模式有助于快速掌握和深入理解这些框架的工作原理。

作为本书介绍的首个设计模式，单例模式便是 GoF 提出的 23 种设计模式之一。单例（Singleton）即单个实例，单例模式有以下 3 个要点。

（1）确保类只有唯一的实例（即对象）。

（2）自动创建该唯一实例。

（3）能向外界提供该唯一实例。

根据前述知识，可以设计出以下方案。

（1）实现要点 1 的关键是将类的构造方法设为私有，以防止外界调用。

（2）对于要点 2，考虑到一个类只被虚拟机加载一次，因此可以在类的加载阶段调用一次构造方法——通过静态字段或语句块做到。另一种方式是按需创建以提高性能——在外界首次需要对象时，才调用构造方法，此后则不再调用。

（3）因外界无法通过构造方法创建对象，故类还应提供一个静态方法返回之前创建的对象并向外界公开，以实现要点 3。

【案例实践】编写程序实现单例模式（见图 5-7）。

God.java

```
001  package ch05.singleton;
002
003  public class God { // 单例类
004      // 存放唯一对象的私有字段（外界无法访问），因 getInstance 方法
005      // 要使用此字段，其是静态的，故此字段也必须是静态的
006      private static God instance = null;
007
008      private God() { // 私有构造方法（外界无法调用）
009          System.out.println("God 对象被创建了。"); // 仅作演示用
010      }
011
012      // 公有静态方法，外界通过 God 类名直接调用此方法，以获得唯一对象
013      public static God getInstance() {
014          if (instance == null) { // 若是首次调用 getInstance 方法
015              // 创建对象并赋给 instance 字段
```

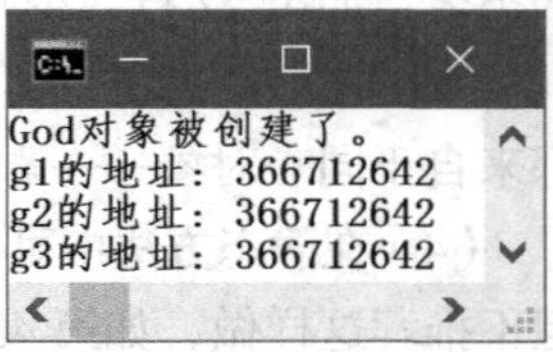

图 5-7 单例模式演示

```
016                   // 即使多次调用 getInstance 方法，此行也只执行一次
017                   instance = new God();
018            }
019            return instance; // 返回唯一对象
020       }
021   }
```

SingletonDemo.java
```
001   package ch05.singleton;
002
003   public class SingletonDemo { // 单例模式测试类
004       public static void main(String[] args) {
005           // 得到单例类的对象（g1、g2、g3 其实是同一个对象的不同名称）
006           God g1 = God.getInstance();
007           God g2 = God.getInstance();
008           God g3 = God.getInstance();
009
010           // 打印 g1、g2、g3 指向对象的内存地址
011           System.out.println("g1 的地址: " + g1.hashCode());
012           System.out.println("g2 的地址: " + g2.hashCode());
013           System.out.println("g3 的地址: " + g3.hashCode());
014       }
015   }
```

SingletonDemo 类的第 11～13 行调用了根类 Object 的 hashCode 方法[①]——打印 God 对象的内存地址（详见 5.8.6 节），以验证 g1、g2、g3 均指向同一对象。以上是最简单的单例模式实现，未考虑多线程等复杂因素，读者若需了解可进一步查阅有关资料。

5.7　对　　象

对象是类的具体实例，Java 中的一切都是对象，软件系统就是由成百上千的、能彼此交互的对象构成的。本节将介绍与对象有关的更多细节。

5.7.1　对象的初始化

对象的初始化（Initialization）是指为对象的字段赋以初值，一般通过以下 4 种方式。

1. 直接赋值

直接赋值是指在声明字段的同时显式赋以初值，若在创建对象时未修改该字段，则每个对象的该字段都具有相同的初值，如 5.2.1 节中 Person 类的 age 字段。

2. 使用默认值

由于类中的任何方法都可以修改字段，且同一个字段在多个对象中往往需要不同的值，因此，声明字段的同时赋以初值并没有太大意义，但让字段具有不确定的值则会带来潜在的安全问题。因此，Java 允许只声明字段而不赋以初值（以 final 修饰的字段除外），但会为每个字段提供一个默认值，如 5.2.1 节中 Person 类的 name 和 id 字段。具体来说，对于基本类型，默认值如表 2-1 所示，对于对象类型，默认值则为关键字 null——空对象。

注意：对于方法内部声明的局部变量（除形参外），由于它们不可能被其他方法修改，即使系

---

① Java 虚拟机为对象分配的具体内存单元是无法预期的，故在不同时间、不同机器上运行时，hashCode 方法的返回值可能不一致。

统为它们提供初始值也没有意义。因此，使用局部变量前，它们必须被显式赋以初值[1]，否则视为语法错误。与此类似的还包括以 final 修饰的字段。

3. 通过构造方法

如方式 2 所述，可以在构造方法中为字段赋值，这种初始化方式具有更大的灵活性，是最为常用的对象初始化方式，如 5.3.6 节中 Person 类的 3 个构造方法。

注意： 若同时使用了方式 1 与此种方式，则方式 1 所做的初始化会被覆盖——因为构造方法后执行。

4. 通过静态语句块

也可以在静态语句块中对静态字段赋以初值，如 5.5.2 节中 FinalAndStaticDemo 类的第 15 行。因静态语句块是在类的加载阶段（创建对象前）执行的，因此，此种方式实际上是初始化类而非对象。

5.7.2　对象的引用

在 C/C++中，允许以两种方式操作变量：①通过变量名直接操作；②通过指针间接操作。Java 从语法层面取消了 C/C++中的指针类型，取而代之的是引用（Reference）[2]，即前述的对象名。在 Java 中，通过对象的引用来操作对象，例如：

```
Person p = new Person("Tom");  // 将创建的对象赋给引用 p
p.sleep(60);  // 通过引用操作对象
new Person("Andy").sleep(5);  // 匿名对象也有引用，只是该引用由系统生成，对开发者不可见
```

可以将对象想象为电视机，而引用则是遥控器——只要持有遥控器，就能保持与电视机的联系。例如，当要减小音量或切换频道时，实际操作的是遥控器，再由遥控器去操作电视机，若想在走动的同时仍能操作电视机，只需携带遥控器即可。

引用可以单独存在而不与任何对象关联（即使没有电视机，遥控器也可单独存在），此时的引用称为空引用——被赋以 null[3]，空引用不指向任何对象，如图 5-8 中的引用 3。操作空引用将发生运行时错误（注意不是语法错误），例如：

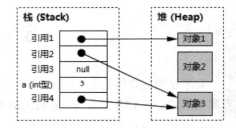

图 5-8　Java 中的栈和堆

```
Person p = null;  // p 不指向任何对象
p.sleep(5);  // 执行到此行将发生错误（空指针异常，见第 9 章）
```

不同的引用可以指向同一个对象（多个遥控器可以控制同一台电视机），如图 5-8 中所示，引用 2 和引用 4 均指向对象 3。但一个引用不能同时指向多个对象（这与现实中一个遥控器可以同时控制多台电视机不同）。

5.7.3　栈和堆

栈（Stack）和堆（Heap）是程序对内存的逻辑划分，分别用于存放不同的数据。与 C++不同，Java 自动管理栈和堆，开发者不能通过代码显式地设置栈或堆。

---

① C 语言中，未赋值的局部变量往往具有有不确定的值，这是引发很多逻辑错误的根源。

② 引用的本质仍然是指针，其与 C++中的句柄（Handle）类似。

③ 空引用的称法沿用了 C 语言中的空指针，严格来说，这种称法是不准确的。无论引用是否指向了对象，引用本身在内存中总是会占据用以存放地址的若干字节。此外，Java 中的 null 与 C 中的 NULL 具有本质上的不同——前者是 Java 用以标识空对象的关键字，而后者是 C 定义的用以标识空指针的宏（值为 0）。

栈是一种具有后进先出（Last In First Out，LIFO）特性的数据结构，例如弹匣——后压入的子弹总是先被发射出去。计算机从底层就提供了对栈的支持，例如，内存中划分有堆栈段、CPU有专门指向栈顶位置的寄存器、CPU指令集包含入栈和出栈指令等。栈是一段连续的存储区，其优势是访问性能较高，只需要移动栈顶指针就能完成内存的分配和释放，但其缺点也很明显——栈中所有数据所占的字节数与生存期必须是确定的，缺乏灵活性。

如图 5-8 所示，Java 将基本类型的数据以及对象的引用存放于栈中，原因如下。

（1）基本类型的数据在内存中所占的字节数与软硬件平台无关，永远是固定的。

（2）引用的本质就是对象的首地址，而任何具体的平台下，地址位数总是确定的。例如，32位操作系统下，内存单元的地址是 32 位的。

（3）以上二者占用的字节数较少。

对于对象来说，程序需要多少对象、它们的具体类型是什么、它们的生存期如何，类似这样的问题往往只有在程序的运行时刻才能确定。为了提供这些灵活性，Java 将对象存放于堆——内存的动态存储区中。堆的优势是允许在运行时刻动态地为对象分配内存[①]，这些对象的生存期不必事先告诉编译器，Java 的垃圾回收器会在合适的时机自动回收那些不被任何引用指向的对象所占的内存空间（如图 5-8 中的对象 2），因此比栈更灵活。

另外，由于堆不是连续的存储区，对象的定位、动态分配以及自动回收等涉及的内存操作均需要耗费一定时间，故访问性能较栈低。此外，可以通过设置虚拟机的启动参数-Xms 和-Xmx 来指定堆的初始和最大容量，读者可查阅相关资料。

5.7.4　参数传递

方法调用时，实参要向形参传递数据，不同种类的参数具有不同的传递方式。

（1）对于基本类型的参数，传递的是值，形参得到值的拷贝。

（2）对于对象类型，传递的则是引用[②]，形参得到引用而非其指向的对象的一份拷贝。

之所以将参数传递划分为传值和传引用，是因为二者有着明显不同的效果。

（1）对于值传递，由于形参与实参各自占据着不同的内存单元，因此，若在被调方法内修改形参，则调用结束后回到主调函数，原先传入的实参值并不会发生变化。

（2）对于引用传递，尽管形参与实参本身也占据着不同的内存单元，但它们指向的其实是同一个对象，换句话说，此时的形参与实参只是同一对象的不同别名。因此，若在被调方法内修改形参指向的对象（注意不是修改形参），实际上修改的就是实参指向的对象（注意不是实参）。

【例 5.13】参数传递演示（见图 5-9）。

图 5-9　参数传递演示

---

① 从这个角度看，Java 中用以创建对象的 new 关键字与 C 语言的动态内存分配函数 malloc 有一定的相似性。

② 有一种观点认为，Java 中任何参数所传递的都是值——即使对于对象类型的参数，其传递的引用也是一种特殊的值（即地址）。实际上，C 语言也存在类似的争论（传值和传地址），读者对此不必深究。

ParameterPassingDemo.java

```java
001  package ch05;
002
003  class Student { // 下面的测试类将使用此类
004      private int age;
005
006      public int getAge() { // age 的 getter
007          return age;
008      }
009
010      public void setAge(int age) { // age 的 setter
011          this.age = age;
012      }
013
014      public Student(int age) { // 构造方法
015          this.age = age;
016      }
017  }
018
019  public class ParameterPassingDemo { // 测试类(也是主类)
020      public static void main(String[] args) {
021          ParameterPassingDemo demo = new ParameterPassingDemo(); // 创建测试类的对象
022          int a = 2; // 调用 m1 时作为实参
023          Student s1 = new Student(18); // 调用 m2 时作为实参
024
025          /**** 调用 m1 ****/
026          System.out.print("m1-->\t 调用前: a=" + a + "\t");
027          demo.m1(a);
028          System.out.println("\t 调用后: a=" + a); // a 未变
029
030          /**** 调用 m2 ****/
031          System.out.print("m2-->\t 调用前: s1=" + s1.hashCode() + "\t");
032          System.out.println("age=" + s1.getAge());
033          demo.m2(s1);
034          System.out.print("\t 调用后: s1=" + s1.hashCode() + "\t"); // s1 未变(仍指向原来对象)
035          System.out.println("age=" + s1.getAge()); // age 变了(对象的字段被修改了)
036      }
037
038      private void m1(int a) { // 基本类型的参数: 传值
039          a++; // 修改形参不会影响传入的实参
040      }
041
042      private void m2(Student s2) { // 对象类型的参数: 传引用
043          System.out.print("\t 调用中: s2=" + s2.hashCode() + "\t"); // s2 与 s1 指向同一对象
044          s2.setAge(s2.getAge() + 10); // 修改形参 s2 指向的对象的字段
045          s2 = new Student(18); // 使形参 s2 指向另一对象(实参 s1 仍指向原对象)
046          System.out.println("s2=" + s2.hashCode()); // s2 变了
047      }
048  }
```

5.7.5　垃圾回收

与任何有生命的事物一样，Java 中的对象也要经历创建、使用和回收等阶段，这些阶段称为对象的生命周期（Lifecycle）。对象被使用完后，应当释放其所占的内存单元，以使这些内存可被分配给将来创建的对象，这一过程在 Java 中被称为垃圾回收（Garbage Collection，GC），由垃圾回收器负责完成。

垃圾回收器是 Java 虚拟机的一个重要组成部分，其作用是查找和回收不再被使用的对象，以便更有效地使用内存资源。垃圾回收器具有以下特点。

1. 自动性

Java 程序启动后，虚拟机会启动一个系统级线程（见第 11 章），并由该线程自动监视程序中对象的状态，一旦对象变为无用的，垃圾回收器便会在合适的时机回收这些对象占据的内存。Java 语言的优势之一——开发者能将更多的精力投入到对软件业务的关注上，而无须像 C/C++那样编写大量代码显式地释放内存。另一方面，垃圾自动回收也有效降低了因开发者的疏忽可能导致的内存泄露等风险[①]。

凡事有利必有弊，垃圾自动回收的一个潜在缺点是其对程序执行性能的影响。虚拟机需要遍历程序中所有的对象以命中无用内存，然后进行内存块的复制、碎片整理以及更新对象引用等，这些都需要一定的时间开销。随着 Java 平台软硬件性能的不断提升以及垃圾回收算法的不断改进，通常不必关注垃圾回收对程序执行性能的影响。

2. 不可预知性

负责垃圾回收的线程受到各种运行环境的影响，如 CPU 的调度时机、可用内存的容量等，因此，虚拟机执行垃圾回收的准确时间点是无法预知的[②]。换句话说，对象一旦成为垃圾，其所占内存不一定被立刻回收，极端情况下，甚至可能根本不被回收（程序结束时，由操作系统回收）。一般情况下，当堆内存的可用容量较小时，虚拟机便会执行垃圾回收的工作。

开发者能够参与垃圾回收的唯一方式是显式调用 System 类的静态方法 gc——请求虚拟机执行垃圾回收，即便如此，虚拟机是否响应请求以及响应的准确时机仍无法预知。大多数情况下，在调用该方法后的很短时间内（毫秒级），虚拟机便会响应请求。若程序中同时含有大量对象，过于频繁的垃圾回收会导致程序性能下降，过于稀疏则会导致可用内存不足，因此，在适当时机调用 System.gc()方法是很有必要的，对于编写内存敏感型的程序更是如此。

【例 5.14】垃圾回收演示（见图 5-10）。

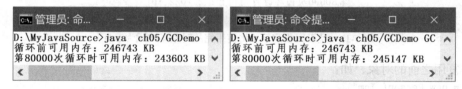

图 5-10　垃圾回收演示（2 次运行，注意命令行参数的不同）

GCDemo.java
```
001    package ch05;
002
003    import java.util.Date; // 引入日期类
004
005    public class GCDemo {
006        public static void main(String[] args) {
007            // 判断首个命令行参数是否为 GC
008            boolean gc = args.length > 0 && args[0].equalsIgnoreCase("GC");
009
010            Runtime rt = Runtime.getRuntime(); // 获得运行时环境
011            System.out.println("循环前可用内存: " + rt.freeMemory() / 1024 + " KB");
012
013            final int TOTAL = 100000; // 循环总次数
```

[①] 以 C/C++编写的程序常常因内存泄露而引发假死或崩溃，而 Java 程序则很少出现。
[②] 可以通过虚拟机启动参数如 "-XX:+PrintGCDetails" 等来设置和显示垃圾回收的细节，读者可查阅相关资料。

```
014          Date[] ds = new Date[TOTAL]; // 初始化数组
015
016          for (int i = 0; i < TOTAL; i++) {
017              ds[i] = new Date(); // 初始化数组元素
018              process(ds[i]); // 处理日期对象
019
020              // ds[i] = null; // 将使用完的对象显式赋为 null
021
022              if (gc && (i % 9999 == 0)) { // 每循环 10000 次请求一次垃圾回收
023                  System.gc();
024              }
025
026              if (i == 80000 - 1) { // 第 80000 次循环
027                  System.out.println("第 80000 次循环时可用内存:" + rt.freeMemory() / 1024 + " KB");
028                  break;
029              }
030          }
031      }
032
033      private static void process(Date d) {
034          // ... // 处理日期对象 d
035      }
036  }
```

尽管开发者无法直接控制垃圾回收，但可以通过某些良好的编程习惯使对象尽量满足垃圾回收的条件，具体包括以下两点。

（1）将使用完的对象显式赋为 null。例如，取消上述代码第 20 行的注释，再次编译、运行程序，结果如图 5-11 所示。

图 5-11　垃圾回收演示（将使用完的对象显式赋为 null）

（2）复用之前的对象，如：

```
Person p = new Person("Tom");
...         // 处理对象 p
p = new Person("Jack");
```

说明：垃圾回收器在回收垃圾对象时，会调用对象所属类的 finalize 方法（相当于 C++的析构函数）。因此，可以为类编写 finalize 方法以控制对象被回收时的善后操作细节。然而，前面已经提到，垃圾对象可能根本不会被回收，也就是说，即使编写了 finalize 方法，也不能保证该方法一定会被执行，因此，以纯 Java 语言编写的程序通常不需要为类编写 finalize 方法[①]。

5.8 类的继承

继承是面向对象的重要特性之一，其提供了在已有类的基础之上定义新类的机制，是提高代

---

① Java 程序允许调用以 C/C++等语言编写的函数，这些函数在 Java 中以 native 关键字修饰为本地方法。finalize 方法主要就是用于那些调用了本地方法的 Java 程序，因为以 C/C++编写的函数通常需要由代码显式释放内存。

码复用性的重要保证。若类 B 继承了类 A，则类 A 称为（类 B 的）父类或超类（Super-Class），类 B 称为（类 A 的）子类（Sub-Class）或派生类[①]。

继承意味着子类自动拥有父类的属性与行为。例如，若 Student 类继承了 Person 类，则即使 Student 类未编写任何代码，其默认就具有 Person 类的属性和行为。此外，子类还可以增加父类所没有的属性与行为。例如，可以为 Student 类增加学号属性和选课行为等。显而易见，继承使得子类的特性和功能越来越丰富。

5.8.1　继承的语法与图形化表示

必须先有父类，而后才有子类，继承的语法格式为：

[修饰符] class 子类名 extends 父类名 {
　　　　// 类体
}

说明：

（1）继承实际上描述了类之间的 "is-a" 关系，即子类一定 "是一种" 父类。也就是说，子类对象可以赋给父类引用[②]，而不会有语法错误，反之则不然——父类对象不一定 "是一种" 子类对象。

（2）Java 只支持单继承，即一个类只能有一个父类。若未显式指定父类，则类默认继承自 java.lang 包下的 Object 类。也就是说，Java 中的所有类都是 Object 类的直接或间接子类，因此，Object 类被称为根类。

（3）如表 5-1 所示，子类不会拥有父类中以 private 修饰的字段和方法。对于以 public 或 protected 修饰的字段和方法，无论子类是否与父类同属一个包，子类都拥有它们。对于默认权限的字段和方法，只有当子类与父类同属一个包时，子类才拥有它们。

（4）以 final 修饰的类不能被继承。

（5）子类不会自动拥有父类的构造方法。例如，若父类 Person 具有 Person（String）构造方法，不意味着子类 Student 也拥有 Student（String）构造方法。

【例 5.15】类的继承演示。

Son.java
```
001    package ch05;
002
003    class Father { // 父类（默认继承 Object 类）
004        protected int m = 2; // 保护字段
005        private int n = 4; // 私有字段
006
007        public Father() { // 无参构造方法
008        }
009
010        public Father(String s) { // 有参构造方法
011        }
012
013        public void methodA() { // 公有方法
014        }
015
```

---

① 派生是 C++ 惯用的称法，其与继承的方向恰好相反——子类继承父类，父类派生子类。
② 这就是里氏替换原则（Liskov Substitution Principle，LSP）——任何父类可以出现的地方，子类一定可以出现。换句话说，若子类替换父类后，程序不能够正确运行，则它们不应该被设计为继承关系。里氏替换原则是使代码符合开闭原则的重要保证——开闭原则的关键是抽象，而继承是抽象的实现机制之一。

```
016        void methodB() { // 默认权限方法
017        }
018
019        private void methodC() { // 私有方法
020        }
021
022        public void testFather(Father f) { // 形参为父类对象
023        }
024    }
025
026    public class Son extends Father { // 子类 Son 继承父类 Father
027        public void testSon(Son s) { // 形参为子类对象
028        }
029
030        public static void main(String[] args) {
031            Son s1 = new Son();// 创建子类对象（该无参构造方法由系统提供，而非来自父类）
032
033            System.out.println(s1.m); // 合法（若 Father 与 Son 不在同一包中也合法）
034            System.out.println(s1.n); // 非法
035            s1.toString(); // 合法（toString 方法是 Object 类的方法）
036            s1.methodA(); // 合法
037            s1.methodB(); // 合法（若 Father 与 Son 不在同一包中则非法）
038            s1.methodC(); // 非法
039            s1.testFather(s1); // 合法（子类对象可以赋给父类引用）
040
041            Father f = new Father(); // 创建父类对象
042
043            s1.testSon(f); // 非法（父类对象不能赋给子类引用）
044            Son s2 = new Son("test"); // 非法（子类不会自动拥有父类的构造方法）
045        }
046    }
```

在软件的设计阶段，通常采用图形来描述类之间的关系，如图 5-12 以 UML[①]（Unified Modeling Language，统一建模语言）中的类图描述了两个类之间的继承关系。一个类可以有多个子类，各个子类又可以有自己的子类，最终，多个具有继承关系的类形成了一棵继承树，而这棵树的根就是 java.lang.Object 类。

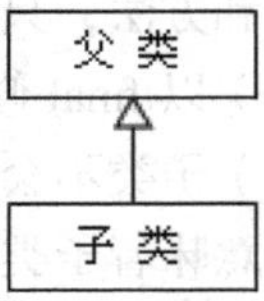

图 5-12　继承的 UML 表示

5.8.2　super 关键字

super 关键字实际上代表着父类对象的引用，其使用形式一般如下。

1. 访问父类的字段或方法

例如：super.m++、super.methodA()。尽管子类可以直接访问继承自父类的字段和方法，但此时加上 super 关键字可以增加代码的可读性——访问的字段和方法是来自于父类的。

注意：若子类重写了父类定义的字段和方法（详见 5.8.4 节），则必须通过 super 关键字才能访问父类定义的字段和方法。

2. 调用父类的构造方法

例如：super()、super（实参表）。通过 super 关键字调用父类构造方法的意义在于初始化父类的各个字段以供子类使用，由于父类可能具有多个重载的构造方法，系统会根据圆括号内的实参个数及类型决定调用父类的哪个构造方法。

super 关键字与前述 this 的相似之处如下。

---

① UML 融合了 Booch、OMT 和 OOSE 方法中的基本概念，于 1997 年被 OMG 采纳为面向对象标准建模语言，并逐渐成为贯穿于软件生命周期各个阶段事实上的工业标准。

（1）以 super 调用父类构造方法的语句必须作为构造方法的第一条语句。

（2）关键字 super 不能出现在静态方法或静态语句块中。

5.8.3　构造方法的调用顺序

使用 new 关键字调用构造方法来创建对象时，看起来只执行了构造方法内的代码，实际上远非如此——当调用子类的构造方法时，若子类的构造方法未通过 super（或 this）语句显式调用父类（或本类）的构造方法（即第 1 条语句不是 super 或 this 语句），则系统会自动先调用父类的无参构造方法，若父类不具有无参构造方法则报错。

【例 5.16】对象的创建过程演示（见图 5-13）。

CreateInstanceDemo.java

```
001    package ch05;
002
003    class Food { // 食物
004    }
005
006    class Fruit extends Food { // 水果继承食物
007        Fruit() { // 系统会先调用 Food()
008            System.out.println("Fruit()");
009        }
010
011        Fruit(String color) { // 系统会先调用 Food()
012            System.out.println("Fruit(String)");
013        }
014    }
015
016    class Apple extends Fruit { // 苹果继承水果
017        Apple() { // 系统会先调用 Fruit()
018            System.out.println("Apple()");
019        }
020
021        Apple(String color) {
022            this(color, 0); // 显式调用 Apple(String, int)
023            System.out.println("Apple(String)");
024        }
025
026        Apple(String color, int count) {
027            super(color); // 显式调用 Fruit(String)
028            System.out.println("Apple(String, int)");
029        }
030    }
031
032    public class CreateInstanceDemo { // 测试类
033        public static void main(String[] args) {
034            Apple a1 = new Apple();
035            System.out.println();
036
037            Apple a2 = new Apple("red");
038            System.out.println();
039
040            Apple a3 = new Apple("green", 20);
041        }
042    }
```

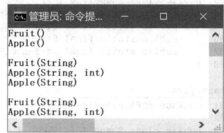

图 5-13　对象的创建过程演示

若注释第 22 行，则创建 a2 对象时首先打印的将是"Fruit()"，也就是说，无论调用子类的哪个构造方法，系统都会自动先调用父类的无参构造方法（前提是子类的构造方法内没有 this 或 super 语句）。此外，若注释 Fruit 类的无参构造方法，则 Apple 类的无参构造方法将报错——系统找不到父类 Fruit 的无参构造方法。

5.8.4　方法重写与运行时多态

有时，从父类继承而来的方法或许不能满足子类的需要，此时子类可以重新定义父类的方法，这称为方法重写（Override，或称覆盖）[①]。若子类重写了父类的方法，则此后通过子类对象调用该方法时，访问的是子类而非父类的方法——相当于父类的方法被隐藏了。实际上，多个具有继承关系的类的多态性正是以方法重写的形式体现的。

【例 5.17】编写程序实现前述 5.1.3 节中关于多态需求的第 2 种设计方案（见图 5-14）。

ShapeType.java

```
001  package ch05.override;
002
003  public class ShapeType { // 形状类型类（定义了 4 个静态常量）
004      public static final String UNKNOWN = "未知形状";
005      public static final String SQUARE = "正方形";
006      public static final String TRIANGLE = "三角形";
007      public static final String CIRCLE = "圆形  ";
008  }
```

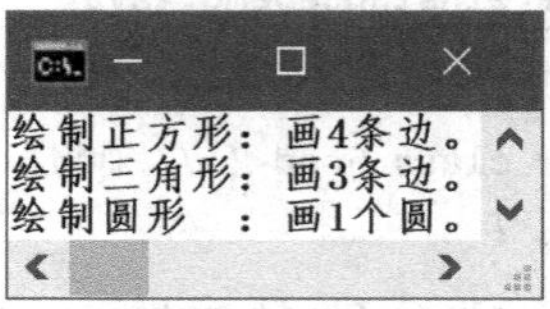

图 5-14　方法重写演示

Shape.java

```
001  package ch05.override;
002
003  public class Shape { // 形状类（父类）
004      String type = ShapeType.UNKNOWN; // 父类字段
005
006      public void draw() { // 父类方法（会被子类重写，故其方法体无实际意义）
007          System.out.println("...");
008      }
009  }
```

Square.java

```
001  package ch05.override;
002
003  public class Square extends Shape { // 继承形状类
004      public void draw() { // 重写父类方法
005          type = ShapeType.SQUARE; // 修改继承自父类的字段（并非重写父类字段）
006          System.out.println("绘制" + type + "：画 4 条边。");
007      }
008  }
```

Triangle.java

```
001  package ch05.override;
002
003  public class Triangle extends Shape { // 继承形状类
004      public void draw() { // 重写父类方法
005          type = ShapeType.TRIANGLE;
006          System.out.println("绘制" + type + "：画 3 条边。");
007      }
008  }
```

Circle.java

```
001  package ch05.override;
002
003  public class Circle extends Shape { // 继承形状类
004      public void draw() { // 重写父类方法
```

---

① 子类也可以重写父类的字段，但通常没有必要——在子类中给继承自父类的字段赋以需要的值就可以了。

```
005            type = ShapeType.CIRCLE;
006            System.out.println("绘制" + type + "：画 1 个圆。");
007        }
008    }
```

ShapeDemo.java
```
001    package ch05.override;
002
003    public class ShapeDemo { // 测试类
004        public static void main(String[] args) {
005            Square s = new Square();
006            Triangle t = new Triangle();
007            Circle c = new Circle();
008
009            s.draw();
010            t.draw();
011            c.draw();
012        }
013    }
```

说明：

（1）子类重写父类方法时，方法名、形参表以及返回类型必须与父类方法严格一致，否则就不是重写，而是子类定义新的与父类无关的方法。

（2）子类方法的可见性必须等于或高于父类被重写方法的可见性。

（3）子类不能重写父类中以 final 或 static 修饰的方法。

（4）子类若想调用父类被重写的方法，必须通过 super 关键字。

如前所述，Java 允许将子类对象赋给父类引用，若此时调用父类的某个方法，由于该方法可能被子类重写了——显然无法在编译时确定到底调用的是父类还是子类的方法，例如：
```
001    Shape s = new Shape();   // 父类对象赋给父类引用
002    s.draw();
003    s = new Triangle();       // 子类对象赋给父类引用
004    s.draw();       // 调用的是父类 Shape 还是子类 Triangle 的 draw 方法？
```
对于第 2 行，毫无疑问调用的是 Shape 类的 draw 方法，那第 4 行呢？若子类 Triangle 重写了父类 Shape 的 draw 方法，则第 4 行调用的是子类 Triangle 的 draw 方法，否则调用的仍是父类 Shape 的 draw 方法。可见，对于完全相同的第 2 行、第 4 行代码，调用的方法却可能截然不同——至于具体调用哪个必须等到程序运行时才能确定，因此，前述第 2 种级别的多态也称为运行时多态[①]。

无论引用是指向本类对象还是子类对象，当通过该引用调用某个方法时，系统首先从引用指向的对象所属的类中寻找被调用的方法，若找到则执行该方法，否则到父类中寻找，直至到达根类 Object。若根类 Object 中都未找到该方法，则视为语法错误。

5.8.5　对象造型与 instanceof

前述第 2 章的强制转换（即造型）也适用于对象类型，目的是将某种类型的对象显式转换为另一种类型，其语法格式为：

（目标类型）对象　　　// 或　（目标类型）(对象)

说明：

（1）对象造型只适用于那些兼容（即具有继承关系）的类型，否则视为语法错误，例如：
```
Square s = new Square();
Triangle t = (Triangle) s;       // 语法错误：不能将 Square 对象造型为 Triangle 对象
```

---

① 重载的多个方法具有不同的形参表，编译器能够根据方法调用所指定的实参表来确定到底调用的是哪个方法。因此，前述第 1 种级别的多态也称为编译时多态。

（2）将父类引用造型为子类对象时，语法上总是合法的，但运行时可能会出现名为 ClassCastException（类造型异常，详见第 9 章）的错误，具体则视父类引用指向的是父类对象还是子类对象，例如：

```
Shape s1 = new Shape();
Square s2 = (Square) s1;        // 合法，但运行时出现错误（因父类对象无法造型为子类对象）

Shape s3 = new Square();        // 父类引用指向的实际上是子类对象
Square s4 = (Square) s3;        // 合法，运行时也正确
Triangle s5 = (Triangle) s3;    // 合法，但运行时出现错误（不能将 Square 对象造型为 Triangle 对象）
```

（3）因子类对象总是能赋给父类引用，故无须显式将子类对象造型为父类对象，例如：

```
Square s6 = new Square();
Shape s7 = (Shape) s6;          // 合法，等价于 Shape s7 = s6;
```

（4）与基本类型一样，被造型的对象（实际上是对象的引用）的类型没有发生变化，但不一样的是，对象造型并不会得到一个临时对象，如上述 s3 和 s4 指向的是同一对象。

有时，程序需要判断某个对象的所属类型，以决定如何进行下一步操作，此时可以使用关键字 instanceof（注意 instance 与 of 之间无空格），其语法格式为：

对象　instanceof　类型

上述语法实际上是一个返回 boolean 值的表达式，其逻辑是判断给定对象是否"是一种"给定类型（并非判断对象的真实类型），例如：

```
001  Shape s = new Square();
002  System.out.println(s instanceof Shape);    // true
003  System.out.println(s instanceof Square);   // true
004  System.out.println(s instanceof Object);   // true
005  System.out.println(s instanceof Triangle); // false
```

5.8.6　根类 Object

在 Java 中，一切皆是对象——所有的类都直接或间接继承自 java.lang.Object 类，该类是任何 Java 类库所形成的继承树的根。Object 类定义了以下几种常用方法。

1．native int hashCode()

该方法得到用以标识对象的哈希码。它默认将对象在内存中的地址转换为一个 int 型整数，以作为该对象的哈希码①。因此，若未重写 hashCode 方法，则任何对象的哈希码都是唯一的。在判断子类对象的等价性，特别是使用第 12 章介绍的容器框架类时，通常要重写该方法。

2．final native Class getClass()

该方法得到对象所属的类型。java.lang.Class 是类类型（注意不是 class 关键字），它包含了一个类的所有信息（如类名、包名、字段和方法等）。任何对象所属的类均是确定的，故该方法不能被子类重写。通过 Class 类，程序可以在运行时动态访问类的信息，具体见第 14 章。

3．String toString()

该方法得到对象的字符串描述。该方法的源代码如：

```
public String toString() {
    return getClass().getName() + "@" + Integer.toHexString(hashCode());
}
```

可见，Object 类将对象的类名通过@字符与对象哈希码的十六进制形式连接，以作为该对象的字符串描述——这通常不能满足子类的要求。因此，若子类对象需要自定义其文字描述，通常要重写该方法。

---

① 因涉及内存地址的访问，故该方法被设计为 native 方法。

【例 5.18】Object 类的常用方法演示（见图 5-15）。

ObjectClassDemo.java

```
001    package ch05;
002
003    class Parent { // 默认继承 Object 类
004        // 未重写父类 Object 的任何方法
005    }
006
007    class Child extends Parent { // 继承 Parent 类
008        int seriesNo; // 序列号字段
009
010        public Child(int seriesNo) { // 构造方法
011            this.seriesNo = seriesNo;
012        }
013
014        public int hashCode() { // 重写 Object 类的方法
015            return seriesNo; // 以序列号字段作为对象的哈希码
016        }
017
018        public String toString() { // 重写 Object 类的方法
019            return "我的序列号是: " + seriesNo; // 自定义对象的文字描述
020        }
021    }
022
023    public class ObjectClassDemo { // 测试类
024        public static void main(String[] args) {
025            Parent p = new Parent();
026            Child c = new Child(10001);
027
028            System.out.println("p 的哈希码 = " + p.hashCode());
029            System.out.println("c 的哈希码 = " + c.hashCode() + "\n");
030            System.out.println("p 的文字描述 = " + p.toString());
031            System.out.println("c 的文字描述 = " + c.toString() + "\n");
032            System.out.println("p 所属的类 = " + p.getClass().getName());
033            System.out.println("c 所属的类 = " + c.getClass().getName());
034        }
035    }
```

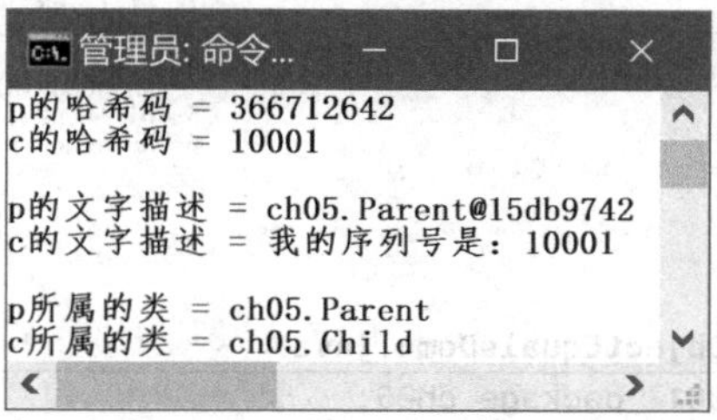

图 5-15　Object 类的常用方法演示

除上述方法外，Object 类还包含一个 boolean equals(Object obj) 方法，该方法对于判断对象的等价性非常重要，故做单独介绍。

5.8.7　对象的等价性

当以"=="运算符比较两个基本类型的变量时，其比较的是值。若用于对象，则比较的是对象的引用[1]。很多情况下，开发者并不关心两个对象的引用是否相等，而关心对象的"内容"是否相同。例如，若两个产品对象的编号相同，则认为它们是"相等"的，显然"=="运算符不能满足这样的需求——因为两个对象各自占据着不同的内存单元。

Object 类提供了 equals 方法用于比较两个对象，其完整源代码如下：

```
public boolean equals(Object obj) {
    return (this == obj);
}
```

容易看出，equals 方法与"=="运算符的实质是一样的，因此，若子类对象需要自定义其判等逻辑，通常要重写该方法。

---

[1] 对于字符串类型 String 又有例外，具体将在第 13 章介绍。

【例 5.19】对象的等价性演示（见图 5-16）。

图 5-16　对象的等价性演示

ObjectEqualsDemo.java

```
001  package ch05;
002
003  import ch05.override.Shape;
004
005  class Product { // 产品类
006      int id; // 编号
007      String name; // 名称
008
009      public Product(int id, String name) {
010          this.id = id;
011          this.name = name;
012      }
013
014      public boolean equals(Object obj) { // 重写 equals 方法
015          if (obj instanceof Product) { // 判断 obj 是否为产品类型
016              return id == ((Product) obj).id; // 比较 id
017          }
018          return false;
019      }
020
021      public int hashCode() { // 重写 hashCode 方法
022          return id % 1000; // 以 id 为计算标准（确保 id 相同则哈希码一定相同）
023      }
024  }
025
026  public class ObjectEqualsDemo {
027      public static void main(String[] args) {
028          Shape s1 = new Shape(); // 创建前述 Shape 类的对象
029          Shape s2 = new Shape();
030          System.out.printf("1: %-30s", s1 == s2 ? "s1 == s2" : "s1 != s2");
031          System.out.println(s1.equals(s2) ? "s1 equals s2" : "s1 not-equals s2");
032          System.out.printf("2: %-30s", "HashCode(s1)=" + s1.hashCode());
033          System.out.println("HashCode(s2)=" + s2.hashCode());
034
035          Integer a = new Integer(1); // Integer 类已重写了 equals 方法（比较值）
036          Integer b = new Integer(1);
037          System.out.printf("3: %-30s", a == b ? "a == b" : "a != b");
038          System.out.println(a.equals(b) ? "a equals b" : "a not-equals b");
039          // Integer 类已重写了 hashCode 方法（以值作为哈希码）
040          System.out.printf("4: %-30s", "HashCode(a)=" + a.hashCode());
041          System.out.println("HashCode(b)=" + b.hashCode());
042
043          Product p1 = new Product(100101, "iPhone XS");
044          Product p2 = new Product(100101, "苹果 XS");
045          System.out.printf("5: %-30s", p1 == p2 ? "p1 == p2" : "p1 != p2");
046          System.out.println(p1.equals(p2) ? "p1 equals p2" : "p1 not-equals p2");
047          System.out.printf("6: %-30s", "HashCode(p1)=" + p1.hashCode());
048          System.out.println("HashCode(p2)=" + p2.hashCode());
049      }
050  }
```

注意：子类 C 在重写父类 Object 的 equals 方法时，对类 C 的任意非空对象 x、y、z，需要满足以下特性：

（1）自反性：x.equals(x) 一定为 true。

（2）对称性：x.equals(y) 与 y.equals(x) 的值应该相同。

（3）传递性：若 x.equals(y) 和 y.equals(z) 均为 true，则 x.equals(z) 也为 true。

（4）一致性：若未对 x、y 做任何修改，则多次调用 x.equals(y) 的值应该相同。

（5）非空性：x.equals(null) 的值一定为 false。

Object 类的 equals 方法与前述的 hashCode 方法有着紧密的联系。尽管从语法上来说，使 equals 方法返回 true 的两个对象的哈希码可以不相同，但这违反了官方文档中对 hashCode 方法的约定，极端情况下可能导致程序出现难以察觉的错误。因此，若子类重写了 equals 方法，通常有必要重写 hashCode 方法，并使后者的计算逻辑与前者的判等逻辑相同——确保 equals 方法返回 true 的两个对象的哈希码相同。

5.9 枚 举

回到前述【例 5.17】，ShapeType 类包含了 4 个字符串类型的静态常量分别表示 4 种形状，然后在 Shape 类中定义了一个字符串类型的字段 type 以表示该类及其子类的形状，这样的设计存在一个潜在问题——在编写 Shape 及其子类时，完全可以将任意的字符串赋值给 type 字段，至少从语法上是合法的。

如何将变量的取值限定在由某些常量构成的范围之内呢？从 JDK 5 开始引入的枚举（Enumeration）类型正是用于解决上述问题的。

5.9.1 定义枚举类型

枚举类型实际上是由若干常量构成的集合，这些常量称为枚举常量（命名风格与 final 常量一致），声明为枚举类型的变量的取值只能是这些枚举常量中的某一个。枚举类型的定义格式为：

```
[修饰符] enum 枚举类型名 [implements 接口名1, 接口名2, ...] {
    枚举常量1, 枚举常量2, ... [;]
}
```

说明：

（1）从语法上来看，虽然枚举类型使用了 enum 而非 class 关键字，但枚举类型实质上就是一个类——可以包含字段、构造方法或其他方法（甚至是 main 方法）。

（2）当枚举类型包含字段和方法时，最后一个枚举常量后的分号不能省略。

（3）每个枚举常量都会被分配一个 int 型的值——序数，从 0 开始，并以 1 递增。

（4）枚举常量可以出现在 switch 语句中的 case 关键字之后，但此时不能使用完全限定名，即枚举常量前不能跟"枚举类型名."——编译器根据 switch 后括号内的枚举对象知道各 case 后的枚举常量是在哪个枚举类型中定义的。

所有的枚举类型实际上都隐含继承自 java.lang.Enum 类，故不能再继承其他的类，但可以实现多个接口。Enum 类定义的常用方法如表 5-3 所示。

表 5-3　　　　　　　　　　　　　　　　Enum 类的常用方法

序号	方法原型	方法的功能及参数说明
1	final Class getDeclaringClass()	得到枚举对象对应的类类型
2	final String name()	得到枚举对象取值的名称，即枚举常量对应的字符串
3	final int ordinal()	得到枚举对象取值对应的序数

除上述方法之外，编译器还会为每个枚举类型生成一个无参的静态方法 values，该方法返回所有枚举常量构成的数组。

【例 5.20】Enum 类的常用方法演示（见图 5-17）。

EnumDemo.java

```
001  package ch05;
002
003  enum ShapeType { // 枚举类型
004      UNKNOWN, SQUARE, TRIANGLE, CIRCLE // 若干枚举常量
005  }
006
007  public class EnumDemo { // 测试类
008      public static void main(String[] args) {
009          ShapeType[] types = ShapeType.values(); // 得到所有的枚举常量
010          for (ShapeType t : types) {
011              System.out.println(t.ordinal() + ": " + t.name());
012          }
013
014          ShapeType type = ShapeType.TRIANGLE; // 声明和初始化枚举对象
015          System.out.println(type.getDeclaringClass().getName());
016
017          switch (type) {
018              case UNKNOWN:
019                  System.out.println("未知形状");
020                  break;
021              case SQUARE:
022                  System.out.println("正方形");
023                  break;
024              case TRIANGLE:
025                  System.out.println("三角形");
026                  break;
027              case CIRCLE:
028                  System.out.println("圆形");
029                  break;
030          }
031      }
032  }
```

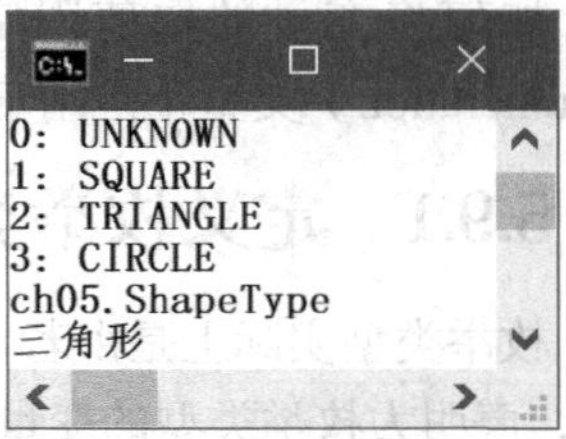

图 5-17　Enum 类的常用方法演示

注意：每个枚举常量都是其所属的枚举类型，而并不是其序数所属的 int 型，因此，不能像操作 int 型数据那样操作枚举常量。此外，与 C/C++不同，不允许显式改变枚举常量的序数，也不允许将与序数对应的 int 型造型为枚举常量。

5.9.2　带构造方法的枚举

有时，仅有枚举常量的名称和序数并不能满足程序的需求，枚举常量可能还需要附带一些自定义的信息，此时可以为枚举类型编写带若干参数的构造方法，并以"枚举常量（实参表）"的形式来定义各个枚举常量。

【例 5.21】带构造方法的枚举类型演示（见图 5-18）。

图 5-18 带构造方法的枚举类型演示

EnumDemo2.java

```
001    package ch05;
002
003    enum WeekDay { // 枚举类型
004        MON("Monday", "星期一"), // 定义枚举常量时调用构造方法
005        TUE("Tuesday", "星期二"),
006        WED("Wednesday", "星期三"),
007        THU("Thursday", "星期四"),
008        FRI("Friday", "星期五"),
009        SAT("Saturday", "星期六"),
010        SUN("Sunday", "星期日"); // 结束的分号不能省略
011
012        private String enName, cnName; // 字段（存放枚举常量的英、中文描述）
013
014        // 构造方法（不允许在枚举类型外部通过构造方法创建枚举对象，故是私有的）
015        private WeekDay(String enName, String cnName) {
016            this.enName = enName;
017            this.cnName = cnName;
018        }
019
020        public String getEnName() {
021            return enName;
022        }
023
024        public String getCnName() {
025            return cnName;
026        }
027    }
028
029    public class EnumDemo2 { // 测试类
030        public static void main(String[] args) {
031            System.out.printf("%-6s %-10s %-12s %s\n", "序数", "枚举常量", "英文描述", "中文描述");
032            System.out.print("------------------------------------------------\n");
033            for (WeekDay d : WeekDay.values()) {
034                System.out.printf("%-8d %-14s %-16s %s\n", d.ordinal(), d.name(),
035                            d.getEnName(), d.getCnName());
036            }
037        }
038    }
```

5.10 案例实践 5：简单工厂模式

如同现实世界中的工厂用于生产产品一样，工厂模式专门用于创建对象，其与前述的单例模

式同属于设计模式中的创建型模式。工厂模式对外屏蔽了对象的具体创建细节,并通过公开接口向对象的使用者提供新创建的对象。简单工厂(Simple Factory)模式是工厂模式的一种,也称为静态工厂方法模式,其结构如图 5-19 所示。

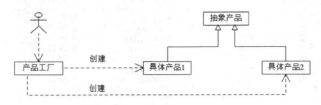

图 5-19　简单工厂模式的结构

抽象产品类具有若干具体产品子类,外界通过产品工厂类获得各个具体产品类的对象。图 5-19 中带箭头的虚线是 UML 中用以描述两个具有依赖关系的类的图形符号,依赖关系是指某个类(箭尾端)使用到了另一个类(箭头端)的方法——产品工厂类需要调用各个具体产品子类的构造方法以创建产品对象。下面给出简单工厂模式的示例代码。

【**案例实践**】编写程序实现简单工厂模式(见图 5-20)。

SimpleFactoryDemo.java

```
001  package ch05.factory;
002
003  class Auto { // 抽象产品类
004      public void start() { // 规定各个子类应具有的行为
005          // 此处编写任何代码都没有实际意义 (子类会重写此方法)
006      }
007  }
008
009  class Benz extends Auto { // 具体产品子类
010      public void start() { // 重写父类方法
011          System.out.println("启动奔驰");
012      }
013  }
014
015  class Bmw extends Auto {
016      public void start() {
017          System.out.println("启动宝马");
018      }
019  }
020
021  enum AutoType { // 具体产品类型
022      BENZ, BMW
023  }
024
025  class AutoFactory { // 产品工厂类
026      public static Auto create(AutoType type) { // 静态方法
027          switch (type) {
028              case BENZ:
029                  return new Benz(); // 子类对象一定是父类对象
030              case BMW:
031                  return new Bmw();
032              default:
033                  return null;
034          }
035      }
036  }
037
```

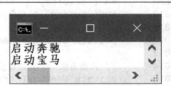

图 5-20　简单工厂模式演示

```
038  public class SimpleFactoryDemo { // 测试类
039      public static void main(String[] args) {
040          // 调用产品工厂的静态方法创建具体产品对象
041          Auto a1 = AutoFactory.create(AutoType.BENZ);
042          Auto a2 = AutoFactory.create(AutoType.BMW);
043          a1.start(); // 使用具体产品对象
044          a2.start();
045      }
046  }
```

　　注意：图 5-19 中的抽象产品被声明为抽象类或接口更为合适，因为它只是用于描述各个具体产品子类共同的属性和行为，而并不代表工厂要生产的具体产品，外界不应该（也不允许）获得抽象产品的对象。有关抽象类和接口的内容将在第 6 章介绍。

　　简单工厂模式的核心是产品工厂类，它包含了必要的判断逻辑，以决定创建哪个具体产品子类的对象。外界无须关心产品对象的创建细节，而只负责消费产品对象——清晰分离了产品对象的生产者与消费者的责任。

　　简单工厂模式也有以下明显的缺点。

　　（1）产品工厂类集中了所有的创建逻辑，当有需要支持新的产品子类时，必须修改产品工厂类的代码——违背了开闭原则（可以通过反射机制解决，详见第 14 章）。

　　（2）当产品具有多级继承关系时，产品工厂类也需要进行多级判断，使得代码难以扩展。

　　（3）因创建产品对象的静态方法无法被子类重写，故无法形成继承的多级产品工厂。

　　以上不足可通过另外两种工厂模式——工厂方法模式和抽象工厂模式加以解决，读者可进一步查阅有关资料。

习　题

一、简答题

1. 简述面向对象的概念和基本特征。

2. 什么是类？什么是对象？二者有何联系和区别？

3. 有哪几种访问权限修饰符？各自有何特点？

4. 如何从面向对象的角度理解类所包含的字段和方法？

5. 什么是包？其有何意义？

6. 如何将某个类置于某个包下？在命令行下如何编译某个包下的类？

7. 如何理解对象以及对象的引用？

8. 基本类型与对象类型有何区别？

9. 变量可以定义在类的哪些位置？各自的作用域是什么？

10. 什么是静态方法？调用静态方法与普通方法有何不同？

11. 什么是静态语句块？相对于普通语句块，静态语句块有何特点？

12. 静态方法（字段）和非静态方法（字段）互相访问时有何限制？为什么？

13. 什么是方法重载？什么是方法重写？如何从面向对象的角度理解它们？

14. 子类重写父类方法时，有何限制？

15. 什么是构造方法？其有何特点？构造方法是否允许被子类重写？

16. 什么是默认构造方法？当类不含任何构造方法时，Java 虚拟机如何处理？

17. 什么是最终类？其有何特点？

18. 如何创建类的对象？创建对象的实质是什么？

19. 简述 this 和 super 关键字分别能出现的场合，以及各自的作用。

20. 创建子类对象的过程中，具体发生了哪些事情？

21. 子类对象和父类对象间如何相互转换？需要注意什么？

22. 对象等价性分别几种级别？各自有何特点？

23. 基本类型和对象类型的参数传递有何区别？

24. 分别采用静态最终变量和枚举表示那些固定不变的值，哪种方式较好？为什么？

25. 什么是垃圾回收？它能带来的好处是什么？

26. 如何通过代码显式回收垃圾？这是否能保证垃圾一定会被回收？为什么？

27. 查阅 java.util 包下的 Date 类的 API 文档，简述各个方法的意义。

28. 一个 Java 源文件中是否允许出现多个并列的类？源文件的命名有何限制？

29. 什么是单例模式？有何特点？具体如何实现该模式？

30. 为什么说简单工厂模式违背了 OCP 原则？

二、阅读程序题

1. 下列各程序是否有错，请说明理由。

(1)
```
001  public class Test {
002      final int i;
003
004      public void doSomething() {
005          System.out.println("i = " + i);
006      }
007  }
```

(2)
```
001  class Other {
002      public int i = 3;
003  }
004
005  public class Test {
006      public static void main(String[] args) {
007          Other o = new Other();
008          new Test().addOne(o);
009      }
010
011      public void addOne(final Other o) {
012          o.i++;
013      }
014  }
```

(3)
```
001  public class Test {
002      public static void main(String[] args) {
003          Test t = new Test();
004          System.out.println(doSomething());
005      }
006
007      public String doSomething() {
008          return "Do something ...";
009      }
010  }
```

2. 给出以下程序各自运行后的输出。

（1）

```
001   public class Test {
002       public static void changeStr(String str) {
003           str = "welcome";
004       }
005
006       public static void main(String[] args) {
007           String str = "1234";
008           changeStr(str);
009           System.out.println(str);
010       }
011   }
```

（2）

```
001   public class Test {
002       static boolean show(char c) {
003           System.out.print(c);
004           return true;
005       }
006
007       public static void main(String[] argv) {
008           int i = 0;
009
010           for (show('A'); show('B') && (i < 2); show('C')) {
011               i++;
012               show('D');
013           }
014       }
015   }
```

（3）

```
001   class Base {
002       Base() {
003           System.out.println("Base");
004       }
005   }
006
007   public class Test extends Base {
008       public static void main(String[] args) {
009           new Test();
010           new Base();
011       }
012   }
```

第6章
抽象类、接口与嵌套类

本章主要介绍抽象类、接口、嵌套类以及 Lambda 表达式。抽象类和接口提供了比类更高级别的抽象；嵌套类使得类的组织方式更加灵活；Lambda 表达式则是 JDK 8 引入的新特性之一，能显著降低常规编程方式下的代码量，在实际开发中使用较多。

6.1 抽 象 类

6.1.1 抽象方法

回到前述【例 5.17】，读者可能会思考这样的问题。

（1）从软件设计人员的角度来看，作为正方形、三角形和圆形等具体形状类的共同父类，形状类（即 Shape 类）表示的是一种抽象的概念，即不应该允许下层的代码编写人员创建出 Shape 类的具体实例——常规的类显然不能满足此要求。

（2）Shape 类的 draw 方法描述了形状的绘制行为，但由于此时不知道具体的形状是什么，因此无法指定该行为的细节，也就是说，在 draw 方法体中编写任何代码都没有意义。

（3）任何具体的形状类总是知道如何绘制自身，即应该强制 Shape 类的每个子类都要重写父类的 draw 方法，【例 5.17】的设计显然不能满足此要求——Shape 类的 3 个子类以及以后新增的子类即使不重写父类的 draw 方法也不会出现语法错误。

解决上述几个问题的关键就是通过 abstract 关键字将父类的 draw 方法修饰为抽象的，此时的方法称为抽象方法。其格式为：

【访问权限修饰符】 abstract 返回类型 方法名（[形参表]）；

说明：

（1）抽象方法不带方法体，它是对方法的基本说明，类似于 C 语言的函数原型声明。

（2）即使方法形参表所在圆括号后的一对花括号内没有任何代码，此时的方法也是带方法体的普通方法。也就是说，抽象方法连一对花括号都不带，而直接以分号结尾。

（3）可选的访问权限修饰符不能是 private，因为抽象方法要被子类重写。

（4）关键字 abstract 不能与 final 或 static 一起修饰方法，因为抽象方法要被子类重写。

（5）构造方法不能是抽象的。

6.1.2 抽象类

方法位于类中，若类含有抽象方法，则该类必须以 abstract 关键字声明为抽象类。相较于普通类，抽象类具有以下特点。

（1）抽象类可以含零至多个普通方法，也可以含零至多个抽象方法。

（2）无论抽象类是否含抽象方法，它都不允许被实例化，即不能创建抽象类的对象，因为它描述的是抽象的概念。

（3）抽象类可以含构造方法，以便创建其子类对象时由虚拟机调用，但不能通过代码显式调用抽象类的构造方法。

（4）抽象类不能以 final 关键字修饰，因为抽象类存在的意义就是被子类继承。

（5）若父类是抽象类，且子类不想成为抽象类，则子类必须将父类中的所有抽象方法重写为带方法体的普通方法，否则子类仍必须以 abstract 关键字声明为抽象类。

（6）在 UML 中以斜体类名表示抽象类，如图 6-1 中的 Shape 和 RingShape。

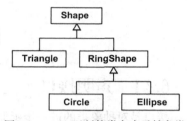

图 6-1　UML 以斜体类名表示抽象类

【例 6.1】编程实现图 6-1 所示的继承关系。

Shape.java

```
001  package ch06;
002
003  public abstract class Shape {      // 抽象类
004      abstract void draw();      // 抽象方法
005
006      void setColor(java.awt.Color c) { // 抽象类可以含普通方法（Color 为颜色类）
007          System.out.println("设置形状的颜色：" + c.toString());
008      }
009  }
```

Triangle.java

```
001  package ch06;
002
003  public class Triangle extends Shape {     // 三角形
004      void draw() {     // 重写父类抽象方法
005          System.out.println("绘制三角形。");
006      }
007  }
```

RingShape.java

```
001  package ch06;
002
003  //环形（未重写 Shape 的抽象方法，故仍是抽象类）
004  public abstract class RingShape extends Shape {
005
006  }
```

Circle.java

```
001  package ch06;
002
003  public class Circle extends RingShape {     // 圆形（继承自环形）
004      void draw() {     // 重写父类抽象方法
005          System.out.println("绘制圆形。");
006      }
```

```
007  }
```

Ellipse.java
```
001  package ch06;
002
003  public class Ellipse extends RingShape {        // 椭圆形（继承自环形）
004      void draw() {        // 重写父类抽象方法
005          System.out.println("绘制椭圆形。");
006      }
007  }
```

第 5 章已经介绍了包的概念，为方便编写和运行代码，从本章起，将采用 Eclipse 作为后续所有章节中示例程序的开发环境。有关 Eclipse 的使用方法请读者参阅附录 A。

6.2 接　　口

6.2.1　声明接口

接口是对抽象类的进一步延伸，提供了更高级别的抽象，其常规声明格式为：
```
[public] interface 接口名 {
    [public static final] 字段类型 字段名 = 初始值;
    [public abstract] 返回类型 方法名([形参表]);
}
```
说明：

（1）接口不允许使用除 public 之外的访问权限修饰符，故可以省略 interface 左侧的 public。

（2）接口只能包含公共抽象方法[①]，故可以省略方法声明中的 public 和 abstract 关键字。

（3）与类一样，接口也可以包含字段，但它们只能是公共静态常量，故可以省略字段声明中的 public、static 和 final 关键字[②]。

（4）可以将接口理解为以 interface 关键字修饰的特殊类，与普通类一样，接口也可以作为引用类型。

（5）与抽象类一样，不允许实例化接口，即不能创建接口的对象。

6.2.2　接口继承接口

与类的继承类似，接口之间也可以继承，其语法格式为：
```
[public] interface 接口名 extends 父接口1, 父接口2, ... {
    // 字段和抽象方法
}
```
说明：

（1）接口只能继承接口，而不能继承类。

（2）与类的继承类似，接口的继承也表达了 "is-a" 的逻辑。

（3）与类只能继承一个父类不同，接口可以继承多个父接口，彼此以逗号隔开（各父接口的顺序可任意），表达的逻辑是子接口既是一种父接口 1，也是一种父接口 2，... 。

（4）若子接口继承的多个父接口定义了同名的字段，则在子接口中必须通过 "父接口名.字段

---

① 仅对 JDK 8 之前的接口而言。从 JDK 8 开始，接口允许包含带方法体的普通方法，详见 6.2.4 节。

② 实际上，因 JDK 5 之前不支持枚举，很多静态常量都是定义在接口中的，如 javax.swing.SwingConstants。

名"的方式显式指定访问的是哪个父接口的字段，否则会出现语法错误。

【例 6.2】接口继承接口的演示。

A.java

```
001    package ch06;
002
003    public interface A {        // 此处接口名仅做演示，实际编程时注意要符合命名惯例
004        public static final int VALUE = 1;    // 接口中的字段
005        int SIZE = 2;           // 省略了 public static final 关键字，与不省略时等价
006    }
```

B.java

```
001    package ch06;
002
003    public interface B {
004        int VALUE = 3;          // 与接口 A 中的字段同名
005    }
```

C.java

```
001    package ch06;
002
003    public interface C extends A, B {  // 接口 C 继承接口 A 和 B
004        int M = SIZE;           // 直接书写父接口的字段名，合法，M=2
005        int N = A.SIZE;         // 通过"父接口名.字段名"显式访问，合法，N=2
006        int P = VALUE;          // 非法，不知道访问的是哪个父接口的字段
007        int Q = B.VALUE;        // 合法，Q=3
008    }
```

6.2.3　类实现接口

Java 不支持多重继承，即一个类只能有一个直接父类，而现实世界中的某些具体事物是属于其他多种事物的。例如，粉笔既是教学用具，又是能画画的东西（假设教学用具和能画画的东西之间不存在继承关系），那么如何用 Java 来表示这样的逻辑呢？答案就在于接口——Java 通过接口变相实现多重继承。

为了区别于类继承类、接口继承接口，Java 将类"继承"接口描述为类"实现"接口——以implements（实现）关键字表示，其语法格式为：

> **【修饰符】** class 类名 **[extends 父类名]** **[implements 接口名 1, 接口名 2, ...]** {
> 　　　// 类体
> }

说明：

（1）类可以实现零至多个接口，接口名彼此间以逗号隔开，且顺序无关。

（2）若类 A 实现了接口 B，则称 A 为 B 的实现类。一个接口可以有多个实现类。

（3）类必须重写其实现的所有接口的所有抽象方法，否则该类必须被声明为抽象类。

（4）在 UML 中以图 6-2 的形式表示接口以及实现接口。

（5）与继承类有所不同，实现接口真正表示的是"like-a"的逻辑[1]，具体见 6.3.2。

（6）接口实现类的类名经常采用"接口名+Impl"的命名风格。

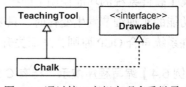

图 6-2　通过接口变相实现多重继承

---

[1] 初学者完全可以将实现接口的逻辑理解为"is-a"——若类 A 实现接口 B，则认为"A is-a B"。

【例 6.3】编程实现图 6-2 所示的 "粉笔既是教学用具，又能画画" 的逻辑 (结果见图 6-3)。

TeachingTool.java

```
001   package ch06;
002
003   public abstract class TeachingTool {   // 教学用具（抽象类）
004       abstract void teaching();      // 抽象方法
005   }
```

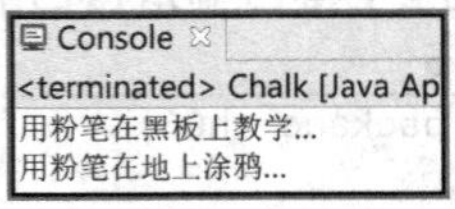

图 6-3   类实现接口演示（1）

Drawable.java

```
001   package ch06;
002
003   public interface Drawable {    // 能画画的东西（接口）
004       void draw();        // 抽象方法
005   }
```

Chalk.java

```
001   package ch06;
002
003   /**** 粉笔类继承教学用具类，并实现能画画的东西接口 ****/
004   public class Chalk extends TeachingTool implements Drawable {
005       void teaching() {       // 重写父类的方法
006           System.out.println("用粉笔在黑板上教学...");
007       }
008
009       public void draw() {    // 实现接口的抽象方法
010           System.out.println("用粉笔在地上涂鸦...");
011       }
012
013       // 测试方法
014       public static void main(String[] args) {
015           Chalk c = new Chalk();
016           c.teaching();
017           c.draw();
018       }
019   }
```

Java 中的接口与现实世界中接口的概念极为相似。例如，只要符合 USB 总线规范（接口），则无论鼠标、U 盘还是数码相机等外设（接口的实现类）都能通过 USB 接口与计算机进行通信。面向对象思想的核心就是对现实世界的模拟和抽象，从面向对象的角度看，接口实际上是其实现类所必须拥有的一组行为的集合，其体现了 "如果你是…，则必须能…" 的思想。例如，现实世界中的人都具有 "吃东西" 这一行为，即 "如果你是人，则必须能吃东西"。那么，模拟到计算机程序中，就应该有一个 IPerson 接口，该接口定义了一个 eat 方法，并规定——每个能表示 "人" 这一概念的具体类（如学生、律师等），必须实现 IPerson 接口，即必须重写 eat 方法。

一个接口可以有多个不同的实现类，接口充当了这些实现类的公共协议或契约[①]。接口清晰分离了软件系统的功能说明（即接口）和功能实现细节（即实现类），降低了二者的耦合程度——当功能的实现细节发生变化时，只要接口不变，则调用该接口的代码也不需要做任何修改，使得软件系统符合 OCP 原则，从而提升系统的可扩展性。

【例 6.4】编写程序演示 "持有 C 驾照的驾驶员能驾驶任何小轿车"（见图 6-4）。

Car.java

```
001   package ch06.drive;
002
```

---

① 某些面向对象编程语言使用关键字 protocol（协议）来完成与 Java 中接口同样的功能。将接口理解为协议或契约（Contract）更能体现接口的本质——各个类所共同遵守的行为。

```
003    public interface Car { // 小轿车接口
004        void start();              // 接口行为1：启动
005
006        void accelerate();         // 接口行为2：加速
007
008        void brake();              // 接口行为3：制动
009    }
```

图 6-4　类实现接口演示（2）

Santana.java

```
001    package ch06.drive;
002
003    public class Santana implements Car { // 桑塔纳实现小轿车接口
004        /**** 重写 Car 接口各方法 ****/
005        public void start() {
006            System.out.println("插入并转动钥匙，桑塔纳启动了...");
007        }
008
009        public void accelerate() {
010            System.out.println("踩离合、挂档、踩油门、松离合，桑塔纳开始加速...");
011        }
012
013        public void brake() {
014            System.out.println("踩制动，桑塔纳开始减速...");
015        }
016    }
```

Tesla.java

```
001    package ch06.drive;
002
003    public class Tesla implements Car { // 特斯拉实现小轿车接口
004        /**** 重写 Car 接口各方法 ****/
005        public void start() {
006            System.out.println("识别指纹信息，特斯拉启动了...");
007        }
008
009        public void accelerate() {
010            System.out.println("踩下加速踏板，特斯拉开始加速...");
011        }
012
013        public void brake() {
014            System.out.println("车载雷达识别到前方行人，特斯拉开始减速...");
015        }
016    }
```

Driver.java

```
001    package ch06.drive;
002
003    public class Driver { // 驾驶员(测试类)
004        void drive(Car c) { // 测试方法(接口可以作为引用类型)
005            // 程序运行时，根据 c 的实际类型调用相应实现类的方法(即运行时多态)
006            // 驾驶员无须关心驾驶的是何种品牌及工作方式的小轿车
007            c.start();
008            c.accelerate();
009            c.brake();
010        }
011
012        public static void main(String[] args) {
013            Driver d = new Driver();// 创建驾驶员对象
014            Car c1 = new Santana();// 创建 Car 对象(实现类对象赋给接口引用)
015            Car c2 = new Tesla();
016
017            d.drive(c1);// 调用测试方法
```

```
018            System.out.println("----换辆车开----");
019            d.drive(c2);
020        }
021    }
```

6.2.4　含默认方法的接口

前述【例 6.4】中，若为 Car 接口增加一个抽象方法 fuel，则该接口的所有实现类（Santana 和 Tesla）必须重写 fuel 方法，否则将出现语法错误。为了能够在不影响已有实现类的前提下为接口增加新的行为，从 JDK 8 开始，接口允许包含带方法体的普通方法——默认方法，其语法格式为：

```
default [public] 返回类型  方法名([形参表]) {
    // 方法体
}
```

说明：

（1）是否带有 public 关键字的效果是一样的，故通常省略。

（2）接口 I 的子接口及实现类将自动拥有 I 的默认方法 m，子接口及实现类也可以将 m 重新声明为不带方法体的抽象方法。

（3）可以将 default 关键字替换为 static[①]，以便直接通过接口名调用该默认方法。

（4）接口可以同时含有任意个数的抽象方法和默认方法。

注意：若类 C 实现了多个接口，且这些接口中定义了相同的、以 default 修饰的默认方法 m，则类 C 必须重写方法 m（可通过"接口名.super.m"的形式调用指定接口的 m 方法），否则调用类 C 对象的 m 方法时，无法区分调用的是哪个接口的默认方法 m。对于同时继承了这些接口的子接口也是如此。

【例 6.5】含默认方法的接口演示（见图 6-5）。

Bmw530LE.java

```
001    package ch06;
002
003    interface GasolineCar { // 燃油车接口
004        default void fuel() { // 默认方法
005            System.out.print("加油...");
006        }
007
008        static void tooting() { // 静态默认方法
009            System.out.print("滴滴...");
010        }
011    }
012
013    interface ElectricCar { // 电动车接口
014        default void fuel() { // 同名的默认方法
015            System.out.print("充电...");
016        }
017
018        static void tooting() { // 同名的静态默认方法
019            System.out.print("嘟嘟...");
020        }
021    }
022
023    interface HybridCar extends GasolineCar, ElectricCar { // 混动车接口
024        default void fuel() { // 必须重写父接口中同名的默认方法
025            GasolineCar.super.fuel(); // 指定调用哪个接口的默认方法
026            ElectricCar.super.fuel();
```

□ Console ✕
<terminated> Bmw530LE [Java
加油...充电...测试...滴滴...嘟嘟...

图 6-5　含默认方法的接口演示

---

① 也就是说，对于接口中的默认方法，关键字 default 和 static 只能二选一。

```
027         }
028
029         default void test() { // 普通的默认方法
030             System.out.print("测试...");
031         }
032     }
033
034     public class Bmw530LE implements HybridCar { // 接口实现类(测试类)
035         public static void main(String[] args) {
036             HybridCar c = new Bmw530LE();
037             c.fuel(); // 调用接口的默认方法
038             c.test();
039             GasolineCar.tooting(); // 调用接口的静态默认方法
040             ElectricCar.tooting();
041         }
042     }
```

JDK 8 为接口引入默认方法的主要目的是为了在增加接口方法时保证已有实现类的兼容性，如容器根接口 Iterable 中新增的 forEach 方法（详见第 12 章）。含默认方法的接口使用较少，初学者通常无须关注此特性。

6.3　抽象类与接口的比较

抽象类与接口是 Java 对现实世界中的实体进行抽象的两种机制，二者具有很大的相似性，同时也具有明显的区别。在软件系统的分析和设计阶段，到底是选择抽象类还是接口，则体现了设计是否忠实反映了对问题域中概念本质的理解。

根据面向对象理论，所有的对象都是通过类来描述的[①]，但反过来却不然——并非所有的类都是用来描述对象的，若类不能包含足够的信息用以描述具体的对象，则这样的类就应该被设计为抽象类或接口。抽象类和接口的本质是用来表征对问题域进行分析和设计所得出的抽象概念，这些抽象概念各自描述了一系列看上去不同、但本质相同的具体概念的抽象。例如，在设计一个图形编辑软件时，会发现问题域中存在着圆形、三角形等一些具体概念，它们是不同的，但都属于形状这一抽象概念——形状的概念在问题域中是不存在的。正是因为抽象概念在问题域中没有对应的具体概念，故而用以表征抽象概念的抽象类或接口不能被实例化。下面分别从语法和设计层面来比较抽象类和接口的区别。

6.3.1　从语法层面

表 6-1 列出了抽象类和接口在语法层面的主要区别。

表 6-1　　　　　　　　　　　抽象类和接口在语法层面的主要区别

比 较 点	抽 象 类	接 口
关键字	abstract class	interface
字段	无限制	必须是 public、static 和 final 的
方法	普通方法、抽象方法	抽象方法、默认方法，且必须是 public 的
继承/实现	只能被类或抽象类继承	既可以被接口继承，又能被类或抽象类实现
多重继承	不支持	可以继承多个父接口

---

① 此处指广义上而并非语法层面的类，可能是 class、abstract class 和 interface 等。

简言之，抽象类是一种功能不全的类，而接口只是方法原型声明、默认方法和公共静态常量的集合，二者都不能被实例化。

6.3.2 从设计层面

从语法层面比较抽象类和接口是一种低层次、非本质的比较，读者应注意多从设计层面着眼，才能更加深刻地理解二者的本质区别。

如第 5 章所述，父类和子类之间存在着"is-a"关系，即父类和子类在概念本质上应该是相同的，这一点同样适用于抽象类，但对于接口来说则不然。若类 A 实现接口 B，并不表示"A is-a B"的逻辑，而仅仅表示 A 实现了 B 定义的契约（或 A 支持 B 定义的行为），从这一点看，实现接口所表示的逻辑可以称为"like-a"。为便于理解，下面通过一个例子进行说明。

假设在问题域中有一个抽象概念——门，其具有开、关行为，我们可以通过抽象类和接口两种方式分别表示门这一抽象概念。

1. 方式 1：使用抽象类

```
001  public abstract class Door {      // 以抽象类表示门
002      abstract void open();
003      abstract void close();
004  }
```

2. 方式 2：使用接口

```
001  public interface Door {      // 以接口表示门
002      void open();
003      void close();
004  }
```

当编写具体的门类时，可以继承或实现上述抽象类或接口，然后重写 open 和 close 方法（代码略），此时的抽象类和接口看起来好像没有明显的区别。现增加一个新需求——要求门支持报警功能，我们很自然地想到在上述抽象类或接口中各增加一个新的用以表示报警的抽象方法（代码略），并在具体的门类中重写该方法，代码如下。

1. 方式 1：继承抽象类

```
001  public class AlarmDoor extends Door {
002      public void open() {
003          // 开门
004      }
005
006      public void close() {
007          // 关门
008      }
009
010      public void alarm() {
011          // 报警
012      }
013  }
```

2. 方式 2：实现接口

```
001  public class AlarmDoor implements Door {
002      public void open() {
003          // 开门
004      }
005
006      public void close() {
007          // 关门
008      }
009
010      public void alarm() {
```

```
011            // 报警
012        }
013   }
```

不难看出，以上两种方式均存在一个严重的不足——将门固有的行为（开、关）和另一个与门并无关系的行为（报警）混在了一起，这样的设计会使得那些仅仅依赖于门这一概念的代码因报警行为的改变[①]（如修改了 alarm 方法的参数）而改变。

以上不足实际上揭示了面向对象设计的另一个重要原则——ISP（Interface Segregation Principle，接口隔离原则），该原则强调：使用多个专门的小接口比使用单一的大接口更好。换句话说，站在接口调用者的角度，一个类对另一个类的依赖性应建立在最小接口上，即不应强迫调用者依赖他们不会使用到的行为，过于臃肿的接口是对接口的污染。

既然开、关和报警行为分属两个不同的概念，根据 ISP 原则应把它们分别定义在代表这两个概念的抽象类或接口中。具体的定义方式有以下 3 种。

（1）两个概念都定义为抽象类。

（2）两个概念都定义为接口。

（3）一个概念定义为抽象类，另一个概念定义为接口。

显然，由于 Java 不支持多重继承，故方式（1）不可行。后两种方式从语法上都是可行的，但对于它们的选择却体现了设计是否忠实反映了对问题域中概念本质的理解。

若采用方式（2），将两个概念都定义为接口，然后让能报警的门同时实现这两个接口，则暴露了未能清楚理解问题域的问题——能报警的门在本质上到底是门还是报警器？因为实现接口表示的并非 "is-a" 的逻辑。

若采用方式（3），则体现了对问题域的不同理解——能报警的门在本质上是门（或报警器），同时具有报警器（或门）的功能[②]。若对问题域的理解是前者，则很明显应将门设计为抽象类，而报警器则应被设计为接口，反之则交换。

6.4　案例实践 6：适配器模式

有时，类所提供的接口与客户类（即调用接口的类）所期望的并非完全一致[③]，如方法名称、形参个数及类型等。为了满足调用需求并最大限度地重用现有类，需要对现有类的接口进行转换——这便是适配器（Adapter）模式的作用。

适配器模式用于将类的现有接口转换成客户所期望的接口，使得原本因接口不兼容而不能一起工作的那些类可以一起工作。生活中有很多适配器的例子，例如为手机充电时，插座提供的是 220V 交流电，但手机需要的是 5V 直流电，此外，还存在手机无法直接插到插座上（接口不一致）等问题，因此，需要由电源适配器来完成电压、交直流以及接口转换——这也是适配器模式的名称由来。

适配器模式的实现方式有两种——类适配器和对象适配器，其中前者使用较多，具体如图 6-6 所示。

---

① 在门所固有的行为相对稳定的情况下，不能保证报警行为的稳定，毕竟报警这一行为并非门所固有。报警被设计为报警器这一概念的行为则更加合理。

② 对问题域的理解是多种多样的，在实际需求和特定场景下，只有相对合理而没有绝对正确的理解。

③ 此处并非指 Java 语言中的接口，而是站在面向对象角度，泛指类暴露给外界并能被外界访问的服务。

说明:

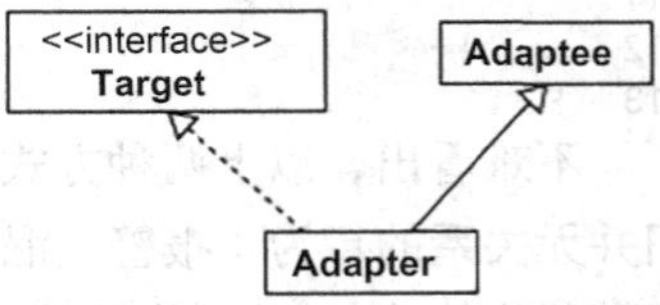

(1)接口 Target 包含了客户类(如手机)期望调用的方法,如充电。

(2)类 Adaptee 是需要被适配的现有类,如插座。

(3)类 Adapter 继承 Adaptee 并实现 Target,如电源适配器。

图 6-6 类适配器模式

当客户类调用 Adapter 的方法时,由后者调用 Adaptee 的方法,这个过程对客户类是透明的——客户类并不直接访问 Adaptee 类。

【案例实践】以类适配器模式模拟为手机充电(见图 6-7)。

ChargeService.java

```
001  package ch06.adapter;
002
003  public interface ChargeService {    // 客户类要使用的充电服务接口 (Target)
004      void charge();    // 充电方法
005  }
```

PowerSocket.java

```
001  package ch06.adapter;
002
003  public class PowerSocket {    // 现有的电源插座 (Adaptee)
004      public void get220vAC() {    // 现有方法 (不能满足客户类要求)
005          System.out.println("得到 220V 交流电...");
006      }
007  }
```

PowerAdapter.java

```
001  package ch06.adapter;
002
003  //电源适配器 (Adapter)
004  public class PowerAdapter extends PowerSocket implements ChargeService {
005      public void charge() {    // 重写 ChargeService 接口的方法
006          get220vAC();    // 调用 PowerSocket 类的方法
007          System.out.println("转换为 5V 直流电...");    // 其余转换细节
008          System.out.println("充电中...");
009      }
010  }
```

IPhoneX.java

```
001  package ch06.adapter;
002
003  public class IPhoneX {    // 测试类 (客户类)
004      public static void main(String[] args) {
005          ChargeService cs = new PowerAdapter();
006          cs.charge();
007      }
008  }
```

图 6-7 类适配器模式演示

类适配器模式还有另一种特殊形式——默认适配器模式,其核心思想如下。

(1)为接口 I 提供默认的实现类 A——A 重写接口 I 的各方法时,方法体均留空。

(2)为防止用户直接实例化 A,A 通常被设计为抽象类。

(3)类 C 继承类 A,并只重写接口 I 中感兴趣的那些方法,而不用像类 C 直接实现接口 I 那样,必须重写接口 I 中所有的方法。

实际上,在 Java 的 GUI 事件处理模型(详见第 7 章)中,大量运用了默认适配器模式,有兴趣的读者可查看 java.awt.event.WindowAdapter 类和 WindowListener 接口的源代码。

适配器模式的另一种实现方式——对象适配器模式的不同之处在于 Adapter 包含（而非继承）了 Adaptee 对象，其原理与类适配器模式类似，故不再赘述。

6.5 嵌 套 类

若同一 Java 源文件中包含多个类，通常情况下，这些类的定义彼此之间是平行的。Java 支持将一个类定义在另一个类中，前者称为嵌套类（Nested Class），后者称为外部类（Outer Class）。站在类是否以 static 关键字修饰的角度看，可以将嵌套类分为静态嵌套类和非静态嵌套类，其中非静态嵌套类又称为内部类（Inner Class）。嵌套类的定义格式为：

```
class OuterClass { // 外部类
    ...
    static class StaticNestedClass { // 静态嵌套类
        ...
    }
    class InnerClass { // 非静态嵌套类(内部类)
        ...
    }
}
```

说明：

（1）可以将嵌套类当做其外部类的成员。

（2）与外部类不同的是，嵌套类可以使用 4 种访问权限修饰符中的任何一种。

（3）编译时只需要编译外部类，但会为每个嵌套类都生成一个 class 文件，文件名形如"外部类名$嵌套类名"，如编译上述代码将生成 3 个 class 文件——OuterClass.class、OuterClass$Static-NestedClass.class 和 OuterClass$InnerClass.class。若嵌套类内又定义了类，则继续以$分隔。

6.5.1 静态嵌套类

静态嵌套类是指以 static 修饰的嵌套类，它与所属的外部类（而非外部类的对象）相关联。在静态嵌套类的内部不能直接访问其外部类的非静态成员——这些成员必须通过外部类的对象来访问。与第 5 章的静态字段和方法类似，静态嵌套类通过其外部类的类名访问，如：

OuterClass.StaticNestedClass obj = new OuterClass.StaticNestedClass();

【例 6.6】静态嵌套类演示。

StaticNestedClassDemo.java

```
001  package ch06.nested;
002
003  public class StaticNestedClassDemo { // 外部类
004      private int id = 001;
005      private static String name = "Daniel";
006
007      static class Person { // 静态嵌套类
008          private String address = "AHPU";
009          public String mail = "admin@gmail.com";
010          public static int age = 33;        // 静态嵌套类内可以定义静态字段
011
012          public void display() {
013              System.out.println(id);        // 非法(不能直接访问外部类的非静态成员)
014              System.out.println(name);      // 合法(直接访问外部类的静态成员)
015              System.out.println(address);   // 合法(访问本类成员)
016          }
```

```
017          } // 静态嵌套类 Person 定义结束
018
019      public void test() {
020          display(); // 非法(外部类不能直接访问嵌套类的成员)
021          Person.display(); // 非法(不能通过类名访问非静态成员)
022          Person p = new Person();
023          p.display(); // 合法(外部类通过对象访问嵌套类的非静态成员)
024          System.out.println(address);      // 非法(原因同第 20 行)
025          System.out.println(mail);         // 非法(原因同第 20 行)
026          System.out.println(p.address);    // 合法
027          System.out.println(p.mail);       // 合法
028          System.out.println(Person.age);   // 合法
029      }
030  } // 外部类 StaticNestedClassDemo 定义结束
031
032  class AnotherClass { // 另一个顶层类
033      void test() {
034          Person p1 = new Person(); // 非法(Person 不是 AnotherClass 类的嵌套类)
035          StaticNestedClassDemo.Person p2 = new StaticNestedClassDemo.Person(); // 合法
036      }
037  } // 顶层类 AnotherClass 定义结束
```

静态嵌套类访问其所在外部类（或其他类）的非静态成员的方式与顶层类是一致的。换句话说，可以将静态嵌套类看成是逻辑上的顶层类，只因出于某种类结构的封装需要，而将其嵌套在了另一个顶层类之中。静态嵌套类通常较少使用。

6.5.2 内部类

与静态嵌套类不同，内部类（即非静态嵌套类）是与其所属外部类的对象相关联的，换句话说，内部类的对象仅存在于其外部类的对象之中。因此，必须先有外部类的对象，才能创建内部类对象，如图 6-8 所示。

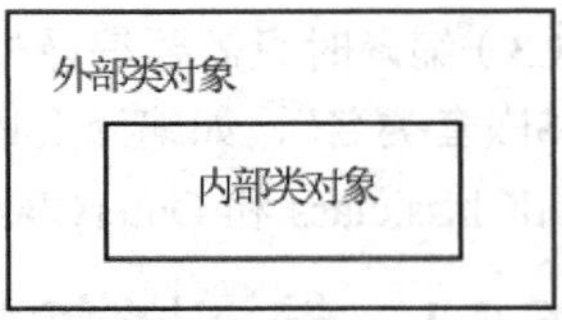

图 6-8 内、外部类对象间的关系

注意：若要在外部类之外（即另一个类中）创建内部类对象，则要采用如下的特殊语法（注意 new 关键字的位置）：

```
OuterClass.InnerClass  innerObj = outerObj.new  InnerClass();
```

【例 6.7】内部类演示。

InnerClassDemo.java

```
001  package ch06.nested;
002
003  class OuterClass { // 外部类
004      private int x = 100; // 私有字段
005
006      class InnerClass { // 内部类 InnerClass
007          private int y = 50;
008          static final int m = 2; // 合法(可以在内部类中定义 final 的静态字段)
009          static int n = 1; // 非法(不能在内部类中定义非 final 的静态字段)
010
011          private void display() {
012              System.out.println(x); // 合法(内部类中可以直接访问外部类的私有成员)
013              System.out.println(y); // 合法
014              System.out.println(this.x); // 非法(此处的 this 指 InnerClass 而非 OuterClass 类的对象)
015              System.out.println(this.y); // 合法
016          }
017      } // 内部类 InnerClass 定义结束
018
019      class InnerClass2 { // 内部类 InnerClass2
020          InnerClass inner = new InnerClass();
```

```
021
022             public void show() {
023                 System.out.println(y);// 非法(必须通过内部类的对象访问其非静态成员)
024                 System.out.println(InnerClass.m); // 合法(通过内部类的类名访问其静态字段)
025                 System.out.println(inner.y); // 合法(可以在内部类外访问内部类的私有成员)
026                 inner.display(); // 合法
027             }
028         } // 内部类 InnerClass2 定义结束
029
030         void test() { // 外部类的方法
031             InnerClass inner = new InnerClass();
032             System.out.println(y); // 非法
033             System.out.println(inner.y); // 合法
034             inner.display(); // 合法
035
036             InnerClass2 inner2 = new InnerClass2();
037             inner2.show(); // 合法
038         }
039     } // 外部类 OuterClass 定义结束
040
041 public class InnerClassDemo { // 顶层类
042     public static void main(String[] args) {
043         OuterClass outer = new OuterClass(); // 创建外部类对象
044         outer.test(); // 合法
045
046         OuterClass.InnerClass2 inner = outer.new InnerClass2(); // 创建内部类对象
047         inner.show(); // 合法
048     }
049 } // 顶层类定义结束
```

说明：

（1）不能在内部类中定义静态字段，除非该静态字段是 final 的，如第 8 行、第 9 行。

（2）在内部类中可以直接访问外部类的成员（包括私有的），如第 12 行。

（3）当在内部类中使用 this 关键字时，其指的是内部类的当前对象，如第 14 行、第 15 行。

（4）在内部类外可以访问内部类的私有成员，如第 25 行、第 26 行、第 33 行、第 34 行。

与静态嵌套类不同，内部类不仅可以定义在外部类的类体中（方法体外），也能定义在方法体中，具体有两种形式——局部内部类和匿名内部类。因在某些场合（如编写 GUI 程序的事件处理代码）会经常使用到定义于方法体中的内部类，故单独列为小节讲解。

6.5.3　局部内部类

局部内部类（Local Inner Class）定义在方法体中，故其可见性较 6.5.2 节的常规内部类更小——局部内部类仅在其所在的方法内部可见，而在其他位置不可见。

【例 6.8】局部内部类演示。

LocalInnerClassDemo.java

```
001 package ch06.nested;
002
003 public class LocalInnerClassDemo { // 外部类
004     private int x = 10; // 外部类的字段
005
006     public void test() {
007         int y = 20; // 局部变量
008
009         class Inner { // 局部内部类
010             private int a = 40; // 局部内部类的字段
011
```

```
012            public void print() {
013                System.out.println(x); // 合法(可以直接访问外部类的成员)
014                System.out.println(y); // 合法(可以直接访问所在方法的局部变量)
015                y = 20; // 非法(不能修改所在方法的局部变量)
016            }
017        }
018
019        Inner innerObj = new Inner(); // 合法(同一方法体内可见 Inner 类)
020        System.out.println(innerObj.a); // 合法
021    }
022
023    public void test2() {
024        Inner innerObj = new Inner(); // 非法(此处 Inner 类不可见)
025    }
026 }
```

注意:在局部内部类中可以访问(如第 14 行)但不能修改(如第 15 行)其所在方法声明的局部变量(如第 7 行),编译器规定——这些局部变量对于局部内部类来说是 final 的,尽管前者在声明时未加 final 关键字。

6.5.4 匿名内部类

与第 5 章的匿名对象类似,匿名内部类(Anonymous Inner Class)是指没有名称的内部类。若程序只需要创建类的一个对象,且该类需要继承父类(或实现接口)时,可以考虑使用匿名内部类。定义匿名内部类时,其类体作为 new 语句的一部分,具体格式为:

new 继承的父类或实现的接口名([构造方法实参表]) { // 此行的一对圆括号不能少
    类体 // 通常是重写父类(或接口)所定义的方法的代码
}

以上语法其实是创建了一个匿名内部类的对象,该匿名内部类继承了指定的父类或实现了指定接口。因匿名内部类没有类名,也就不存在构造方法,故要显式调用父类的某个构造方法(通常为无参构造方法)。从这个角度看,可以将匿名内部类理解为同时定义和调用构造方法以创建对象的语法结构。

【例 6.9】匿名内部类演示(见图 6-9)。

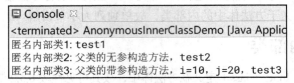

图 6-9 匿名内部类演示

AnonymousInnerClassDemo.java
```
001 package ch06.nested;
002
003 interface FatherInterface { // 接口
004     void test();
005 }
006
007 abstract class FatherClass {
008     FatherClass() { // 无参构造方法
009         System.out.print("父类的无参构造方法, ");
010     }
011
012     FatherClass(int i, int j) { // 带参构造方法
013         System.out.printf("父类的带参构造方法, i=%d, j=%d, ", i, j);
```

```
014        }
015
016        abstract void test();
017    }
018
019    public class AnonymousInnerClassDemo {  // 测试类
020        void go(FatherInterface i) {  // 待测试方法
021            i.test();
022        }
023
024        void go(FatherClass c) {  // 待测试方法的重载版本
025            c.test();
026        }
027
028        public static void main(String[] args) {
029            AnonymousInnerClassDemo demo = new AnonymousInnerClassDemo();
030            /**** 以下定义了 3 个匿名内部类(并分别将创建的对象作为 go 方法的实参) ****/
031
032            System.out.print("匿名内部类 1: ");
033            // 方式 1: 实现 FatherInterface 接口(创建的匿名对象直接作为 go 方法的实参)
034            demo.go(new FatherInterface() {
035                public void test() {  // 重写接口的 test 方法
036                    System.out.println("test1");
037                }  // 重写 test 方法结束
038            });  // 此行的右圆括号匹配第 34 行 go 方法的实参左圆括号(即第 34~38 行是一个方法调用语句)
039
040            System.out.print("匿名内部类 2: ");
041            // 方式 2: 继承 FatherClass 类并重写无参构造方法(创建的匿名对象直接作为 go 方法的实参)
042            demo.go(new FatherClass() {
043                public void test() {
044                    System.out.println("test2");
045                }
046            });
047
048            System.out.print("匿名内部类 3: ");
049            // 方式 3: 继承 FatherClass 类并重写带参构造方法(创建的对象赋给了 obj)
050            FatherClass obj = new FatherClass(10, 20) {
051                public void test() {
052                    System.out.println("test3");
053                }
054            };
055            demo.go(obj);  // 将匿名内部类的对象作为 go 方法的实参
056        }
057    }
```

说明：

（1）编译含匿名内部类的源文件时，将产生以序号标识的与各匿名内部类对应的 class 文件。对于本例，除 AnonymousInnerClassDemo 外，还将产生 AnonymousInnerClassDemo\$1、AnonymousInnerClassDemo\$2 及 AnonymousInnerClassDemo\$3 这 3 个 class 文件。

（2）不能为匿名内部类定义构造方法，但可以定义非静态字段。

（3）匿名内部类可以包含内部类，但很少这样做。

（4）可以将匿名内部类当做无名的局部内部类，因此局部内部类的所有特性对匿名内部类同样有效。

（5）在可能的情况下，建议优先使用 Lambda 表达式而不是匿名内部类，详见 6.6 节。

除了定义格式较为特殊之外，匿名内部类与常规类没有太大差别——若匿名内部类继承了父类，则在类体中可以访问父类的成员、重写父类的方法等；若匿名内部类实现了接口，则在类体中必须重写该接口的所有抽象方法。

6.6　函数式接口与 Lambda 表达式

函数式接口、Lambda 表达式及方法引用是 JDK 8 引入的重要特性，它们起源于近年来重新开始流行的函数式编程（Functional Programming，FP）思想，该思想并非是近年新出现的，而是在计算机和软件作为独立学科出现之前就已被提出[①]。函数式编程具备一个基本特性——允许将函数整体（注意不是指函数调用的返回值）当作一种类型，并能作为其他函数的输入（参数）和输出（返回值）。事实上，目前主流的编程语言如 C 语言（通过函数指针）、JavaScript（通过闭包）和 Python（通过高阶函数）等均支持这一特性。

注意：函数式编程的严格定义较为复杂，包括将函数作为语言的一等公民（First-class Citizen）、只使用表达式而不使用语句、不能依赖或修改外部变量、除计算并返回需要的结果外不做任何其他操作等，从这些角度看，C/C++、Java、JavaScript 和 Python 等语言显然并非真正的函数式编程语言[②]，它们只是具有函数式编程的部分特性。

6.6.1　函数式接口

函数式接口（Functional Interface）是指仅包含一个抽象方法的接口，相较于常规接口，函数式接口的特殊之处在于支持 Lambda 表达式（详见 6.6.2 节）。

【例 6.10】函数式接口演示。

FunctionalInterfaceDemo.java

```
001   package ch06.lambda;
002
003   /**** 是函数式接口 ****/
004   interface Interface1 {
005       void test1(); // 仅含一个抽象方法
006   }
007
008   /**** 是函数式接口 ****/
009   interface Interface2 {
010       void test2(); // 仅含一个抽象方法
011
012       default long cube(int n) { // 默认方法不影响函数式接口
013           return n * n * n;
014       }
015   }
016
017   /**** 不是函数式接口(含 2 个抽象方法的普通接口)，没有语法错误 ****/
018   interface Interface3 {
019       void test3A();
020
021       void test3B();
022   }
023
024   /**** 是函数式接口，没有语法错误 ****/
```

[①] 1958 年，MIT 的 John McCarthy（人工智能概念的提出者、后来的图灵奖获得者）发明了首个函数式编程语言 LISP。

[②] LISP、Haskell 和 Scala 等语言才是真正的函数式编程语言，这些语言具有语法简洁、抽象度高以及支持无锁并发等优点，非常适合于工程化要求较低、快速仿真要求较高的科研领域。

```
025    @FunctionalInterface // 通过注解开启编译器强制检查
026    interface Interface4 extends Interface1 {
027        // 继承了父接口中唯一的抽象方法 test1
028    }
029
030    /**** 不是函数式接口,有语法错误 ****/
031    @FunctionalInterface
032    interface Interface5 extends Interface1 {
033        // 重写了父接口中唯一的抽象方法(导致本接口不含任何抽象方法)
034        default void test1() {
035
036        }
037    }
038
039    /**** 不是函数式接口,有语法错误 ****/
040    @FunctionalInterface
041    interface Interface6 extends Interface2 {
042        // 将父接口中的默认方法重新声明为了抽象方法(导致本接口含 2 个抽象方法)
043        long cube(int n);
044    }
045
046    /**** 是函数式接口,没有语法错误 ****/
047    @FunctionalInterface
048    interface Interface7 {
049        void test7();
050
051        // 将父类 Object 中的 toString 方法重新声明为了抽象方法(不计为本接口的抽象方法)
052        String toString();
053    }
054
055    /**** 不是函数式接口(含 2 个抽象方法的普通接口),有语法错误 ****/
056    @FunctionalInterface
057    interface Interface8 {
058        void test8A();
059
060        void test8B();
061    }
062
063    public class FunctionalInterfaceDemo {
064
065    }
```

说明:

（1）接口中的默认方法并不影响该接口成为函数式接口,如第 12 行。

（2）可以为接口增加@FunctionalInterface 注解（详见第 14 章）,以便编译器强制检查该接口是否满足函数式接口的限制——仅包含一个抽象方法,如第 25 行、第 31 行、第 40 行、第 47 行、第 56 行。

（3）带@FunctionalInterface 注解的接口若不满足函数式接口的限制,将出现语法错误,如第 32 行、第 41 行、第 57 行。

（4）子接口若将父接口中的抽象方法重写为了默认方法,则子接口的抽象方法个数将减少 1个,如第 34 行。

（5）子接口若将父接口中的默认方法重新声明为了抽象方法,则子接口的抽象方法个数将增加 1 个,如第 43 行。

（6）接口若将父类中的方法重新声明为了抽象方法[①],并不影响该接口的抽象方法个数,如

---

① 因接口只能继承接口而不能继承类,故此情况是指接口隐式继承了根类 Object。

第 52 行。

为涵盖各种可能的情形，本例有意被设计地较为复杂，初学者仅需掌握其中最为常见的情形即可，如 Interface1、Interface2 以及 Interface8。

6.6.2　Lambda 表达式

Lambda 表达式源自美国数学及逻辑学家 Alonzo Church 于 1936 年提出的 λ 演算（Lambda Calculus）的思想——若某个问题能通过组合若干函数的算法来描述，则说明该问题是可计算的，也就可以通过编程语言的函数组合来实现这样的计算过程。

Lambda 表达式的主要作用是作为方法调用中类型为函数式接口的实参，以简化常规编程方式（如 6.5.4 节的匿名内部类）的代码。Lambda 表达式的基本语法格式为：

```
(形参表 P) -> {
    // 方法体 B
}
```

从本质上看，Lambda 表达式实际上是以一种简化的语法重写了对应函数式接口中的唯一抽象方法[①]，其中的形参表 P 对应于被重写的抽象方法的形参表，方法体 B 对应于重写抽象方法时的方法体。执行 Lambda 表达式相当于隐式调用该重写的抽象方法。

【例 6.11】用 Lambda 表达式替代匿名内部类（见图 6-10）。

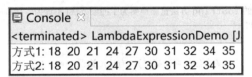

图 6-10　Lambda 表达式演示（1）

LambdaExpressionDemo.java

```
001  package ch06.lambda;
002
003  import java.util.Arrays;
004  import java.util.Comparator;
005  import java.util.Random;
006
007  class Student {
008      int age; // 年龄
009
010      public Student(int age) { // 构造方法
011          this.age = age;
012      }
013  }
014
015  public class LambdaExpressionDemo { // 测试类
016      Student[] arrA, arrB; // 学生数组
017
018      /**** 构造并初始化学生数组 ****/
019      void buildStudents(int count) {
020          arrA = new Student[count];
021          arrB = new Student[count];
022
023          Random rand = new Random(); // 随机数对象
024          for (int i = 0; i < count; i++) {
```

---

① Lambda 表达式省略了被重写的抽象方法的名称，这也是为什么函数式接口只能有唯一的抽象方法的原因。

```
025                 int a = 18 + rand.nextInt(20); // 随机产生[18, 37]的年龄
026                 arrA[i] = new Student(a); // 两个数组使用相同的年龄
027                 arrB[i] = new Student(a);
028             }
029         }
030
031         /**** 对学生数组按年龄排序 ****/
032         void sortStudents() {
033             Arrays.sort(arrA, new Comparator() { // 方式1：使用匿名内部类
034                 public int compare(Object o1, Object o2) {
035                     return ((Student) o1).age - ((Student) o2).age;
036                 }
037             });
038
039             Arrays.sort(arrB, (Object o1, Object o2) -> { // 方式2：使用Lambda表达式
040                 return ((Student) o1).age - ((Student) o2).age;
041             });
042         }
043
044         /**** 打印学生数组的年龄 ****/
045         void printAges(String title, Student[] ss) {
046             System.out.print(title + ": ");
047             for (Student s : ss) {
048                 System.out.printf("%-4d", s.age);
049             }
050             System.out.println();
051         }
052
053         public static void main(String[] args) {
054             LambdaExpressionDemo demo = new LambdaExpressionDemo();
055             demo.buildStudents(10);
056             demo.sortStudents();
057             demo.printAges("方式1", demo.arrA);
058             demo.printAges("方式2", demo.arrB);
059         }
060     }
```

说明：

（1）第 33 行、第 39 行调用了 java.util.Arrays 类的 sort 方法分别对两个学生数组按照年龄排序，该方法的第 2 个参数的类型要求是 java.util.Comparator 接口（作用详见第 12 章）。

（2）若查看 java.util.Comparator 接口的源代码，会发现其仅包含唯一的抽象方法 "int compare(Object o1, Object o2)" 且具有@FunctionalInterface 注解，显然是一个函数式接口，故而能使用 Lambda 表达式作为 sort 方法的第 2 个参数，如第 39～41 行。

根据形参和方法体的不同，Lambda 表达式还支持一些简写形式以便进一步简化代码，以本例第 39～41 行为例：

（1）若查看 java.util.Arrays 类的源代码，会发现其 sort 方法是一个指定了泛型参数 T 的泛型方法（详见第 12 章）。此外，java.util.Comparator 接口在定义时也指定了泛型参数 T，其包含的唯一抽象方法实际上是 "int compare(T o1, T o2)"，而调用 sort 方法时指定的第一个参数 arrB 是 Student 类型的数组，故编译器"知道"泛型参数 T 实际上就是 Student。相应代码可简化为：

```
(Student o1, Student o2) -> { // 原形参类型 Object 可改为 Student
    return o1.age - o2.age; // 直接访问 age 字段而无须先将形参造型为 Student
}
```

（2）包括本例在内的大多数情况下，编译器能根据 Lambda 表达式中形参所处的上下文，自

动推断出它们的类型，故此时可省略形参的类型[①]。相应代码可进一步简化为：

```
(o1, o2) -> { // 可省略形参的类型
    return o1.age - o2.age; // 对于本例，编译器能推断出 o1、o2 是 Student 类型的
}
```

（3）若 Lambda 表达式的方法体仅包含一条语句，则可去掉该语句末尾的分号——将语句改为表达式，并省略方法体外的花括号。若该唯一语句是 return 语句，则在省略花括号的同时还必须省略 return 关键字。相应代码可进一步简化为：

```
(o1, o2) -> o1.age - o2.age // 将唯一语句改为表达式，并去掉花括号和 return
```

（4）若 Lambda 表达式的参数仅有一个，则可以省略该唯一形参外的圆括号。如：

```
(a) -> a + 1    // 可简化为 a -> a + 1
```

Lambda 表达式的设计初衷之一就是用来替代匿名内部类，这也注定了二者有很多相似之处。例如，在 Lambda 表达式中同样可以访问但不能修改其所在方法声明的局部变量，这些局部变量对于 Lambda 表达式来说是 final 的。另外，二者也具有明显的区别。

（1）编译器将 Lambda 表达式编译为类的私有方法而非单独的 class 文件。例如，编译本例时，将仅为第 33 行～第 37 行的匿名内部类产生名为 LambdaExpressionDemo$1 的 class 文件，对于第 39～41 行的 Lambda 表达式则不会产生 class 文件。

（2）因不会被编译为对应的类，故在 Lambda 表达式中出现的 this 关键字指向表达式所在的那个类的当前对象。例如，假设在第 35 行、第 40 行均出现了 this 关键字，则它们分别指向 LambdaExpressionDemo$1 和 LambdaExpressionDemo 类的对象。

除了用于替代匿名内部类外，Lambda 表达式还能赋给相应函数式接口的引用，并通过后者显式调用接口中的抽象方法。

【例 6.12】 通过 Lambda 表达式显式调用函数式接口的方法（见图 6-11）。

LambdaExpressionDemo2.java

```
001  package ch06.lambda;
002
003  @FunctionalInterface
004  interface InterfaceA { // 函数式接口
005      int calc(int m, int n); // 唯一抽象方法
006  }
007
008  public class LambdaExpressionDemo2 { // 测试类
009      public static void main(String[] args) {
010          InterfaceA a = (m, n) -> m * n; // 将 Lambda 表达式赋给对应接口的引用
011
012          /**** 通过接口引用显式调用其抽象方法 ****/
013          System.out.print(a.calc(1, 2) + "\t");
014          System.out.print(a.calc(1 + 2, 2 * 3) + "\t");
015          System.out.print(a.calc(a.calc(1, 2), a.calc(3, 4)));
016      }
017  }
```

```
Console
<terminated> LambdaE
2        18        24
```

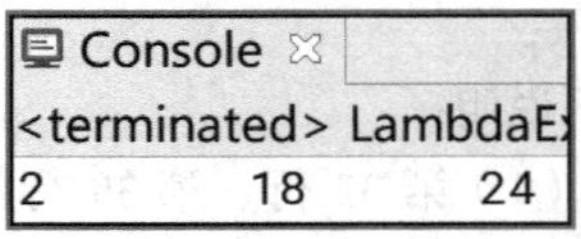

图 6-11　Lambda 表达式演示（2）

在实际开发中，特别是在处理容器框架中的数据时，可借助 Lambda 表达式进行流式编程（详见第 12 章），从而显著降低代码量，同时使得代码看起来更贴近业务流程。

6.6.3　方法引用

很多时候，Lambda 表达式的方法体仅包含一条方法调用语句，此时可以通过双冒号"::"来引用该方法，从而提升代码可读性。方法引用可分为 4 种情形，具体如表 6-2 所示。

[①] 在某些特殊情况下，编译器不能推断出形参类型，此时若省略形参类型将导致语法错误。

表 6-2   方法引用的 4 种情形

序号	方法	语法	示例	等价的 Lambda 表达式
1	静态方法	类名::静态方法名	Integer::valueOf	(s, r) -> Integer.valueOf(s, r)
2	实例方法	对象名::实例方法名	sa::compareTo	sb -> sa.compareTo(sb)
3	实例方法	类名::实例方法名	String::compareTo	(sa, sb) -> sa.compareTo(sb)
4	构造方法	类名::new	Student::new	age -> new Student(age)

【例 6.13】方法引用演示（见图 6-12）。

MethodReferenceDemo.java

```
001  package ch06.lambda;
002
003  interface Convertable {
004      int convert(String s, int radix);
005  }
006
007  interface Comparable {
008      int compare(String s);
009  }
010
011  interface Comparable2 {
012      int compare(String a, String b);
013  }
014
015  interface Printable {
016      void print(Object o);
017  }
018
019  interface StudentFactory {
020      Student create(int age); // 注意返回类型必须是 Student
021  }
022
023  public class MethodReferenceDemo { // 测试类
024      /**** 测试数据 ****/
025      static String sa = "China", sb = "America";
026      static int[] a = { 1, 2, 3, 4, 5, 6, 7, 8, 9 };
027
028      public static void main(String[] args) {
029          /**** 引用静态方法，等价于: (s, r) -> Integer.valueOf(s, r) ****/
030          Convertable m1 = Integer::valueOf;
031          System.out.printf("1: %d\n", m1.convert("1F", 16));
032
033          /**** 通过对象名引用实例方法，等价于: sb -> sa.compareTo(sb) ****/
034          Comparable m2 = sa::compareTo;
035          System.out.printf("2: %s %s %s\n", sa, m2.compare(sb) > 0 ? ">" : "<=", sb);
036
037          /**** 通过类名引用实例方法，等价于: (sa, sb) -> sa.compareTo(sb) ****/
038          Comparable2 m3 = String::compareTo;
039          System.out.printf("3: %s %s %s\n", sa, m3.compare(sa, sb) > 0 ? ">" : "<=", sb);
040
041          /**** 引用构造方法，等价于: age -> new Student(age) ****/
042          StudentFactory m4 = Student::new;
043          System.out.printf("4: age = %d\n\n", m4.create(18).age);
044
045          /**** 通过对象名引用实例方法，第 48 行第 2 个方法引用等价于: o -> System.out.print(o) ****/
046          Printable m;
047          for (int i = 0; i < a.length; i++) {
048              m = (i % 3 == 2) ? (System.out::println) : (System.out::print);
```

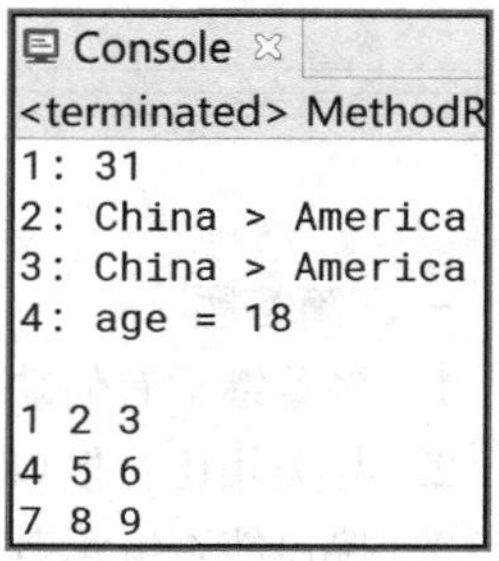

```
Console ☒
<terminated> MethodR
1: 31
2: China > America
3: China > America
4: age = 18

1 2 3
4 5 6
7 8 9
```

图 6-12　方法引用演示

```
049            m.print(a[i] + " ");
050        }
051    }
052 }
```

说明：

（1）通过类名引用实例方法时，Lambda 表达式的第一个参数会成为调用该实例方法的对象，如第 38 行、第 39 行。为避免理解上的障碍，应优先使用对象名来引用实例方法。

（2）引用构造方法时，函数式接口的抽象方法必须返回相应的类型，如第 42 行、第 20 行。

（3）除通过类名引用实例方法外，其余方式所引用方法的参数个数及类型应与函数式接口中抽象方法的参数个数及类型一致——当被引用方法所属的类具有多个同名的重载方法时（如第 30 行的 valueOf 方法、第 48 行的 print 方法等），以便编译器知道引用的是哪个方法。

习　题

一、简答题

1. 多重继承有何缺点？Java 如何变相支持多重继承？

2. 与类相比，接口有何不同？怎样实现接口？

3. 接口能否继承其他接口？接口间的继承与类间的继承有何不同？

4. 简述接口与抽象类的异同。

5. 嵌套类有哪些具体形式？分别在什么情况下使用？各自有何访问特性？

6. 什么是匿名内部类？其有何特性？给出一个匿名内部类的示例代码。

7. 什么是默认方法？JDK 8 为接口引入默认方法的主要目的是什么？

8. 什么是函数式接口？其是否允许包含默认方法？

9. 为接口增加 @FunctionalInterface 注解的作用是什么？

10. 什么是 Lambda 表达式？其与函数式接口有何联系？

11. 通过示例代码，给出 Lambda 表达式的几种简化写法。

12. 什么是方法引用？其与 Lambda 表达式有何联系？

13. 通过示例代码，给出方法引用的 4 种具体形式及各自等价的 Lambda 表达式。

14. 引用构造方法时，对应的函数式接口需要注意什么？

二、阅读程序题

1. 下列各程序是否有错，请说明理由。

(1)
```
001 abstract class Test {
002     private abstract String doSomthing();
003 }
```

(2)
```
001 public abstract class Test {
002     private String name;
003
004     public abstract void doSomthing() {
005     }
006 }
```

(3)

```
001  @FunctionalInterface
002  public interface Test {
003      void test();
004
005      default int square(int a) {
006          return a * a;
007      }
008  }
```

(4)

```
001  public class Test {
002      private String name = "out.name";
003
004      void print() {
005          final String work = "out.local.work";
006          int age = 10;
007
008          class Animal {
009              public void eat() {
010                  System.out.println(work);
011                  age = 20;
012                  System.out.println(name);
013              }
014          }
015          Animal local = new Animal();
016          local.eat();
017      }
018  }
```

(5)

```
001  interface A {
002      int x = 0;
003  }
004
005  class B {
006      int x = 1;
007  }
008
009  public class Test extends B implements A {
010      public void printX() {
011          System.out.println(x);
012      }
013
014      public static void main(String[] args) {
015          new Test().printX();
016      }
017  }
```

2. 给出以下各程序运行后的输出。

(1)

```
001  interface Something {
002      void doSomething();
003  }
004
005  class A implements Something {
006      public void doSomething() {
007          System.out.println("A do something");
008      }
009  }
010
011  public class Test extends A implements Something {
```

```
012        public void doSomething() {
013            System.out.println("B do something");
014        }
015
016        public static void main(String[] args) {
017            A a1 = new Test();
018            a1.doSomething();
019            ((A) a1).doSomething();
020
021            A a2 = new A();
022            a2.doSomething();
023        }
024    }
```

(2)

```
001    interface Operation {
002        int calc(int a, int b);
003    }
004
005    interface HelloService {
006        void sayHello(String message);
007    }
008
009    public class Test {
010        private int test(int a, int b, Operation op) {
011            return op.calc(a, b);
012        }
013
014        public static void main(String args[]) {
015            Test t = new Test();
016            int x = 10, y = 5;
017
018            Operation[] ops = {
019                (int a, int b) -> { return a + b; },
020                (int a, int b) -> a - b,
021                (a, b) -> a * b,
022                (a, b) -> a / b
023            };
024            for (int i = 0; i < ops.length; i++) {
025                System.out.printf("%d %s %d = %d\n", x, "+-*/".charAt(i), y, t.test
                                (x, y, ops[i]));
026            }
027
028            HelloService s1 = message -> System.out.println("Hello " + message);
029            HelloService s2 = System.out::println;
030            s1.sayHello("World");
031            s2.sayHello("Everyone");
032        }
033    }
```

第7章
GUI 编程

GUI（Graphical User Interface，图形用户界面，又称图形用户接口）是指以图形方式展现的计算机及软件操作界面，GUI 应用有时也称为桌面应用。与之前编写的基于控制台/命令行的程序相比，GUI 程序不仅在视觉上更易于接受，同时提供了更好的交互体验。

本章及第 8 章将系统地介绍 Java 的 GUI 编程。在学习时，读者应注重理解 Swing 库的组织架构、常用组件类的使用方法以及事件处理模型。此外，本章及第 8 章涉及的类和接口较多，读者没有必要一一记住，使用时应多查阅 API 文档。

注意：尽管 Java 提供了丰富的 GUI 组件库，但 Java 语言及其相关技术的强大之处和优势更多的是体现在分布式环境下的服务器端开发，而并非 GUI 应用[1]。

7.1 概　　述

7.1.1 AWT

AWT（Abstract Window Toolkit，抽象窗口工具集）是 JDK 提供的首个用来编写 Java GUI 程序的图形界面库，其在操作系统之上提供了一个抽象层，以保证同一程序在不同平台上运行时具有类似的外观和风格（不一定完全一致）。

AWT 具体包括一套 GUI 组件、事件处理模型、图形/图像工具以及布局管理器等，它们涉及的类和接口均位于 java.awt 包下。AWT 遵循最大公约数原则——只拥有所有平台都支持的组件的公共集合。例如，AWT 中不包含表和树等高级组件，因为它们在某些平台上不受支持。同样，AWT 所包含的各个组件也遵循这一原则——只为组件提供所有平台都支持的特性。例如，不能为 AWT 的按钮组件设置图片，因为在 Motif 平台（主要用于 UNIX）下，按钮是不支持图片的。

AWT 组件通常包含与平台无关的对等体（Peer）接口类型的引用，该引用指向操作系统本地的对等体实现类。以 java.awt.Label（标签组件）类为例，其对等体接口是 LabelPeer。对于不同的

---

[1] 由于 B/S (Browser/Server，浏览器/服务器) 架构与生俱来的优点，除了一些系统及工具软件外，目前绝大多数的应用都是基于 B/S 而非 C/S (Client/Server，客户端/服务器) 架构的。另外，随着各浏览器厂商对 HTML 5 的全面支持以及近年来前端相关技术的迅速发展，浏览器应用的表现力和交互体验已经完全达到甚至超越了桌面 GUI。因此，对于包括 Java 在内的绝大多数语言，开发桌面 GUI 的需求正变得越来越少。

平台，AWT 提供了不同的类来实现 LabelPeer 接口。例如，在 Windows 平台下，标签组件的对等体实现类是 WlabelPeer，其通过 JNI 方法调用操作系统的本地代码来绘制标签组件的外观并实现相应功能。换句话说，AWT 实际上是在调用操作系统的图形库。

综上所述，AWT 图形库依赖操作系统来绘制组件并实现功能，因此，通常把 AWT 组件称为重量级（Heavy-weight）组件。另外，由于 AWT 提供的组件种类和特性都不及 Swing 丰富，故官方不推荐使用 AWT。

7.1.2 Swing

Swing 是在 AWT 基础之上构建的一套新的 Java 图形界面库，其在 JDK 1.2 中首次发布，并成为 Java 基础类库（Java Foundation Class，JFC）的一部分。Swing 提供了 AWT 的所有功能，并用纯 Java 代码对 AWT 进行了大幅扩充。Swing 组件没有对等体，不再依赖操作系统的本地代码而是自己负责绘制组件的外观[①]，因此被称为轻量级（Light-weight）组件，这是它与 AWT 组件的最大区别。

在 JDK 的下载页面中提供了"Demos and Samples（演示及示例）"的下载，其中包含 Swing 的演示程序，如图 7-1 所示。

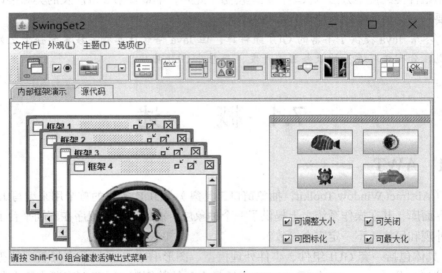

图 7-1 官方提供的 Swing 演示程序（需单独下载）

作为官方推荐使用的 GUI 库，相对于 AWT，Swing 在以下方面具有明显优势。

1. 丰富的组件类型和特性

Swing 遵循最小公倍数原则，提供了比 AWT 更为丰富的组件类型。此外，Swing 组件往往具有比对应的 AWT 组件更多的特性。

2. 优秀的编程模型

Swing 中的很多组件在设计时遵循了一种被称为 MVC（详见 8.2.1 节）的模式，MVC 模式已被广泛应用到多种平台和语言。Swing 组件的 API 被认为是最成功的 GUI API 之一，其较 AWT

---

① 这就是为什么 Swing 程序的外观和风格与操作系统本地程序很不一样的原因，Oracle 官方提供的 Java 集成开发环境 NetBeans 就是基于 Swing 图形库编写的。

更面向对象，也更容易扩展。

3. 美观易用

对于用户来说，Swing 绘制出的组件较 AWT 更为美观，且在不同操作系统下的表现完全一致。对于开发者，Swing 组件的 API 较 AWT 更加方便易用。

由于 Swing 不借助操作系统而是自己负责绘制组件，因而无法充分利用操作系统所提供的特性（如 GPU 加速）。另外，Swing 程序在运行时会消耗更多的内存。因此，相对于实现同样功能的 AWT 程序，Swing 程序的执行性能相对较低。然而，随着新版本 JDK（特别是 JDK 5 之后）对 Java 虚拟机及 Swing 的不断改进和优化，这种性能上的差距正变得越来越小，是完全可以接受的。

注意：AWT 和 Swing 并非两套彼此独立的 GUI 库——Swing 中几乎所有的类都直接或间接继承自 AWT 中的类。另一方面，Swing 的事件处理模型也是完全基于 AWT 的。在开发 Java GUI 程序时，通常应优先考虑使用 Swing 库。

7.1.3　SWT

标准小部件工具集（Standard Widget Toolkit，SWT）最初是 IBM 为开发 Eclipse 项目（使用最为广泛的免费 Java IDE）而编写的一套底层图形界面库。与 AWT 类似，SWT 也是通过 JNI 调用操作系统提供的本地图形接口。

SWT 对操作系统提供的 API 进行了一对一的封装，完全忠实于操作系统的实现行为。程序运行时，所有对 SWT 的方法调用被原封不动地传递到操作系统。因此，用 SWT 开发的 Java 程序具有操作系统的本地外观和风格——能"自适应"不同操作系统[①]。图 7-2 展示了同一个 SWT 程序分别运行在 Windows、Linux 及 Mac OS X 下的情形。

图 7-2　SWT 程序能"自适应"不同操作系统

因 SWT 与操作系统结合较为紧密，其编程风格也与 AWT/Swing 很不一样（例如 API 完全不同、需要编写代码负责对象的销毁等），这些都与 Java 的某些设计初衷相悖，再加上某些商业因素，故导致 SWT 从未被列入 Java 的官方图形界面库——需要单独下载。

---

① 仅从外观来看，使用 Eclipse 的人很难感觉出 Eclipse 是用 Java 语言编写的。此外，SWT 程序具有操作系统本地程序才有的特性，例如，SWT 的文本框组件本身就支持鼠标右键弹出菜单（复制、粘贴、删除等），而 AWT/Swing 实现这样的特性需要额外编写代码。

7.2　Swing 库的架构

Swing 库包含了数十种组件，每种组件又包含众多 API。限于篇幅，本章仅涉及它们的常用 API，读者在学习时应注意经常查阅 API 文档。

此外，在 JDK 的演示及示例中包含有 Swing 的演示程序（见图 7-1），具体为"<演示及示例压缩文件>\<jdk 版本>\demo\jfc\SwingSet2"目录下的 SwingSet2.jar 文件[①]，该目录下还有一个 src.zip 文件——演示程序的源代码，读者在学习 Swing 时可参考。

7.2.1　组件类的继承关系

Swing 库包含的组件类数目众多，为便于学习，有必要对这些类的继承关系有所了解。图 7-3 中以灰色背景标识的类属于 AWT，其余类则属于 Swing，位于 javax.swing 包下（图中省略了）。本章后述内容中的类若未带包名，则一般位于 javax.swing 包或其子包下。

Swing 中的类可以划分为以下两部分[②]。

（1）组件（Component）：一般指 GUI 程序中的可见元素，如按钮、文本框、菜单等。组件不能孤立存在，必须被放置到容器中。

（2）容器（Container）：指那些能够"容纳"组件的特殊组件，如窗口、面板、对话框等。容器可以嵌套，即容器中又包含容器。

根据组件的功能和特性，可以将 Swing 中的组件分为以下 3 种。

（1）文本组件：与文字相关的组件，如文本框、密码框、文本区等。

（2）菜单组件：与菜单相关的组件，如菜单栏、菜单项、弹出菜单等。

（3）其他组件：如标签、按钮、进度条、树、表等。

根据容器所在的层级，可以将容器分为以下两类。

（1）顶层容器：指 GUI 程序中位于"最上层"的容器，它不能被包含到别的容器中，如窗口、对话框等。

（2）子容器：位于顶层容器之下的容器，如面板、内部窗口等。

注意：一些组件在 AWT 和 Swing 中都受支持（如按钮、窗口等），为区别于 AWT，Swing 中组件类的类名均以字母 J 开头。

如前所述，Swing 库中的类几乎都直接或间接继承自 AWT，限于篇幅，在介绍后续 Swing 类时，那些来自于父类或父接口并已在之前列出过的 API 则不再重复列出。类的继承关系可参考图 7-3，类所具有的完整方法请查阅 API 文档。

---

① 安装 JDK 时若选择了安装公共 JRE，则可直接双击该文件运行。若未安装，则可先将命令行窗口切换到该文件所在的目录，然后执行"java -jar SwingSet2.jar"。

② 这种划分是按"组件是否能包含其他组件"为依据的，而不是以继承的父类为依据的。例如，JLabel 和 JPanel 都继承自 JComponent，但本书将 JPanel 划分为容器。从广义上来说，组件的概念是包含容器的。

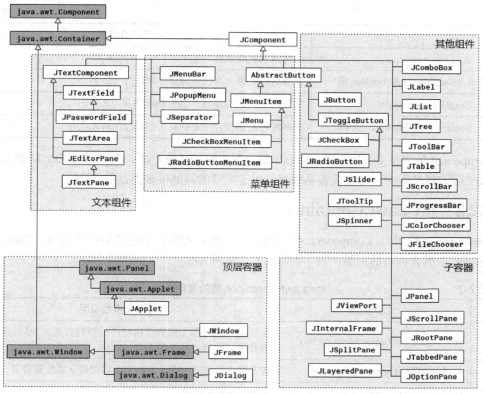

图 7-3　Swing 常用组件类的继承关系

7.2.2　java.awt.Component

Component 是一个抽象类，代表以图形化方式显示在屏幕上并能与用户交互的对象（即广义上的组件），它是 AWT/Swing 库的根类，表 7-1 列出了该类的常用 API。

表 7-1　　　　　　　　　　　　java.awt.Component 类的常用 API

序号	方法原型	功能及参数说明
1	int getWidth()	得到组件宽度，单位为像素。本章所列 API 的 int 型参数或返回值若涉及位置、距离、大小、坐标等，单位一般均为像素
2	int getX()	得到组件左上角相对于其所在容器左上角的横向距离
3	void setLocation(int x, int y)	设置组件左上角相对于其所在容器左上角的横向、纵向距离。若组件是顶层容器，则是相对于屏幕左上角
4	void setSize(int w, int h)	设置组件的宽度和高度
5	void setBounds (int x, int y, int w, int h)	设置组件的边界（包括位置和大小），相当于方法 3、方法 4 的组合
6	void setEnabled(boolean b)	设置组件是否可用（默认为 true）
7	void setVisible(boolean b)	设置组件是否可见
8	void setBackground(Color c)	设置组件的背景色。Color 是颜色类，见 7.9.1 节
9	void setFont(Font f)	设置组件上文字的字体。Font 是字体类，见 7.9.2 节

续表

序号	方法原型	功能及参数说明
10	void requestFocus()	组件请求获取焦点
11	void setFocusable(boolean b)	设置组件是否允许获得焦点（默认为 true）
12	Container getParent()	得到组件所在的容器。Container 类见 7.2.3 节
13	boolean contains(int x, int y)	判断组件是否包含指定的点（相对于组件左上角）

Component 类中很多 API（如 setXxx）都有其对称的 API（如 getXxx 或 isXxx），理解了其中某个 API 后，其对称的 API 也较容易理解，对于本章的其他很多类也是如此。

7.2.3　java.awt.Container

Container 类继承自 Component 类，前者代表能够容纳若干组件的特殊组件。Container 是 AWT/Swing 中所有容器的根类，表 7-2 列出了其常用 API。

表 7-2　java.awt.Container 类的常用 API

序号	方法原型	功能及参数说明
1	void setLayout(LayoutManager lm)	设置容器的布局（即容器内组件的排列方式）。参数是布局管理器接口类型，见 7.10.1 节
2	void add(Component c, Object o)	按参数 2 指定的位置（或约束）将组件 c 添加到容器
3	void remove(Component c)	从容器中删除组件 c
4	Component getComponent(int i)	得到容器中处于 i 位置的组件
5	Component getComponentAt(int x, int y)	得到容器中指定坐标处的组件。若该坐标处有多个组件，则返回位于最顶端的那个组件
6	Component findComponentAt(int x, int y)	与方法 5 类似，不同的是，若得到的组件是一个容器，则继续搜索以找到最内层的那个组件
7	Component[] getComponents()	得到容器包含的全部组件，以组件数组返回
8	void validate()	验证容器。当容器显示后，若修改了其包含的组件（如添加/删除组件、更改布局等），应该调用此方法
9	void setComponentZOrder(Component c, int z)	设置组件 c 在容器中的层级（即 Z 轴次序），层级为 0 的组件最后显示（位于最顶层，可能遮住其他组件）。参数 2 的取值范围一般是 0～getComponentCount()−1

7.2.4　java.awt.Window

Window 是 AWT/Swing 中顶层容器的根类，它是一个不带边框和菜单栏的顶层窗口，表 7-3 列出了其常用 API。

表 7-3　java.awt.Window 类的常用 API

序号	方法原型	功能及参数说明
1	boolean isActive()	判断窗口是否处于激活（即选中）状态
2	Component getFocusOwner()	得到窗口中拥有焦点的组件

续表

序号	方法原型	功能及参数说明
3	void pack()	调整窗口大小，以适合其包含组件的首选大小和布局
4	void setIconImage(Image i)	设置窗口标题栏图标。Image 是 AWT 的图像类，见 7.4.2 节
5	void setAlwaysOnTop(boolean b)	设置窗口是否始终置顶（默认为 false）
6	void setLocationRelativeTo (Component c)	设置窗口相对于组件 c 左上角的位置。若组件 c 未显示或为 null，则窗口将位于屏幕正中
7	void toBack()	若窗口可见，则将窗口置于最下层
8	void dispose()	释放窗口及其包含组件占用的显示资源，并使窗口不可见

7.2.5　java.awt.Frame

Frame 是 AWT 的窗口类[①]，它是一个带有标题栏和边框的顶层窗口，表 7-4 列出了其常用 API。

表 7-4　　　　　　　　　　　　　　java.awt.Frame 类的常用 API

序号	方法原型	功能及参数说明
1	Frame(String t)	创建初始不可见、标题栏文字为 t 的窗口
2	void setExtendedState(int s)	设置窗口状态，参数取值为 Frame 类的静态常量： • NORMAL：不设置任何状态 • ICONIFIED：图标化（即最小化） • MAXIMIZED_HORIZ：水平最大化 • MAXIMIZED_VERT：垂直最大化 • MAXIMIZED_BOTH：水平、垂直均最大化
3	void setTitle(String t)	设置窗口标题栏文字为 t
4	void setResizable(boolean b)	设置是否允许用户改变窗口大小（默认为 true）
5	void setMenuBar(MenuBar mb)	设置窗口的菜单栏。MenuBar 是 AWT 的菜单栏类

7.2.6　JComponent

不同于前述 4 个类，JComponent 类属于 Swing 库，它是 Swing 中除顶层容器外的所有组件的根类。对于继承自 JComponent 的组件，必须将其置于一个根为顶层容器（如 JFrame）的层次结构中。JComponent 是一个抽象类，表 7-5 列出了其常用 API。

表 7-5　　　　　　　　　　　　　　JComponent 类的常用 API

序号	方法原型	功能及参数说明
1	void setToolTipText(String t)	设置组件的工具提示文字（鼠标停留在组件上时显示）
2	void setOpaque(boolean b)	设置组件是否不透明，默认为 true（不透明）
3	void setBorder(Border b)	设置组件的边框。Border 是 Swing 的边框接口
4	void setComponentPopupMenu (JPopupMenu p)	设置组件的右键弹出菜单。JPopupMenu 是 Swing 的弹出菜单类，见 7.8.2 节

① 从命名上看，Window 才是 AWT 的窗口类，但编写 AWT 程序时，很少直接使用该类，而是使用 Frame 类。因此，一般将 Frame 称为 AWT 的窗口类。类似地，Swing 中的窗口类是 JFrame，而非 JWindow。

编写 GUI 程序时，一般不直接实例化上述几个公共父类（有些是抽象类，无法实例化），而是使用它们的子类。此外，因子类本身具有数目众多的方法（再加上继承自父类的方法），难以记忆，故应尽量借助 IDE 提供的代码辅助功能来编写程序。

7.3　容　器　组　件

7.3.1　窗口：JFrame

窗口是我们所接触的最为频繁的 GUI 组件之一，Swing 中的窗口类是 JFrame，它继承自 AWT 的窗口类 Frame。表 7-6 列出了 JFrame 类的常用 API。

表 7-6　　　　　　　　　　　　　　　JFrame 类的常用 API

序号	方法原型	功能及参数说明
1	JFrame(String t)	创建具有指定标题栏文字 t、初始不可见的窗口
2	void setContentPane(Container c)	用容器 c 替换窗口默认的内容面板
3	void setDefaultCloseOperation (int o)	设置窗口的关闭行为，参数取值包括（前 3 个来自于 WindowConstants 接口，最后 1 个来自于 JFrame 类）： • DO_NOTHING_ON_CLOSE：不执行任何操作 • HIDE_ON_CLOSE：隐藏窗口 • DISPOSE_ON_CLOSE：隐藏窗口并释放显示资源 • EXIT_ON_CLOSE：退出程序

【例 7.1】窗口演示[①]（见图 7-4）。

JFrameDemo.java

```
001  package ch07;
002  /* 省略了各 import 语句，请使用 IDE 的自动 import 功能 */
007
008  public class JFrameDemo extends JFrame {
009      public static void main(String[] args) {
010          JFrameDemo win = new JFrameDemo();
011          JButton b = new JButton("我是一个按钮");
012
013          win.setLayout(new FlowLayout()); // 设置窗口采用流式布局
014          win.add(b); // 将按钮加入窗口
015          win.setTitle("我的第一个 GUI 程序"); // 设置标题栏文字
016          win.setSize(400, 100); // 设置窗口大小
017          win.setDefaultCloseOperation(JFrame.EXIT_ON_CLOSE); // 设置窗口的关闭行为
018          win.setVisible(true); // 让窗口可见
019      }
020  }
```

图 7-4　窗口演示

说明：

（1）JFrame 属于顶层容器，其内可以添加组件和子容器对象[②]。

---

① 为方便读者快速掌握每种组件的使用，本章中的一些演示程序将大部分代码都放在了 main 方法中，这并不是一种好的编程风格。在实际编写程序时，读者应将不同功能的代码组织到单独的方法或类中。

② JFrame 含有一个默认的内容面板（Content Pane），严格来说，那些被添加到 JFrame 的组件实际上是被添加到了内容面板中，内容面板可以被替换（见表 7-6 中的方法 2）。

（2）JFrameDemo 类继承了 JFrame，因此第 10 行创建的 win 就是窗口对象。

（3）第 11 行创建了按钮对象，详见 7.5.1 节。

（4）第 13 行为窗口设置了流式布局，以便安排其包含组件的相对位置，详见 7.10.2 节。

（5）第 14 行调用的 add 方法来自 java.awt.Container，以将按钮 b 添加到窗口。

（6）第 16 行调用的 setSize 方法来自 java.awt.Window，以设置窗口的宽和高。

（7）第 17 行设置了窗口对象的关闭行为。若注释该行，则在单击窗口右上角的关闭按钮后，窗口只是不可见了，而相应的虚拟机进程（任务管理器中名为 javaw.exe 的进程）并没有被关闭。

（8）第 18 行调用的 setVisible 方法来自 java.awt.Window，以让窗口可见（默认不可见）。

【例 7.2】 为减少代码冗余，编写一个窗口类作为后续各演示程序的父类。

BaseFrame.java

```
001  package ch07;
002  /* 省略了各 import 语句，请使用 IDE 的自动 import 功能 */
004
005  public class BaseFrame extends JFrame {
006      public BaseFrame(String title) {// 构造方法
007          super.setLayout(null); // 为窗口设置空布局(其内组件采用像素绝对定位)
008          super.setTitle(title);
009          super.setSize(300, 200);
010          super.setLocationRelativeTo(null); // 让窗口居中
011          super.setDefaultCloseOperation(JFrame.EXIT_ON_CLOSE);
012      }
013
014      public void showMe() { // 让窗口可见
015          super.setVisible(true);
016      }
017  }
```

说明：

（1）第 7 行将窗口布局设置为空，以便让其内组件采用像素绝对定位，详见 7.10.6 节。

（2）第 10 行调用了表 7-3 中的方法 6，作用是让窗口显示于屏幕中央。

（3）第 7～11 行、第 15 行通过 super 关键字调用直接或间接父类中定义的方法，其目的是增加代码可读性，也可以直接调用这些方法。

7.3.2 面板：JPanel

面板是一个默认不可见的矩形容器，可以在其中加入组件或子容器。表 7-7 列出了 JPanel 类的常用 API。

表 7-7　　　　　　　　　　　JPanel 类的常用 API

序号	方法原型	功能及参数说明
1	JPanel()	创建的面板默认具有流式布局
2	JPanel(LayoutManager lm)	使用指定布局创建面板

【例 7.3】 面板演示（见图 7-5）。

JPanelDemo.java

```
001  package ch07;
002  /* 省略了各 import 语句，请使用 IDE 的自动 import 功能 */
007
```

```
008  public class JPanelDemo {
009      public static void main(String[] args) {
010          BaseFrame f = new BaseFrame("JPanel 演示"); // 实例化窗口对象
011          JPanel p1 = new JPanel(); // 构造面板对象
012          JPanel p2 = new JPanel();
013
014          JButton b1 = new JButton("按钮一"); // 构造按钮对象
015          JButton b2 = new JButton("按钮二");
016          JButton b3 = new JButton("按钮三");
017
018          p1.add(b1); // 将按钮加入面板
019          p1.setSize(80, 60); // 设置面板大小
020          p1.setLocation(5, 10); // 设置面板的位置（相对于父容器）
021          p1.setBackground(Color.LIGHT_GRAY); // 设置面板的背景色
022
023          p2.add(b2);
024          p2.add(b3);
025          p2.setSize(80, 70);
026          p2.setLocation(40, 50);
027          p2.setBackground(Color.DARK_GRAY);
028
029          f.add(p2); // 将面板加入窗口
030          f.add(p1);
031          f.showMe();
032      }
033  }
```

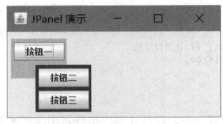

图 7-5　面板演示

说明：

（1）默认情况下，面板的背景色与其所在容器的背景色一样，并且没有边框。因此，为了让面板可见，第 21 行、第 27 行设置了背景色——在实际应用中很少这样做，因为面板的主要功能只是将若干组件组织到同一容器中。

（2）第 20 行、第 26 行的 setLocation 方法的参数是面板左上角相对于其父容器（窗口对象 f 的内容面板）左上角的位置[1]，读者可根据代码在图 7-5 中标出相应的横向、纵向距离。

（3）第 29 行、第 30 行先后将两个面板添加到了窗口中。因为两个面板的位置是部分重叠的，故而 p2 遮住了 p1 的一部分。可见，在 Swing 中，较早被添加的组件在运行显示时也处于较上层[2]。读者可调换这两行代码的位置，再观察运行结果。

7.3.3　可滚动面板：JScrollPane

可滚动面板是一种带滚动条的特殊容器，适用于无法同时显示面板所包含的全部组件的

---

[1] 对于 Swing 中的每个组件和子容器对象，一定存在一个容器对象用以放置该对象，这个容器就是该对象的父容器。若有形如 "a.add(b)" 的代码，则 a 就是 b 的父容器。

[2] Java 用 Z-order 的概念来描述 GUI 程序中组件所在的层次，详见表 7-2 的方法 9。

情形——面板中所有组件构成的矩形区域超出了面板的大小。表 7-8 列出了 JScrollPane 类的常用 API。

表 7-8　　　　　　　　　　　JScrollPane 类的常用 API

序号	方法原型	功能及参数说明
1	JscrollPane (Component v, int vp, int hp)	创建显示区为 v 的可滚动面板。参数 2、3 分别指定垂直和水平滚动条的显示策略，取值为 ScrollPaneConstants 接口的静态常量： • HORIZONTAL_SCROLLBAR_ALWAYS：总显示水平滚动条 • HORIZONTAL_SCROLLBAR_AS_NEEDED：水平滚动条只在需要时显示 • HORIZONTAL_SCROLLBAR_NEVER：从不显示水平滚动条 还有 3 个定义垂直滚动条显示策略的静态常量，它们是以 VERTICAL 开头的，在此不再赘述
2	void setVerticalScrollBarPolicy (int p)	指定可滚动面板的垂直滚动条显示策略。对应的指定水平滚动条显示策略的方法是 setHorizontalScrollBarPolicy

【例 7.4】可滚动面板演示（见图 7-6）。

JScrollPaneDemo.java

```
001   package ch07;
002   /* 省略了各 import 语句，请使用 IDE 的自动 import 功能 */
007
008   public class JScrollPaneDemo {
009       public static void main(String[] args) {
010           BaseFrame f = new BaseFrame("JScrollPane 演示");
011
012           JPanel p = new JPanel(); // 创建面板对象 p
013           JScrollPane sp = new JScrollPane(p);// 创建可滚动面板对象(以 p 作为其显示区)
014
015           sp.setVerticalScrollBarPolicy(ScrollPaneConstants.VERTICAL_SCROLLBAR_AS_NEEDED);
016
017           int count = 2; // 按钮个数（第 2 次运行改为 5）
018           JButton[] btns = new JButton[count];
019           for (int i = 0; i < btns.length; i++) {
020               btns[i] = new JButton("按钮 " + (i + 1));// 创建按钮对象并设置文字
021               p.add(btns[i]); // 注意：是加到 p，而非 sp
022           }
023
024           sp.setLocation(5, 5);
025           sp.setSize(200, 70);
026
027           f.setSize(260, 140); // 重新设置窗口大小
028           f.add(sp); // 将可滚动面板对象添加到窗口 f
029           f.showMe();
030       }
031   }
```

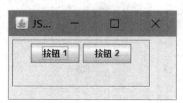 

图 7-6　可滚动面板演示（2 次运行）

说明：

（1）JScrollPane（注意不要误写为 JScrollPanel）并非 JPanel 的子类，后述的 JSplitPane 和 JtabbedPane 也是如此，它们和 JPanel 类一样，都继承自 JComponent。

（2）创建 JScrollPane 对象时，一般要设置其显示区对象，如第 13 行。可以认为显示区的父容器是 JScrollPane 对象。

（3）应该将组件加入显示区而不是 JScrollPane 对象，如第 21 行。

（4）JScrollPane 具有特定的布局方式（javax.swing.ScrollPaneLayout 类），因此，不要调用 setLayout 方法改变其布局，但可以设置其显示区的布局方式。

7.3.4　分割面板：JSplitPane

分割面板是带分割条的容器，其按水平（或垂直）方向将整个面板分割成左右（或上下）两个子面板。表 7-9 列出了 JSplitPane 类的常用 API。

表 7-9　　　　　　　　　　　　　　　JSplitPane 类的常用 API

序号	方法原型	功能及参数说明
1	JSplitPane(int o)	创建按指定方向分割的分割面板。参数取值来自 JSplitPane 类： ● HORIZONTAL_SPLIT：按水平（左右）方向分割 ● VERTICAL_SPLIT：按垂直（上下）方向分割
2	JSplitPane (int o, Component l, Component r)	创建按指定方向分割的分割面板，并将参数 2、3 指定的组件分别设置到左（顶）部和右（底）子面板
3	void setDividerLocation(int n)	设置分割条左（上）边缘相对于分割面板左（上）边缘的距离
4	void setDividerLocation (double d)	设置左（顶）部子面板的宽（高）度占整个分割面板的比例，参数取值介于 0~1。若为 0，则右（底）部子面板占据整个分割面板；若为 1，则左（顶）部子面板占据整个分割面板。注意：此方法必须在分割面板显示之后调用才有效
5	void setLeftComponent (Component c)	将组件 c 置于分割面板的左（顶）部
6	void setResizeWeight(double w)	设置当分割面板的大小被改变时，如何分配额外空间（即宽度或高度的变化量，记为 d），参数取值介于 0~1： ● 0：右（底）部子面板获得全部额外空间 ● 1：左（顶）部子面板获得全部额外空间 ● 其他值：左（顶）部子面板获得 w * d 的额外空间，右（底）部子面板获得（1 − w）* d 的额外空间

【例 7.5】分割面板演示（见图 7-7）。

图 7-7　分割面板演示（拖动分割条前后）

JSplitPaneDemo.java

```
001  package ch07;
002  /* 省略了各 import 语句, 请使用 IDE 的自动 import 功能 */
006
007  public class JSplitPaneDemo {
008      public static void main(String[] args) {
009          BaseFrame f = new BaseFrame("JSplitPane 演示");
010
011          /**** 第 1 个分割面板 ****/
012          JSplitPane sp1 = new JSplitPane();
013          sp1.setOrientation(JSplitPane.HORIZONTAL_SPLIT); // 设置分割方向
014          sp1.setOneTouchExpandable(true); // 带一键展开功能
015          sp1.setDividerLocation(100); // 设置分割条位置
016          sp1.setLocation(5, 5);
017          sp1.setSize(200, 125);
018
019          /**** 第 2 个分割面板 ****/
020          JSplitPane sp2 = new JSplitPane(JSplitPane.VERTICAL_SPLIT);
021          JPanel p = new JPanel(); // 创建面板
022          p.add(new JButton("按钮一")); // 加入按钮
023          p.add(new JButton("按钮二"));
024          sp2.setLeftComponent(p); // 将 p 设置到 sp2 的上部
025          sp2.setRightComponent(new JButton("按钮三"));
026          sp2.setRightComponent(new JButton("按钮四"));// 将覆盖按钮三
027
028          sp1.setRightComponent(sp2);// 将 sp2 设置到 sp1 的右部
029          f.add(sp1); // 将 sp1 加入窗口
030          f.showMe();
031
032          sp2.setDividerLocation(0.8);// 设置 sp2 的上部子面板所占比例
033      }
034  }
```

说明：

（1）在实例化 JSplitPane 对象或调用 setOrientation 方法时，分割方向不是指分割条的方向，而是指分割出来的两个子面板的排列方向，如第 13 行、第 20 行。

（2）若未在分割出来的子面板中加入组件，则系统将用按钮来填充（按钮文字为"左键"或"右键"），如第 1 个分割面板的左部子面板。

（3）子面板只能存放一个组件，当多次调用 setLeftComponent 或 setRightComponent 方法时，只有最后一次调用有效，如第 25 行、第 26 行。

（4）若要向子面板添加多个组件，通常先构造一个 JPanel 对象并设置合适的布局方式（第 21行），然后将若干组件添加到 JPanel 对象中（第 22 行、第 23 行），最后将 JPanel 对象设置到子面板（第 24 行）。

（5）设置的组件默认会占满整个子面板。

7.3.5　分页面板：JTabbedPane

分页面板又称选项卡面板，是一个可以同时容纳多个组件的容器，这些组件被组织到不同的"页面"中，用户可以单击分页标签以显示其中的某个页面。表 7-10 列出了 JTabbedPane 类的常用 API。

表 7-10　　　　　　　　　　　　JTabbedPane 类的常用 API

序号	方法原型	功能及参数说明
1	JTabbedPane(int t, int p)	创建指定了选项卡位置 t 及选项卡布局策略 p 的分页面板。t 来自 JTabbedPane 类自身： ● TOP：选项卡位于顶端 ● BOTTOM：选项卡位于底端 ● LEFT：选项卡位于左侧 ● RIGHT：选项卡位于右侧 布局策略是指当分页面板不足以一次显示所有选项卡时的调整方式，取值也来自 JTabbedPane 类自身： ● WRAP_TAB_LAYOUT：选项卡显示在多行（默认值） ● SCROLL_TAB_LAYOUT：选项卡显示在一行，并用左右箭头按钮导航
2	void addTab(String t, Component c)	在分页面板末尾添加标题为 t 的分页，并将组件 c 加入该分页。
3	void insertTab(String t, Icon i, Component c, String tip, int index)	在 index 位置插入标题为 t、图标为 i、工具提示文字为 tip 的分页，并将组件 c 加入该分页
4	void removeTabAt(int i)	移除位置 i 处的分页
5	void setEnabledAt(int i, boolean b)	设置是否启用位置 i 处的分页
6	Component getTabComponentAt(int i)	得到位置 i 处的分页
7	int getSelectedIndex()	得到当前选择的分页的位置
8	int indexOfComponent(Component c)	得到组件 c 所在的分页位置

【例 7.6】分页面板演示（见图 7-8）。

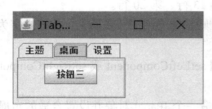 

图 7-8　分页面板演示（切换分页前后）

JTabbedPaneDemo.java

```
001    package ch07;
002    /* 省略了各 import 语句，请使用 IDE 的自动 import 功能 */
006
007    public class JTabbedPaneDemo {
008        public static void main(String[] args) {
009            BaseFrame f = new BaseFrame("JTabbedPane 演示");
010            JTabbedPane tp = new JTabbedPane(JTabbedPane.TOP);
011
012            JPanel p1 = new JPanel();
013            JPanel p2 = new JPanel();
014            JPanel p3 = new JPanel(); // 面板 p3 不包含任何组件
015            p1.add(new JButton("按钮一")); // 向面板 p1 添加 2 个按钮
016            p1.add(new JButton("按钮二"));
017            p2.add(new JButton("按钮三"));// 向面板 p2 添加 1 个按钮
018
```

```
019        tp.addTab("主题", p1); // 将 3 个面板加到分页面板
020        tp.addTab("桌面", p2);
021        tp.addTab("设置", p3);
022        tp.setSelectedIndex(1); // 显示第 2 页
023        tp.setSize(150, 80);
024        tp.setLocation(5, 5);
025
026        f.add(tp);
027        f.setSize(280, 140);
028        f.showMe();
029    }
030 }
```

与分割面板类似，使用分页面板时，一般应先创建容器对象（如第 12 行），再将若干组件加入容器（如第 15 行、第 16 行），最后将容器添加到分页面板（如第 19 行）。

7.4 标签和图片

7.4.1 标签：JLabel

标签用于显示文字或图片，不能获得键盘焦点，因此不具交互功能。表 7-11 列出了 JLabel 类的常用 API。

表 7-11   JLabel 类的常用 API

序号	方法原型	功能及参数说明
1	JLabel(String t, Icon i, int h)	创建带指定文字 t（可含 HTML 标记）、图标 i、水平对齐方式 h 的标签。参数 h 来自于 SwingConstants 接口的静态常量： • LEFT：水平居左（默认值） • CENTER：水平居中 • RIGHT：水平居右 • LEADING：标签文字从左到右显示（很少使用，对英语/汉语文字指定该值则等同于 LEFT） • TRAILING：标签文字从右到左显示（很少使用，适用于某些书写方向为从右到左的国家的文字，对英语/汉语文字指定该值则等同于 RIGHT）
2	void setText(String t)	设置标签文字为 t
3	void setVerticalAlignment(int v)	设置标签文字的垂直对齐方式为 v，参数 v 取值为 SwingConstants 接口的静态常量： • TOP：垂直居上 • CENTER：垂直居中（默认值） • BOTTOM：垂直居下
4	void setVerticalTextPosition(int p)	设置标签文字与图标（如果指定了）之间的垂直相对位置，参数 p 取值同方法 3，但意义有所不同： • TOP：文字在图标上方 • CENTER：文字与图标都垂直居中（默认值） • BOTTOM：文字在图标下方

【例 7.7】标签演示（见图 7-9）。

图 7-9　标签演示

```
JLabelDemo.java
001  package ch07;
002  /* 省略了各 import 语句, 请使用 IDE 的自动 import 功能 */
009
010  public class JLabelDemo {
011      public static void main(String[] args) {
012          BaseFrame f = new BaseFrame("JLabel 演示");
013          f.setLayout(new GridLayout(3, 1)); // 设置窗口为网格布局(3 行 1 列)
014
015          JLabel l1 = new JLabel("普通标签");
016
017          JLabel l2 = new JLabel("指定字体并靠右下对齐的标签");
018          l2.setFont(new Font("方正姚体", Font.BOLD, 18)); // 设置标签字体
019          l2.setOpaque(true); // 设置标签不透明(否则设置其背景色无效)
020          l2.setBackground(Color.LIGHT_GRAY); // 设置标签背景色
021          l2.setForeground(Color.WHITE); // 设置标签前景色(文字颜色)
022          l2.setHorizontalAlignment(SwingConstants.RIGHT); // 水平居右
023          l2.setVerticalAlignment(SwingConstants.BOTTOM); // 垂直居下
024
025          String s = "<html>带<font size=6>HTML</font><i>标记的</i><sub>标签</sub></html>";
026          JLabel l3 = new JLabel(s);// 创建带 HTML 标记的标签
027
028          f.add(l1);
029          f.add(l2);
030          f.add(l3);
031          f.showMe();
032      }
033  }
```

7.4.2　图标/图片：Icon/ImageIcon

图标和图片的本质是一样的，都代表一个矩形图像。图标是一种尺寸较小的图片，通常用来装饰组件，如带图标的按钮。Swing 中的图标对应着 Icon 接口，该接口主要定义了两个抽象方法——getIconWidth()和 getIconHeight()，分别用来得到图标的宽度和高度。

由于 Icon 是接口，无法实例化，故应使用其实现类，其中之一就是 ImageIcon 类。ImageIcon 类可以根据文件名、字节数组、URL（Uniform Resource Locator，统一资源定位符，如网页地址）等来源创建图片。

注意：ImageIcon 类并非继承自 JComponent，它的父类是 Object，因而容器对象不能调用"add(Component c)"方法将图标或图片对象添加到自身中。Swing 中只有特定的几个组件能使用图标或图片（如标签、按钮等），故放在此处介绍。表 7-12 列出了 ImageIcon 类的常用 API。

表 7-12　　　　　　　　　　　　　ImageIcon 类的常用 API

序号	方法原型	功能及参数说明
1	ImageIcon (String f)	根据图片文件名创建图片
2	ImageIcon (URL u)	根据图片的 URL 创建图片
3	ImageIcon (Image i)	根据 AWT 的图片对象创建 Swing 图片
4	int getIconWidth()	得到图片宽度，是 Icon 接口中对应方法的实现
5	Image getImage()	转换 Swing 图片为 AWT 图片

【例 7.8】图标/图片演示（见图 7-10 ）。

图 7-10　图标/图片演示

ImageIconDemo.java

```
001  package ch07;
002  /* 省略了各 import 语句，请使用 IDE 的自动 import 功能 */
014
015  public class ImageIconDemo {
016      public static void main(String[] args) throws IOException {
017          BaseFrame f = new BaseFrame("ImageIcon 演示");
018
019          String dir = "D:/MyJavaSource/images/"; // 图片文件所在目录(绝对路径)
020          int count = 4; // 标签个数
021          JLabel[] labs = new JLabel[count]; // 标签数组
022          ImageIcon[] imgs = new ImageIcon[count]; // 图片数组
023
024          /**** 方式 1：根据文件名创建图片 ****/
025          imgs[0] = new ImageIcon(dir + "clock.png");
026
027          /**** 方式 2：根据 URL 创建图片 ****/
028          // 获得本类的类加载器对象，请查阅 java.lang.ClassLoader 的 API 文档
029          ClassLoader loader = ImageIconDemo.class.getClassLoader();
030          // 根据相对路径(Eclipse 工程的 src 目录)创建图片文件的 URL 对象
031          URL u1 = loader.getResource("images/java.png");
032          imgs[1] = new ImageIcon(u1); // 根据 URL 创建图片
033
034          /**** 方式 3：根据 java.awt.Image(AWT 中的图片类)创建图片 ****/
035          URL u2 = loader.getResource("images/apple.png");
036          imgs[2] = new ImageIcon(Toolkit.getDefaultToolkit().createImage(u2));
037
038          /**** 方式 4：根据字节数组创建图片 ****/
039          File file = new File(dir + "android.png"); // 创建图片文件
040          FileInputStream in = new FileInputStream(file); // 创建文件输入流
041          int fileLength = (int) file.length(); // 得到图片文件长度
042          byte[] bytes = new byte[fileLength]; // 构造字节数组
043          in.read(bytes, 0, fileLength); // 将图片文件读入字节数组
```

```
044             imgs[3] = new ImageIcon(bytes); // 根据字节数组创建图片
045             in.close(); // 关闭文件输入流
046
047             f.setLayout(new GridLayout(2, 2, 5, 5));// 设置窗口布局(2 行 2 列, 行列间隔均为 5)
048             for (int i = 0; i < count; i++) {
049                 labs[i] = new JLabel(imgs[i]); // 创建带图片的标签
050                 labs[i].setOpaque(true);
051                 labs[i].setBackground(Color.WHITE); // 白色背景
052                 f.add(labs[i]); // 将标签加入窗口
053             }
054
055             /**** 设置标签文字及对齐方式 ****/
056             String s = "宽: " + imgs[2].getIconWidth() + ", 高: " + imgs[2].getIconHeight();
057             labs[2].setText(s); // 设置标签文字
058             labs[2].setHorizontalTextPosition(SwingConstants.CENTER);
059             labs[2].setVerticalTextPosition(SwingConstants.BOTTOM);
060
061             f.setIconImage(new ImageIcon(dir + "pc.png").getImage()); // 设置窗口图标
062             f.showMe();
063         }
064 }
```

【例 7.9】为方便编写后续演示程序，定义一个图片工具类，其包含的静态方法根据参数指定的图片文件名创建图片对象[1]。

ImageFactory.java

```
001 package ch07;
002 /* 省略了各 import 语句, 请使用 IDE 的自动 import 功能 */
004
005 public class ImageFactory {
006     private static final String ROOT = "images/";
007     private static final ClassLoader LOADER = ImageFactory.class.getClassLoader();
008
009     // 根据图片文件名创建图片对象
010     public static ImageIcon create(String file) {
011         return new ImageIcon(LOADER.getResource(ROOT + file));
012     }
013 }
```

7.5 按钮和工具提示

7.5.1 常规按钮：JButton

按钮是一类允许用户单击的可交互组件，具体包括：常规按钮（JButton）、开关按钮（JToggleButton）、单选按钮（JRadioButton）和复选按钮（JCheckBox），它们都是抽象类 AbstractButton 的直接或间接子类。表 7-13 列出了 AbstractButton 类的常用 API。

表 7-13　　　　　　　　　　　　　AbstractButton 类的常用 API

序号	方法原型	功能及参数说明
1	boolean isSelected()	得到按钮的选中状态。对于开关按钮，选中和未选中分别返回 true 和 false

---

[1] 代码中的 URL 和 ClassLoader 类请读者自行查阅 API 文档。

续表

序号	方法原型	功能及参数说明
2	void setText(String t)	设置按钮文字为 t（可带 HTML 标记）
3	void setActionCommand(String c)	设置按钮的动作命令文字为 c，用于按钮的单击事件处理
4	void setMnemonic(int m)	设置按钮的快捷键字符为 m。按"Alt+参数字符 m"相当于单击按钮，m 取值为 java.awt.KeyEvent 类中形如 VK_XXX 的字段
5	setIcon(Icon i)	设置按钮的默认图标
6	void setRolloverEnabled (boolean b)	设置当鼠标指针位于按钮之上时是否允许更换图标（默认为 false）
7	void setRolloverIcon(Icon i)	设置当鼠标指针位于按钮之上时的图标
8	void setSelectedIcon(Icon i)	设置按钮被选中时的图标（适用于开关按钮）
9	void setDisabledIcon(Icon i)	设置按钮被禁用时的图标

　　下面开始介绍 AbstractButton 最为常用的子类 JButton——常规按钮。表 7-14 列出了 JButton 类的常用 API。

表 7-14　　　　　　　　　　　　　　　JButton 类的常用 API

序号	方法原型	功能及参数说明
1	JButton(String t)	创建文字为 t 的按钮
2	JButton(String t, Icon i)	创建文字为 t、图标为 i 的按钮

【例 7.10】常规按钮演示（见图 7-11）。

图 7-11　常规按钮演示

JButtonDemo.java

```
001    package ch07;
002    /* 省略了各 import 语句，请使用 IDE 的自动 import 功能 */
008
009    public class JButtonDemo {
010        public static void main(String[] args) {
011            BaseFrame f = new BaseFrame("JButton 演示");
012            f.setLayout(new GridLayout(3, 3, 5, 5));
013
014            JButton[] btns = new JButton[9]; // 按钮数组
015            for (int i = 0; i < btns.length; i++) {
016                btns[i] = new JButton(); // 创建没有文字和图片的按钮
017                f.add(btns[i]); // 加按钮到窗口
018            }
019            btns[0].setText("普通按钮");// 设置按钮文字
020            btns[1].setText("<html><u>E</u>=MC<sup>2</sup></html>");
021
022            btns[2].setText("带快捷键的按钮 (C) ");
```

```
023        btns[2].setMnemonic(KeyEvent.VK_C); // 设置快捷键字符
024        int k = btns[2].getText().indexOf(KeyEvent.VK_C); // 查找字符
025        btns[2].setDisplayedMnemonicIndex(k); // 设置显示的快捷键字符
026
027        btns[3].setText("禁用的按钮");
028        btns[3].setEnabled(false);
029
030        btns[4].setText("不带边框的按钮");
031        btns[4].setBorder(null); // 设置边框为空
032
033        btns[5].setText("不绘制内容区的按钮");
034        btns[5].setContentAreaFilled(false); // 不绘制按钮内容区
035
036        btns[6].setText("不绘制焦点的按钮");
037        btns[6].setFocusable(false); // 不绘制按钮焦点
038
039        btns[7].setText("带图片的按钮");
040        ImageIcon image = ImageFactory.create("ok.png");
041        btns[7].setIcon(image); // 设置按钮图标
042
043        btns[8].setContentAreaFilled(false);
044        btns[8].setIcon(image);
045        f.showMe();
046    }
047 }
```

7.5.2　开关按钮：JToggleButton

不同于常规按钮，开关按钮被单击后不会弹起，需要再次单击。开关按钮的"按下/弹起"分别代表其"选中/未选中"（或称"开/关"）两种状态。表 7-15 列出了 JToggleButton 类的常用 API。

表 7-15　　　　　　　　　　　　　　JToggleButton 类的常用 API

序号	方法原型	功能及参数说明
1	JToggleButton(String t)	创建文字为 t、默认关闭的开关按钮
2	JToggleButton(String t, Icon i, boolean b)	创建文字为 t、图标为 i、开关状态为 b 的开关按钮

【例 7.11】开关按钮演示（见图 7-12）。

图 7-12　开关按钮演示（1 次运行）

JToggleButtonDemo.java
```
001 package ch07;
002 /* 省略了各 import 语句，请使用 IDE 的自动 import 功能 */
006
007 public class JToggleButtonDemo {
008     public static void main(String[] args) {
009         BaseFrame f = new BaseFrame("JToggleButton 演示");
```

```
010        JToggleButton[] tbs = new JToggleButton[4]; // 开关按钮数组
011
012        tbs[0] = new JToggleButton(); // 不带文字和图片的开关按钮
013        tbs[0].setText("按钮一状态为: " + tbs[0].isSelected()); // 设置文字
014
015        tbs[1] = new JToggleButton("", true); // 初始开启的开关按钮
016        tbs[1].setText("按钮二状态为: " + tbs[1].isSelected());
017
018        tbs[2] = new JToggleButton();
019        tbs[2].setSelected(true); // 开启按钮
020        tbs[2].setText("按钮三状态为: " + tbs[2].isSelected());
021
022        // 指定文字、图片和初始状态
023        tbs[3] = new JToggleButton("按钮四", ImageFactory.create("off.png"), false);
024        tbs[3].setSelectedIcon(ImageFactory.create("on.png")); // 设置开启时的替换图片
025        tbs[3].setFocusable(false); // 不绘制焦点
026
027        f.setLayout(new FlowLayout());
028        for (int i = 0; i < tbs.length; i++) {
029            f.add(tbs[i]); // 加开关按钮到窗口
030        }
031        f.showMe();
032    }
033  }
```

7.5.3　单选按钮——JRadioButton

单选按钮和 7.5.4 节的复选按钮是两种特殊的开关按钮，它们均继承自 JToggleButton 类，具有"选中/未选中"两种状态。不同的是，单选按钮只能被选中而不能取消选中。若干个单选按钮可以属于同一个按钮组（javax.swing.ButtonGroup 类的对象），当选中其中一个时，其余的按钮将取消选中。

【例 7.12】单选按钮演示（见图 7-13）。

图 7-13　单选按钮演示（1 次运行）

JRadioButtonDemo.java
```
001  package ch07;
002  /* 省略了各 import 语句，请使用 IDE 的自动 import 功能 */
008
009  public class JRadioButtonDemo {
010      public static void main(String[] args) {
011          BaseFrame f = new BaseFrame("JRadioButton 演示");
012          f.setLayout(new GridLayout(5, 1));
013
014          ButtonGroup sexGroup = new ButtonGroup(); // 性别按钮组
015          ButtonGroup majorGroup = new ButtonGroup(); // 专业按钮组
016
017          String[] texts = { "男", "女", "英语", "计算机", "数学" };// 各单选按钮的文字
018          JRadioButton[] rbs = new JRadioButton[texts.length];// 单选按钮数组
019          ImageIcon unchecked = ImageFactory.create("unchecked.png"); // 未选中时图标
020          ImageIcon checked = ImageFactory.create("checked.png"); // 选中时图标
```

```
021
022            for (int i = 0; i < rbs.length; i++) {
023                rbs[i] = new JRadioButton(texts[i]); // 创建单选按钮
024                if (i >= 2) { // 设置后 3 个单选按钮的默认图标和被选中时的图标
025                    rbs[i].setIcon(unchecked);
026                    rbs[i].setSelectedIcon(checked);
027                }
028                f.add(rbs[i]); // 将单选按钮加入窗口
029            }
030
031            sexGroup.add(rbs[0]); // 将前 2 个单选按钮加入性别组
032            sexGroup.add(rbs[1]);
033            majorGroup.add(rbs[2]); // 将后 3 个单选按钮加入专业组
034            majorGroup.add(rbs[3]);
035            majorGroup.add(rbs[4]);
036
037            rbs[2].setSelected(true); // 试图选中同一组中的多个单选按钮
038            rbs[3].setSelected(true);
039
040            f.showMe();
041        }
042 }
```

说明：

（1）与普通按钮一样，可以为单选按钮指定图标以替换默认图标（如第 25 行），同时还应指定其被选中时的图标（如第 26 行），否则从外观上很难看出哪个按钮被选中了。本例有意将后 3 个单选按钮的图标设置成外观上看起来像复选按钮，尽管这不会影响单选按钮的行为，但在实际应用中应尽量避免这样做——以免给用户造成感官上的错觉。

（2）若多个单选按钮的选中状态是互斥的——只能选中其中一个，则需要先创建按钮组（ButtonGroup）对象（如第 14 行、第 15 行），并通过按钮组对象的 add 方法将这些单选按钮加到同一组（如第 31 行~第 35 行）。

（3）若同一组的所有单选按钮都未被设置为选中状态，则程序运行时，它们都是未选中的，如本例的前两个按钮。一般来说，应将属于同一组的多个单选按钮中的某一个设为选中状态，以作为该按钮组的默认值。

（4）若通过代码将同一组中的多个单选按钮设置为选中状态，则最后一个被选中的按钮有效（如第 37 行、第 38 行）。

（5）不属于同一个按钮组（或未指定按钮组）的单选按钮的选中状态彼此互不影响。

JRadioButton 类主要包含几个构造方法，形式与 JToggleButton 类似，故不再列出。

7.5.4　复选按钮：JCheckBox

如前所述，JCheckBox 也继承自 JToggleButton。复选按钮既能被选中也能被取消选中——多个按钮的选中状态彼此互不影响，因此，复选按钮不需要被加到按钮组中。

【例 7.13】复选按钮演示（见图 7-14）。

图 7-14　复选按钮演示

JCheckBoxDemo.java

```
001    package ch07;
002    /* 省略了各 import 语句，请使用 IDE 的自动 import 功能 */
007
008    public class JCheckBoxDemo {
009        public static void main(String[] args) {
010            BaseFrame f = new BaseFrame("JCheckBox 演示");
011            f.setLayout(new FlowLayout());
012
013            String[] s1 = { "音乐", "体育", "网络", "旅游", "摄影" };
014            String[] s2 = { "CPU", "显卡", "内存", "硬盘" };
015
016            JCheckBox[] hobbies = new JCheckBox[s1.length];
017            JCheckBox[] hardwares = new JCheckBox[s2.length];
018
019            for (int i = 0; i < hobbies.length; i++) {
020                hobbies[i] = new JCheckBox(s1[i]); // 构造复选按钮对象
021                f.add(hobbies[i]); // 加复选按钮到窗口
022            }
023
024            ImageIcon unchecked = ImageFactory.create("unchecked.png");
025            ImageIcon checked = ImageFactory.create("checked.png");
026            for (int i = 0; i < hardwares.length; i++) {
027                hardwares[i] = new JCheckBox(s2[i]);
028                hardwares[i].setIcon(unchecked);
029                hardwares[i].setSelectedIcon(checked);
030                f.add(hardwares[i]);
031            }
032
033            f.showMe();
034        }
035    }
```

JCheckBox 类主要包含几个构造方法，形式与 JToggleButton 类似，故不再列出。

7.6　文 本 组 件

7.6.1　文本框：JTextField

本节开始介绍 Swing 中的文本组件，包括 JTextField（文本框）、JTextArea（文本区）和 JEditorPane（编辑器面板），它们都是 javax.swing.text.JTextComponent 类的直接子类。表 7-16 列出了 JTextComponent 类的常用 API。

表 7-16　　　　　　　　　　　　　　JTextComponent 类的常用 API

序号	方法原型	功能及参数说明
1	void select(int start, int end)	选中组件中从下标 start 开始至 end 结束的文本
2	String getSelectedText()	得到选中的内容
3	String getText(int offset, int len)	得到组件中从下标 offset 开始、长度为 len 的文本
4	void setCaretPosition(int p)	设置组件的光标位置，参数 p 介于 0～组件的文本长度之间
5	void setEditable(boolean b)	设置文本组件是否允许编辑（默认为 true）

序号	方法原型	功能及参数说明
6	Document getDocument()	得到文本组件关联的文档对象。javax.swing.text.Document 接口是一个文本容器，能描述简单文档（纯文本格式）和复杂文档（如 HTML 或 XML 文件）
7	void setSelectionColor(Color c)	设置选中内容的颜色（即背景色）为 c
8	void setText(String t)	设置文本组件的内容为 t
9	void read(Reader in, Object desc)	从指定的字符输入流 in 中读取内容到文本组件。参数 desc 是 in 的描述，类型可以是字符串、文件或 URL 等，某些类型的文档（如 HTML）能使用该描述信息，desc 可以为空
10	void write(Writer out)	将组件中的文本写到字符输出流 out

下面介绍第一个文本组件——文本框，它只能接受单行文字。表 7-17 列出了 JTextField 类的常用 API。

表 7-17   JTextField 类的常用 API

序号	方法原型	功能及参数说明
1	JTextField(String t, int cols)	创建初始文字为 t、列数为 cols 的文本框。cols 并非指文本框接受的最多字符个数，而是用于计算文本框的首选宽度
2	void setHorizontalAlignment (int a)	设置文本框中文字的水平对齐方式，参数 a 来自于 SwingConstants 接口的静态常量： • LEFT：水平居左（默认值）。 • CENTER：水平居中。 • RIGHT：水平居右

【例 7.14】文本框演示（见图 7-15）。

图 7-15   文本框演示

JTextFieldDemo.java

```java
001  package ch07;
002  /* 省略了各 import 语句，请使用 IDE 的自动 import 功能 */
009
010  public class JTextFieldDemo {
011      public static void main(String[] args) {
012          BaseFrame f = new BaseFrame("JTextField 演示");
013
014          JTextField tf1 = new JTextField("文本框一的初始文字");// 指定初始文字
015
016          JTextField tf2 = new JTextField(12);// 指定列数
017          tf2.setText("文本框二"); // 设置初始文字
018          tf2.setHorizontalAlignment(SwingConstants.RIGHT); // 文字居右
```

```
019             tf2.setBackground(Color.BLUE); // 设置文本框背景色
020             tf2.setForeground(Color.YELLOW); // 设置文字颜色(前景色)
021
022             JTextField tf3 = new JTextField("文本框三", 10);// 造指定初始文字和列数
023             tf3.setFont(new Font("微软雅黑", Font.ITALIC, 24)); // 设置字体
024             tf3.setHorizontalAlignment(SwingConstants.CENTER); // 文字居中
025
026             f.setLayout(new FlowLayout());
027             f.add(tf1); // 加文本框到窗口
028             f.add(tf2);
029             f.add(tf3);
030
031             f.showMe();
032
033             tf3.requestFocus(); // 文本框三获得键盘焦点
034             tf3.select(1, 3); // 选中部分文字(在窗口显示及文本框获得焦点后有效)
035         }
036     }
```

注意：文本框默认支持一些快捷键操作，如 Windows 系统中按 Ctrl+C 组合键复制、按 Ctrl+V 组合键粘贴、按 Ctrl+X 组合键剪切等，但其并不默认支持右键弹出菜单，需要另外编写代码。

7.6.2　密码框：JPasswordField

JPasswordField 类继承自 JTextField，是一种特殊的文本框——在其中输入的所有字符均会以某个替代字符（称为回显字符）显示，因此可用作密码等敏感信息的输入框。

【例 7.15】密码框演示（见图 7-16）。

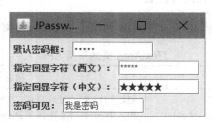

图 7-16　密码框演示

JPasswordFieldDemo.java

```
001    package ch07;
002    /* 省略了各 import 语句, 请使用 IDE 的自动 import 功能 */
007
008    public class JPasswordFieldDemo {
009        public static void main(String[] args) {
010            BaseFrame f = new BaseFrame("JPasswordField 演示");
011
012            String[] labStrs = { "默认密码框: ", "指定回显字符(西文): ",
                                    "指定回显字符(中文): ", "密码可见: " };
013            JLabel[] labs = new JLabel[labStrs.length]; // 标签数组
014
015            String[] pswStrs = { "admin", "admin", "admin", "我是密码" }; // 初始密码(可含中文)
016            JPasswordField[] pfs = new JPasswordField[pswStrs.length];    // 密码框数组
017
018            f.setLayout(new FlowLayout(FlowLayout.LEFT));// 设置窗口布局为左对齐的流式布局
019            for (int i = 0; i < pfs.length; i++) {
020                labs[i] = new JLabel(labStrs[i]); // 构造标签
021                pfs[i] = new JPasswordField(pswStrs[i], 10); // 构造密码框
022                f.add(labs[i]); // 加标签到窗口
023                f.add(pfs[i]);  // 加密码框到窗口
```

```
024            }
025
026            pfs[1].setEchoChar('*');  // 设置回显字符(西文)
027            pfs[2].setEchoChar('★');  // 设置回显字符(中文)
028            pfs[3].setEchoChar('\u0000');  // 取消回显字符，原样显示
029
030            f.showMe();
031        }
032    }
```

说明：

（1）密码框不支持输入法切换，因为密码一般不含非西文字符（如汉字）。

（2）编程时，指定的初始密码可以包含非西文字符（如第 4 个密码框），但这样做没有意义，因为程序运行后还是无法在密码框中输入非西文字符。

（3）可以通过 JPasswordField 类提供的"setEchoChar(char c)"方法来设置密码框的回显字符，回显字符可以是西文字符（如第 26 行），也可以是非西文字符（如第 27 行）。

（4）若将回显字符设置为空字符（Unicode 编码为 0，如第 28 行），则密码框中的文字将以原样显示（如第 4 个密码框）。此时的密码框退化成了文本框，故不推荐这样做。

（5）出于安全考虑，JPasswordField 重写了间接父类 JTextComponent 的 copy 和 cut 方法——避免密码框中的内容被复制到系统剪贴板。这也是为什么密码框默认不支持 Ctrl+C、Ctrl+X 的原因（因未重写 paste 方法，故 Ctrl+V 的操作仍支持）。

JPasswordField 的几个构造方法的形式与 JTextField 类似，故不再列出。

7.6.3　文本区：JTextArea

文本区允许接受多行无格式文本。表 7-18 列出了 JTextArea 类的常用 API。

表 7-18　　　　　　　　　　　　　JTextArea 类的常用 API

序号	方法原型	功能及参数说明
1	JTextArea(String t, int rows, int cols)	创建初始文字为 t、行数为 rows、列数为 cols 的文本区。rows 和 cols 并非指文本区所能接受文本的最大行列数，而是用于系统计算文本区的首选大小
2	void append(String s)	在文本区的最后追加字符串 s
3	void setLineWrap(boolean b)	设置文本区是否自动换行（默认为 false，即不自动换行）
4	void setWrapStyleWord(boolean b)	设置自动换行时是否禁止拆分一个单词到两行（默认为 false，即允许拆分单词）
5	int getLineCount()	得到文本区包含的文本的行数

【例 7.16】文本区演示（见图 7-17）。

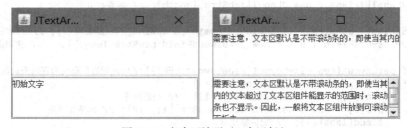

图 7-17　文本区演示（1 次运行）

JTextAreaDemo.java
```
001    package ch07;
002    /* 省略了各 import 语句，请使用 IDE 的自动 import 功能 */
007
008    public class JTextAreaDemo {
009        public static void main(String[] args) {
010            BaseFrame f = new BaseFrame("JTextArea 演示");
011            f.setLayout(new GridLayout(2, 1, 5, 5));
012
013            JTextArea ta1 = new JTextArea(); // 不带初始文字的文本区
014            JTextArea ta2 = new JTextArea("初始文字"); // 带初始文字的文本区
015            ta2.setLineWrap(true); // 设置文本区为自动换行
016
017            f.add(ta1); // 直接将 ta1 加到窗口
018            f.add(new JScrollPane(ta2)); // 将 ta2 作为可滚动面板的显示区，并将后者加到窗口
019
020            f.showMe();
021        }
022    }
```

注意：文本区默认不带滚动条，即使当其内的文本超过了文本区组件能显示的范围时，滚动条也不显示。因此，一般将文本区组件放到可滚动面板中（如第 18 行）。

7.7　可调节组件

7.7.1　进度条：JProgressBar

进度条能动态显示某个任务的完成度（通常以百分比的形式），随着任务的进行，进度条的矩形区域将逐渐被填充至满。表 7-19 列出了 JProgressBar 类的常用 API。

表 7-19　　　　　　　　　　　　　JProgressBar 类的常用 API

序号	方法原型	功能及参数说明
1	JProgressBar()	创建最小值为 0、最大值为 100 的水平进度条
2	JProgressBar (int o, int min, int max)	创建方向为 o、最小/大值分别为 min/max 的进度条。参数 o 的取值为 SwingConstants 接口的静态常量： • HORIZONTAL：水平方向（默认值）。 • VERTICAL：垂直方向
3	void setValue(int v)	设置进度条当前值为 v
4	void setIndeterminate(boolean b)	设置进度条是否是不确定的（默认为 false）
5	void setStringPainted(boolean b)	设置是否显示进度文字（默认为 false）
6	void setString(String s)	设置进度条文字为 s

【例 7.17】进度条演示（见图 7-18）。

JProgressBarDemo.java
```
001    package ch07;
002    /* 省略了各 import 语句，请使用 IDE 的自动 import 功能 */
006
007    public class JProgressBarDemo {
008        public static void main(String[] args) {
009            BaseFrame f = new BaseFrame("JProgressBar 演示");
```

```
010
011          JProgressBar pb1 = new JProgressBar(); // 默认进度条
012          pb1.setMinimum(0); // 设置最小值
013          pb1.setMaximum(100); // 设置最大值
014          pb1.setValue(75); // 设置当前值，进度=(75-0)/(100-0)，即 75%
015          pb1.setLocation(5, 5);
016          pb1.setSize(130, 20);
017
018          JProgressBar pb2 = new JProgressBar(-20, 20); // 指定了最小/大值的进度条
019          pb2.setValue(-10);
020          int min = pb2.getMinimum(); // 得到最小值
021          int max = pb2.getMaximum(); // 得到最大值
022          int value = pb2.getValue(); // 得到当前值
023          pb2.setString("已下载: " + (value - min) * 100 / (max - min) + " %"); // 设置文字
024          pb2.setStringPainted(true); // 显示进度文字
025          pb2.setLocation(5, 85);
026          pb2.setSize(160, 20);
027
028          JProgressBar pb3 = new JProgressBar(SwingConstants.VERTICAL); // 指定了方向的进度条
029          pb3.setIndeterminate(true); // 设置进度条为不确定的(任务完成情况未知，动画循环显示)
030          pb3.setString("不确定的进度条");
031          pb3.setStringPainted(true);
032          pb3.setLocation(180, 5);
033          pb3.setSize(20, 100);
034
035          f.add(pb1); // 加进度条到窗口
036          f.add(pb2);
037          f.add(pb3);
038
039          f.showMe();
040      }
041 }
```

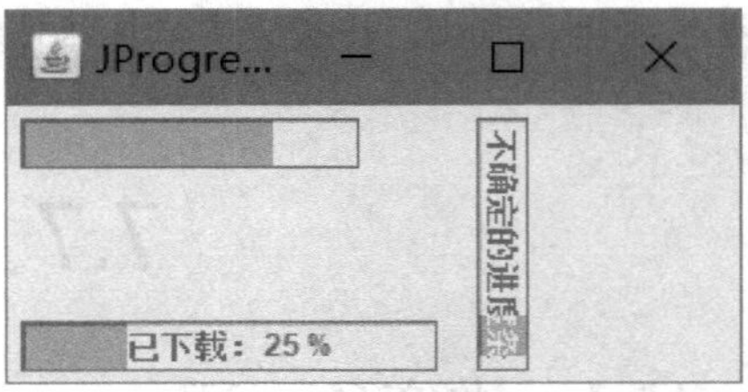

图 7-18　进度条演示

7.7.2　滚动条：JScrollBar

前面介绍可滚动面板时已经见过滚动条了，实际上，滚动条是独立的组件——可以不依赖于可滚动面板而单独出现。与进度条类似，滚动条也能表示一定范围内的某个值，并且允许用户拖动滚动条上的滑块以改变该值。表 7-20 列出了 JScrollBar 类的常用 API。

表 7-20　　　　　　　　　　　　　　　JScrollBar 类的常用 API

序号	方法原型	功能及参数说明
1	JScrollBar()	创建的滚动条的默认方向、初始值、滑块大小、最小值、最大值分别是垂直、0、10、0、100
2	JScrollBar (int o, int v, int n, int min, int max)	创建指定方向、初始值、滑块大小、最小值、最大值的滚动条。参数 o 的取值为 java.awt.Adjustable 接口的静态常量： • HORIZONTAL：水平方向。 • VERTICAL：垂直方向（默认值）
3	void setValue(int v)	设置滚动条的滑块位置为 v
4	void setVisibleAmount(int n)	设置滚动条的滑块大小为 n
5	void setBlockIncrement(int i)	设置滚动条的块增量大小（单击滑块两侧的空白区域时）为 i
6	void setUnitIncrement(int i)	设置滚动条的单位增量大小（单击两端的箭头时）为 i
7	void setValueIsAdjusting(boolean b)	设置滑块位置是否正在改变。当开始拖动滑块时应设为 true，拖动停止后应设为 false，否则会连续产生多次调整事件

【例 7.18】滚动条演示（见图 7-19）。

JScrollBarDemo.java

```
001  package ch07;
002  /* 省略了各 import 语句，请使用 IDE 的自动 import 功能 */
006
007  public class JScrollBarDemo {
008      public static void main(String[] args) {
009          BaseFrame f = new BaseFrame("JScrollBar 演示");
010
011          JScrollBar sb1 = new JScrollBar(Adjustable.HORIZONTAL); // 水平方向的滚动条
012          sb1.setValue(30); // 设置滑块位置
013          sb1.setLocation(5, 5);
014          sb1.setSize(300, 30);
015
016          JScrollBar sb2 = new JScrollBar(Adjustable.HORIZONTAL);
017          sb2.setVisibleAmount(10); // 设置滑块大小
018          sb2.setMinimum(-10); // 设置最小值
019          sb2.setMaximum(20); // 设置最大值
020          sb2.setValue(10);
021          sb2.setLocation(5, 85);
022          sb2.setSize(300, 30);
023
024          // 指定了方向、初始值、滑块大小、最小值、最大值的滚动条
025          JScrollBar sb3 = new JScrollBar(Adjustable.VERTICAL, 20, 30, 0, 50);
026          sb3.setBlockIncrement(10); // 设置块增量大小(单击滑块两侧的空白区域时)
027          sb3.setUnitIncrement(5); // 设置单位增量大小(单击两端的箭头时)
028          sb3.setLocation(350, 5);
029          sb3.setSize(20, 110);
030
031          f.add(sb1); // 加滚动条到窗口
032          f.add(sb2);
033          f.add(sb3);
034
035          f.showMe();
036      }
037  }
```

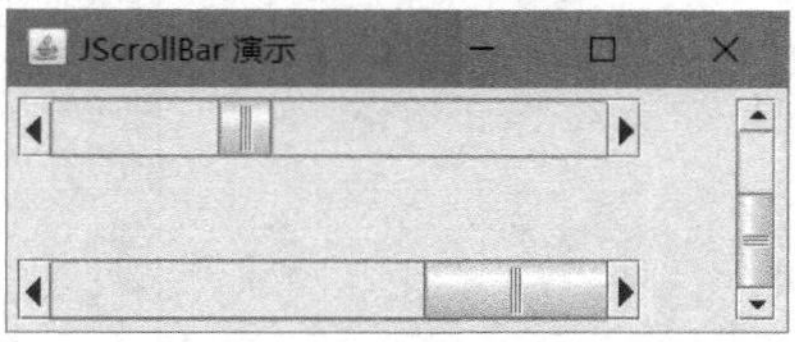

图 7-19 滚动条演示

说明：

（1）可以通过构造方法（如第 25 行）或 setVisibleAmount 方法（如第 17 行）设置滚动条中滑块所占据的大小。

注意：该大小并非指滑块显示的像素宽或高，而是指其在可滚动范围中占据的值大小。

（2）因滑块占据了大小，故操作滚动条时所能够选取的最大值是设置的最大值减去滑块大小。例如，对于下方和右方的滚动条，虽然第 20 行、第 25 行指定的滑块位置（10 和 20）分别小于各自设置的最大值（20 和 50），但滑块已到达滚动条的最右端和最下端。

（3）若要用滚动条控制其他组件（如面板、文本区等）的滚动显示，最好使用可滚动面板（因为其默认包含了滚动条和滚动显示的逻辑），否则需要额外编写代码。

（4）若只是想让用户选取指定范围内的某个值，而不需要控制组件的滚动显示，最好使用 7.7.3 节的滑块条组件。

7.7.3 滑块条：JSlider

与滚动条类似，滑块条也允许用户拖动滑块以选择指定范围内的某个值，不同的是，滑块条可以显示刻度及其描述标签。表 7-21 列出了 JSlider 类的常用 API。

表 7-21   JSlider 类的常用 API

序号	方法原型	功能及参数说明
1	JSlider()	创建的滑块条的默认方向、最小值、最大值、初始值分别是水平、0、100、50
2	JSlider(int min, int max, int v)	创建指定最小、最大和初始值的水平滑块条
3	void setInverted(boolean b)	设置是否反转显示滑块条（默认为 false）
4	void setValue(int n)	设置滑块位置为 n
5	void setMajorTickSpacing(int n)	设置主刻度间隔为 n
6	void setMinorTickSpacing(int n)	设置次刻度间隔为 n
7	void setPaintTicks(boolean b)	设置是否绘制刻度（默认为 false）
8	void setLabelTable(Dictionary d)	设置刻度及其描述标签，参数 d 为键值对的集合
9	void setSnapToTicks(boolean b)	设置拖动滑块时是否自动吸附到距离滑块最近的刻度（默认为 false）

【例 7.19】滑块条演示（见图 7-20）。

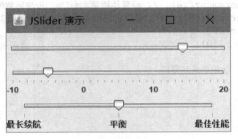

图 7-20   滑块条演示

JSliderDemo.java

```
001   package ch07;
002   /* 省略了各 import 语句，请使用 IDE 的自动 import 功能 */
009
010   public class JSliderDemo {
011       public static void main(String[] args) {
012           BaseFrame f = new BaseFrame("JSlider 演示");
013           f.setLayout(new GridLayout(3, 1, 0, 5));
014
015           JSlider s1 = new JSlider(); // 默认的滑块条
016           s1.setExtent(20); // 设置滑块大小
017           s1.setValue(90); // 设置滑块位置(无效，能选取到的最大值为 80)
018
019           JSlider s2 = new JSlider(SwingConstants.HORIZONTAL); // 指定了方向的滑块条
020           s2.setMinimum(-10); // 设置最小值
021           s2.setMaximum(20); // 设置最大值
022           s2.setValue(-5);
023           s2.setMajorTickSpacing(10); // 设置主刻度
024           s2.setMinorTickSpacing(1); // 设置次刻度
025           s2.setPaintTicks(true); // 绘制刻度
026           s2.setPaintLabels(true); // 绘制描述标签
027
028           JSlider s3 = new JSlider(SwingConstants.HORIZONTAL, 0, 10, 3);
029           s3.setMajorTickSpacing(5);
```

```
030            s3.setPaintTicks(true);
031            s3.setPaintLabels(true);
032            s3.setSnapToTicks(true); // 滑块吸附到刻度
033
034            Hashtable labs = new Hashtable(); // Hashtable 是 Dictionary 的子类
035            int min = s3.getMinimum(); // 得到滑块条最小值
036            int max = s3.getMaximum(); // 得到滑块条最大值
037            labs.put(min, new JLabel("最长续航"));
038            labs.put((max - min) / 2, new JLabel("平衡"));
039            labs.put(max, new JLabel("最佳性能"));
040            s3.setLabelTable(labs); // 设置描述标签的键值对集合
041
042            f.add(s1);// 加滑块条到窗口
043            f.add(s2);
044            f.add(s3);
045
046            f.showMe();
047        }
048    }
```

7.8　菜单和工具栏

7.8.1　菜单相关组件：JMenuBar/JMenu/JMenuItem

如图 7-21 所示，窗口可以包含一个菜单栏，后者可以包含多个菜单，而每个菜单可以包含多个菜单项或子菜单。回到本章前述图 7-3，可以看出，通常所称的菜单、子菜单、菜单项在 Swing 中实际上都属于 JMenuItem 类型——继承自 AbstractButton。

作为菜单组件的根类，JMenuItem 有下列 3 个子类，分别代表 3 种不同的菜单项。

（1）JMenu：菜单包含菜单项，但从类的继承关系上看，菜单是一种特殊的菜单项。

（2）JRadioButtonMenuItem：单选菜单项，与前述单选按钮类似。

（3）JCheckBoxMenuItem：复选菜单项，与前述复选按钮类似。

与前述组件不同，菜单涉及到几个类，具体包括 JMenuItem、JMenu 和 JMenuBar，它们的常用 API 分别如表 7-22～表 7-24 所示。

表 7-22　　　　　　　　　　　　JMenuItem 类的常用 API

序号	方法原型	功能及参数说明
1	JMenuItem(String t, Icon i)	创建文字为 t、图标为 i 的菜单项
2	void setAccelerator(KeyStroke k)	设置菜单项的加速键为 k，详见【例 7.20】的第 25 行

表 7-23　　　　　　　　　　　　JMenu 类的常用 API

序号	方法原型	功能及参数说明
1	JMenu(String t)	创建文字为 t 的菜单
2	JMenuItem add(String t)	创建文字为 t 的菜单项，并将其加到菜单末尾
3	JMenuItem add(JMenuItem m)	将菜单项 m 加到菜单的末尾
4	void addSeparator()	将菜单分隔线加到菜单的末尾

序号	方法原型	功能及参数说明
5	JMenuItem insert(JMenuItem m, int p)	在位置 p 处插入菜单项 m
6	Component getMenuComponent(int p)	得到菜单中位置 p 处的组件

表 7-24　　　　　　　　　　　　JMenuBar 类的常用 API

序号	方法原型	功能及参数说明
1	JMenuBar()	创建菜单栏
2	JMenu add(JMenu m)	将菜单 m 添加到菜单栏的末尾
3	JMenu getMenu(int i)	得到菜单栏中位置 i 处的菜单

【例 7.20】菜单栏、菜单和菜单项演示（见图 7-21）。

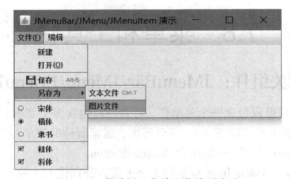

图 7-21　菜单栏、菜单和菜单项演示

JMenuDemo.java

```
001    package ch07;
002    /* 省略了各 import 语句，请使用 IDE 的自动 import 功能 */
013
014    public class JMenuDemo {
015        public static void main(String[] args) {
016            BaseFrame f = new BaseFrame("JMenuBar/JMenu/JMenuItem 演示");
017            JMenuBar bar = new JMenuBar(); // 菜单栏
018
019            JMenu menuFile = new JMenu("文件(F)"); // 菜单
020            menuFile.setMnemonic(KeyEvent.VK_F); // 设置菜单的快捷键字符
021
022            JMenuItem mi1 = new JMenuItem("新建"); // 菜单项
023            JMenuItem mi2 = new JMenuItem("打开(O)", KeyEvent.VK_O);
024            JMenuItem mi3 = new JMenuItem("保存", ImageFactory.create("save.png"));
025            mi3.setAccelerator(KeyStroke.getKeyStroke(KeyEvent.VK_S, ActionEvent.ALT_MASK));
026
027            menuFile.add(mi1); // 加菜单项到菜单
028            menuFile.add(mi2);
029            menuFile.addSeparator(); // 加菜单分隔条
030            menuFile.add(mi3);
031
032            JMenu saveAsMenu = new JMenu("另存为"); // 带子菜单的菜单项(注意类型是 JMenu)
033            JMenuItem mi4 = new JMenuItem("文本文件");
034            mi4.setAccelerator(KeyStroke.getKeyStroke(KeyEvent.VK_T, ActionEvent.CTRL_MASK));
035            JMenuItem mi5 = new JMenuItem("图片文件");
```

```
036        saveAsMenu.add(mi4); // 添加子菜单项
037        saveAsMenu.add(mi5);
038
039        menuFile.add(saveAsMenu); // 菜单中可以再加入菜单，从而形成多级菜单
040        menuFile.addSeparator();
041
042        JRadioButtonMenuItem mi6 = new JRadioButtonMenuItem("宋体"); // 单选菜单项
043        JRadioButtonMenuItem mi7 = new JRadioButtonMenuItem("楷体", true);
044        JRadioButtonMenuItem mi8 = new JRadioButtonMenuItem("隶书");
045        ButtonGroup bg = new ButtonGroup(); // 按钮组
046        bg.add(mi6); // 3 个单选菜单项加入同一个按钮组
047        bg.add(mi7);
048        bg.add(mi8);
049        menuFile.add(mi6);
050        menuFile.add(mi7);
051        menuFile.add(mi8);
052        menuFile.addSeparator();
053
054        JCheckBoxMenuItem mi9 = new JCheckBoxMenuItem("粗体", true); // 复选菜单项
055        JCheckBoxMenuItem mi10 = new JCheckBoxMenuItem("斜体", true);
056        menuFile.add(mi9);
057        menuFile.add(mi10);
058
059        bar.add(menuFile); // 加菜单到菜单栏
060        bar.add(new JMenu("编辑")); // 加另一个菜单(无任何菜单项)到菜单栏
061
062        f.setJMenuBar(bar); // 设置窗口的菜单栏
063        f.showMe();
064    }
065 }
```

JRadioButtonMenuItem 类和 JCheckBoxMenuItem 类各自主要包含几个构造方法，它们与 JToggleButton 类的构造方法非常类似，故不再赘述。

7.8.2　弹出菜单：JPopupMenu

与菜单类似，弹出菜单也能包含菜单项和子菜单，不同的是，弹出菜单一般依附于某个组件（该组件称为弹出菜单的调用者）并在该组件上单击鼠标右键时显示。表 7-25 列出了 JPopupMenu 类的常用 API。

表 7-25　　　　　　　　　　　　　　JPopupMenu 类的常用 API

序号	方法原型	功能及参数说明
1	JMenuItem add(JMenuItem mi)	将菜单项 mi 加到弹出菜单的末尾
2	void insert(Component c, int i)	在弹出菜单的位置 i 处插入组件 c
3	void pack()	将弹出菜单的大小设为正好显示出其全部菜单项
4	void show(Component c, int x, int y)	在调用者 c 的指定坐标处显示弹出菜单
5	void setInvoker(Component c)	设置弹出菜单的调用者为 c

【例 7.21】弹出菜单演示（见图 7-22）。

JPopupMenuDemo.java

```
001 package ch07;
002 /* 省略了各 import 语句，请使用 IDE 的自动 import 功能 */
008
009 public class JPopupMenuDemo {
```

```
010       public static void main(String[] args) {
011           BaseFrame f = new BaseFrame("JPopupMenu 演示");
012           JTextField tf = new JTextField("带鼠标右键弹出菜单的文本框...");
013           tf.setComponentPopupMenu(createPopupMenu()); // 设置弹出菜单
014
015           f.setLayout(new FlowLayout());
016           f.add(tf);
017           f.showMe();
018       }
019
020       // 创建弹出菜单
021       private static JPopupMenu createPopupMenu() {
022           String ts[] = { "剪切", "复制", "粘贴", "删除", null, "全选" };
023           JPopupMenu pm = new JPopupMenu();
024
025           for (String t : ts) {
026               if (t != null) {
027                   pm.add(new JMenuItem(t));// 加菜单项
028               } else {
029                   pm.addSeparator();// 加菜单分隔线
030               }
031           }
032           pm.setPopupSize(80, 120);// 设置弹出菜单大小
033           return pm;
034       }
035   }
```

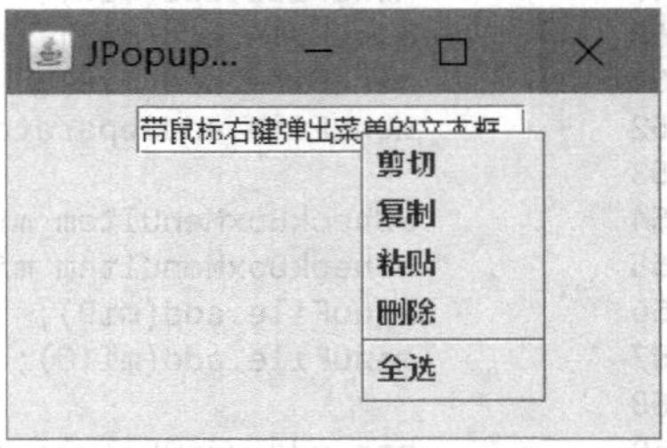

图 7-22 弹出菜单演示

注意：JPopupMenu 的直接父类并非 JMenu，而是 JComponent。此外，为组件设置右键弹出菜单可直接调用组件对象的 setComponentPopupMenu 方法（如第 13 行），而不需要额外编写鼠标事件处理代码。

7.8.3　工具栏：JToolBar

工具栏是一种能够将若干组件（通常是带图标的按钮）组织为一行（或一列）的容器，其提供了与菜单类似的功能。表 7-26 列出了 JToolBar 类的常用 API。

表 7-26　　　　　　　　　　　　　JToolBar 类的常用 API

序号	方法原型	功能及参数说明
1	JToolBar(String t, int o)	创建标题为 t、方向为 o 的工具栏。当工具栏被拖曳出其所在容器成为浮动工具栏时，将显示标题。参数 o 的取值为 SwingConstants 接口的静态常量： • HORIZONTAL：水平方向（默认值） • VERTICAL：垂直方向
2	Component getComponentAtIndex(int i)	得到工具栏中位置 i 处的组件
3	void setFloatable(boolean b)	设置工具栏是否可浮动（默认为 true）

【例 7.22】工具栏演示（见图 7-23）。

图 7-23　工具栏演示（拖曳工具栏前后）

JToolBarDemo.java

```
001  package ch07;
002  /* 省略了各 import 语句，请使用 IDE 的自动 import 功能 */
011
012  public class JToolBarDemo {
013      public static void main(String[] args) {
014          BaseFrame f = new BaseFrame("JToolBar 演示");
015
016          JToolBar bar = new JToolBar("导航", SwingConstants.HORIZONTAL);
017          String[] icons = { "first.png", "pre.png", "next.png", "last.png" };
018          JButton[] btns = new JButton[icons.length];
019
020          for (int i = 0; i < btns.length; i++) {
021              ImageIcon icon = ImageFactory.create(icons[i]);
022              btns[i] = new JButton();
023              btns[i].setIcon(icon);
024              bar.add(btns[i]); // 将按钮加到工具栏
025          }
026          bar.addSeparator(); // 加分隔线到工具栏末尾
027          bar.add(new JLabel("搜索: ")); // 将标签加到工具栏
028          bar.add(new JTextField()); // 将文本框加到工具栏
029          bar.setFloatable(true); // 设置工具栏为可浮动
030
031          f.setLayout(new BorderLayout()); // 设置窗口为边界布局
032          f.add(bar, BorderLayout.NORTH); // 将工具栏加到窗口北侧
033          f.showMe();
034      }
035  }
```

若工具栏被设为可浮动的（如第 29 行），则可将工具栏拖曳到其所在容器的四个边。为了能够正确执行拖曳，通常先将容器设为边界布局（如第 31 行，详见 7.10.3 节），然后将工具栏对象添加到容器的某一边（如第 32 行）。此外，工具栏还能被拖曳到容器之外。

7.9　颜色和字体

7.9.1　颜色：java.awt.Color

颜色和字体是 GUI 编程中经常使用的概念。严格来说，它们并不属于组件的范畴。从类的继承关系看，颜色和字体对应的类均继承自 Object 而非 java.awt.Component。考虑到 AWT/Swing 中的很多组件都涉及了颜色和字体，因此放在本章介绍。

java.awt.Color 是 AWT/Swing 共用的颜色类，能表示 sRGB[①]色彩空间中的颜色。除了三基色分量（即红、绿、蓝，取值均为 0.0～1.0 或 0～255）外，每个 Color 对象都有一个隐含的 alpha 分量——描述颜色的透明度，默认为 1.0 或 255（完全不透明）。

除了构造方法，Color 类还提供若干个静态字段用以表示常用颜色，例如 Color.RED（红）、Color.CYAN（青绿色）、Color.LIGHT_GRAY（浅灰）、Color.DARK_GRAY（深灰）等。表 7-27 列出了 Color 类的常用 API。

---

① sRGB（standard Red Green Blue，标准红绿蓝）是微软联合惠普、三菱、爱普生等厂商联合制定的色彩模型。受微软影响，绝大多数的数码图像采集设备厂商的产品都支持 sRGB 标准。

表 7-27   java.awt.Color 类的常用 API

序号	方法原型	功能及参数说明
1	Color(int r, int g, int b, int a)	创建指定红、绿、蓝及 alpha 分量的颜色。参数 1、2、3 的取值范围均为 0~255。3 个分量都取 255 为白色，都取 0 为黑色。参数 4 的取值范围也是 0~255，取 0 为完全透明，取 255 为完全不透明
2	Color(int rgb)	参数对应二进制形式的第 16~23 位、8~15 位、0~7 位分别表示红、绿、蓝分量。通常写成十六进制数如：0x00FF00（绿色）
3	int getRed()	得到颜色的红色分量
4	Color brighter()	将红绿蓝分量按相同比例扩大，得到比当前颜色更亮的颜色

【例 7.23】显示 16 阶灰度颜色（见图 7-24）。

ColorDemo.java

```
001   package ch07;
002   /* 省略了各 import 语句，请使用 IDE 的自动 import 功能 */
007
008   public class ColorDemo {
009       public static void main(String[] args) {
010           BaseFrame f = new BaseFrame("Color 演示");
011           f.setLayout(new GridLayout(4, 4, 2, 2));
012
013           JLabel[] labs = new JLabel[16];
014           for (int i = 0; i < labs.length; i++) {
015               int rgb = 255 - i * 17; // 16 阶灰度颜色
016               labs[i] = new JLabel();
017               labs[i].setOpaque(true); // 设置标签背景不透明
018               labs[i].setBackground(new Color(rgb, rgb, rgb)); // 设置标签背景色
019               f.add(labs[i]);
020           }
021           f.showMe();
022       }
023   }
```

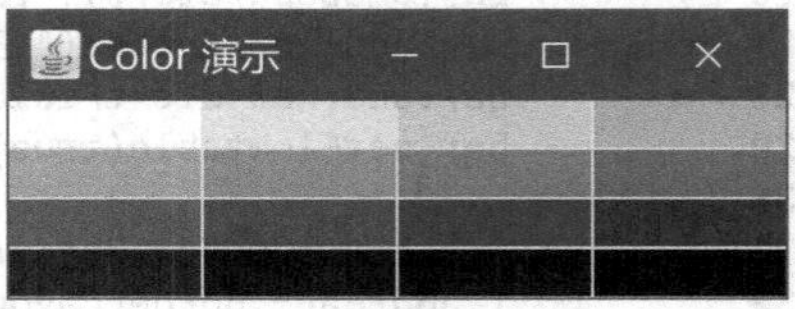

图 7-24　16 阶灰度颜色

7.9.2　字体：java.awt.Font

字体通常包括以下 3 个要素。

（1）字体名称：如 "Courier New" "宋体" "楷体_GB2312" 等。

（2）字体样式：如 "粗体" "斜体" "普通" 等。

（3）字体大小：即字号，一般用整数表示。

java.awt.Font 是 AWT/Swing 共用的字体类，其常用 API 如表 7-28 所示。

表 7-28   java.awt.Font 类的常用 API

序号	方法原型	功能及参数说明
1	Font(String name, int style, int size)	创建具有指定字体名称、样式、字号的字体。参数 1 一般是字体的系列名称（见方法 2），参数 2 来自于 Font 类自身的静态常量，取值包括： • PLAIN：普通样式。 • BOLD：粗体样式。 • ITALIC：斜体样式。 • BOLD | ITALIC：粗体并且斜体样式

续表

序号	方法原型	功能及参数说明
2	String getFamily()	得到字体所属的系列名称。不同的逻辑字体可能属于相同的系列，例如：逻辑名称为"微软雅黑"和"微软雅黑 Bold"的字体都属于名为"微软雅黑"的字体系列。一般使用此方法得到的名称创建字体

【例 7.24】字体演示（见图 7-25）。

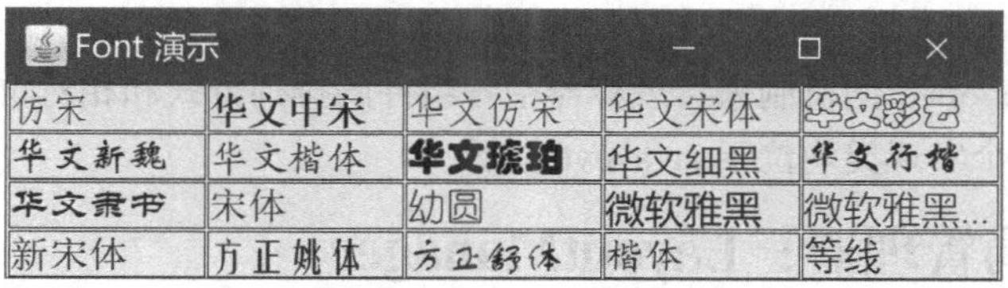

图 7-25　字体演示

FontDemo.java

```
001  package ch07;
002  /* 省略了各 import 语句，请使用 IDE 的自动 import 功能 */
012
013  public class FontDemo {
014      /**** 得到系统中所有中文字体的名称 ****/
015      public static List<String> getChineseFontNames() {
016          // 得到本地图形环境(请查阅 GraphicsEnvironment 类的 API)
017          GraphicsEnvironment ge = GraphicsEnvironment.getLocalGraphicsEnvironment();
018          String[] fonts = ge.getAvailableFontFamilyNames(); // 得到所有的字体系列
019          List<String> names = new ArrayList<String>(); // 元素为字符串的线性表(见第 12 章)
020          for (String f : fonts) {
021              if (f.charAt(0) > 0x80) { // 过滤掉非中文字体
022                  names.add(f); // 加入线性表
023              }
024          }
025          return names;
026      }
027
028      public static void main(String[] args) {
029          BaseFrame f = new BaseFrame("Font 演示");
030          f.setLayout(new GridLayout(4, 5, 2, 2)); // 4 行 5 列
031
032          List<String> names = getChineseFontNames();
033          for (int i = 0; i < Math.min(names.size(), 20); i++) { // 最多显示 20 个字体
034              Font font = new Font(names.get(i), Font.PLAIN, 20); // 创建字体对象
035              JLabel lab = new JLabel(names.get(i)); // 以字体名称作为标签文字
036              lab.setFont(font); // 设置标签字体
037              lab.setBorder(BorderFactory.createLineBorder(Color.BLACK));
038              f.add(lab);
039          }
040          f.showMe();
041      }
042  }
```

本章至此，Swing 中绝大部分的基本组件已介绍完毕，剩下的几个高级组件将在第 8 章介绍。接下来讲解 Swing 的布局管理机制以及事件处理模型。

7.10 布 局 管 理

GUI 程序运行后，容器的大小可能会发生变化（如用户改变窗口大小等），则该容器中的各个组件应如何调整大小呢？此外，某些 GUI 程序可能对界面有着特殊的需求——例如，调整窗口宽度时，要求窗口中呈水平排列的 3 个组件中处于中间位置的组件的宽度也随之变化，而左右两侧的组件宽度保持不变。显然，仅以尺寸和坐标描述组件大小和位置的方式无法满足这样的需求。

Java 以布局（Layout）的机制来管理容器中各组件的排列方式和相对位置。本节介绍的布局管理器接口和它的几个实现类均位于 java.awt 包下。

7.10.1 布局管理器：LayoutManager

布局管理器是实现了 LayoutManager 接口的类的对象，它决定了容器中各组件的大小和位置——只有容器型组件才有布局的概念。创建了布局管理器对象后，可以之为参数来调用某个容器对象的 setLayout 方法，从而为该容器对象设置相应的布局。

注意：尽管大多数组件都有着为自身设置大小和对齐方式的方法，但组件最终的大小和位置却取决于其所在容器的布局管理器。布局管理器主要完成以下 3 项操作。

（1）计算容器的最小、首选和最大大小，并对容器中的各个子组件应用该布局。布局管理器将根据指定的约束、容器的属性以及子组件的最小、首选和最大大小等来完成此操作。若子组件自身是容器，则递归地对该子组件完成此操作。

（2）标记容器是否有效。当容器的所有子组件布局完毕且有效时，则该容器有效。此时，容器对象的 isValid 方法返回 true。若对失效的容器对象调用 validate 方法，将触发该容器及其所有子组件重新进行布局操作，然后将容器标记为有效。

（3）系统从内向外确定程序中各容器的大小，最终确定顶层容器的最佳大小。

编写含有复杂界面的 GUI 程序时，通常遵循以下步骤。

（1）规划界面。对于复杂界面，应先在纸上粗略勾勒出各组件的位置与包含关系。

（2）从外层到内层，依次创建合适的容器对象并设置合适的布局。

（3）创建合适的组件对象，并设置其大小、方向和位置等。

（4）将各组件加入相应容器。

（5）设置顶层容器的大小、位置等，并让其可见。

下面介绍 LayoutManager 接口的几个常用实现类，具体包括 FlowLayout（流式布局）、BorderLayout（边界布局）、GridLayout（网格布局）以及 GridBagLayout（网格包布局）。

7.10.2 流式布局：FlowLayout

流式布局将子组件放置为一行，并根据子组件的首选大小确定容器大小。若容器的水平空位不足以将所有子组件放置在一行，则以多行放置，每行默认水平居中对齐。流式布局是 JPanel 的默认布局方式，其常用 API 如表 7-29 所示。

表 7-29   FlowLayout 类的常用 API

序号	方法原型	功能及参数说明
1	FlowLayout(int a,int h, int v)	创建水平对齐方式为 a、水平和垂直间距（指子组件之间以及子组件与容器之间的距离）分别为 h 和 v 的流式布局。参数 a 的取值来自 FlowLayout 类自身： • LEFT：水平居左。 • CENTER：水平居中（默认值）。 • RIGHT：水平居右。 • LEADING：与容器方向[①]的起始边对齐。若容器方向为从左到右，则与左边对齐，否则与右边对齐。 • TRAILING：与容器方向的结束边对齐。若容器方向为从左到右，则与右边对齐，否则与左边对齐
2	void setAlignment(int a)	设置流式布局的水平对齐方式为 a

【例 7.25】流式布局演示（见图 7-26）。

图 7-26　流式布局演示（改变窗口宽度前后）

FlowLayoutDemo.java
```
001    package ch07.layout;
002    /* 省略了各 import 语句，请使用 IDE 的自动 import 功能 */
008
009    public class FlowLayoutDemo {
010        public static void main(String[] args) {
011            new FlowLayoutDemo().init();
012        }
013
014        void init() {
015            BaseFrame f = new BaseFrame("FlowLayout 演示");
016            f.setLayout(new FlowLayout());
017
018            JButton[] btns = new JButton[8];
019            for (int i = 0; i < btns.length; i++) {
020                f.add(new JButton("按钮 " + (i + 1)));
021            }
022            f.showMe();
023        }
024    }
```

7.10.3　边界布局：BorderLayout

边界布局将容器划分为北、南、东、西、中 5 个区域，并分别以 BorderLayout 类自身的静态常量 NORTH、SOUTH、EAST、WEST、CENTER 表示。改变容器大小时，位于北和南区域的组

---

① 为满足某些特殊语言（如中东地区的希伯来语）的需要，Java 专门设计了 ComponentOrientation 类，以描述组件和文本的方向。

件在水平方向上拉伸、位于东和西区域的组件在垂直方向上拉伸、位于中心区域的组件同时在水平和垂直方向上拉伸，以填充剩余空间。边界布局通常用作界面中最外层容器的布局方式，其也是 JFrame 的默认布局方式。

边界布局方式下向容器添加组件时，通常要以参数指定组件被添加到容器的哪个区域，若未指定区域，则默认添加到中心区域。此外，每个区域最多只能放置一个组件，若多次向同一区域添加多个组件，则最后一次添加的组件有效。

BorderLayout 类还定义了几个用于相对定位的静态常量——PAGE_START、PAGE_END、LINE_START 和 LINE_END，在容器方向为从左到右时，它们分别等效于 NORTH、SOUTH、WEST 和 EAST。表 7-30 列出了 BorderLayout 类的常用 API。

表 7-30　　　　　　　　　　　　　BorderLayout 类的常用 API

序号	方法原型	功能及参数说明
1	BorderLayout(int h, int v)	创建水平和垂直间距分别为 h 和 v 的边框布局
2	void setHgap(int h)	设置边框布局的水平间距为 h
3	Component getLayoutComponent(Object o)	得到边框布局中位于参数 o 对应区域的组件

【例 7.26】边界布局演示（见图 7-27）。

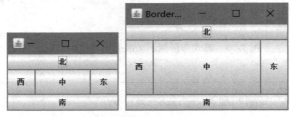

图 7-27　边界布局演示（改变窗口大小前后）

BorderLayoutDemo.java

```java
001  package ch07.layout;
002  /* 省略了各 import 语句，请使用 IDE 的自动 import 功能 */
008
009  public class BorderLayoutDemo {
010      public static void main(String[] args) {
011          new BorderLayoutDemo().init();
012      }
013
014      void init() {
015          BaseFrame f = new BaseFrame("BorderLayout 演示");
016          f.setLayout(new BorderLayout()); // 设置边界布局
017
018          JButton b1 = new JButton("东");
019          JButton b2 = new JButton("西");
020          JButton b3 = new JButton("南");
021          JButton b4 = new JButton("北");
022          JButton b5 = new JButton("中");
023
024          f.add(b1, BorderLayout.EAST);
025          f.add(b2, BorderLayout.WEST);
026          f.add(b3, BorderLayout.SOUTH);
027          f.add(b4, BorderLayout.NORTH);
028          f.add(b5); // 未指定区域，默认添加到中心
```

```
029
030            f.showMe();
031        }
032  }
```

7.10.4 网格布局：GridLayout

网格布局将容器划分为若干行和列，每个网格具有相同的宽度和高度。向具有网格布局的容器添加组件时，组件按照从上至下、从左至右的顺序添加，并占满该网格。表 7-31 列出了 GridLayout 类的常用 API。

表 7-31   GridLayout 类的常用 API

序号	方法原型	功能及参数说明
1	GridLayout(int r, int c)	创建具有 r 行 c 列、无水平和垂直间距的网格布局。r 和 c 可以为 0（但不能同时），表示一行（或一列）可以放置任何数量的组件
2	void setRows(int r)	设置网格布局的行数为 r

【例 7.27】网格布局演示（见图 7-28）。

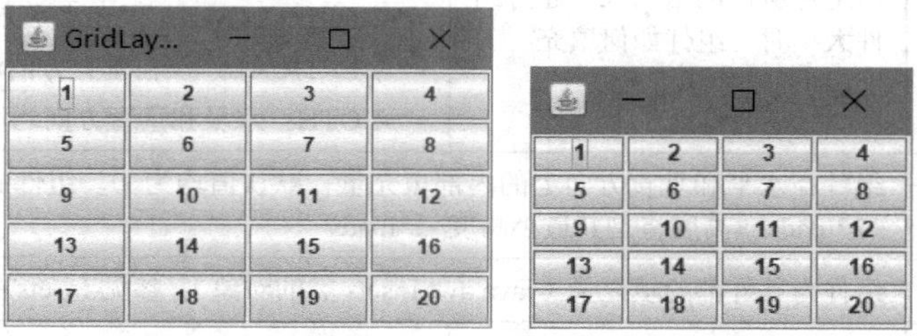

图 7-28 网格布局演示（改变窗口大小前后）

GridLayoutDemo.java

```
001  package ch07.layout;
002  /* 省略了各 import 语句，请使用 IDE 的自动 import 功能 */
008
009  public class GridLayoutDemo {
010      public static void main(String[] args) {
011          new GridLayoutDemo().init();
012      }
013
014      void init() {
015          int row = 5, col = 4; // 行列数
016          BaseFrame f = new BaseFrame("GridLayout 演示");
017          f.setLayout(new GridLayout(row, col, 2, 2)); // 设置网格布局
018
019          for (int i = 0; i < row * col; i++) {
020              f.add(new JButton("" + (i + 1))); // 添加按钮到网格的下一个位置
021          }
022          f.showMe();
023      }
024  }
```

7.10.5 网格包布局：GridBagLayout

前述几种布局方式都较为单一，对于复杂界面，可以使用更为灵活的网格包布局。与网格布局类似，网格包布局也将容器划分为若干行和列，不同的是，网格包布局允许每个网格具有不同

的宽度、高度、放置方式和额外空间调整行为——统称为网格包约束。

将组件加入具有网格包布局的容器中时，需要以参数指定网格包约束——java.awt.GridBag-Constraints 类的对象，其包含的字段、意义及可取值如表 7-32 所示。

表 7-32 　　　　　　　　　GridBagConstraints 类的字段、意义及可取值

序号	字段名	意义	可取值/默认值
1	gridx gridy	组件所在网格的水平和垂直坐标。容器左上角网格的坐标为（0，0）。容器方向为从左到右时，gridx 向右递增，gridy 向下递增	大于或等于 0 的正整数。默认值均为 RELATIVE（来自 GridBagConstraints 类，下同），即最后添加的组件在水平（垂直）方向上的下一网格
2	gridwidth gridheight	组件在水平和垂直方向上占据的网格个数	默认值均为 1。可取值包括： • REMAINDER：组件占据本行（列）剩余网格。 • RELATIVE：与最后被添加的组件在水平（垂直）方向上占据的网格数相同
3	fill	当组件所占网格的大小超过组件大小时，组件如何填充	可取值包括： • NONE：不填充（默认值） • HORIZONTAL：仅在水平方向填充 • VERTICAL：仅在垂直方向填充 • BOTH：水平和垂直方向均填充
4	ipadx ipady	组件在水平和垂直方向上的内部填充量，默认值均为 0。组件的宽度将是其最小宽度+2*ipadx，高度将是其最小高度+2*ipady	
5	insets	组件与其外部的填充量（java.awt.Insets 类的对象），参见 Insets 类的构造方法	
6	anchor	组件处于其所占网格的何处	可取值有 3 种（具体请查阅 API 文档）： • 绝对值：如东、东南、中（默认值）等 • 相对于方向的值：取决于容器的方向 • 相对于基线的值：较少使用
7	weightx weighty	组件所占网格获得水平和垂直额外空间的权重，取值范围介于 0～1，默认值为 0。当改变顶层容器的大小时，若需要指定其内组件的大小调整行为时，应修改这 2 个字段。若某行（列）中所有组件的 weightx (weighty) 均为 0，则该行（列）将相对于容器水平（垂直）居中	

【例 7.28】网格包布局演示（见图 7-29）。

图 7-29　网格包布局演示（改变窗口宽度前后）

GridBagLayoutDemo.java

```
001  package ch07.layout;
002  /* 省略了各 import 语句，请使用 IDE 的自动 import 功能 */
```

```
003
004   public class GridBagLayoutDemo {
005       public static void main(String[] args) {
006           new GridBagLayoutDemo().init();
007       }
008
009       void init() {
010           BaseFrame f = new BaseFrame("GridBagLayout 演示");
011           f.setLayout(new GridBagLayout()); // 设置网格包布局
012
013           JLabel labFace = new JLabel(ImageFactory.create("face.png")); // 头像标签
014           JLabel labReg = new JLabel("注册账号");
015           JLabel labFindPsw = new JLabel("找回密码");
016           JTextField tfId = new JTextField(); // 账号框
017           JPasswordField tfPsw = new JPasswordField(); // 密码框
018           JCheckBox cbRemPsw = new JCheckBox("记住密码");
019           JCheckBox cbAutoLogin = new JCheckBox("自动登录");
020           JButton btnExit = new JButton("关闭");
021           JButton btnLogin = new JButton("登录");
022
023           GridBagConstraints c = new GridBagConstraints(); // 网格包约束
024
025           /**** 头像标签 ****/
026           c.gridx = c.gridy = 0; // 所在网格
027           c.gridheight = 3; // 占据 3 行
028           f.add(labFace, c); // 以指定约束添加头像标签
029
030           /**** 账号框 ****/
031           c.gridx = 1; // 执行此行前, gridy 仍为 0
032           c.gridwidth = 2; // 占据 2 列
033           c.gridheight = 1; // 之前修改了 gridheight
034           c.weightx = 1.0; // 获得所有水平额外空间
035           c.fill = GridBagConstraints.HORIZONTAL; // 只允许改变水平大小
036           c.insets = new Insets(0, 0, 4, 0); // 构造外部填充量(上、左、下、右)
037           f.add(tfId, c);
038
039           /**** 密码框 ****/
040           c.gridy = 1; // gridx 仍为 1
041           f.add(tfPsw, c); // 复用了之前的约束(不推荐)
042
043           /**** 注册账号标签 ****/
044           c = new GridBagConstraints(); // 重新构造网格包约束
045           c.gridx = 3;
046           c.gridy = 0;
047           c.insets = new Insets(0, 0, 4, 0);
048           f.add(labReg, c);
049
050           /**** 找回密码标签 ****/
051           c.gridy = 1;
052           f.add(labFindPsw, c);
053
054           /**** 记住密码复选框 ****/
055           c.gridx = 1;
056           c.gridy = 2;
057           f.add(cbRemPsw, c);
058
059           /**** 自动登录复选框 ****/
060           c.gridx = 2;
061           f.add(cbAutoLogin, c);
062
063           /**** 关闭按钮 ****/
064           c.gridx = 2;
```

```
065            c.gridy = 3;
066            c.anchor = GridBagConstraints.SOUTHEAST; // 按钮始终位于网格右下
067            c.insets = new Insets(20, 0, 0, 5);
068            f.add(btnExit, c);
069
070            /**** 登录按钮 ****/
071            c.gridx = 3;
072            f.add(btnLogin, c);
073
074            f.showMe();
075        }
076  }
```

使用网格包布局时，需要注意以下几点。

（1）对于每个要添加的组件，尽量为其对应约束对象的 gridx/gridy、gridwidth/gridheight 字段指定值，且尽量不要指定为 REMAINDER 或 RELATIVE，以方便日后维护。

（2）尽量不要复用网格包约束对象，否则很可能因忘记重新设置约束对象的某些字段而使程序出现难以察觉的错误。最好是在添加每一个组件前，新创建一个约束对象并修改其某些字段——当修改某个约束对象的字段时，不会影响后面添加的组件。

（3）通常情况下，每行（列）中至少要指定 1 个网格的 weightx（weighty）字段（且不为 0），以保证当容器大小变化时，组件具有符合要求的大小调整行为。

7.10.6 空布局：绝对定位

空布局实际上是采用像素绝对定位的方式来确定组件在容器中的位置和大小，严格来说，其并不是一种布局管理器。一般通过以下方式来使用空布局。

（1）调用容器的 setLayout 方法，并以 null——空布局管理器作为参数。

（2）调用组件的 setLocation、setSize 等方法，以确定组件大小及其在容器中的位置。

空布局非常容易理解，且编程方便，但其缺点也很明显——组件的大小和位置永远是固定的，不会随容器而变化。当不允许改变顶层容器的大小或容器中的组件对大小调整行为没有要求时，应优先考虑使用空布局。

除本节所述的几种布局管理器外，Java 还提供了卡片布局（CardLayout）、盒式布局（BoxLayout）、分组布局（GroupLayout）和 Spring 布局（SpringLayout）等，它们更为灵活、复杂，限于篇幅不作介绍，请读者自行查阅有关资料。

7.10.7 可视化 GUI 设计器

可视化 GUI 设计器允许开发者以所见即所得的方式直接"绘制"程序界面，同时自动生成相应的代码，这无疑极大地降低了复杂布局的使用难度，并提高了开发效率。

常见的 Java 可视化 GUI 设计器包括 WindowBuilder、JFormDesigner 等，它们均支持可视化布局管理、组件拖曳、属性编辑、事件导航等功能，并且能以插件的形式整合到主流的 Java IDE 中。图 7-30 所示为使用 JFormDesigner 插件在 Eclipse 中开发 GUI 程序。

利用可视化 GUI 设计器能极大提升复杂软件界面的开发效率，使用户可以快速看到软件的雏形。尽管如此，初学者仍需具备手工编写 GUI 相关代码的能力，原因如下。

（1）可视化 GUI 设计器自动生成的代码风格可能与项目要求不一致，需要修改。

（2）软件的具体交互逻辑以及一些在运行时动态生成的复杂界面只有通过手工编写相应代码才能实现。

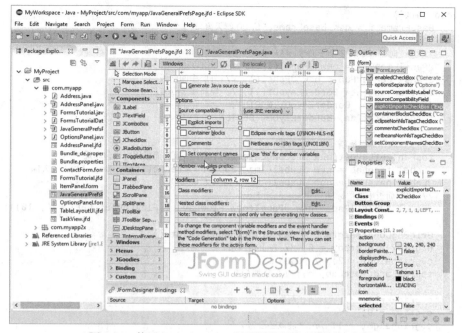

图 7-30　使用 JFormDesigner 以可视化方式开发 GUI 程序

（3）对于一些复杂布局，不仅需要开发者对这些布局的相关参数有着较为透彻的理解，而且必须具备一定的代码编写经验，才能正确合理地使用它们。

综上所述，建议初学者尽量通过手工编写代码的方式来完成程序的界面设计，待熟练掌握常用的组件、容器及布局管理器之后，再使用可视化 GUI 设计器，以提高开发效率。

7.11　案例实践 7：仿 QQ 聊天窗口

【案例实践】综合使用合适的布局管理器，编写一个仿 QQ 聊天窗口（见图 7-31）。注意当窗口大小改变时，各组件的变化行为要满足相应要求。

ChatFrame.java

```
001    package ch07.layout;
002    /* 省略了各 import 语句，请使用 IDE 的自动 import 功能 */
028
029    public class ChatFrame {
030        /**** 改变 GUI 的观感(LookAndFeel)，请自行查阅相关 API 文档 ****/
031        static {
032            try {
033                UIManager.setLookAndFeel(NimbusLookAndFeel.class.getName());
034            } catch (Exception e) { // 上行调用的 API 可能抛出异常(具体见第 9 章)
035                System.out.println("不支持的观感");
036                System.exit(-1);
037            }
038        }
039
040        public static void main(String[] args) {
041            new ChatFrame().init();
042        }
043
```

```
044        void init() {
045            BaseFrame f = new BaseFrame("仿 QQ 聊天窗口");
046
047            /**** 向窗口添加 2 个子面板 ****/
048            JPanel topPan = new JPanel(); // 外层顶部面板
049            JPanel centerPan = new JPanel(); // 外层中间面板
050            f.setLayout(new BorderLayout()); // 窗口用边框布局
051            f.add(topPan, BorderLayout.NORTH);
052            f.add(centerPan, BorderLayout.CENTER);
053
054            /**** 向顶部面板添加 3 个子面板 ****/
055            topPan.setLayout(new GridBagLayout()); // 顶部面板用网格包布局
056            JLabel faceLab = new JLabel(ImageFactory.create("face.png"));// 头像
057            JLabel nameLab = new JLabel("昵称"); // 昵称
058            // 顶部面板中的图标栏
059            JPanel topToolPan = new JPanel(new FlowLayout(FlowLayout.LEFT, 10, 10));
060
061            GridBagConstraints c = new GridBagConstraints();
062            c.gridx = c.gridy = 0; // 左上角网格
063            c.gridheight = 2; // 头像占 2 行
064            topPan.add(faceLab, c); // 添加头像
065
066            c.gridx = 1; // 昵称所在网格
067            c.gridy = 0;
068            c.gridheight = 1; // 之前该字段为 2
069            c.weightx = 1.0; // 获得全部的水平方向改变量
070            c.fill = GridBagConstraints.HORIZONTAL; // 只改变水平大小
071            topPan.add(nameLab, c); // 添加昵称
072
073            c.gridx = c.gridy = 1; // 顶部面板中的图标栏所在网格
074            topPan.add(topToolPan, c);
075
076            /**** 向外层顶部面板中的图标栏添加若干按钮 ****/
077            JButton[] topBtns = new JButton[5];
078            for (int i = 0; i < topBtns.length; i++) {
079                topBtns[i] = new JButton(ImageFactory.create("top_" + (i + 1) + ".png"));
080                topBtns[i].setBorder(null);
081                topBtns[i].setContentAreaFilled(false);
082                topToolPan.add(topBtns[i]);
083            }
084
085            /**** 向外层中间面板添加 2 个子面板 ****/
086            centerPan.setLayout(new BorderLayout());
087            // 外层中间面板的中间子面板 (为分割面板)
088            JSplitPane centerCenterPan = new JSplitPane(JSplitPane.VERTICAL_SPLIT);
089            JPanel centerRightPan = new JPanel(); // 外层中间面板的右侧子面板
090            centerPan.add(centerCenterPan, BorderLayout.CENTER);
091            centerPan.add(centerRightPan, BorderLayout.EAST);
092
093            /**** 向分割面板添加 2 个子面板 ****/
094            JPanel centerTopPan = new JPanel(); // 分割面板上部
095            JPanel centerBottomPan = new JPanel(); // 分割面板下部
096            centerCenterPan.setResizeWeight(1.0); // 下部高度不变
097            centerCenterPan.setTopComponent(centerTopPan);
098            centerCenterPan.setBottomComponent(centerBottomPan);
099
100            /**** 向分割面板上部添加 2 个子组件 ****/
101            centerTopPan.setLayout(new BorderLayout());
102            JLabel tipLab = new JLabel("交谈中请勿轻信汇款信息。"); // 提示标签
103            JScrollPane historyPan = new JScrollPane(new JTextArea("消息历史记录..."));
104            centerTopPan.add(tipLab, BorderLayout.NORTH);
105            centerTopPan.add(historyPan, BorderLayout.CENTER);
```

```
106
107            /**** 向分割面板下部添加 3 个子组件 ****/
108            centerBottomPan.setLayout(new BorderLayout());
109            JPanel centerToolPan = new JPanel(); // 工具栏
110            JScrollPane chatPan = new JScrollPane(new JTextArea("聊天消息..."));
111            JPanel btnsPan = new JPanel(); // 2 个按钮所在的面板
112            centerBottomPan.add(centerToolPan, BorderLayout.NORTH);
113            centerBottomPan.add(chatPan, BorderLayout.CENTER);
114            centerBottomPan.add(btnsPan, BorderLayout.SOUTH);
115
116            /**** 向分割面板下部的工具栏添加 2 个子组件 ****/
117            centerToolPan.setLayout(new BorderLayout());
118            JPanel p = new JPanel(new FlowLayout(FlowLayout.LEFT, 10, 10)); // 放置若干按钮
119            JButton[] centerBtns = new JButton[5];
120            for (int i = 0; i < centerBtns.length; i++) {
121                centerBtns[i] = new JButton(ImageFactory.create("center_" + (i + 1) + ".png"));
122                centerBtns[i].setBorder(null);
123                centerBtns[i].setContentAreaFilled(false);
124                p.add(centerBtns[i]); // 添加按钮
125            }
126            centerToolPan.add(p, BorderLayout.CENTER);
127            centerToolPan.add(new JToggleButton("消息记录"), BorderLayout.EAST);
128
129            /**** 向分割面板下部的按钮面板添加按钮 ****/
130            btnsPan.setLayout(new FlowLayout(FlowLayout.RIGHT)); // 右对齐的流式布局
131            btnsPan.setComponentOrientation(ComponentOrientation.RIGHT_TO_LEFT); // 组件从右到左
132            btnsPan.add(new JButton("发送"));
133            btnsPan.add(new JButton("关闭"));
134
135            /**** 向外层中间面板的右侧面板添加 2 个子组件 ****/
136            centerRightPan.setLayout(new GridLayout(2, 1)); // 2 行 1 列
137            JLabel qqShowLab = new JLabel("QQ 秀图片区");
138            JLabel videoLab = new JLabel("视频聊天区");
139            centerRightPan.add(qqShowLab);
140            centerRightPan.add(videoLab);
141
142            f.setSize(600, 400);
143            f.showMe();
144
145            centerCenterPan.setDividerLocation(0.4); // 分割面板上下部比例
146            this.showBorder(f.getContentPane()); // 显示面板等容器的边框
147        }
148
149        /**** 为便于观察容器，显示相关容器和组件的边框 ****/
150        void showBorder(Container p) {
151            /* 省略了相关代码 */
164        }
165    }
```

图 7-31　仿 QQ 聊天窗口

7.12 事件处理

7.12.1 事件处理模型

利用 GUI 组件和布局管理器可以做出程序的界面，但此时的程序并不能响应来自用户的操作——例如，单击按钮后弹出对话框、拖动滚动条时改变文字颜色等，因此，在程序界面编写完成之后，还需要编写事件处理代码。

Java 的事件处理模型如图 7-32 所示，其中包含以下几个核心概念。

（1）事件源（Event Source）：事件的产生者或来源。例如，单击了登录按钮，则登录按钮就是事件源。事件源通常是 GUI 中某个可交互的组件，也可以是定时器等其他对象。

（2）事件对象（Event Object）：事件源产生的事件通常由用户的操作触发，每个事件均被 Java 运行时环境封装为了事件对象。事件对象包含与该事件相关的必要信息，如鼠标按下事件产生时鼠标指针所处的坐标等。

（3）事件监听器（Event Listener）：用以接收和处理事件的对象。那些用以处理事件的代码所在的类的对象就是事件监听器。

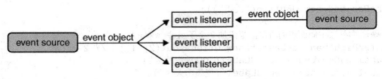

图 7-32　Java 的事件处理模型

一个事件对象可以被多个事件监听器对象处理，反过来，一个事件监听器对象也能处理多个事件对象。下面通过一个简单的例子来说明如何编写事件处理代码。

【例 7.29】当用户单击界面中的按钮后，显示相应的提示信息（见图 7-33）。

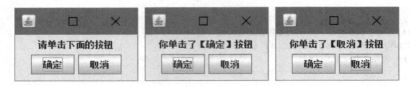

图 7-33　事件处理演示（1 次运行）

EventModelDemo.java

```
001    package ch07.event;
002    /* 省略了各 import 语句，请使用 IDE 的自动 import 功能 */
011
012    /**** 本类实现了 JDK 内建的监听器接口，故本类的对象就是一种监听器 ****/
013    public class EventModelDemo implements ActionListener {
014        JLabel tip = new JLabel("请单击下面的按钮");
015        JButton b1 = new JButton("确定");
016        JButton b2 = new JButton("取消");
017
018        public static void main(String[] args) {
019            new EventModelDemo().init();
```

```
020        }
021
022        void init() {
023            BaseFrame f = new BaseFrame("事件处理模型演示");
024            f.setLayout(new FlowLayout());
025
026            b1.addActionListener(this); // 为按钮添加事件监听器
027            b2.addActionListener(this);
028
029            f.add(tip);
030            f.add(b1);
031            f.add(b2);
032
033            f.showMe();
034        }
035
036        /**** 重写 ActionListener 接口的 actionPerformed 方法 ****/
037        public void actionPerformed(ActionEvent e) {
038            if (e.getSource() == b1) { // 得到并判断事件源
039                tip.setText("你单击了【" + b1.getText() + "】按钮");
040            } else if (e.getSource() == b2) {
041                tip.setText("你单击了【" + b2.getText() + "】按钮");
042            }
043        }
044    }
```

通过本例可以看出，编写事件处理代码非常简单——Java 运行时环境处理了所有与事件相关的底层逻辑，开发者只需关注以下几个步骤。

（1）谁负责处理事件——哪个类的对象作为事件监听器。作为监听器的对象所属的类应实现相应的监听器接口（可以有多个，即监听多种事件），如第 13 行。

（2）监听谁产生的事件——为那些需要被监听的组件添加监听器对象。一般通过调用组件对象形如 addXxxListener 的方法并传入相应的监听器对象来完成，如第 26 行、第 27 行。

（3）如何处理事件——编写代码实现事件处理逻辑。此步骤通过重写事件监听器接口所定义的一个或多个抽象方法来指定事件处理的细节，如第 38 行～第 42 行。

注意：开发者重写的事件监听器接口所定义的方法（如本例的 actionPerformed 方法）从来不需要编写代码显式调用——当事件产生时，Java 运行时环境会自动回调（Callback）这些方法，并传入相应的事件对象。

7.12.2 事件监听器类的编写方式

1. 实现监听器接口

类实现一个或多个事件监听器接口，并重写这些接口所定义的抽象方法，如【例 7.29】。此种方式的优点是编写的事件监听器类可以监听多种事件（类可以实现多个接口）。

2. 继承事件适配器类

某些事件监听器接口定义了较多的抽象方法，以 java.awt.event.WindowListener 接口为例，该接口用于监听窗口的状态改变事件，它定义了 7 个抽象方法，分别对应着 7 种不同的窗口状态改变事件，源代码具体如下：

```
001  public interface WindowListener extends EventListener {
002      public void windowOpened(WindowEvent e);       // 窗口首次可见时
003      public void windowClosing(WindowEvent e);      // 关闭窗口前
004      public void windowClosed(WindowEvent e);       // 关闭窗口后
005      public void windowIconified(WindowEvent e);    // 图标化(即最小化)窗口时
006      public void windowDeiconified(WindowEvent e);  // 反图标化(即还原)窗口时
```

```
007         public void windowActivated(WindowEvent e);    // 激活(即选中)窗口时
008         public void windowDeactivated(WindowEvent e); // 反激活窗口(即由选中到未选中)时
009   }
```

很多时候，程序可能只对上述多个事件中的某些事件感兴趣，若采用方式 1，事件监听器类需要重写全部的 7 个抽象方法，否则将出现语法错误。此时，可采用 6.4 节介绍的默认适配器模式加以改善——编写一个实现了 WindowListener 接口的抽象类 A 作为默认适配器类，并重写 WindowListener 接口的全部抽象方法（各方法体均为空），然后编写事件监听器类 B 继承抽象类 A——B 可以有选择性地只重写那些感兴趣的事件对应的方法。

实际上，AWT/Swing 库的设计者也考虑到了上述问题，因此为某些事件监听器接口提供了默认适配器类。对于 WindowListener 接口来说，这个类便是 WindowAdapter，类似的还有 MouseAdapter 类（用于监听各种鼠标事件），读者可自行查阅它们的源代码。

【例 7.30】继承默认适配器类，编写程序用鼠标模拟手写输入（见图 7-34）。

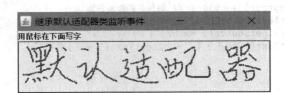

图 7-34　继承默认适配器类监听事件

EventListenerWithAdapter.java

```
001   package ch07.event;
002   /* 省略了各 import 语句，请使用 IDE 的自动 import 功能 */
013
014   // MouseAdapter 类实现了 MouseListener、MouseWheelListener 和 MouseMotionListener 接口
015   public class EventListenerWithAdapter extends MouseAdapter {
016       JLabel canvas = new JLabel(); // 写字区
017       Graphics g = null; // 图形上下文 (请自行查阅 API)
018
019       public static void main(String[] args) {
020           new EventListenerWithAdapter().init();
021       }
022
023       void init() {
024           BaseFrame f = new BaseFrame("继承默认适配器类监听事件");
025           f.setLayout(new BorderLayout());
026
027           canvas.addMouseListener(this); // 为组件添加多个事件监听器
028           canvas.addMouseMotionListener(this);
029           canvas.setBorder(BorderFactory.createLineBorder(Color.BLACK, 1));
030
031           f.add(new JLabel("用鼠标在下面写字"), BorderLayout.NORTH);
032           f.add(canvas, BorderLayout.CENTER);
033           f.setSize(420, 140);
034           f.setResizable(false); // 禁止调整窗口大小(否则要重新设置 g)
035           f.showMe();
036
037           g = canvas.getGraphics(); // 获取组件的图形上下文,注意在组件显示之后获取,否则为 null
038           g.setColor(Color.RED); // 设置绘制颜色
039       }
040
041       /**** 重写鼠标按下事件对应的方法 ****/
042       public void mousePressed(MouseEvent e) {
043           g.fillOval(e.getX(), e.getY(), 3, 3); // 绘制椭圆代表鼠标当前坐标点
```

```
044        }
045
046        /**** 重写鼠标拖曳事件对应的方法 ****/
047        public void mouseDragged(MouseEvent e) {
048            g.fillOval(e.getX(), e.getY(), 3, 3);
049        }
050
051        /**** 对其余事件不感兴趣, 因此不用重写对应的方法 ****/
052   }
```

　　当事件监听器接口定义的抽象方法较多时, 可以让事件监听器类继承 JDK 提供(或自己编写) 的事件适配器类, 但此种方式的缺点也很明显——该类只能作为事件监听器来使用 (Java 不允许 多重继承)。

　　3. 编写内部类

　　此种方式与方式 1 和方式 2 类似, 但事件监听器类是作为内部类出现的, 因此外部类不用继 承任何类或实现任何接口。

【例 7.31】 使用内部类作为事件监听器, 完成与【例 7.29】相同的逻辑。
EventListenerWithInnerClass.java

```
001   package ch07.event;
002   /* 省略了各 import 语句, 请使用 IDE 的自动 import 功能 */
011
012   public class EventListenerWithInnerClass {
013       JLabel tip = new JLabel("请单击下面的按钮");
014       JButton b1 = new JButton("确定");
015       JButton b2 = new JButton("取消");
016
017       public static void main(String[] args) {
018           new EventListenerWithInnerClass().init();
019       }
020
021       void init() {
022           BaseFrame f = new BaseFrame("使用内部类监听事件");
023           f.setLayout(new FlowLayout());
024
025           MyActionListener listener = new MyActionListener(); // 构造事件监听器对象
026           b1.setActionCommand("OK"); // 设置组件的动作命令字符串(以便将来判断事件源)
027           b1.addActionListener(listener); // 设置事件监听器对象
028           b2.setActionCommand("CANCEL");
029           b2.addActionListener(listener);
030
031           /* 省略了添加组件及显示窗口的代码 */
035       }
036
037       /**** 编写实现了事件监听器接口的内部类作为事件监听器 ****/
038       class MyActionListener implements ActionListener {
039           public void actionPerformed(ActionEvent e) { // 重写接口定义的方法
040               switch (e.getActionCommand().toUpperCase()) { // 判断事件源的另一种方式
041                   case "OK":
042                       tip.setText("你单击了【" + b1.getText() + "】按钮");
043                       break;
044                   case "CANCEL":
045                       tip.setText("你单击了【" + b2.getText() + "】按钮");
046                       break;
047                   default:
048                       tip.setText("未知事件源");
049               }
050           }
051       }
052   }
```

4. 编写匿名内部类

此种方式与方式 3 类似，但事件监听器类是作为匿名内部类出现的，这样做的好处是隐藏了事件处理的细节，但也带来了缺点——不能复用事件处理逻辑。

【例 7.32】使用匿名内部类作为事件监听器，完成与【例 7.29】相同的逻辑。

EventListenerWithAnonymousInnerClass.java

```
001   package ch07.event;
002   /* 省略了各 import 语句，请使用 IDE 的自动 import 功能 */
011
012   public class EventListenerWithAnonymousInnerClass{
013       JLabel tip = new JLabel("请单击下面的按钮");
014       JButton b1 = new JButton("确定");
015       JButton b2 = new JButton("取消");
016
017       public static void main(String[] args) {
018           new EventListenerWithAnonymousInnerClass ().init();
019       }
020
021       void init() {
022           BaseFrame f = new BaseFrame("使用匿名内部类监听事件");
023           f.setLayout(new FlowLayout());
024
025           b1.addActionListener(new ActionListener() { // 以匿名内部类的对象作为参数
026               public void actionPerformed(ActionEvent e) { // 重写接口定义的方法
027                   tip.setText("你单击了【" + b1.getText() + "】按钮");
028               }
029           });
030
031           b2.addActionListener(new ActionListener() {
032               public void actionPerformed(ActionEvent e) {
033                   tip.setText("你单击了【" + b2.getText() + "】按钮");
034               }
035           });
036
037           /* 省略了添加组件及显示窗口的代码 */
041       }
042   }
```

5. 使用 Lambda 表达式

此种方式与方式 4 类似，只不过是以 Lambda 表达式替代了匿名内部类以简化代码——仅适用于事件监听器接口是函数式接口的情形。

【例 7.33】使用 Lambda 表达式作为事件监听器，完成与【例 7.29】相同的逻辑。

EventListenerWithLambdaExpression.java

```
001   package ch07.event;
002   /* 省略了各 import 语句，请使用 IDE 的自动 import 功能 */
009
010   public class EventListenerWithLambdaExpression {
011       JLabel tip = new JLabel("请单击下面的按钮");
012       JButton b1 = new JButton("确定");
013       JButton b2 = new JButton("取消");
014
015       public static void main(String[] args) {
016           new EventListenerWithLambdaExpression().init();
017       }
018
019       void init() {
020           BaseFrame f = new BaseFrame("使用 Lambda 表达式监听事件");
021           f.setLayout(new FlowLayout());
```

```
022
023            b1.addActionListener(e -> tip.setText("你单击了【" + b1.getText() + "】按钮"));
024            b2.addActionListener(e -> tip.setText("你单击了【" + b2.getText() + "】按钮"));
025
026            /* 省略了添加组件及显示窗口的代码 */
030        }
031 }
```

上述几种事件监听器类的编写方式各有优缺点，没有哪一种方式适用于各种场合，开发者应结合项目实际，灵活加以选择。

7.12.3　常用事件类

事件监听器接口定义的方法大多含有表示事件对象的参数，如【例 7.30】第 42 行、【例 7.31】第 39 行等。如前所述，Swing 的事件模型是基于 AWT 的，后者定义了 10 余种不同的事件类用以描述程序在运行过程中产生的各种事件对象。这些事件类均直接或间接继承自 java.awt.AWTEvent 类[①]，且均位于 java.awt.event 包下，其中常用的如表 7-33 所示。

表 7-33　　　　　　　　　　　　AWT 的常用事件类

序号	事　件　类	说　　　　明
1	ActionEvent	动作事件，如单击按钮、选择菜单项、在文本框中按回车键
2	AdjustmentEvent	调整事件，如改变滚动条的滑块位置
3	ComponentEvent	组件事件，如显示或隐藏组件
4	ContainerEvent	容器事件，如在容器中添加或移除组件
5	FocusEvent	焦点事件，如组件获得或失去焦点
6	ItemEvent	项事件，如项被选定或取消选定
7	KeyEvent	键盘事件，如键盘被按下、释放或敲击
8	MouseEvent	鼠标事件，如单击、移动、拖曳鼠标
9	MouseWheelEvent	鼠标滚轮事件，如滚动鼠标滚轮
10	TextEvent	文本事件，如文本组件上的文本被改变
11	WindowEvent	窗口事件，如关闭、最小化窗口

每个事件类都有一些用于获取事件相关信息的方法，如 MouseEvent 类的 getClickCount 方法得到鼠标单击次数。一些事件类还定义了若干静态常量，如 KeyEvent.KEY_RELEASED 表示"按键被释放"事件。请读者自行查阅 API 文档。

7.12.4　常用事件监听器接口

事件监听器都是以接口的形式定义的，从接口的命名来看，几乎每一个名为 XxxEvent 的事件类都有一个对应的名为 XxxListener 的事件监听器接口。除了 AWT 定义的事件监听器之外，Swing 也定义了一些事件监听器接口（通常位于 javax.swing.event 包下）以支持某些特定的 Swing 组件。

Swing/AWT 中常用的事件监听器接口如表 7-34 所示（说明栏中以*标识的为 Swing 定义的事

---

① AWTEvent 类则继承自 java.util.EventObject 类，该类定义了 getSource 方法，用以得到事件源。

件监听器）。一般通过形如 addXxxListener 的方法为组件对象添加事件监听器[①]。

表 7-34   Swing/AWT 的常用事件监听器接口

序号	事件监听器接口	说　明
1	ActionListener	动作监听器，监听用户触发的动作，如单击按钮、在文本框中按回车等
2	CaretListener	*光标监听器，监听文本组件中光标的移动、所选文本的改变等
3	ChangeListener	*变更监听器，监听特定组件的状态变化，如拖动滑块等
4	ComponentListener	组件监听器，监听组件的基本状态，如组件的显示/隐藏、移动等
5	ContainerListener	容器监听器，监听容器所含组件的变化，如向容器添加组件等
6	DocumentListener	*文档监听器，监听文档内容的变化，如插入、删除、改变等
7	FocusListener	焦点监听器，监听组件得到或失去键盘焦点
8	InternalFrameListener	*内部窗口监听器，监听内部窗口的状态变化，如准备关闭、最小化等
9	ItemListener	项监听器，监听组件的选择状态，如单击复选按钮、开关按钮等
10	KeyListener	键盘监听器，监听键盘按键被按下、释放和敲击等
11	ListDataListener	*列表数据监听器，监听列表组件中数据项的变化，如添加、移除项等
12	ListSelectionListener	*列表选定项监听器，监听列表或表格组件中选定项的变化
13	MouseListener	鼠标监听器，监听鼠标指针的进入、离开，以及鼠标按键的单击等
14	MouseMotionListener	鼠标动作监听器，监听鼠标指针的移动和拖曳等
15	MouseWheelListener	鼠标滚轮监听器，监听鼠标滚轮的滚动
16	TableModelListener	*表格模型监听器，监听表格组件中模型的变化
17	TreeExpansionListener	*树结点展开监听器，监听树组件中结点的展开和收缩
18	TreeModelListener	*树模型监听器，监听树组件中模型的变化
19	TreeSelectionListener	*树选定项监听器，监听树组件中选定项的变化
20	UndoableEditListener	*撤销编辑监听器，监听文本组件的撤销操作
21	WindowFocusListener	窗口焦点监听器，监听窗口得到或失去焦点
22	WindowListener	窗口监听器，监听窗口的状态变化，如正在关闭、激活等

　　本章系统介绍了 Swing 组件库中基本组件的用法以及事件处理模型，除了这些内容之外，GUI 编程还包括 Applet[②]、2D 图形、声音、JavaFX 等内容，限于篇幅，本章不作介绍，有兴趣的读者

---

① 编写 GUI 程序时，应尽量借助 IDE 提供的代码提示（也称为内容辅助）功能。例如，对于 JButton 对象 b，在敲入 "b.add" 后按下代码提示快捷键（Eclipse 中默认为 Alt+/，见附录 A），则会弹出 JButton 类支持的所有以 "add" 开头的方法或字段（形如 addXxxListener 的方法也在其中），通过这种方式可以快速查询某种组件所支持的事件监听器。

② 一些 Java 书籍花费大量篇幅介绍 Applet，笔者认为欠妥。原因在于：首先，Applet 类（所有 Applet 程序的根类）实际上继承自 AWT 的 Panel 类，故其编写方式与 AWT/Swing 程序基本类似——区别仅在于程序入口不再是 main 方法。其次，Applet 程序需要被嵌入到 HTML 网页并由 JRE 解释执行，而 JRE 从未作为浏览器必须安装的插件而大规模普及。此外，Applet 程序的功能和表现力也远不及与之同属于 RIA (Rich Internet Application，富互联网应用) 的其他技术（如 Flash、Flex、Silverlight、JavaFX 等）那样丰富，所有这些都阻碍了 Applet 的大规模应用。

可查阅相关资料。

习　　题

1. 简述 Java 图形用户界面的发展。为什么说目前开发 GUI 应用的需求已越来越少？
2. 什么是组件？AWT 与 Swing 组件库有何联系与区别？
3. 简述 Component、Container、JComponent 类之间的继承关系以及各自的功能。
4. 顶层容器与非顶层容器有何区别？Swing 提供了哪些常用的顶层容器？
5. 如何将多个单选按钮定义为同一组？
6. 至少给出两种不同的方式，使得某个文本框只能输入数字字符串。
7. 简述 Java 的事件处理模型，以及如何编写事件处理程序。
8. 与常规方式相比，通过默认适配器类编写事件监听器有何优缺点？
9. 若多个组件共享同一事件监听器对象，则在事件方法中如何区分事件源于哪个组件？
10. 如何自定义窗口的关闭逻辑？
11. 什么是布局？为什么需要布局？
12. 简述 Swing 库提供的常用布局管理器，并说明各自有何特点。
13. 打开你机器上的浏览器，分析界面由哪些组件构成。

第8章
Swing 高级组件

本章介绍 Swing 的高级组件，利用这些组件可以编写出功能更丰富、具有更好交互体验的 GUI 程序。与第 7 章的组件相比，本章介绍的组件的使用方法更为复杂，在学习时，应注意理解演示程序的代码并经常查阅 API 文档。

8.1 对 话 框

8.1.1 基本对话框：JDialog

对话框是一种特殊的窗口，通常用于告知用户某种信息或要求用户做出某种选择，它通常依附于某个父窗口。需要注意，这里的父窗口与第 7 章的父容器概念有所不同，其并非指对话框被加到了某个窗口中。因对话框的打开通常都是由在某个窗口中所做的操作触发的，故称该窗口为对话框的父窗口或拥有者（Owner）窗口[①]。根据对话框所属模态（Modality）的不同，可将对话框分为两类。

（1）模态（Modal）对话框：必须关闭对话框才能回到拥有者窗口继续操作，适用于用户需要对对话框中的信息进行某种确认或选择操作的情形，例如，单击对话框中的"否"按钮。

注意：模态对话框被关闭前，程序将一直阻塞在打开对话框的那条语句处，对话框关闭后，程序才继续执行，如图 8-1 所示。

图 8-1　对话框演示（关闭对话框前后）

（2）非模态（Modeless）对话框：无须关闭对话框就能回到拥有者窗口继续操作。当关闭拥

---

① 这里的窗口并非指 JFrame，而是指 java.awt.Window。从表 8-1 的两个构造方法可以看出，创建对话框时都要指定一个拥有者，该参数的类型是 Frame 或 Dialog，而这两个类都继承自 java.awt.Window。

有者窗口时，对话框也随之被关闭。

从前述图 7-3 可以看出，JDialog 继承自 java.awt.Dialog——AWT 的对话框组件，而后者又继承自 java.awt.Window。因此，与 JFrame 一样，JDialog 也是一种顶层容器。表 8-1 列出了 JDialog 的直接父类 Dialog 的常用 API。

表 8-1　　　　　　　　　　　　　　java.awt.Dialog 类的常用 API

序号	方法原型	功能及参数说明
1	Dialog(Frame f, String t, boolean b)	创建拥有者窗口为 f、标题为 t、模态为 b 的对话框。参数 b 若为 true，则对话框是模态的，否则是非模态的
2	Dialog(Dialog d, String t, boolean b)	类似于方法 1，但拥有者窗口类型为 Dialog
3	void setModal(boolean b)	设置对话框是否为模态（默认为 false）

下面介绍 Swing 的对话框组件 JDialog。JDialog 也属于顶层容器，因此可以将绝大多数的 Swing 组件添加到 JDialog 中。表 8-2 列出了 JDialog 类的常用 API。

表 8-2　　　　　　　　　　　　　　JDialog 类的常用 API

序号	方法原型	功能及参数说明
1	构造方法略	JDialog 类的构造方法与 Dialog 类似，故不再列出
2	void setJMenuBar(JMenuBar mb)	设置对话框的菜单栏为 mb

【例 8.1】对话框演示（见图 8-1）。

LoginDialog.java

```
001  package ch08.dialog;
002  /* 省略了各 import 语句，请使用 IDE 的自动 import 功能 */
011
012  public class LoginDialog extends JDialog { // 继承 JDialog 类
013      JLabel nameLab = new JLabel("用户名：");
014      JLabel pswLab = new JLabel("密　码：");
015      JTextField nameTf = new JTextField();
016      JPasswordField pswPf = new JPasswordField();
017      JButton cancelBtn = new JButton("取消");
018      JButton loginBtn = new JButton("登录");
019
020      public LoginDialog(JFrame parent) { // 构造方法
021          super(parent, "登录", true); // 显式调用父类构造方法，创建模态对话框
022          setLayout(null); // 设置对话框为空布局
023
024          /* 省略了设置各组件的大小、位置以及添加组件到对话框的代码 */
042
043          setIconImage(ImageFactory.create("login.png").getImage()); // 设置对话框图标
044      }
045  }
```

JDialogDemo.java

```
001  package ch08.dialog;
002  /* 省略了各 import 语句，请使用 IDE 的自动 import 功能 */
003
004  public class JDialogDemo { // 测试类
005      public static void main(String[] args) {
006          BaseFrame f = new BaseFrame("JDialog 演示");
007          JLabel tip = new JLabel();
008
```

```
009          f.setLayout(new BorderLayout());
010          f.add(tip, BorderLayout.NORTH);
011          f.setLocationRelativeTo(null); // 窗口居中
012          f.showMe();
013
014          LoginDialog d = new LoginDialog(f); // 创建对话框
015          d.setSize(200, 130); // 设置对话框大小
016          d.setLocationRelativeTo(f); // 设置对话框位于父窗口中心
017          d.setVisible(true); // 显示对话框，对话框关闭前，程序将阻塞于此
018
019          tip.setText("关闭了登录对话框"); // 修改标签文字
020      }
021  }
```

8.1.2　文件选择器：JFileChooser

文件选择器允许用户浏览本机文件系统并从中选定或直接输入一个或多个文件，其通常以模态对话框的形式出现。表 8-3 列出了 JFileChooser 类的常用 API。

表 8-3　　　　　　　　　　　　　　　JFileChooser 类的常用 API

序号	方法原型	功能及参数说明
1	JFileChooser(String p)	创建初始目录为 p 的文件选择器
2	int showOpenDialog(Component c)	创建并显示拥有者为 c 的"打开文件"模态对话框。返回值表示对话框的关闭状态，取值来自于 JFileChooser 类自身的静态常量： • CANCEL_OPTION：单击了"取消"或右上角关闭按钮。 • APPROVE_OPTION：单击了"打开"，对于方法 3 则是"保存"。 • ERROR_OPTION：发生了非预期的错误
3	int showSaveDialog(Component c)	创建并显示拥有者为 c 的"保存文件"模态对话框
4	void setMultiSelectionEnabled (boolean b)	设置是否允许选择多个文件（默认为 false）
5	void setFileSelectionMode(int m)	设置文件选择器对话框的选择模式，参数 m 取值来自于 JFileChooser 类自身的静态常量： • FILES_ONLY：仅能选择文件（默认值）。 • DIRECTORIES_ONLY：仅能选择目录。 • FILES_AND_DIRECTORIES：文件和目录均能选择
6	void addChoosableFileFilter (FileFilter f)	添加文件过滤器到文件选择器对话框的文件类型下拉列表中。参数 f 的用法请查阅 FileNameExtensionFilter 类的 API
7	File[] getSelectedFiles()	得到选中的多个文件或目录

【例 8.2】文件选择器演示（见图 8-2）。

JFileChooserDemo.java
```
001  package ch08;
002  /* 省略了各 import 语句，请使用 IDE 的自动 import 功能 */
011
012  public class JFileChooserDemo {
013      public static void main(String[] args) {
014          BaseFrame f = new BaseFrame("JFileChooser 演示");
015          JLabel tip = new JLabel();
016
017          JFileChooser fc = new JFileChooser("H:/images"); // 指定初始路径
```

```
018             // 设置文件过滤器(根据文件扩展名)
019             fc.setFileFilter(new FileNameExtensionFilter("图片文件",
                                            "bmp", "jpg", "png", "gif"));
020             fc.setFileHidingEnabled(false); // 显示隐藏文件
021             fc.setMultiSelectionEnabled(true); // 允许多选
022             fc.setDialogTitle("请选择图片(可多选)"); // 设置对话框标题栏文字
023
024             f.setLayout(new BorderLayout());
025             f.add(tip, BorderLayout.CENTER);
026             f.setLocationRelativeTo(null);
027             f.showMe(); // 显示窗口
028
029             int click = fc.showOpenDialog(f); // 显示文件选择器对话框
030             String result = "<html>";
031             if (click == JFileChooser.APPROVE_OPTION) { // 单击打开
032                 File[] files = fc.getSelectedFiles(); // 得到选择的所有文件
033                 result += "您选择了以下文件: <ol>";
034                 for (File file : files) {
035                     result = result + "<li>" + file.getName() + "</li>"; // 得到文件名
036                 }
037                 result += "</ol>";
038             } else if (click == JFileChooser.CANCEL_OPTION) { // 单击取消
039                 result += "您取消了选择。";
040             }
041             result += "</html>";
042             tip.setText(result); // 设置标签文字
043         }
044 }
```

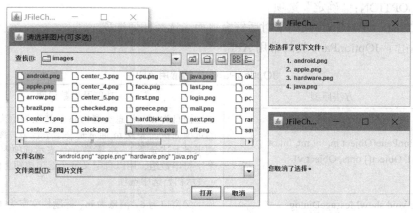

图 8-2　文件选择器演示（2 次运行，分别单击"打开""取消"按钮）

文件选择器可以作为普通组件被加到容器中，以满足程序对文件及文件夹选择的个性化需求。

8.1.3　选项面板：JOptionPane

如前所述，对话框通常用于向用户呈现错误、警告或提示信息，同时应提供几个不同的按钮以供用户做出不同的选择。如果继承 JDialog 编写这样的对话框，不仅耗费时间，而且复用性也不高。Swing 提供了选项面板组件，其包含的几个形如 showXxxDialog 的静态方法可以快速创建并显示几种常用的对话框，这些对话框都是模态的，同时允许指定对话框中的图标、标签文字、标题栏文字、按钮及按钮上的文字等。JOptionPane 类包含了较多的静态常量，其中常用的可分为 3 类。

1. 消息类型

描述面板的基本用途和使用的默认图标，具体包括：

（1）ERROR_MESSAGE：错误消息。

（2）INFORMATION_MESSAGE：信息消息。

（3）WARNING_MESSAGE：警告消息。

（4）QUESTION_MESSAGE：问题消息。

（5）PLAIN_MESSAGE：简单消息，不使用图标。

2. 选项类型

描述面板包含哪些选项按钮，具体包括：

（1）YES_NO_OPTION："是"和"否"选项[①]。

（2）OK_CANCEL_OPTION："确定"和"取消"选项。

（3）YES_NO_CANCEL_OPTION："是""否"和"取消"选项。

（4）DEFAULT_OPTION：默认选项，通常只包含一个"确定"选项。

3. 选择的选项

描述用户选择了哪个选项，通常作为方法的返回值，具体包括：

（1）YES_OPTION："是"选项。

（2）NO_OPTION："否"选项。

（3）CANCEL_OPTION："取消"选项。

（4）OK_OPTION："确定"选项。

（5）CLOSED_OPTION：关闭了对话框窗口而未选择任何选项。

表 8-4 列出了 JOptionPane 类的常用 API。

表 8-4　　　　　　　　　　　　　JOptionPane 类的常用 API

序号	方法原型	功能及参数说明
1	JOptionPane(Object m, int mt, int ot, Icon i, Object[] opts, Object v)	创建消息为 m、消息类型为 mt、选项类型为 ot、图标为 i 的选项面板。参数 m 通常是一个字符串，参数 mt、ot 分别来自上述分类 1、2。参数 opts 表示选项内容，通常是一个字符串数组，用以自定义每个选项按钮上的文字。参数 v 表示初始选中选项
2	static void showMessageDialog (Component c, Object m, String t, int mt, Icon i)	显示父窗口为 c、消息为 m、标题栏文字为 t、消息类型为 mt、图标为 i 的模态消息对话框，该对话框仅含一个"确定"选项
3	static int showConfirmDialog (Component c, Object m, String t, int ot, int mt, Icon i)	显示父窗口为 c、消息为 m、标题栏文字为 t、选项类型为 ot、消息类型为 mt、图标为 i 的模态确认对话框。方法返回值来自于上述分类 3，即选项
4	static int showOptionDialog (Component c, Object m, String t, int ot, int mt, Icon i, Object[] opts, Object v)	显示父窗口为 c、消息为 m、标题栏文字为 t、选项类型为 ot、消息类型为 mt、图标为 i、选项内容为 opts、初始选中为 v 的模态选项对话框。返回值同方法 3
5	static String showInputDialog (Component c, Object m, Object t)	显示父窗口为 c、消息为 m、初始文字为 t（以文本框呈现）的模态输入对话框。参数 t 通常是字符串类型，方法返回值为输入的文字

① 根据操作系统的语言和地区等设置的不同，选项上的文字可能也不一样，本书以简体中文为例。

【例 8.3】选项面板演示（见图 8-3）。

JOptionPaneDemo.java

```
001  package ch08;
002  /* 省略了各 import 语句，请使用 IDE 的自动 import 功能 */
008
009  public class JOptionPaneDemo {
010      public static void main(String[] args) {
011          BaseFrame f = new BaseFrame("JOptionPane 演示");
012          ImageIcon icon = ImageFactory.create("mail.png");
013          String[] btnsText = { "好，删除！", "不，以后再说。" }; // 按钮文字
014          String[] groups = { "同事", "家人", "同学" }; // 下拉列表文字
015
016          // 消息对话框
017          JOptionPane.showMessageDialog(f, "邮件发送失败。", "发送邮件",
                                          JOptionPane.ERROR_MESSAGE);
018          // 消息对话框(自定义图标)
019          JOptionPane.showMessageDialog(f, "收到一封新邮件。", "收到邮件",
                                          JOptionPane.INFORMATION_MESSAGE, icon);
020          // 确认对话框
021          JOptionPane.showConfirmDialog(f, "确认要删除该邮件吗？", "删除邮件",
                                          JOptionPane.YES_NO_CANCEL_OPTION,
                                          JOptionPane.QUESTION_MESSAGE);
022          // 选项对话框(自定义按钮文字)
023          JOptionPane.showOptionDialog(f, "确认要删除该邮件吗？", "删除邮件",
                                          JOptionPane.YES_NO_OPTION,
                                          JOptionPane.QUESTION_MESSAGE,
                                          null, btnsText, btnsText[1]);
024          // 输入对话框(文本框)
025          JOptionPane.showInputDialog(f, "请输入收件人地址：", "name@gmail.com");
026          // 输入对话框(下拉列表)
027          JOptionPane.showInputDialog(f, "请选择联系人分类：", "选择分类",
                                          JOptionPane.PLAIN_MESSAGE,
                                          null, groups, groups[1]);
028
029          f.showMe();
030      }
031  }
```

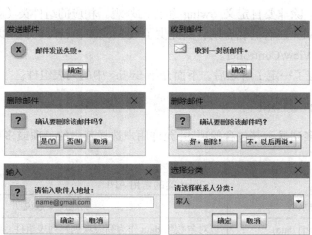

图 8-3　选项面板演示（1 次运行）

通常直接调用 JOptionPane 类中形如 showXxxDialog 的静态方法并设置合适的参数来显示所需对话框。若要创建更为复杂的对话框，可以先通过构造方法创建出选项面板对象，然后将该对象加到 JDialog 对象中，作为最终对话框的一部分。

8.2 列表和下拉列表

8.2.1 MVC 模式

如第 7 章所述，Swing 中的很多组件都遵循了 MVC 模式，如列表、下拉列表、表格和树等[①]。因此，在学习这些组件之前，有必要对 MVC 模式有所了解。

MVC 模式最早由挪威计算机科学家 Trygve Reenskaug 在 1979 年提出，诞生近 40 年来，其已被广泛用于多种编程语言的框架和库的设计，如 Java 中的 Spring MVC 及 Struts、.NET 中的 ASP.NET MVC、PHP 中的 Zend、Python 中的 Django、JavaScript 中的 Angular 等。

如图 8-4 所示，MVC 模式包含 3 个部分：Model（模型）、View（视图）及 Controller（控制器），各部分的职责以及彼此间的交互关系如下。

（1）Model：管理组件包含的数据并负责处理对组件状态所进行的更新操作。当 Model 发生变化时，应更新相应的 View 以向用户呈现最新的数据。

（2）View：是与其关联的 Model 在用户视觉上的呈现。可以为同一个 Model 指定不同的 View，以便能以不同的方式呈现相同的数据。

（3）Controller：用以控制 Model 与用户之间的交互事件，它提供了一些用于操作 Model 状态的方法。

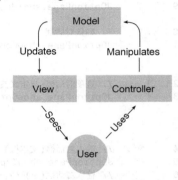

图 8-4　MVC 模式组成及交互关系

具体到 Swing 组件，Model 通常以形如 XxxModel 的接口表示（如 ButtonModel），其是相对独立的。View 和 Controller 则被结合到了一起，通常以形如 XxxUI 的类表示（如 ButtonUI），通常无须关注这样的类，除非要自定义 Swing 组件的外观。相应的组件类（如 JButton）则扮演着 Model、View、Controller 三者的黏合剂，其提供了 setModel 和 setUI 方法以分别指定某个组件对象所关联的 Model 和 View/Controller。

在对 MVC 模式有了一定了解之后，下面介绍 Swing 中的列表组件。

8.2.2 列表：JList

列表能以一列或多列显示其包含的项，并允许用户选择其中的一项或多项。表 8-5 列出了 JList 类的常用 API。

表 8-5　　　　　　　　　　　　　　　　　JList 类的常用 API

序号	方法原型	功能及参数说明
1	JList(final Object[] data)	以对象数组 data 作为列表项创建列表组件。参数不可修改
2	JList(final Vector data)	类似于方法 1，但参数类型为向量（详见第 12 章）

[①] 对于 Swing 中的大多数组件，在使用它们时并不需要知道 MVC 模式的存在而可以直接使用相应的组件类（如 JButton），因为这些组件类维护了 Model、View、Controller 之间的关系。但对于列表、下拉列表、树、表格这样的高级组件，经常需要编写额外的代码来显式维护三者之间的关系。

序号	方法原型	功能及参数说明
3	JList(ListModel m)	以列表模型 m 创建列表组件。ListModel 是列表模型的根接口，通常使用其实现类 DefaultListModel，请读者自行查阅 API
4	void setSelectionMode(int m)	设置列表组件的选择模式为 m，参数 m 取值来自于 ListSelectionModel 接口的静态常量： • SINGLE_SELECTION：单选。 • SINGLE_INTERVAL_SELECTION：按住 Shift 键连续多选。 • MULTIPLE_INTERVAL_SELECTION：按住 Ctrl 键任意多选（默认值）
5	ListModel getModel()	得到列表组件的列表模型
6	Object[] getSelectedValues()	得到选中的所有列表项，按索引值升序排列
7	void setCellRenderer (ListCellRenderer r)	设置列表组件的列表单元渲染器为 r

从组件模型的角度看，一般通过以下几种方式指定列表组件所包含的多个列表项。

（1）对象数组：数组中的每个元素对应着一个列表项。

（2）向量：以 java.util.Vector 类表示，详见第 12 章。Vector 包含的每个元素对应着一个列表项，实际上，列表组件会根据该向量自动创建一个默认的列表模型。

（3）列表模型：以 ListModel 接口表示，它是对向量的封装。

从组件呈现的角度看，除了最简单的字符串形式的列表项，在实际使用中，经常要将其他组件加到列表组件中，以创建更为复杂的列表。此时，需要编写列表单元渲染器类（实现了 ListCellRenderer 接口）以描述列表项的呈现细节。通常按以下步骤进行。

（1）为每个列表项创建一个面板对象，并设置合适的布局，然后将每个列表项包含的多个组件加到相应面板中，如【例 8.4】中 JListDemo.java 的第 32 行～第 34 行。

（2）构造向量对象，将步骤（1）的多个面板分别加入向量中，如第 35 行。

（3）调用构造方法创建列表组件，并以步骤（2）的向量作为参数，如第 37 行。

（4）编写类实现 ListCellRenderer 接口，后者定义的 getListCellRendererComponent 方法的功能及参数说明如表 8-6 所示。

（5）为步骤（3）所创建的列表组件设置列表单元渲染器，如第 40 行。

表 8-6　ListCellRenderer 接口的 getListCellRendererComponent 方法

方法原型	功能及参数说明
Component getListCellRendererComponent (JList list, Object value, int index, boolean isSelected, boolean cellHasFocus)	列表组件在渲染其包含的每个列表项时都会自动调用此方法，方法返回渲染后的当前列表项，参数包括： • list：要渲染的列表组件 • value：当前列表项（渲染前） • index：当前列表项的索引 • isSelected：当前列表项是否被选中了 • cellHasFocus：当前列表项是否获得了焦点

【例 8.4】列表演示（见图 8-5）。

图 8-5　列表演示

JListDemo.java

```java
001  package ch08.list;
002  /* 省略了各 import 语句，请使用 IDE 的自动 import 功能 */
013
014  public class JListDemo {
015      public static void main(String[] args) {
016          BaseFrame f = new BaseFrame("JList 演示");
017
018          JList[] lists = new JList[3]; // 列表组件数组
019          JScrollPane[] sps = new JScrollPane[3]; // 可滚动面板数组
020          String[] cities = { "北京", "上海", "深圳", "武汉", "杭州", "成都", "合肥" };
021
022          /**** 左上部列表 ****/
023          lists[0] = new JList(cities);
024          lists[0].setSelectionMode(ListSelectionModel.SINGLE_SELECTION); // 单选
025
026          /**** 右上部列表 ****/
027          JPanel[] items = new JPanel[cities.length]; // 右上及下部列表的每一项都是面板
028          Vector v = new Vector(); // 构造向量
029          for (int i = 0; i < cities.length; i++) {
030              JLabel order = new JLabel("  " + (i + 1) + "  ");
031              order.setOpaque(true);
032              items[i] = new JPanel(new FlowLayout(FlowLayout.LEFT));
033              items[i].add(order); // 将序号标签加入面板
034              items[i].add(new JLabel(cities[i])); // 将城市标签加入面板
035              v.add(items[i]); // 将面板作为列表项加入向量
036          }
037          lists[1] = new JList(v); // 根据向量构造列表组件
038          lists[1].setVisibleRowCount(-1); // 设置列表组件显示的行数
039          lists[1].setLayoutOrientation(JList.VERTICAL_WRAP); // 垂直方向自动换列
040          lists[1].setCellRenderer(new CityListCellRenderer()); // 设置列表单元渲染器
041          lists[1].setSelectionMode(ListSelectionModel.SINGLE_INTERVAL_SELECTION);
042
043          /**** 下部列表 ****/
044          lists[2] = new JList();
045          lists[2].setModel(lists[1].getModel()); // 复用右上部列表的模型
046          lists[2].setVisibleRowCount(-1);
047          lists[2].setLayoutOrientation(JList.HORIZONTAL_WRAP); // 水平方向自动换行
048          lists[2].setCellRenderer(new CityListCellRenderer());
049          lists[2].setSelectionMode(ListSelectionModel.MULTIPLE_INTERVAL_SELECTION);
050          for (int i = 0; i < lists.length; i++) {
051              sps[i] = new JScrollPane(lists[i]); // 将列表组件加入可滚动面板
052              f.add(sps[i]); // 将可滚动面板加入窗口
053          }
054
055          sps[0].setLocation(10, 10);
```

```
056          sps[0].setSize(70, 90);
057          sps[1].setLocation(90, 10);
058          sps[1].setSize(200, 90);
059          sps[2].setLocation(10, 110);
060          sps[2].setSize(280, 70);
061
062          f.showMe();
063      }
064  }
```

CityListCellRenderer.java

```
001  package ch08.list;
002  /* 省略了各 import 语句, 请使用 IDE 的自动 import 功能 */
010
011  /**** 自定义列表单元渲染器 ****/
012  public class CityListCellRenderer extends DefaultListCellRenderer {
013      Color unselectedBg = new Color(0xFFFFFF); // 未选中项的背景色
014      Color selectedBg = new Color(0x666666);   // 已选中项的背景色
015      Color unselectedFg = new Color(0x000000); // 未选中项的前景色
016      Color selectedFg = new Color(0xFFFFFF);   // 已选中项的前景色
017
018      /**** 重写父类方法(列表组件在显示其包含的每个列表项时都会调用此方法) ****/
019      public Component getListCellRendererComponent(JList list, Object value, int index,
                                              boolean isSelected, boolean cellHasFocus) {
020          JPanel item = (JPanel) value; // 得到当前列表项
021          JLabel city = (JLabel) item.getComponent(1); // 得到当前项中的组件
022          // 根据当前项是否被选中, 设置不同的背景、前景色
023          item.setBackground(isSelected ? selectedBg : unselectedBg);
024          city.setForeground(isSelected ? selectedFg : unselectedFg);
025          return item; // 返回渲染后的列表项
026      }
027  }
```

在编写列表单元渲染器类时, 也可以直接继承 DefaultListCellRenderer 类——该类已经实现了 ListCellRenderer 接口, 然后重写其 getListCellRendererComponent 方法, 如上述代码中的 CityListCellRenderer.java。

8.2.3　下拉列表: JComboBox

下拉列表是一种特殊的列表组件, 其包含一个初始不可见的列表, 在某个时刻只显示其中的一项。当用户单击下拉列表右侧的箭头时, 将弹出列表以供用户选择。用户也可以直接在下拉列表中输入新的值[①](此时为可编辑的下拉列表), 典型的下拉列表如浏览器的地址栏。表 8-7 列出了 JComboBox 类的常用 API。

表 8-7　　　　　　　　　　　　　　　JComboBox 类的常用 API

序号	方法原型	功能及参数说明
1	JComboBox(final Object[] data)	以对象数组 data 作为列表项创建下拉列表。参数不可修改
2	JComboBox(Vector data)	类似于方法 1, 但参数类型为向量
3	JComboBox (ComboBoxModel m)	以模型 m 创建下拉列表。ComboBoxModel 继承了 ListModel 接口, 即下拉列表模型的根接口, 通常使用其实现类 DefaultComboBoxModel, 请读者自行查阅 API
4	void setEditable(boolean b)	设置下拉列表是否可编辑 (默认不可编辑)

---

① 可编辑的下拉列表同时具有文本框和列表的功能, 这也是其又被称为 "组合列表" 的原因。

续表

序号	方法原型	功能及参数说明
5	void insertItemAt(Object o, int i)	添加项 o 到下拉列表的位置 i 处
6	Object getSelectedItem()	得到下拉列表选中项
7	void setRenderer(ListCellRenderer r)	设置下拉列表的列表单元渲染器为 r

【例 8.5】下拉列表演示（见图 8-6）。

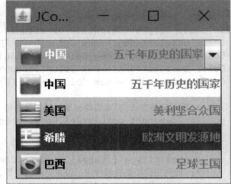

图 8-6　下拉列表演示（单击下拉列表前后）

JComboBoxDemo.java

```
001  package ch08.combo;
002  /* 省略了各 import 语句，请使用 IDE 的自动 import 功能 */
012
013  public class JComboBoxDemo {
014      public static void main(String[] args) {
015          BaseFrame f = new BaseFrame("JComboBox 演示");
016
017          JComboBox box = new JComboBox(createModel()); // 构造下拉列表组件
018          box.setRenderer(new CountryComboBoxCellRenderer()); // 设置渲染器
019          box.setLocation(10, 10);
020          box.setSize(240, 36);
021
022          f.add(box); // 加下拉列表组件到窗口
023          f.showMe();
024      }
025
026      /**** 以向量形式生成列表项数据 ****/
027      static Vector createModel() {
028          int n = 4;
029
030          String[] icons = { "china.png", "usa.png", "greece.png", "brazil.png" };
031          String[] countries = { "中国", "美国", "希腊", "巴西" };
032          String[] descs = { "五千年历史的国家", "美利坚合众国", "欧洲文明发源地", "足球王国" };
033
034          JLabel[] iconLabs = new JLabel[n];
035          JLabel[] countryLabs = new JLabel[n];
036          JLabel[] descLabs = new JLabel[n];
037          JPanel[] panels = new JPanel[n];
038
039          Vector model = new Vector();
```

```
040                 for (int i = 0; i < n; i++) {
041                     iconLabs[i] = new JLabel(ImageFactory.create(icons[i]));
042                     countryLabs[i] = new JLabel(countries[i]);
043                     descLabs[i] = new JLabel(descs[i]);
044
045                     panels[i] = new JPanel(); // 构造面板对象作为下拉列表中的项
046                     panels[i].setLayout(new BorderLayout()); // 边界布局
047                     panels[i].add(iconLabs[i], BorderLayout.WEST); // 图标加到西侧
048                     panels[i].add(countryLabs[i], BorderLayout.CENTER);
049                     panels[i].add(descLabs[i], BorderLayout.EAST); // 描述加到东侧
050                     model.add(panels[i]); // 将面板加入向量
051                 }
052             return model;
053         }
054 }
```

与列表组件一样，也可以为下拉列表组件指定列表单元渲染器，后者同样实现了
ListCellRenderer 接口。

CountryComboBoxCellRenderer.java

```
001 package ch08.combo;
002 /* 省略了各 import 语句，请使用 IDE 的自动 import 功能 */
010
011 public class CountryComboBoxCellRenderer implements ListCellRenderer {
012     public Component getListCellRendererComponent(JList list, Object value, int index,
                                                   boolean isSelected, boolean cellHasFocus) {
013         JPanel item = (JPanel) value; // 获得当前列表项
014         JLabel countryLab = (JLabel) item.getComponent(1); // 获得当前列表项中的组件
015         JLabel descLab = (JLabel) item.getComponent(2);
016         descLab.setForeground(new Color(0x888888));
017
018         if (!isSelected) { // 如果当前列表项未被选中
019             if (index % 2 == 0) { // 隔行更换背景色
020                 item.setBackground(new Color(0xFFFFFF));
021             } else {
022                 item.setBackground(new Color(0xD0D0D0));
023             }
024             countryLab.setForeground(Color.BLACK);
025         } else { // 如果当前列表项是选中的
026             item.setBackground(Color.DARK_GRAY);
027             countryLab.setForeground(Color.WHITE);
028         }
029         return item; // 返回渲染后的列表项
030     }
031 }
```

注意：虽然从使用形式上可以认为下拉列表是一种特殊的列表，但 JComboBox 类与 JList 类
之间并不存在继承关系。

8.3 表 格 和 树

8.3.1 表格：JTable

表格是由若干行、列数据组成的二维结构，表中同一列的数据都具有相同的类型。表格组件
只是用于呈现数据，其本身并不持有数据。表 8-8 列出了 JTable 类的常用 API。

表 8-8   JTable 类的常用 API

序号	方法原型	功能及参数说明
1	JTable(final Object[][] rows, final Object[] cols)	创建行数据为 rows、列名为 cols 的表格。参数 rows 的元素 rows [i][j] 表示第 i+1 行、第 j+1 列单元格的数据。参数 cols 的元素 cols [i] 表示第 i+1 列的列名称。rows 的低维长度（即列长度）必须与 cols 长度相同
2	JTable(Vector rows, Vector cols)	类似于方法 1，但参数类型为向量。参数 rows 是嵌套向量（每个元素又是向量），表达式 "((Vector) rows.elementAt(i)). elementAt(j)" 表示第 i+1 行、第 j+1 列单元格的数据
3	JTable(TableModel m)	创建数据行模型为 m 的表格。TableModel 是表格数据行模型的根接口，通常使用其实现类 AbstractTableModel 或 DefaultTableModel—— 以向量形式封装了表格行数据
4	JTable(TableModel m, TableColumnModel cm)	创建数据行模型为 m、列模型为 cm 的表格。TableColumnModel 是表格列模型的根接口，通常使用其实现类 DefaultTableColumnModel—— 以向量形式封装了表格列名
5	void setTableHeader (JTableHeader h)	设置表格的表头为 h。JTableHeader 类负责表头的呈现，其封装了 TableColumnModel
6	void setRowSelectionAllowed (boolean b)	设置当单击单元格时，是否允许选中该单元格所在的整行（默认为允许）
7	void addColumn(TableColumn c)	在表格末尾追加列 c，并将该列加到表格的列模型中。TableColumn 类描述了表格中的列
8	String getColumnName(int c)	得到列号为 c 的列名
9	int getEditingRow()	得到当前正在被编辑的单元格所在的行号
10	Class<?> getColumnClass(int i)	根据列号 i 得到对应表格列的数据类型
11	int[] getSelectedRows()	得到所有被选中行的行号
12	Object getValueAt(int r, int c)	得到表格视图中行列号分别为 r 和 c 的单元格的值
13	void setRowSorter(RowSorter s)	设置表格行排序器为 s。RowSorter 抽象类提供了对表格行进行排序和过滤的逻辑，通常使用其子类 TableRowSorter。请读者自行查阅 API
14	void moveColumn(int s, int t)	将表格视图中列号为 s 的列移动到列号为 t 的列。t 对应的原有列将向左或右移动以腾出空间
15	int convertRowIndexToModel (int vr)	得到表格视图中行号为 vr 的行在数据行模型中的行号——表格视图中的行可能被排序了，导致两者不一致
16	int convertRowIndexToView (int mr)	得到数据行模型中行号为 mr 的行在表格视图中的行号

【例 8.6】表格演示（见图 8-7）。

与前述的列表和下拉列表不同，本节演示程序专门定义了一个用以描述表头和表中各行数据的模型类[①]，该类继承自 AbstractTableModel——实现了 TableModel 接口。

StudentTableModel.java

```
001  package ch08.table;
002  /* 省略了各 import 语句，请使用 IDE 的自动 import 功能 */
```

---

① 模型类在其内部维护了一个或多个 Vector 对象，因此使用模型类与使用 Vector 创建组件的实质是一样的。

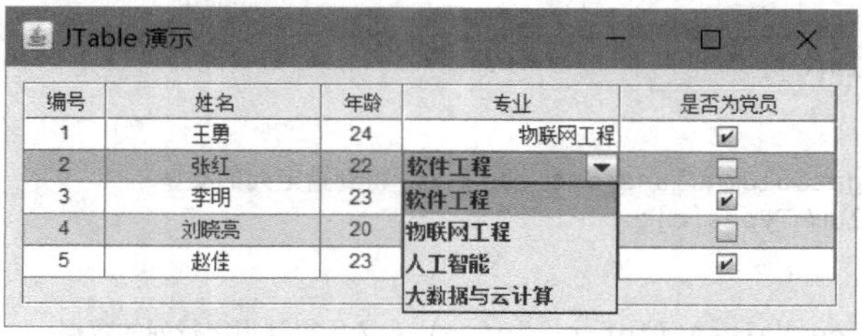

图 8-7　表格演示

```
007
008  /**** 自定义的表格数据模型类 ****/
009  public class StudentTableModel extends AbstractTableModel {
010
011      /**** 表格行数据、表头、列名、列类型 ****/
012      private Vector rows = new Vector();
013      private Vector headers = new Vector();
014      private String[] cols = { "编号", "姓名", "年龄", "专业", "是否为党员" };
015      private Class[] columnTypes = { Integer.class, String.class, Integer.class,
                                        String.class, Boolean.class };
016
017      /**** 姓名列数据、专业列可选数据 ****/
018      private String[] names = { "王勇", "张红", "李明", "刘晓亮", "赵佳" };
019      static String[] majors = { "软件工程", "物联网工程", "人工智能", "大数据与云计算" };
020
021      /**** 默认构造方法 ****/
022      StudentTableModel() {
023          this.initTableHeaders();
024          this.initTableRows();
025      }
026
027      /**** 初始化表头 ****/
028      void initTableHeaders() {
029          for (String c : cols) {
030              headers.add(c);
031          }
032      }
033
034      /**** 初始化表格行数据 ****/
035      void initTableRows() {
036          Random rand = new Random();
037          for (int i = 0; i < names.length; i++) {
038              Vector row = new Vector(); // 构造行向量
039              row.add(i + 1); // 编号
040              row.add(names[i]); // 姓名
041              row.add(rand.nextInt(8) + 18); // 随机产生年龄(18~25)
042              row.add(majors[rand.nextInt(majors.length)]); // 随机选择专业
043              row.add(rand.nextBoolean()); // 随机产生 true 或 false
044              rows.add(row); // 加入表格行数据
045          }
046      }
047
048      /**** 以下是重写父类的方法(AbstractTableModel 实现了 TableModel 接口) ****/
049      public int getRowCount() { // 得到表格总行数
050          return rows.size();
051      }
052
053      public int getColumnCount() { // 得到表格总列数
054          return cols.length;
055      }
056
```

```
057    public String getColumnName(int c) { // 得到指定列的名称
058        return cols[c];
059    }
060
061    public Class getColumnClass(int c) { // 得到指定列的类型
062        return columnTypes[c];
063    }
064
065    public Object getValueAt(int r, int c) { // 得到指定行列的数据
066        return ((Vector) rows.get(r)).get(c);
067    }
068
069    public boolean isCellEditable(int r, int c) { // 设置指定行列是否可编辑
070        return c != 0 && c != 1; // 编号、姓名列不可编辑
071    }
072 }
```

JTableDemo.java

```
001 package ch08.table;
002 /* 省略了各 import 语句，请使用 IDE 的自动 import 功能 */
012
013 public class JTableDemo {
014     public static void main(String[] args) {
015         BaseFrame f = new BaseFrame("JTable 演示");
016
017         JTableDemo demo = new JTableDemo();
018         JScrollPane sp = new JScrollPane(demo.createTable()); // 创建表格并加入可滚动面板
019         sp.setSize(500, 140);
020         sp.setLocation(10, 10);
021
022         f.add(sp);
023         f.showMe();
024     }
025
026     /**** 创建表格组件 ****/
027     JTable createTable() {
028         StudentTableModel model = new StudentTableModel(); // 构造表格模型
029         JTable table = new JTable(model); // 以指定模型构造表格
030         TableRowSorter sorter = new TableRowSorter(model); // 构造表格行排序器(单击列头排序)
031         table.setRowSorter(sorter); // 设置排序器
032         table.setRowHeight(20); // 设置表格的行高
033         this.setCellRendererAndEditor(table);
034         this.setColumnWidth(table);
035         return table; // 返回表格组件
036     }
037
038     /**** 设置表格的渲染器和编辑器 ****/
039     void setCellRendererAndEditor(JTable table) {
040         TableColumnModel colModel = table.getColumnModel(); // 得到表格列模型
041         StudentTableCellRenderer renderer = new StudentTableCellRenderer(); // 构造渲染器
042
043         for (int i = 0; i < colModel.getColumnCount(); i++) { // 设置每一列的渲染器
044             colModel.getColumn(i).setCellRenderer(renderer);
045         }
046         TableColumn majorCol = colModel.getColumn(3); // 得到专业列
047         JComboBox cb = new JComboBox(StudentTableModel.majors); // 构造下拉列表
048         DefaultCellEditor editor = new DefaultCellEditor(cb); // 单元格编辑器(下拉列表形式)
049         majorCol.setCellEditor(editor); // 设置专业列的编辑器
050     }
051
052     /**** 设置表格列的宽度 ****/
053     void setColumnWidth(JTable table) {
```

```
054            TableColumnModel colModel = table.getColumnModel();
055            for (int i = 0; i < colModel.getColumnCount(); i++) {
056                if (i == 0 || i == 2) { // 设置编号、年龄列的最小/最大宽度
057                    colModel.getColumn(i).setMinWidth(30);
058                    colModel.getColumn(i).setMaxWidth(50);
059                }
060            }
061        }
062    }
```

JTable 中每个单元格默认的编辑器都是文本框，而有时程序需要提供更友好的方式以便用户编辑特定单元格的内容——如图 8-7 中的"专业"列。JTable 允许为表格列设置指定的编辑器，如上述 JTableDemo.java 的第 49 行。

也可以为表格列设置指定的渲染器，以让这些列以非默认的形式显示[①]，如图 8-7 中的"是否为党员"列。与前述列表和下拉列表不同，表格组件渲染器实现的是 TableCellRenderer 接口，通常继承其默认实现类 DefaultTableCellRenderer。

StudentTableCellRenderer.java

```
001    package ch08.table;
002    /* 省略了各 import 语句，请使用 IDE 的自动 import 功能 */
011
012    /**** 自定义的表格单元格渲染器 ****/
013    public class StudentTableCellRenderer extends DefaultTableCellRenderer {
014        public Component getTableCellRendererComponent(JTable tab, Object val, boolean sel,
                                                          boolean focus, int row, int col) {
015            setHorizontalAlignment(col == 3 ? RIGHT : CENTER); // 专业列居右，其他列居中
016            setBackground(new Color(row % 2 == 0 ? 0xFFFFFF : 0xE4E4E4)); // 隔行换色
017
018            if (col == 4) { // 是否为党员列以复选按钮显示
019                JPanel cell = new JPanel(new BorderLayout());       // 构造面板组件
020                JCheckBox cb = new JCheckBox("", (Boolean) val); // 根据单元格值构造复选按钮
021                cb.setHorizontalAlignment(CENTER); // 复选按钮居中
022                if (sel) { // 根据当前行是否被选中，设置复选按钮背景色
023                    cb.setBackground(new Color(184, 207, 229));
024                } else {
025                    cb.setBackground(new Color(row % 2 == 0 ? 0xFFFFFF : 0xE4E4E4));
026                }
027                cell.add(cb); // 加入面板
028                return cell;  // 返回面板组件
029            }
030            // 其他列调用父类方法做默认渲染(默认为标签)
031            return super.getTableCellRendererComponent(tab, val, sel, focus, row, col);
032        }
033    }
```

在实际应用中，经常需要对表格的某些列进行操作，如设置列的宽度、显示风格（渲染器）和编辑方式（编辑器）等。因此，需要先获得要操作的表格列——TableColumn 类的对象。表 8-9 列出了 TableColumn 类的常用 API。

表 8-9　　　　　　　　　　　　TableColumn 类的常用 API

序号	方法原型	功能及参数说明
1	TableColumn(int i, int w)	创建列号为 i、宽度为 w 的表格列

[①] 如果未设置表格列的渲染器，并且在模型类中重写了 getColumnClass(int col)方法使得表格"知道"每一列的类型，则表格会根据每一列的类型采用默认的形式和风格来显示该列内容。例如，对 String 和 Integer 类型，分别使用居左和居右对齐的 JLabel 组件；对 Boolean 类型，则使用居中对齐的 JCheckBox 组件。请读者自行查阅 JTable 相关类的 API 文档。

序号	方法原型	功能及参数说明
2	void setCellRenderer(TableCellRenderer r)	设置当前列的渲染器为 r
3	void setHeaderRenderer(TableCellRenderer r)	设置当前列的表头渲染器为 r
4	void setCellEditor(TableCellEditor e)	设置当前列的编辑器为 e。TableCellEditor 是表格单元格编辑器的根接口，通常使用其实现类 DefaultCellEditor，请读者自行查阅 API
5	void setHeaderValue(Object v)	设置当前列的表头值为 v
6	void setWidth(int w)	设置当前列的宽度为 w
7	void setMinWidth(int w)	设置当前列的最小宽度为 w

8.3.2　树：JTree

现实世界中的部门组织、商品分类以及计算机中的文件系统等都是典型的树结构。树结构是对自然界中树的抽象，其描述了一种层级的、结构中多个元素（称为结点，Node）呈一对多关系的模型。对于一棵非空树，存在以下特性。

（1）有一个唯一的称为根（Root）的结点，其唯一标识了一棵树。

（2）树中的任意结点 P 可以有零到多个子结点，这些子结点称为 P 的孩子（Child），P 称为孩子的双亲或父结点（Parent）。

（3）结点 P 的孩子以及孩子的孩子称为 P 的子孙（Descendant），P 称为子孙的祖先（Ancestor）。

（4）有孩子的结点称为分支（Branch），没有孩子的结点称为叶子（Leaf）。

（5）具有相同父结点的孩子之间互称为兄弟（Sibling）。

（6）若不允许经过重复的结点，则树中任意两个结点之间都有一条唯一的路径（Path），路径是若干结点组成的结点序列。

树结构的基本概念和特性较容易理解，但其涉及某些操作则较为复杂，如后序遍历、深度优先遍历、求某种遍历方式下结点的前驱/后继结点等，与此有关的内容请读者自行查阅数据结构的相关资料。表 8-10 列出了 JTree 类的常用 API。

表 8-10　　　　　　　　　　　　　　　　　JTree 类的常用 API

序号	方法原型	功能及参数说明
1	JTree(Object[] data)	以对象数组 data 创建一棵不显示根结点的树。数组中的每个元素都作为根结点的孩子
2	JTree(Hashtable data)	类似于方法 1。Hashtable 描述了键值对的集合
3	JTree(Vector data)	类似于方法 1。data 中的每个元素都作为根结点的孩子
4	JTree(TreeModel m)	以模型 m 创建一棵显示根结点的树。TreeModel 是树模型的根接口，通常使用其实现类 DefaultTreeModel，请读者自行查阅 API
5	JTree(TreeNode r, boolean b)	以结点 r 作为根结点创建一棵显示根结点的树。TreeNode 是树结点的根接口，通常使用其实现类 DefaultMutableTreeNode（见表 8-11）。参数 b 指定树如何确定结点是否为叶子，若为 false（默认值），则没有孩子的任何结点都是叶子；若为 true，则只有那些不允许有孩子的结点才是叶子（见表 8-11 的方法 2）

序号	方法原型	功能及参数说明
6	void setSelectionModel (TreeSelectionModel m)	设置树的选择模型为 m。TreeSelectionModel 是树选择模型的根接口，其通过路径（TreePath）和整数来描述树的选择状态，通常使用其默认实现类 DefaultTreeSelectionModel，请读者自行查阅 API
7	void setSelectionPath(TreePath p)	使树只选中路径 p 所标识的结点，若 p 中任何结点处于折叠状态，则自动展开这些结点。TreePath 类描述了从根结点走到某结点的路径，路径中所有结点均存放在对象数组中（首个元素是根），请读者自行查阅 API
8	TreePath getSelectionPath()	得到选中的首个结点对应的路径
9	void expandPath(TreePath p)	展开路径 p 所标识的结点。若该结点是叶子则无效
10	void setCellRenderer (TreeCellRenderer r)	设置树结点渲染器为 r
11	void setCellEditor(TreeCellEditor e)	设置树结点编辑器为 e

　　JTree 类代表着整棵树，而在实际应用中，经常需要对某个指定的结点进行操作。TreeNode 接口用以描述树中的结点，通常使用其实现类 DefaultMutableTreeNode——默认的可变树结点。表 8-11 列出了 DefaultMutableTreeNode 类的常用 API。

表 8-11　　　　　　　　　　　DefaultMutableTreeNode 类的常用 API

序号	方法原型	功能及参数说明
1	DefaultMutableTreeNode (Object o, boolean b)	创建父结点为 o 的结点。参数 o 作为结点携带的数据。参数 b 指定结点是否允许有孩子（默认为 true）
2	boolean getAllowsChildren()	判断当前结点是否允许有孩子
3	boolean isLeaf()	判断当前结点是否是叶子
4	Object getUserObject()	得到当前结点的用户对象——结点携带的数据
5	TreeNode getRoot()	得到当前结点所在树的根
6	TreeNode getParent()	得到当前结点的父结点
7	TreeNode getSharedAncestor (DefaultMutableTreeNode n)	得到当前结点与结点 n 共同的最近祖先结点
8	void add(MutableTreeNode n)	将结点 n 加到当前结点作为后者的最后一个孩子。结点 n 原来的父结点不再拥有 n
9	void remove(MutableTreeNode n)	从当前结点的孩子中移除结点 n
10	TreeNode getChildAt(int i)	得到当前结点在位置 i 处的孩子
11	DefaultMutableTreeNode getFirstLeaf()	得到当前结点的第一个叶子。若当前结点是叶子，则得到自身，否则得到该结点的第一个孩子的第一个叶子
12	int getLevel()	得到当前结点在树中所处的层级。根结点位于第 0 级
13	Enumeration breadthFirstEnumeration()	得到以当前结点为根结点的子树的广度优先遍历序列
14	Enumeration depthFirstEnumeration()	得到以当前结点为根结点的子树的深度优先遍历序列
15	Enumeration preorderEnumeration()	得到以当前结点为根结点的子树的先序遍历序列
16	Enumeration postorderEnumeration()	得到以当前结点为根结点的子树的后序遍历序列

【例 8.7】树演示（见图 8-8）。

在实际应用中，树的结点信息以及结点间的父子关系往往是从数据库或文件系统中加载数据并动态生成的，如下面的 data.txt 文件。文件中的每一行代表树中的一个结点，格式形如"结点编号=结点名称"。

说明：为了能够描述结点间的父子关系，我们对编号的格式做了约定[①]——如编号为 000302 的结点的父结点编号为 0003，而后者的父结点编号为 00（根结点编号，未在 data.txt 中指定，见后述 JTreeDemo.java 的第 35 行）。

图 8-8　树演示（1 次运行）

\ch08\tree\data.txt

```
0001=CPU
0003=显卡
0002=内存
0004=硬盘

000301=AMD
000302=NVidia
000201=DDR3 1600
000202=DDR4 2400
000203=DDR4 3200
000101=Intel
000102=AMD

00010101=i9
00010102=i7
00010103=i5
00010104=i3
00010201=Thread Ripper
00010202=R7
00010203=R5
00030201=Titan RTX
00030202=RTX 2080 Ti
00030203=GTX 1080
00030101=RX VEGA 64
00030102=R9 FURY

0001010201=9700K
0001010202=8750H
0001010203=7700HQ
```

尽管大多数应用中的树只显示了结点的文字描述，但树中的每个结点往往还包含其他未被显示的重要信息，如结点编号等。因此，我们专门编写了类，用以描述树中的结点信息，这样不仅使得代码容易理解，同时也利于日后扩展。

Hardware.java

```java
001    package ch08.tree;
002    /* 省略了各 import 语句，请使用 IDE 的自动 import 功能 */
004
005    /**** JTree 中结点的用户对象类 ****/
006    public class Hardware {
007        String id;   // 编号
008        String name; // 名称
```

---

① 每一行的格式以及编号的格式由开发者自行约定，只要能够还原出树中结点的父子关系即可。

```
009        Icon icon; // 图标
010
011        /* 省略了各字段的 getters 和 setters */
034    }
```

下面的演示类从 data.txt 中按行读取数据并构造 Hardware 对象 h，再以 h 作为用户对象（即结点所含的自定义信息）构造树结点对象 n，然后根据 h 的编号寻找 n 的父结点 p，并将 n 作为孩子添加到 p 下。最后，将创建出来的树对象加入到窗口。请读者思考，为什么不能随意改变数据文件 data.txt 中各行的位置？

JTreeDemo.java

```
001    package ch08.tree;
002    /* 省略了各 import 语句，请使用 IDE 的自动 import 功能 */
015
016    public class JTreeDemo {
017        public static void main(String[] args) throws IOException {
018            BaseFrame f = new BaseFrame("JTree 演示");
019
020            JTreeDemo demo = new JTreeDemo();
021            DefaultMutableTreeNode root = demo.createNodesFromFile();
022            JTree tree = new JTree(root); // 构造以 root 为根结点的树
023            tree.setCellRenderer(new HardwareTreeCellRenderer()); // 设置渲染器
024            JScrollPane sp = new JScrollPane(tree); // 将树放到可滚动面板中
025
026            sp.setLocation(10, 10);
027            sp.setSize(180, 200);
028            f.add(sp);
029            f.showMe();
030        }
031
032        /**** 从数据文件中读取结点信息并创建树 ****/
033        DefaultMutableTreeNode createNodesFromFile() throws IOException {
034            Hardware rootHw = new Hardware(); // 根结点的用户对象
035            rootHw.setId("00"); // 根结点编号定为 00
036            rootHw.setName("硬件");
037            rootHw.setIcon(ImageFactory.create("hardware.png"));
038
039            DefaultMutableTreeNode root = new DefaultMutableTreeNode(rootHw); // 构造根结点
040
041            URL url = getClass().getResource("data.txt"); // 数据文件
042            InputStreamReader in = new InputStreamReader(url.openStream()); // 见第 10 章
043            BufferedReader reader = new BufferedReader(in); // 缓冲输入流
044            String line;
045            while ((line = reader.readLine()) != null) {      // 按行读取数据文件
046                if (line.trim().length() < 1) { // 忽略空行
047                    continue;
048                }
049
050                Hardware h = new Hardware();  // 构造用户对象
051                String id = this.getId(line); // 取得编号
052                String name = this.getName(line); // 取得名称
053                h.setId(id);
054                h.setName(name);
055
056                if ("0001".equals(id)) { // 根据编号设置图标
057                    h.setIcon(ImageFactory.create("cpu.png"));
058                } else if ("0002".equals(id)) {
059                    h.setIcon(ImageFactory.create("ram.png"));
060                } else if ("0003".equals(id)) {
061                    h.setIcon(ImageFactory.create("gpu.png"));
062                } else if ("0004".equals(id)) {
063                    h.setIcon(ImageFactory.create("hardDisk.png"));
```

```
064                    }
065
066                    DefaultMutableTreeNode node = new DefaultMutableTreeNode(h); // 构造子结点
067                    DefaultMutableTreeNode parent = this.findParent(root, node); // 找父结点
068                    parent.add(node); // 加到父结点之下
069                }
070            reader.close(); // 关闭缓冲输入流
071            return root;      // 返回根结点(唯一标识一棵树)
072        }
073
074        /**** 获得 "=" 左侧的编号 ****/
075        String getId(String line) {
076            return line.substring(0, line.indexOf("=")).trim();
077        }
078
079        /**** 获得 "=" 右侧的名称 ****/
080        String getName(String line) {
081            return line.substring(line.indexOf("=") + 1).trim();
082        }
083
084        /**** 在根结点为 root 的树中寻找结点 node 的父结点 ****/
085        DefaultMutableTreeNode findParent(DefaultMutableTreeNode root,
                                            DefaultMutableTreeNode node) {
086            String nodeId = ((Hardware) node.getUserObject()).getId(); // 结点 node 的编号
087
088            Enumeration nodes = root.breadthFirstEnumeration(); // 广度优先遍历获得根的所有子孙
089            while (nodes.hasMoreElements()) { // 根据结点编号寻找父结点
090                DefaultMutableTreeNode n = (DefaultMutableTreeNode) nodes.nextElement();
091                Hardware hw = (Hardware) n.getUserObject();
092                String id = hw.getId();
093                if (id.length() + 2 == nodeId.length() && nodeId.startsWith(id)) {
094                    return n;
095                }
096            }
097            return root; // 若 node 是根结点的孩子，则返回根结点
098        }
099    }
```

与列表、下拉列表和表格类似，也可以为树指定渲染器，以描述结点的呈现细节。渲染器类要实现 TreeCellRenderer 接口，通常继承其默认实现类 DefaultTreeCellRenderer。

HardwareTreeCellRenderer.java

```
001    package ch08.tree;
002    /* 省略了各 import 语句，请使用 IDE 的自动 import 功能 */
010
011    /**** 自定义的树结点渲染器 ****/
012    public class HardwareTreeCellRenderer extends DefaultTreeCellRenderer {
013        public Component getTreeCellRendererComponent(JTree tree, Object value,
                                            boolean selected, boolean expanded,
                                            boolean leaf, int row, boolean hasFocus) {
014            DefaultMutableTreeNode node = (DefaultMutableTreeNode) value; // 获得当前结点
015            Hardware hw = (Hardware) node.getUserObject(); // 获得结点的用户对象
016            String id = hw.getId();
017            String name = hw.getName();
018            JLabel nodeLab = new JLabel(); // 构造标签
019            nodeLab.setOpaque(true);
020
021            nodeLab.setText(id.substring(id.length() - 2) + " - " + name); // 设置标签文字
022            if (hw.getIcon() != null) {
023                nodeLab.setIcon(hw.getIcon()); // 设置标签图标
024            }
025            if (selected) {
026                nodeLab.setBackground(Color.LIGHT_GRAY); // 设置选中结点的背景
```

```
027        } else {
028            nodeLab.setBackground(Color.WHITE);
029        }
030        return nodeLab; // 返回渲染后的标签
031    }
032 }
```

8.4　其他高级组件

8.4.1　微调按钮：JSpinner

第 7 章的滚动条和滑块条的取值范围只能是整数，而微调按钮可以定义多种类型的取值范围，并允许直接输入该范围内的某个值。表 8-12 列出了 JSpinner 类的常用 API。

表 8-12　　　　　　　　　　　　　　　　JSpinner 类的常用 API

序号	方法原型	功能及参数说明
1	JSpinner()	创建默认含 SpinnerNumberModel 模型的微调按钮，未指定最小、最大值，默认初始值和步长分别是 0 和 1
2	JSpinner(SpinnerModel m)	创建模型为 m 的微调按钮
3	Object getNextValue()	得到范围内的下一个值，若当前值已是最大值，则返回 null
4	Object getValue()	得到微调按钮的当前值
5	void setEditor(JComponent c)	设置微调按钮的编辑器为 c
6	void commitEdit()	将当前编辑的值提交给微调按钮所含的模型

微调按钮的可选值一般先存放在模型中，有 3 种具体的模型——SpinnerNumberModel（数值模型）、SpinnerListModel（列表模型）、SpinnerDateModel（日期模型），它们都是 SpinnerModel 接口的实现类，分别用来存放以数值、列表容器、时间表示的取值范围，如表 8-13 所示。

表 8-13　　　　　　　　　　　　　　　　微调按钮的模型类

序号	模型类	常用构造方法及参数说明
1	SpinnerNumberModel：适用于数值型范围，如【例 8.8】中的前 2 个微调按钮。	SpinnerNumberModel（int value, int min, int max, int step）：参数分别为微调按钮的初始值、最小值、最大值、步长（单击上下箭头时，值的改变量）
		SpinnerNumberModel（double value, double min, double max, double step）：参数意义同上，但类型不同
		默认构造方法：未指定最小、最大值，默认初始值和步长分别是 0 和 1
2	SpinnerListModel：适用于由若干元素构成的范围，如【例 8.8】中的第 3 个微调按钮。	SpinnerListModel(Object[] values)：以对象数组作为取值范围。values 一般是字符串数组，数组中每个元素代表一个可选值
		SpinnerListModel(List values)：以列表容器作为取值范围。values 中的每一项代表一个可选值

序号	模型类	常用构造方法及参数说明
3	SpinnerDateModel：适用于日期型范围，如【例 8.8】中的第 4 个微调按钮。	SpinnerDateModel(Date value, Comparable min, Comparable max, int step)：参数意义与 SpinnerNumberModel 类的第 1 个构造方法一样，但类型不同。参数 value 是 Date（日期）型；参数 min、max 必须实现 Comparable（可比较的）接口，通常也是 Date 型（Date 类实现了 Comparable 接口）；参数 step 决定了上一个/下一个日期的计算方式，其取值来自于 java.util.Calendar 类的静态常量，具体请查阅 API 文档
		默认构造方法：未指定最小、最大日期，默认的初始值和步长分别是当前日期和 Calendar.DAY_OF_MONTH

JSpinner 类还定义了 3 个内部静态类，分别表示表 8-13 中 3 种模型对应的编辑器——定义微调按钮中数据的显示格式[①]，它们均继承自 JSpinner 类的另一个内部静态类 DefaultEditor，限于篇幅，请读者自行查阅这几个类的 API 文档。

【例 8.8】微调按钮演示（见图 8-9）。

图 8-9　微调按钮演示（单击各微调按钮的上箭头前后）

JSpinnerDemo.java

```
001  package ch08;
002  /* 省略了各 import 语句，请使用 IDE 的自动 import 功能 */
017
018  public class JSpinnerDemo {
019      public static void main(String[] args) throws ParseException {
020          BaseFrame f = new BaseFrame("JSpinner 演示");
021          f.setLayout(new FlowLayout());
022
023          JSpinner s0 = new JSpinner(); // 默认微调按钮
024          JSpinner s1 = new JSpinner(new SpinnerNumberModel(120, 0, 255, 1)); // 数值型
025
026          String[] weeks = { "周一", "周二", "周三", "周四", "周五", "周六", "周日" };
027          JSpinner s2 = new JSpinner(new SpinnerListModel(weeks)); // 列表型
028          ((DefaultEditor) s2.getEditor()).getTextField().setEditable(false); // 禁止编辑
029
030          SimpleDateFormat format = new SimpleDateFormat("yyyy-MM-dd"); // 日期格式化器
031          Date now = new Date(); // 当前日期
032          Date min = format.parse("1995-01-01"); // 最小日期
033          Date max = format.parse("2020-12-31"); // 最大日期
034
035          SpinnerDateModel m3 = new SpinnerDateModel(now, min, max, Calendar.DAY_OF_WEEK);
036          JSpinner s3 = new JSpinner(m3); // 日期型
037          DateEditor editor = new DateEditor(s3, "yyyy 年 MM 月 dd 日"); // 编辑器
038          s3.setEditor(editor); // 设置编辑器
039
040          f.add(s1);
```

---

① 软件界面所呈现的信息往往只是组件描述自身的一种方式，这些信息真正的存放类型（或格式）不一定与显示的一致。

```
041            f.add(s2);
042            f.add(s3);
043            f.showMe();
044        }
045    }
```

注意：若微调按钮可编辑，则当输入数据的格式错误或超过范围时，将回到编辑前的值。若不允许用户编辑微调按钮，则应该编写如【例 8.8】第 28 行所示的代码。

8.4.2　内部窗口：JInternalFrame

使用过 Excel、Photo Shop 等软件的读者一定对 MDI[①]（Multiple Document Interface，多文档界面）的概念不陌生，JInternalFrame 类就是用于实现 Java 平台下的 MDI 程序的。

JInternalFrame 与 JFrame 具有相似的外观和行为，但前者不是顶层容器，因此必须被加到其他容器中。通常是将多个 JInternalFrame 置于一个 JDesktopPane 中（JDesktopPane 继承自 JLayeredPane，因此是一种分层面板，如同 Windows 的桌面），并由后者来管理多个内部窗口的状态。表 8-14 列出了 JInternalFrame 类的常用 API。

表 8-14　　　　　　　　　　　　JInternalFrame 类的常用 API

序号	方法原型	功能及参数说明
1	JInternalFrame(String t, boolean r, boolean c, boolean m, boolean i)	参数分别指定内部窗口的标题、是否可调整大小、是否可关闭、是否可最大化、是否可图标化（最小化）
2	void setContentPane(Container c)	设置内部窗口的内容面板为 c，用于容纳多个内部窗口
3	void setSelected(boolean b)	设置内部窗口的选定（激活）状态
4	void toFront()	将内部窗口置顶，并自动调整其他内部窗口
5	void setDefaultCloseOperation(int o)	设置内部窗口的默认关闭操作，参数 o 取值与 JFrame 类的同名方法类似（除了 EXIT_ON_CLOSE）
6	void setIconifiable(boolean b)	设置内部窗口是否可图标化（最小化）
7	void setFrameIcon(Icon i)	设置内部窗口的标题栏图标为 i

【例 8.9】内部窗口演示（见图 8-10）。

JInternalFrameDemo.java
```
001    package ch08;
002    /* 省略了各 import 语句，请使用 IDE 的自动 import 功能 */
007
008    public class JInternalFrameDemo {
009        void init() {
010            BaseFrame f = new BaseFrame("JInternalFrame 演示");
011
012            JInternalFrame[] iFrames = new JInternalFrame[4]; // 内部窗口数组
013            JDesktopPane desktop = new JDesktopPane(); // 构造桌面面板以容纳内部窗口
014            for (int i = 0; i < iFrames.length; i++) {
015                iFrames[i] = new JInternalFrame("内部窗口 " + (i + 1)); // 构造内部窗口
016                iFrames[i].setResizable(true);
017                iFrames[i].setMaximizable(true);
018                if (i % 2 == 0) {
019                    iFrames[i].setClosable(true);
020                    iFrames[i].setIconifiable(true);
```

① 多文档界面是指在同一个程序（容器）中同时操作多个文档（子窗口）。

```
021                    }
022                    iFrames[i].setSize(200, 100);
023                    iFrames[i].setLocation(50 - i * 15, 100 - i * 30);
024                    iFrames[i].setVisible(true);
025                    desktop.add(iFrames[i]); // 加入桌面面板
026            }
027            iFrames[1].toFront(); // 将第二个内部窗口置顶
028            f.setContentPane(desktop); // 将桌面面板作为顶层窗口的内容面板
029            f.showMe();
030        }
031
032        public static void main(String[] args) {
033            new JInternalFrameDemo().init();
034        }
035    }
```

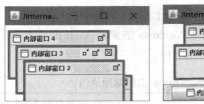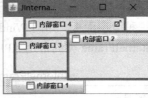

图 8-10　内部窗口演示（改变各内部窗口状态前后）

使用内部窗口时要注意以下几点。

（1）必须显式设置内部窗口的大小，否则其大小为 0 而不可见。

（2）与窗口类似，内部窗口默认是不可见的，因此要调用 setVisible 方法使其可见。

（3）当容器中有多个内部窗口时，应当设置每个内部窗口的初始位置，否则它们的左上角均与所在容器的左上角重合。

（4）若对话框是以与内部窗口类似的形式出现的，则应调用 JOptionPane 类中形如 showInternalXxxDialog 的静态方法。

习　题

1. 简述 MVC 模式的组成及特点。
2. 什么是模态和非模态对话框？各自有何特点？
3. 哪些组件可以作为对话框的父窗口？
4. 如何让文件对话框只显示出某一类的文件（如文本、图片、音频或视频文件等）？
5. 如何判断用户单击了选项面板中的哪个选项？
6. 如何控制微调按钮的可选值为某一个范围或若干固定的值？
7. 结合具体示例，说明表格组件所支持的渲染器和编辑器的用法。

第9章
异常与处理

发现错误的理想时机是在编译阶段，即程序运行之前，而这往往是不现实的——编译器只能发现代码中的语法错误。在运行阶段，因输入数据、对象当前状态以及所处的运行环境等方面的差异，程序可能会出现各种各样的运行时错误，如除数为 0、要读写的文件不存在、数组下标越界等。

C 语言一般使函数返回某些特定或约定值来标识某个操作出错了，如 fopen 函数返回 NULL（即 0）以表示要打开的文件不存在。调用这样的函数后，通常会以 if 语句判断其返回值，然后根据不同的值采取不同的处理。C 语言的这种错误检查机制具有以下不足。

（1）错误检查不是强制性的，使得代码质量取决于开发者的个人素质。例如，在调用了 fopen 函数后，团队中的某些成员没有判断其返回值。

（2）对于经常发生的错误，程序中大量的判断逻辑增加了开发工作量。此外，那些完成正常功能的代码与处理错误的代码混杂在一起，降低了程序的可理解性。

（3）要求开发者对所调用函数的返回值有详细的了解。

Java 的异常与错误处理机制提供了一种在不增加控制流程代码的前提下检查和处理错误的能力，使得编写错误处理的代码变得可控。

9.1　异常的概念和分类

9.1.1　异常的概念

在介绍异常（Exception）的概念之前，先来看一个与 Java 无关的例子。很多读者在日常使用各种软件时，可能遇到过类似于图 9-1 所示的界面——应用程序崩溃对话框。不管是出于无心还是恶意，当某个程序 P 试图访问其无权访问的内存地址时，出于安全性考虑，同时避免程序 P 影响到其他正常程序的运行，操作系统只能将 P 强行终止，并弹出如图 9-1 所示的对话框，以告知用户。

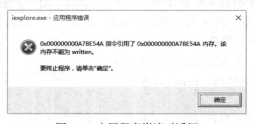

图 9-1　应用程序崩溃对话框

【例 9.1】 算术异常演示。

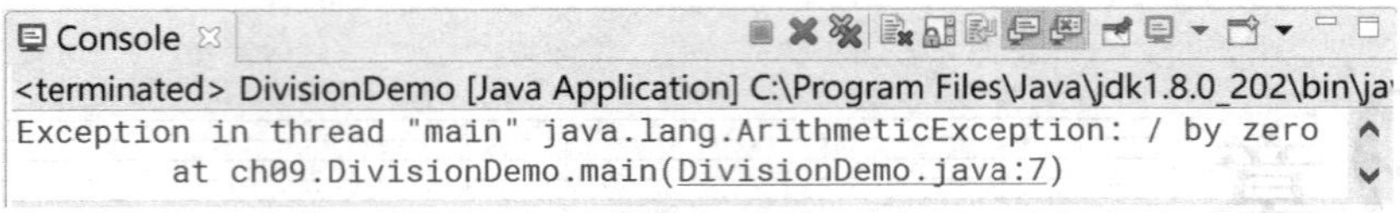

```
Console                                         ■ ✕ ✖ ▥▣▣ ▣▣ ▼ ▭ ▼ ▭ ▭
<terminated> DivisionDemo [Java Application] C:\Program Files\Java\jdk1.8.0_202\bin\ja
Exception in thread "main" java.lang.ArithmeticException: / by zero
        at ch09.DivisionDemo.main(DivisionDemo.java:7)
```

图 9-2　除数为 0 时出现了异常

DivisionDemo.java
```
001  package ch09;
002
003  public class DivisionDemo {
004      public static void main(String[] args) {
005          int a = 10;
006          int b = 2; // 正常的数据
007          System.out.println("a / b = " + (a / b));
008      }
009  }
```

运行程序，第 7 行会输出正确的商。现将第 6 行中的 2 改为 0，代码虽能成功编译，但因除数为 0，程序执行到第 7 行时会出现如图 9-2 所示的错误。

显示的错误信息如下。

（1）发生错误的线程[1]。如 "Exception in thread "main""——主线程。

（2）错误所属的类。如 "java.lang.ArithmeticException"——算术异常类。

（3）错误描述。如 "/ by zero"。此信息包含错误的简单描述，供开发者分析出错原因。

（4）发生错误的位置。如 "ch09.DivisionDemo.main(DivisionDemo.java:7)"。此信息包含发生错误的类、方法、源文件以及错误所在行号，供开发者快速定位到错误所在。

读者可能会思考这样的问题——【例 9.1】并未编写相关代码去输出上述信息，这些信息是由"谁"输出的呢？这个问题将在后面讨论。

通过上面两个例子，容易看出，对于某些特殊的输入[2]（如无权访问的内存地址、为 0 的除数），程序（如 iexplore.exe、DivisionDemo.class）会出现错误。

综上所述，Java 中的异常是指 Java 程序在运行时可能出现的错误或非正常情况，至于是否出现，通常取决于程序的输入、程序中对象的当前状态以及程序所处的运行环境。

9.1.2　异常的分类

JDK 类库中提供了数十个类用以表示各种各样具体的异常，其继承关系如图 9-3 所示，其中列出了 java.lang 包下的几个重要的类，下面分别介绍它们的含义和作用。

（1）Throwable：Java 中的异常被描述为"可抛出"的事物，它是所有异常类的父类。Throwable 有两个子类——Error（错误）和 Exception（异常）。

（2）Error：描述了 JRE 的内部错误、资源耗尽等情形，一般由 Java 虚拟机抛出。Error 异常出现

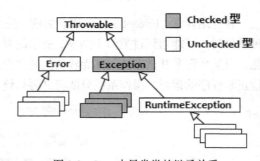

图 9-3　Java 中异常类的继承关系

---

[1] Java 程序在执行时，Java 虚拟机会创建一个主线程（对应着 main 方法），有关线程的内容见第 11 章。
[2] 这里的输入不一定是指来自键盘的输入，而是泛指由程序处理的数据。

时，程序是没有能力处理的[①]，因此不应编写代码处理 Error 及其子类异常。

（3）Exception：是开发者能够通过代码直接处理和控制的异常。若无特别说明，异常一般是指 Exception 及其子类所代表的异常。程序若出现了 Exception 及其子类异常（不包括 RuntimeException 及其子类），则必须编写代码处理之，否则视为语法错误。相对于 Error，开发者应该更关注此种异常。

（4）RuntimeException：继承自 Exception，代表"运行时"异常[②]。此种异常出现的频率一般比较高（或者说严重程度较 Exception 低），所以程序处不处理 RuntimeException 及其子类异常均可。

根据是否需要显式编写处理异常的代码，Java 中的异常可以分为 Checked 和 Unchecked 型。其中，前者适用于 Exception 及其子类——图 9-3 中以灰色背景标识的类，后者适用于 Error 和 RuntimeException 及它们的子类——图 9-3 中以白色背景标识的类。表 9-1 列出了这两类异常的划分及主要区别。

表 9-1　　　　　　　　　　　　　　　Java 中异常的分类

分类	异常类	是否需要代码显式处理	现实中开车的例子
Checked	Exception 及其子类	必须处理，否则视为语法错误	没油了
Unchecked	Error 及其子类	不必处理，因为无法处理	前面塌方了
	RuntimeException 及其子类	处不处理均可	路上有个小石子

例 9.1 并未编写任何代码以处理其第 7 行做除法运算时可能出现的 ArithmeticException 异常，这是因为 ArithmeticException 继承自 RuntimeException，属于 Unchecked 型异常，故而可以不处理。

【例 9.2】Checked 型异常演示（见图 9-4）。

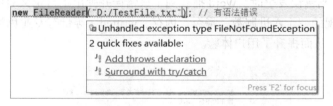

图 9-4　Checked 型异常必须被处理

```
ExceptionDemo.java
001    package ch09;
002
003    import java.io.FileReader;
004
005    public class ExceptionDemo {
006        public static void main(String[] args) {
007            FileReader reader = new FileReader("D:/TestFile.txt"); // 语法错误
008        }
009    }
```

① 所有的 Java 程序都运行于 Java 虚拟机之上——后者一旦出错，前者是无法处理的。
② 笔者认为 RuntimeException 类的命名并不恰当，因为即使是对于那些继承自 Exception 而非 RuntimeException 的异常，也是在运行时刻出现的。之所以这样命名，可能是考虑到非 RuntimeException 的异常出现时必须编写代码进行处理。读者不应根据该类的命名而错误理解异常的概念。

第 7 行调用了 FileReader 类的构造方法以打开指定的文本文件（见第 10 章），该方法可能抛出 FileNotFoundException 异常——间接继承自 Exception 类，属于 Checked 型异常，而上述程序并未编写代码显式处理该异常，故编译时将出现如图 9-4 所示的语法错误。

9.2　异常处理及语法

9.2.1　异常的产生及处理

一般情况下，当程序在运行过程中发生了异常，JRE 会自动生成一个对应异常类的对象，该异常对象含有异常的描述信息、产生位置等，这一过程称为异常的抛出（throw）。异常对象产生后，谁来负责接收和处理呢？具体可以分为两种情况。

（1）当程序未编写用以处理异常的代码时，由 JRE 负责接收和处理异常对象，其处理方式通常是直接输出异常的产生位置、所属类型以及描述信息等，如前述图 9-2 所示。

（2）当程序编写了用以处理异常的代码时，由该代码负责接收和处理异常对象。

上述过程称为异常的捕获（catch）。

为方便读者理解上述第一种情况，现在回到本章开头所举的例子。可以做这样的对比，图 9-1 中，当"程序试图访问其无权访问的内存地址"这种错误（对应于 Java 异常）发生时，由于 iexplore.exe（对应于 Java 程序）没有专门编写处理该错误的代码，则由操作系统（对应于 JRE）做默认处理——直接显示"xxx 指令引用了 yyy 内存..."这样的信息（对应于图 9-2 中的信息）。

显然，直接由操作系统弹出类似于图 9-1 所示的对话框这种做法，对于有着大量客户的商业软件是不合适的。那么，如何避免这样的情况发生呢？解决办法其实很简单——编写专门的代码捕获并处理错误。

如图 9-5 所示，当错误发生时，Word 捕获到了该错误并弹出了自定义对话框。对话框不仅屏蔽了如图 9-1 中出现的"十六进制数、指令、内存、written"等带有专业色彩的内容，而且给出了一些可操作选项，从而提升了用户体验。

图 9-5　Word 崩溃时弹出的自定义对话框

类似地，如图 9-2 所示的由 JRE 默认处理异常的方式不仅缺乏灵活性，而且输出的信息对软件的大多数用户来说是晦涩、无用的，这可能会导致用户的反感，甚至流失一部分潜在客户。相比之下，由代码来处理异常的方式则显得更加灵活——可以控制更多处理细节。

此外，对于 RuntimeException 及其子类所代表的 Unchecked 型异常，到底要不要编写代码处理呢？这个问题没有统一的标准，在实际开发时，一般视项目对健壮性、友好性的要求以及开发规范而定。

9.2.2　throw 语句及 throws 子句

1. throw 语句

除了 JRE 能抛出异常对象之外，也可以通过 throw 语句以编程的方式显式抛出异常对象。throw 语句的语法较为简单——在 throw 关键字后跟上要抛出的异常对象即可，格式如下：

```
throw 异常对象;
```

说明：

（1）一条 throw 语句只能抛出一个异常对象。

（2）与 return 语句类似，throw 语句也会改变程序的执行流程。一般来说，执行完 throw 语句后，会结束其所在方法的执行[①]。

（3）在同一语法结构中，若 throw 语句之后还有语句 S，则编译器将提示语法错误——S 为"不可达的代码"。因此，throw 语句必须是某个语法结构的最后一条语句。

【例 9.3】throw 语句演示（见图 9-6）。

ThrowDemo.java
```
001    package ch09;
002
003    public class ThrowDemo {
004        public static void main(String[] args) {
005            int[] a = { 1, 2, 3 };
006            printArray(a);
007        }
008
009        static void printArray(int a[]) {
010            for (int i = 0; i < 10; i++) {
011                if (i >= a.length) {
012                    throw new ArrayIndexOutOfBoundsException();
013                    System.out.println("--------");
014                }
015                System.out.printf("a[%d]=%d\n", i, a[i]);
016            }
017        }
018    }
```

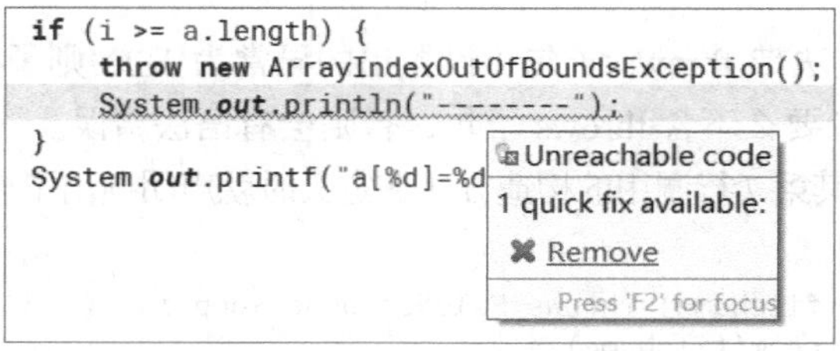

图 9-6　throw 语句后的无效代码

说明：

（1）第 10 行试图循环 10 次以输出数组 a 的各个元素，而 a 实际上只有 3 个元素。

---

① 也有例外的情况，如 throw 语句位于 try 结构中时，只会结束该 try 结构，位于该 try 结构后的代码将继续执行。具体见 9.2.3 节。

（2）第 11 行判断了下标 i，若超过 2，则由第 12 行抛出 ArrayIndexOutOfBoundsException——数组下标越界异常（Unchecked 型）。

（3）当执行到第 4 次循环（i 值为 3）时，第 12 行将被执行——printArray 方法也就执行结束了，这使得与第 12 行同属一个 if 语句的第 13 行（注意并非第 15 行）永远没有机会被执行到，故编译器提示了如图 9-6 所示的语法错误。

现在注释掉【例 9.3】的第 13 行，将得到如图 9-7 所示的运行结果——当循环到 i 值为 3 时，第 12 行被执行，printArray 方法随之结束。同时，因未编写代码处理第 12 行抛出的异常，故 JRE 做了默认处理。

图 9-7　throw 语句会改变程序的执行流程

注意：尽管 throw 语句在执行流程上与 return 语句有一定的相似性，但前者是专门用于抛出异常对象的，因此不要将其作为常规的流程控制语句来使用。

2. throws 子句

若方法体中含有 throw 语句，并且抛出的是 Checked 型异常，则该方法的声明部分必须加上 throws 子句——告知 JRE 该方法可能会抛出某些异常，格式如下：

```
public void doSomething() throws IOException, ArithmeticException {
    // 方法体
}
```

说明：

（1）关键字 throws 后可以跟多个异常，彼此用逗号分隔，且没有先后顺序之分。

（2）关键字 throws 后可以跟方法体中并未抛出的异常。

（3）关键字 throws 后可以同时出现 Unchecked 和 Checked 型异常。

（4）若方法体会抛出 Unchecked 型异常，则这些异常出不出现在 throws 子句中均可。

（5）若方法体会抛出 Checked 型异常，并且未编写代码处理这些异常，则该方法的 throws 子句中必须含有这些异常。

（6）若父类的某个方法带 throws 子句（设抛出的异常为 E），则子类在重写该方法时，要么声明抛出 E 或 E 的子类，要么不含 throws 子句，否则会有语法错误。

回到前述的【例 9.2】，其第 7 行调用的构造方法在定义时就声明抛出了名为 FileNotFoundException 的异常，具体源码为：

```
public FileReader(String fileName) throws FileNotFoundException {
    super(new FileInputStream(fileName));
}
```

下面修改【例 9.2】，为其增加 throws 子句。

【例 9.4】throws 子句演示。

ExceptionWithThrowsDemo.java

```
001  package ch09;
002
```

```
003   import java.io.FileReader;
004   import java.io.IOException;
005
006   public class ExceptionWithThrowsDemo {
007       public static void main(String[] args) throws IOException {
008           // 尽管下行语句抛出的 IOException 属于 Checked 型异常，并且未编写代码处理之，但该语句所在
009           // 的方法(此处为 main 方法)声明了抛出 IOException 异常，故本程序没有语法错误。
010           FileReader reader = new FileReader("D:/TestFile.txt");
011       }
012   }
```

一般来说，带 throws 子句的方法只是抛出异常而不负责具体的处理——因为该方法不能决定如何处理这些异常。当异常发生时，异常对象会被抛给上层代码（即调用该方法的方法），若上层代码也没有处理，则继续向上抛。若最上层代码仍未处理（如第 7 行的 main 方法），则抛给 JRE 做默认处理。因此，在设计良好的软件中，总有一层代码要负责处理下层代码抛出的异常对象[①]。

说明：从 JDK 1.4 开始提供了断言机制——assert 关键字后面跟一个布尔表达式。若表达式为 false，则抛出 java.lang.AssertionError（属于 Unchecked 型）。尽管断言对排查程序的逻辑错误有一定帮助，但由于某些原因[②]，在实际开发中极少使用。

9.2.3   try-catch

try-catch 结构用于捕获和处理异常——将那些可能抛出异常的代码放在 try 结构中，并在 catch 结构中捕获和处理相应的异常，格式如下：

```
try {
    // 可能抛出异常的代码
} catch (SomeException e) {
    // 处理 SomeException 异常的代码
}[ catch (AnotherException e) {
    // 处理 AnotherException 异常的代码
}]
```

其中，try 和 catch 是关键字，其后的一对花括号必不可少，花括号及其内代码分别称为 try 块和 catch 块。一般来说，一个 try 块有一个或多个与之对应的 catch 块。catch 关键字后的圆括号内包含了异常的类名和对象名（如 SomeException 和 e）。

注意：

（1）异常对象名只要满足标识符命名规则即可，通常命名为 e 或 ex。

（2）在 try 块中声明的变量（设为 a）仅在该 try 块内有效。因此，若要在对应的 catch 块中访问 a，必须在 try 块之前声明 a。

（3）尽管 catch 后圆括号内的内容看起来与方法形参类似，但二者有着本质的区别——后者由方法调用语句中的实参赋值，而前者由 JRE 自动赋值。

（4）异常对象名只在其所属的 catch 块内有效——在该 catch 块以外是无法访问的。因此，同一 try 块对应的多个 catch 块中的异常对象可以重名，彼此没有影响。

（5）同一 try 块对应的多个 catch 块中的异常类不能相同，即一种异常只能捕获一次。

（6）在 try 块中可能抛出的 Checked 型异常必须有对应的 catch 块。

---

① 在软件设计阶段，一般采用三层架构——用户界面层、业务逻辑层和数据访问层，以降低负责不同功能的代码之间的耦合。其中的用户界面层在最上层，对于那些需要告知用户的异常，通常在该层做统一处理。

② 这些原因包括：Java 虚拟机默认不启用断言、assert 语句对代码执行流程有潜在影响、排查逻辑错误可通过 IDE 的 debug 功能、有更强大的支持断言的第三方库（如 JUnit）等。

（7）不能捕获 try 中根本不可能抛出的异常。

（8）同一 try 块对应的多个 catch 块之间是互斥的，即发生异常时，只会执行对应或最贴近的异常类的那个 catch 块[①]。

执行 try 块中的语句时，若发生了异常，则程序流程马上转到对应的 catch 块中。catch 块执行完毕后，发生异常的语句所在的 try-catch 结构便执行结束。若未发生异常，则执行完 try 块中的语句后，该 try-catch 结构也执行结束。

【例 9.5】基本的 try-catch 结构演示（见图 9-8）。

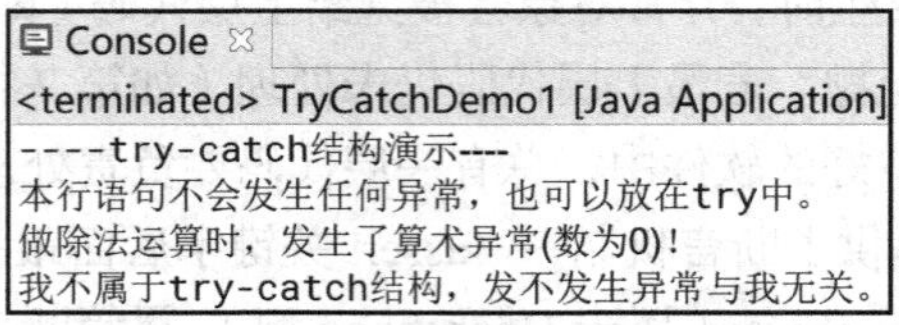

```
☐ Console ☒
<terminated> TryCatchDemo1 [Java Application]
----try-catch 结构演示----
本行语句不会发生任何异常，也可以放在 try 中。
做除法运算时，发生了算术异常(数为0)！
我不属于 try-catch 结构，发不发生异常与我无关。
```

图 9-8　try-catch 结构演示

TryCatchDemo1.java

```java
001  package ch09;
002
003  public class TryCatchDemo1 {
004      public static void main(String[] args) {
005          System.out.println("----try-catch 结构演示----");
006          try {
007              System.out.println("本行语句不会发生任何异常，也可以放在 try 中。");
008              System.out.println("10/0=" + 10 / 0); // 会发生异常
009              System.out.println("上行语句发生了异常，我不会被打印。");
010          } catch (ArithmeticException e) { // 捕获和处理异常
011              System.out.println("做除法运算时，发生了算术异常(除数为 0)！");
012          }
013          System.out.println("我不属于 try-catch 结构，发不发生异常与我无关。");
014      }
015  }
```

注意： 若多个 catch 块中的异常类彼此间具有继承关系，则应该先捕获子类异常，否则，多个 catch 块的先后顺序可以任意放置。之所以做这样的规定，原因很明显——子类异常一定是父类异常，若先捕获父类异常，则后面的 catch 块将无效。可以将每个 catch 块想象成 "拦截错误的网"，若上层网眼比下层小，则下层的网将失去作用。

【例 9.6】含多个 catch 块的 try-catch 结构演示。

TryCatchDemo2.java

```java
001  package ch09;
002
003  import java.io.FileNotFoundException;
004  import java.io.FileReader;
005  import java.io.IOException;
006
007  public class TryCatchDemo2 {
008      public static void main(String[] args) {
009          try {
010              // 下面的语句会抛出 FileNotFoundException 异常(父类为 IOException)
011              FileReader reader = new FileReader("D:/TestFile.txt");
012          } catch (IOException e) { // 先捕获父类异常
013              System.out.println("发生了 I/O 错误！");
```

---

① catch 块捕获的可能并不是 try 块中语句所抛出异常的确切类型，而是该类型的父类。

```
014        } catch (FileNotFoundException e) { // 语法错误(不可到达的 catch 块)
015            System.out.println("找不到相应的文件! ");
016        }
017    }
018 }
```

Eclipse 将提示第 14 行有语法错误——不可达的 catch 块，解决办法之一是交换两个 catch 块的先后顺序。此外，在实际开发时，应尽可能捕获"更细粒度"的异常[①]。

除上述的常规 catch 子句外，从 JDK 7 开始，可以在一个 catch 子句中同时捕获多个异常类——以按位或运算符"|"分隔多个异常类，格式如下：

```
catch (SomeException | AnotherException | ...  e) {
    // 处理异常对象 e 的代码
}
```

说明：

（1）捕获的多个异常类之间不能具有继承关系——既然已经捕获了父类异常，再捕获子类异常就没有意义了。

（2）因多个异常类之间没有继承关系，故可以任意调整这些异常类的顺序。

（3）多异常 catch 子句适合于那些处理方式相同的多个异常类——毕竟它们共用了同一 catch 块。而对于那些需要单独处理的异常类，仍推荐采用常规的 catch 子句。换句话说，尽管多异常 catch 子句能够减少常规 catch 子句的编写数量，但尽量不要在前者中捕获对应 try 块可能抛出的、逻辑上互不相关的多个（甚至全部）异常类。

（4）系统将自动以 final 修饰上述语法中的异常对象 e，故不能在 catch 块中修改 e。

9.2.4 finally

前述的 try-catch 结构可以带一个可选的 finally 块，由后者来执行某些扫尾或善后的工作。

注意：不管 try 块中的代码是否发生了异常，都要执行对应的 finally 块中的语句。例如，在 try 块中打开了一个文件并进行了访问，则可以将关闭文件的操作放在 finally 块中，因为编程时的一个良好的习惯是——在操作某种资源（如 I/O 流、数据库或网络连接等）的过程中，不管是否出现了错误，最后要确保该资源一定会被关闭。

finally 块是 try-catch-finally 或 try-finally 结构的一部分，其只能出现在 try-catch 或 try 结构之后，而不能单独出现，格式如下：

```
try {
    ...  // 可能抛出异常的代码
} catch (SomeException e) {
    ...  // 处理 SomeException 异常的代码
}[ catch (AnotherException e) {
    ...  // 处理 AnotherException 异常的代码
}][ finally { // 若 try 块至少有一个对应的 catch 块, 则 finally 块是可选的
    ...  // 在这里做扫尾或善后的工作
}]
或
try {
    ...  // 可能抛出异常的代码
} finally { // 因没有任何 catch 块, 故不能省略 finally 块
    ...  // 在这里做扫尾或善后的工作
}
```

① 这里的粒度指的是异常类的具体程度。能用代码处理的异常都是 Exception 的直接或间接子类，因此从理论上来说，可以将任何代码放在 try 结构中并仅仅捕获 Exception 异常即可，但这种"粗粒度"的异常捕获方式并不利于处理错误。

【例 9.7】finally 结构演示（见图 9-9）。

图 9-9　finally 结构演示（2 次运行）

FinallyDemo.java

```
001  package ch09;
002
003  import java.io.FileNotFoundException;
004  import java.io.FileReader;
005  import java.io.IOException;
006
007  public class FinallyDemo {
008      public static void main(String[] args) {
009          String fileName = "D:/TestFile.txt"; // 要打开的文件
010          FileReader reader = null; // 因 finally 块要访问 reader，故在 try 块外声明
011
012          try {
013              System.out.println("准备打开文件：" + fileName + "...");
014              reader = new FileReader(fileName); // 可能抛出 FileNotFoundException 异常
015              System.out.println("成功打开了文件。");
016              // ... // 继续对 reader 做其他操作
017          } catch (FileNotFoundException e) {
018              System.out.println("错误，文件未找到。");
019          } finally {
020              System.out.println("准备关闭文件：" + fileName + "...");
021              if (reader != null) { // 若第 14 行成功打开了文件
022                  try {
023                      reader.close(); // 可能抛出 IOException 异常，必须放在 try 块中
024                      System.out.println("成功关闭了文件。");
025                  } catch (IOException e) {
026                      System.out.println("关闭文件时发生了 I/O 错误！");
027                  }
028              } else {
029                  System.out.println("之前未能打开文件，无须关闭。");
030              }
031          }
032      }
033  }
```

　　运行上述程序前，请读者先在 D 盘下新建名为 TestFile.txt 的文件，运行结果如图 9-9 左图所示。然后删除该文件，运行结果如图 9-9 右图所示。

　　注意：尽量不要在 try 块和 finally 块中同时编写 return 语句，否则程序的实际执行结果可能与之前介绍的知识点相违背[①]，从而严重降低了代码的可理解性。类似地，也不要在 finally 块和 try 块中修改相同的变量。

---

① 尽管实际的运行结果是可解释的，但这涉及其他一些较为复杂的知识。从代码可理解性的角度，完全可以通过更为常规、绝大多数开发者都能正确预期实际结果的方式完成与之相同的功能。总之，为"炫技"而严重降低代码可读性的做法是不值得鼓励的。

9.2.5　try-catch-finally 的嵌套

与分支和循环结构一样，try-catch-finally 结构也可以相互嵌套，如前述【例 9.7】。一般来说，内层的 try-catch 结构只出现在外层的 catch 块或 finally 块中[①]。

注意：

（1）内层 catch 块中的异常对象名不能与外层 catch 块重名。

（2）当内层 try 块中的代码抛出异常时，程序流程将转到内层 try 块对应的 catch 块。

（3）内层 try-catch 结构执行完毕后，会继续执行其后属于外层 try-catch 结构的代码。

【例 9.8】try-catch-finally 的嵌套演示（见图 9-10）。

NestedTryCatchDemo.java

```
001  package ch09;
002
003  public class NestedTryCatchDemo {
004      public static void main(String[] args) {
005          try {
006              try { // 位于 try 块中的 try-catch 结构
007                  int a = 2 / 0;
008              } catch (ArithmeticException e) {
009                  System.out.println("计算 a 时除数为零! ");
010              }
011              int b = 2 / 0;
012              System.out.println("********");
013          } catch (ArithmeticException e) {
014              System.out.println("计算 b 时除数为零! ");
015              try { // 位于 catch 块中的 try-catch-finally 结构
016                  System.out.println("^^^^^^^^");
017                  int c = 2 / 0;
018              } catch (ArithmeticException ex) {
019                  System.out.println("计算 c 时除数为零! ");
020              } finally {
021                  try { // 位于 finally 块中的 try-catch 结构
022                      System.out.println("%%%%%%%%");
023                      int d = 2 / 0;
024                      System.out.println("@@@@@@@@");
025                  } catch (ArithmeticException ex) {
026                      System.out.println("计算 d 时除数为零! ");
027                  }
028              }
029              System.out.println("########");
030          }
031          System.out.println("~~~~~~~~");
032      }
033  }
```

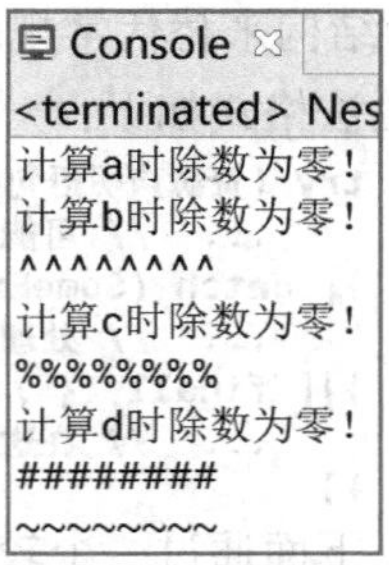

```
Console ⌧
<terminated> Nes
计算a时除数为零!
计算b时除数为零!
^^^^^^^^
计算c时除数为零!
%%%%%%%%
计算d时除数为零!
########
~~~~~~~~
```

图 9-10　try-catch-finally
结构的嵌套演示

说明：

（1）执行第 7 行时，内层 try 块出现了异常，于是转到对应的 catch 块（第 8 行）。

（2）执行完第 9 行后，将继续执行外层 try 块中剩余的代码（从第 11 行开始）。

（3）执行第 11 行时出现了异常，于是转到外层 catch 块（第 13 行），故第 12 行未执行。

（4）执行完第 14 行、第 16 行后，第 17 行出现了异常，于是执行第 18 行。

（5）第 20 行～第 28 行是一个 finally 结构，执行其中第 23 行时将转到第 25 行。

[①] 从语法上来说，try 块中也可以嵌套 try-catch 结构，但很少这样做，因为内层 try 块中的代码完全可以移到外层 try 块中。

（6）第 29 行属于外层的 catch 结构，第 31 行属于 main 方法，因此都要执行。

9.2.6　try-with-resources

回到前述【例 9.7】，不难看出，该程序具有以下不足。

（1）为确保 reader 对象在使用完后被关闭，第 23 行显式调用了 reader 对象的 close 方法，而该方法可能抛出 Checked 型异常，故第 23 行必须放在 try 块中。

（2）不得不为第 22 行开始的 try 结构编写一个对应的 catch 结构（第 25 行开始）。

（3）当第 14 行抛出异常时，若直接执行第 23 行，会因 reader 对象为空而抛出空指针异常（NullPointerException，属于 Unchecked 型）。因此，为了保证代码健壮性，编写了从第 21 行开始的 if 结构。

从 JDK 7 开始，在编写涉及 I/O 流等资源的代码时，可以使用 try-with-resources（带资源的 try）结构来替代常规的 try-catch-finally 结构，从而使得代码更简洁、可读性更高。try-with-resources 的语法格式如下：

```
try (资源声明语句) {
    ... // 可能抛出异常的代码
}[ catch (SomeException e) { // catch 块是可选的
    ... // 处理 SomeException 异常的代码
}][ finally { // finally 块是可选的
    ... // 在这里做扫尾或善后的工作
}]
```

下面通过一个较为综合的示例程序，来说明 try-with-resources 结构的特性，建议读者仔细阅读示例代码中的注释，并结合图 9-11 所示的运行结果来理解这些特性。

【例 9.9】try-with-resources 结构演示（见图 9-11）。

图 9-11　try-with-resources 结构演示

TryWithResourcesDemo.java

```
001    package ch09;
002
003    import java.io.FileNotFoundException;
004    import java.io.FileReader;
005    import java.io.IOException;
006
007    /**** 实现 AutoCloseable 接口以自定义资源类 ****/
008    class MyResource implements AutoCloseable {
009        private String tag; // 标记资源
010        private boolean isThrowExceptionOnClose; // 关闭资源时是否抛出异常
011
012        public String getTag() {
013            return tag;
014        }
015
016        public MyResource(String tag) { // 构造方法 1
017            this(tag, false); // 调用构造方法 2
```

```
018        }
019
020        public MyResource(String tag, boolean isThrowExceptionOnClose) { // 构造方法 2
021            this.tag = tag;
022            this.isThrowExceptionOnClose = isThrowExceptionOnClose;
023        }
024
025        public void close() throws Exception { // 重写 AutoCloseable 接口的方法
026            System.out.print("正在关闭" + tag + "...");
027            if (isThrowExceptionOnClose) {
028                throw new Exception("关闭" + tag + "时发生异常...");
029            }
030        }
031    }
032
033    public class TryWithResourcesDemo {
034        /**** 不带 catch 块和 finally 块的 try 块(try 块未发生异常) ****/
035        void m1() throws FileNotFoundException, IOException {
036            System.out.print("m1: ");
037            final String file = "C:/Windows/regedit.exe";
038            // 下行的构造方法可能抛出 FileNotFoundException 异常
039            try (FileReader r = new FileReader(file)) {
040                System.out.print("成功打开文件" + file + "...");
041            } // 自动调用 FileReader 的 close 方法时，可能抛出 IOException 异常
042        }
043
044        /**** 带 catch 块的 try 块(资源的 close 方法发生异常) ****/
045        void m2() {
046            System.out.print("\nm2: ");
047            final String tag = "R";
048            try (MyResource r = new MyResource(tag, true)) { // close 时抛出异常
049                System.out.print("成功打开" + tag + "...");
050                System.out.print("正在使用" + tag + "...");
051            } catch (Exception e) {
052                System.out.print("关闭" + tag + "时发生异常 ...");
053            }
054        }
055
056        /**** 带 catch 块和 finally 块的 try 块(try 块发生异常) ****/
057        void m3() {
058            System.out.print("\nm3: ");
059            final String tag = "R";
060            try (MyResource r = new MyResource(tag)) {
061                System.out.print("成功打开" + tag + "...");
062                int a = 2 / 0;
063                System.out.print("正在使用" + tag + "...");
064            } catch (ArithmeticException e) {
065                System.out.print("发生算术异常...");
066            } catch (Exception e) { // MyResource 的 close 方法可能抛出 Exception 异常
067                System.out.print("关闭" + tag + "时发生异常 ...");
068            } finally {
069                System.out.print("成功关闭" + tag + " ...");
070            }
071        }
072
073        /**** 含有多个资源声明(try 块和资源的 close 方法均未抛出异常) ****/
074        private void m4() throws Exception {
075            System.out.print("\nm4: ");
076            final String tag1 = "R1", tag2 = "R2";
077            try (MyResource r1 = new MyResource(tag1); MyResource r2 = new MyResource(tag2)) {
078                System.out.print("成功打开" + tag1 + "和" + tag2 + "...");
079                System.out.print("准备关闭" + tag1 + "和" + tag2 + "...");
```

```
080              } finally {
081                  System.out.print("成功关闭" + tag1 + "和" + tag2 + "...");
082              }
083          }
084
085          /**** 不带 catch 块和 finally 块的 try 块(try 块和资源的 close 方法均抛出了异常) ****/
086          private void m5() throws Exception { // 由调用者处理本方法抛出的异常
087              System.out.print("\nm5: ");
088              final String tag = "R";
089              try (MyResource r = new MyResource(tag, true)) { // close 时抛出异常(被抑制)
090                  System.out.print("成功打开" + tag + "...");
091                  throw new Exception("业务逻辑发生异常..."); // try 块抛出异常
092              }
093          }
094
095          public static void main(String[] args) throws Exception {
096              TryWithResourcesDemo demo = new TryWithResourcesDemo();
097              demo.m1();
098              demo.m2();
099              demo.m3();
100              demo.m4();
101
102              try {
103                  demo.m5();
104              } catch (Exception e) {
105                  System.out.print(e.getMessage());
106                  System.out.print("被抑制的异常: ");
107                  for (Throwable ex : e.getSuppressed()) {
108                      System.out.print(ex.getMessage());
109                  }
110              }
111          }
112      }
```

说明：

（1）资源声明语句形如 "FileReader reader = new FileReader("D:/TestFile.txt")"，如第 39 行、第 60 行。若有多个资源，则各语句间以分号隔开，如第 77 行。

（2）资源所属的类必须实现 java.lang.AutoCloseable 接口[1]，后者定义了一个 close 抽象方法。例如，第 39 行中的 FileReader 类、第 8 行的 MyResource 类。

（3）无论 try 块中的代码是否抛出了异常，当 try 块执行完毕时，系统都会自动调用各资源的 close 方法以释放这些资源。例如，第 35 行的 m1 方法、第 57 行的 m3 方法。

（4）与前述常规的 try 块不同，带资源的 try 块对应的 catch 块和 finally 块都是可选的。若带了 catch 块或 finally 块，则执行它们的代码前，系统会先调用各资源的 close 方法。例如，第 60 行开始的 try-catch-finally 结构依次执行的是第 61 行、第 62 行、第 26 行、第 65 行、第 69 行。

（5）若 try 块和资源的 close 方法均抛出了异常（设分别为 e1、e2），并且未编写对应的 catch 块处理这些异常，则所在方法仅会抛出 e1——因为 e2 被抑制（Suppressed）了[2]。例如，执行第 86 行的 m5 方法时，第 91 行、第 28 行先后抛出了异常，但第 28 行抛出的异常会被抑制。第 103 行调用 m5 方法时，第 104 行捕获的异常对象 e 是第 91 行抛出的异常对象。

（6）可以通过异常根类 Throwable 提供的 getSuppressed()方法得到之前所有被抑制的异常对

---

[1] 或实现 java.io.Closeable 接口，该接口实际上继承了 java.lang.AutoCloseable 接口。

[2] try 块中的代码通常与软件要实现的业务逻辑相关，对于用户来说，其抛出的异常通常比资源相关操作所抛出的异常更有价值。

象，如第 107 行～第 109 行的循环结构。

（7）系统按照与资源声明相反的顺序调用各资源的 close 方法，如第 77 行声明资源的顺序是 r1 和 r2，但关闭顺序是 r2 和 r1。

鉴于 try-with-resources 结构所具有的优点，在实际开发中，在可能的情况下，应优先使用 try-with-resources 结构，而非常规的 try-catch-finally 结构。

9.3 异常类的主要方法

9.3.1 Throwable 类的方法

作为所有异常类的根类，Throwable 类提供了几个重要的方法。

1. String getMessage()

在异常出现时，经常需要得到该异常的描述性文字，以便将异常信息呈现到软件界面中供用户查看。通过调用异常对象的 getMessage 方法可以得到异常的简单描述信息。

读者可能会思考——getMessage 方法是从哪里获得异常描述文字的呢？换句话说，异常描述文字是如何被指定的？这个问题将在 9.3.2 节讨论。

2. void printStackTrace()

getMessage 方法虽可获得异常的描述信息，但并未提供异常发生的具体位置。观察前述图 9-7 的输出，异常发生于第 12 行，为什么在输出了"ch09.ThrowDemo.printArray (ThrowDemo.java:12)"之后，还输出了"ch09.ThrowDemo.main(ThrowDemo.java:6)"？

大多数情况下，真正发生异常的代码（下层代码）是位于某个其他类的某个方法中的，其与程序的入口（如 main 方法）之间形成了一条路径，路径上可能还有其他的方法调用（上层代码）。当下层代码发生异常时，会导致各个上层代码均发生异常。为了还原异常的产生顺序，需要对路径上的所有调用点进行遍历，这一过程被称为追踪（Trace）。由于方法的调用顺序与异常的产生顺序是相反的，故而形成了栈追踪（Stack Trace）[①]。

若未编写异常处理代码，则当异常发生时，JRE 会自动调用 printStackTrace 方法，将异常的栈追踪信息输出到标准输出流——命令行窗口或 IDE 的控制台。

9.3.2 Exception 类的构造方法

在实际应用中，操作的几乎都是 Exception 或其子类的异常对象。Exception 类提供了几个构造方法用以构造异常对象，其中常用的有两个。

1. Exception()

该默认构造方法创建一个不带异常描述文字的异常对象。

2. Exception(String message)

该构造方法创建一个描述文字为 message 的异常对象。需要注意，Exception 类并不含用以存放异常描述文字的成员变量。打开 Exception 类的源文件，会发现下面的代码：

```
public Exception(String message) {
    super(message);
}
```

[①] 栈是一种具有后进先出特性的数据结构，请读者自行查阅数据结构的相关资料。

可见，其调用的是父类 Throwable 的构造方法。再打开 Throwable 类的源文件，找到下面的代码：

```
public Throwable(String message) {
    fillInStackTrace();
    detailMessage = message;
}
```

接下来，找到前述 9.3.1 节介绍的 getMessage 方法的代码：

```
public String getMessage() {
    return detailMessage;
}
```

容易看出，真正存放异常描述文字的是 Throwable 类的 detailMessage 成员，而该成员被声明为私有的，必须通过 getMessage 方法获得。

9.4 自定义异常类

很多时候，程序在运行时出现的错误是与程序的功能或业务相关的，如输入的用户名或密码不正确。为了能以一种可控的、容易维护的方式编写程序，可以通过自定义的异常类去封装和描述程序中的这些错误。以某项目的登录功能为例，若读者假设自己是业务逻辑层代码的编写者，应如何实现登录这一功能呢？

【例 9.10】编写方法实现登录功能。

LoginService.java

```
001  package ch09.login;
002
003  public class LoginService { // 业务逻辑层(类名通常以 Service 结尾)
004      public boolean login(String username, String password) {
005          // 假设合法用户的用户名和密码均为 admin
006          return "admin".equals(username.trim()) && "admin".equals(password);
007      }
008  }
```

上述 login 方法返回布尔值以表示用户名/密码是否合法，若还要区分诸如用户名/密码是否为空、用户是否已被禁用等更具体的情况呢？现对上述 LoginService 类加以改进：

LoginService.java

```
001  package ch09.login;
002
003  enum LoginStatus { // 登录状态枚举
004      EMPTY_USERNAME, EMPTY_PASSWORD, INVALID_USER, FORBIDDEN_USER, SUCCESS
005  }
006
007  public class LoginService { // 业务逻辑层(类名通常以 Service 结尾)
008      public LoginStatus login(String username, String password) {
009          if (username == null || username.trim().length() < 1) {
010              return LoginStatus.EMPTY_USERNAME;
011          }
012          if (password == null || password.length() < 1) {
013              return LoginStatus.EMPTY_PASSWORD;
014          }
015          if (username.trim().equals("admin") && password.equals("admin")) {
016              boolean b = System.currentTimeMillis() % 2 == 0;// 当前时间是否为偶数(仅为模拟)
017              return b ? LoginStatus.FORBIDDEN_USER : LoginStatus.SUCCESS;
018          } else {
019              return LoginStatus.INVALID_USER;
020          }
```

```
021        }
022    }
```

用户界面层的开发人员调用了 login 方法后，需要用 if 或 switch 语句判断该方法的返回值，从而执行不同的后续操作，示例代码如下：

LoginUI.java
```
001    package ch09.login;
002
003    public class LoginUI { // 用户界面层
004        public static void main(String[] args) {
005            LoginService service = new LoginService();
006
007            switch (service.login("tom", "123")) { // 用户界面层调用业务逻辑层的方法
008                case EMPTY_USERNAME:
009                    System.err.println("登录失败，用户名不能为空！");
010                    break;
011                case EMPTY_PASSWORD:
012                    System.err.println("登录失败，密码不能为空！");
013                    break;
014                case INVALID_USER:
015                    System.err.println("登录失败，用户名或密码错误！");
016                    break;
017                case FORBIDDEN_USER:
018                    System.err.println("登录失败，用户已被禁用！");
019                    break;
020                case SUCCESS:
021                    System.out.println("登录成功！");
022                    break;
023                default:
024                    System.err.println("登录失败，未知错误！");
025            }
026        }
027    }
```

不难看出，上述代码存在以下问题。

（1）用户界面层的开发人员在调用 login 方法前，需要详细了解后者的全部返回值。

（2）引入了额外的判断逻辑（如 switch 语句），降低了代码的可读性。

（3）登录状态的描述信息由用户界面层的开发人员指定[①]，可能造成不一致。

（4）不管是出于无心还是恶意，用户界面层的开发人员完全可以不判断 login 方法的某些甚至全部返回值，导致项目上层人员对代码质量不可控。

如前所述，可以通过自定义的异常类对登录时出现的每一种错误进行封装，这不仅使得代码结构更加清晰，而且更贴近业务。定义和使用异常类通常包括以下几个步骤。

（1）自定义异常类：因无法处理 Error 及其子类所代表的异常，故一般让自定义异常类继承 Exception 或 RuntimeException，然后在构造方法中调用父类的构造方法并传入用以描述业务信息的字符串。

（2）抛出异常对象：在业务方法（如前述的 login）的声明部分加上 throws 子句，当满足一定条件时（如用户名或密码错误），构造相应的异常对象并用 throw 语句抛出。

（3）捕获和处理异常：将那些调用业务方法的代码放在 try 块中，并在 catch 块中捕获和处理相应的异常。

编写自定义异常类时，若该种异常发生后可能会对程序的继续正常运行造成影响，或想强制业务方法的调用者"意识到"该种异常，则一般让自定义异常类继承 Exception。

---

① 可以通过 5.9.2 节介绍的带构造方法的枚举加以改进。

9.5 案例实践 8：用户登录

【案例实践】编写异常类描述登录过程中可能出现的各种错误，并在测试类中测试。

EmptyFieldException.java // 用户名或密码为空

```
001   package ch09.login;
002
003   public class EmptyFieldException extends Exception {
004       public EmptyFieldException(String which) { // which 指明是用户名还是密码为空
005           super(which + "不能为空！"); // 调用父类构造方法
006       }
007   }
```

InvalidUserException.java // 用户名或密码错误

```
001   package ch09.login;
002
003   public class InvalidUserException extends Exception {
004       public InvalidUserException() {
005           super("用户名或密码错误！");
006       }
007   }
```

ForbiddenUserException.java // 用户已被禁用

```
001   package ch09.login;
002
003   public class ForbiddenUserException extends Exception {
004       public ForbiddenUserException() {
005           super("用户已被禁用！");
006       }
007   }
```

LoginService.java // 包含登录方法的 Service 类

```
001   package ch09.login;
002
003   public class LoginService {
004       /**** 注意方法声明中的 throws 子句 ****/
005       public void login(String username, String password) throws EmptyFieldException,
                                                                      ForbiddenUserException,
                                                                      InvalidUserException {
006           if (username == null || username.trim().length() < 1) {
007               throw new EmptyFieldException("用户名");
008           }
009           if (password == null || password.length() < 1) {
010               throw new EmptyFieldException("密码");
011           }
012           if (username.trim().equals("admin") && password.equals("admin")) {
013               boolean b = System.currentTimeMillis() % 2 == 0;
014               if (b) {
015                   throw new ForbiddenUserException();
016               }
017           } else {
018               throw new InvalidUserException();
019           }
020       }
021   }
```

LoginUI.java // 测试类

```
001  package ch09.login;
002
003  public class LoginUI {
004      public static void main(String[] args) {
005          LoginService loginService = new LoginService();
006          try {
007              /**** 请读者修改下行的用户名和密码并重新运行程序, 以重现 5 种情况 ****/
008              loginService.login("admin", "123");
009              System.out.println("登录成功! "); // 若未捕获到异常则表示登录成功
010          } catch (EmptyFieldException | InvalidUserException | ForbiddenUserException e) {
011              System.err.println(e.getMessage());
012          }
013      }
014  }
```

第 8 行调用了 login 方法, 后者声明抛出的是 Checked 型异常, 同时, 因 main 方法不含 throws 子句, 故第 8 行必须放在 try 块中——强制调用 login 方法的开发者有意识地处理该方法可能抛出的 3 种异常。读者可比较上述代码与 9.4 节中 LoginUI.java 的区别, 以进一步理解自定义异常的优点。

习　题

1. 简述异常的概念及其为编程带来的好处。

2. 异常是如何产生和处理的?

3. Java 中的异常是如何分类的? 各自有何特点?

4. 运行没有 main 方法的类会出现什么情况?

5. 查阅 API 文档, 列出常见的异常类及其代表的错误 (Checked 和 Unchecked 型各 5 个)。

6. final、finally、finalize 有何区别?

7. throw 和 throws 关键字有何不同? 各自用于什么地方?

8. 与同一 try 块匹配的多个 catch 块有何特点?

9. 简述 try-catch-finally 语法结构的执行逻辑。

10. 相对于常规的 try 结构, try-with-resources 结构有何优点? 后者主要用于哪些场合?

11. 简述 try-with-resources 结构的语法特性。

12. 如何在同一 catch 子句中捕获多个异常类? 有什么限制?

13. "遇到异常就要处理" 这种说法正确吗? 为什么?

14. 子类在重写父类的某个含有 throws 子句的方法时需要注意什么?

15. 如何编写自定义的异常类? 如何决定自定义的异常类是继承自 Exception 还是 RuntimeException?

第10章
I/O 流与文件

10.1 概　　述

10.1.1 I/O 与流

编写程序时，我们往往会思考这样的问题：程序要处理的数据来自哪里、程序如何接收这些数据、处理完毕后的数据又被送往何处？这就是 I/O（Input/Output，输入/输出）的本质，即数据在发送者和接收者之间是如何传输的。

如同某些外部设备既是输入也是输出设备一样（如硬盘），同一程序在不同时刻也可能分别作为数据的发送者和接收者。例如，从网络上下载文件时，程序（下载软件）首先接受来自网络的数据（此时程序作为接收者），然后将数据写出到文件（此时程序作为发送者）。通常站在程序的角度来确定数据的流向。

Java 以流（Stream）的形式来操作数据，可以把流想象成一条承载数据的管道，管道上"流动"着数据的有序序列，如图 10-1 所示。JDK 提供了数十个用以处理不同种类数据的流类，均位于 java.io 及 java.nio (New I/O) 包下，它们是对 I/O 底层细节的面向对象抽象。

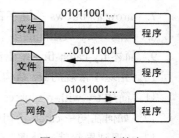

图 10-1　Java 中的流

注意：java.nio 包是从 JDK 1.4 开始提供的，并在 JDK 7 中做了重大改进，为操作 I/O 流和文件提供了更多的特性和更好的性能。nio 包与 io 包最大的不同在于前者提供了非阻塞式编程模型，故有些资料也称 nio 包为 Non-blocking I/O（非阻塞式 I/O）包。

考虑到 nio 包中的很多类实际上依赖了 io 包，另一方面，仅使用 io 包下的类和 API 便足以胜任大多数程序对 I/O 相关操作的需求。因此，本书仅介绍 io 包。

10.1.2 流的分类

可以从以下 3 个角度来对 Java 中的流进行分类。

（1）按流的方向：分为输入流、输出流。如前所述，应站在程序的角度确定流的方向，从输入流"读"，向输出流"写"。

（2）按流上数据的处理单位：分为字节流、字符流。众所周知，计算机中所有的信息都是以二进制形式存在的。对于流也不例外，流上的数据本质上就是一组二进制位所构成的序列。字节流和字符流分别以字节（8 位）和字符（16 位）为单位来处理流上的数据。

（3）按流的功能：分为节点流、处理流。节点流是指从（向）某个特定的数据源（即节点，如文件、内存、网络等）读（写）数据的流。而处理流必须"套接"在已存在的流（既可以是节点流也可以是处理流）之上，从而为已存在的流提供更多的特性，具体如图 10-2 所示。例如，可以将缓冲输入流套接在某个输入流之上，以提高后者的读取性能。

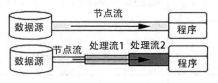

图 10-2　节点流和处理流

尽管 io 包下含有数目众多的类，但它们都直接或间接继承自 4 个抽象类，如表 10-1 所示，可以分别按流的方向和流上数据的处理单位对这 4 个抽象类进行划分。因流的方向较容易理解，下面我们按流上数据的处理单位分别讲解这 4 个抽象类。

表 10-1　　　　　　　　　　　　　　　　4 个基本的流类

分　类	字　节　流	字　符　流
输入流	InputStream	Reader
输出流	OutputStream	Writer

10.2　字　节　流

字节流以字节（8 位）为单位来处理流上的数据，其操作的是字节或字节数组。因计算机存取数据的最小单位是字节，因此，字节流是最为基础的 I/O 流。从类的命名上看，io 包中凡是以 Stream 结尾的类都属于字节流，它们都直接或间接继承自 InputStream 或 OutputStream 这 2 个抽象类。

10.2.1　字节输入流：InputStream

InputStream 用于以字节为单位向程序输入数据，其常用子类如图 10-3 所示。

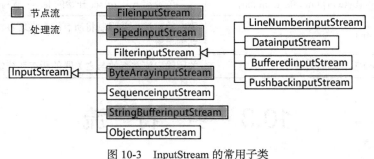

图 10-3　InputStream 的常用子类

表 10-2 列出了 InputStream 抽象类的常用 API。

表 10-2   InputStream 抽象类的常用 API

序号	方法原型	功能及参数说明
1	abstract int read()	从输入流中读取下一字节，以 int 型返回（0～255）。若读取前已到达流的末尾，则返回−1
2	int read (byte[] b, int offset, int len)	从输入流中读取 len 字节以填充字节数组 b（读取的首字节存放于 b[offset]），返回值为实际读取的字节数。若读取前已到达流的末尾，则返回−1
3	void mark(int limit)	对输入流的当前位置做标记，以便以后回到该位置。参数指定了在能重新回到该位置的前提下，允许读取的最大字节数
4	void reset()	将输入流的当前位置重新定位到最后一次调用 mark 方法时的位置。调用此方法后，后续的 read 方法将从新的当前位置读取
5	long skip(long n)	跳过 *n* 个字节，返回值为实际跳过的字节数
6	void close()	关闭输入流并释放与之关联的所有系统资源

10.2.2 字节输出流：OutputStream

OutputStream 用于以字节为单位从程序输出数据，其常用子类如图 10-4 所示。

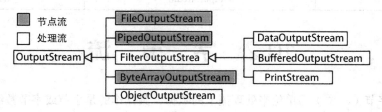

图 10-4   OutputStream 的常用子类

表 10-3 列出了 OutputStream 抽象类的常用 API。

表 10-3   OutputStream 抽象类的常用 API

序号	方法原型	功能及参数说明
1	abstract void write(int b)	将 b 的低 8 位写到输出流，高 24 位被忽略
2	void write(byte b[], int offset, int len)	将字节数组 b 从 offset 开始的 len 字节写到输出流
3	void flush()	刷新输出流，并强制将所有缓存在缓冲输出流中的字节写到输出流
4	void close()	关闭输出流并释放与之关联的所有系统资源

10.3 字 符 流

字符流以字符（16 位的 Unicode 编码）为单位来处理流上的数据，其操作的是字符、字符数组或字符串。从类的命名上看，io 包中凡是以 Reader 或 Writer 结尾的类都属于字符流，它们都直接或间接继承自 Reader 或 Writer 这 2 个抽象类。

10.3.1　字符输入流：Reader

Reader 用于以字符为单位向程序输入数据，其常用子类如图 10-5 所示。

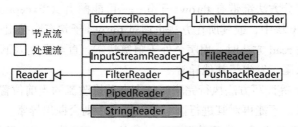

图 10-5　Reader 的常用子类

表 10-4 列出了 Reader 抽象类的常用 API（与 InputStream 类相同的方法未列出）。

表 10-4　　　　　　　　　　　　　Reader 抽象类的常用 API

序号	方法原型	功能及参数说明
1	int read()	从输入流中读取下一个字符，以 int 型返回（0～65535）。若读取前已到达流的末尾，则返回−1
2	abstract int read (char buff[], int offset, int len)	从输入流中读取 len 个字符以填充字符数组 buff（读取的第 1 个字符存放于 buff[offset]），返回值为实际读取的字符数。若读取前已到达流的末尾，则返回−1

10.3.2　字符输出流：Writer

Writer 用于以字符为单位从程序输出数据，其常用子类如图 10-6 所示。

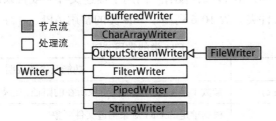

图 10-6　Writer 的常用子类

表 10-5 列出了 Writer 抽象类的常用 API（与 OutputStream 类相同的方法未列出）。

表 10-5　　　　　　　　　　　　　Writer 抽象类的常用 API

序号	方法原型	功能及参数说明
1	void write(int c)	将 c 的低 16 位写到输出流，高 16 位被忽略
2	void write(String str, int offset, int len)	将字符串 str 中从 offset 开始的 len 个字符写到输出流

以上介绍了 4 个基本的 I/O 流抽象类，它们所具有的大部分方法（包括一些非抽象方法）并未做任何有意义的实现——交由各自的子类重写以实现更多的处理细节，故通常使用这 4 个抽象类的具体子类。这些具体子类虽然数目众多，但其中的很多类在命名上是对称的——形如 xxxInputStream 的类对应着 xxxOutputStream 类、形如 xxxReader 的类对应着 xxxWriter 类。读者

应能从具体子类的命名获知两个信息——流的方向（输入还是输出）、流中数据的处理单位（字节还是字符）。

在使用具体子类时，应当注意以下几点。

（1）这些类的大部分方法都带有 throws 子句——可能抛出 IOException 异常，因此调用这些方法的代码必须置于 try 块中，或其所在方法也通过 throws 子句声明抛出该异常。

（2）执行输入流的 read 方法时，程序会处于阻塞状态，直至发生以下任何一种情况：流中的数据可用、到达流的末尾、发生了其他异常。

（3）当 read、write 等读写方法执行完毕时，会自动修改流的当前位置，以便下一次读写。

（4）当流被关闭后，不能再对其进行读写等操作，否则会抛出异常。

注意： 在使用完 I/O 流之后，应及时调用流对象的 close 方法，以确保相关资源被释放。同时，为了让代码更加简洁，尽量不要以前述【例 9.7】那样的方式来显式关闭 I/O 流，而应借助 JDK 7 新增的 try-with-resources 语法。

本章后续内容将介绍各种常用的 I/O 流及其相关类。

10.4　文　件　流

文件是程序所要处理的数据最主要的来源或目的地，Java 以流的形式来对文件数据进行读写，文件流属于节点流。在建立文件流之前，应知道要操作的是哪个文件。因此，介绍文件流之前，先来了解用以描述文件对象的 File 类。

10.4.1　File 类

与日常使用计算机不同，io 包中并没有专门用于描述文件夹或目录的类——File 类的对象既可能是文件，也可能是文件夹。表 10-6 列出了 File 类的常用 API。

表 10-6　　　　　　　　　　　　　　　File 类的常用 API

序号	方法原型	功能及参数说明
1	File(String p, String c)	参数 1 是要构造的文件对象所在的路径，参数 2 是路径或文件名
2	File(URI u)	根据给定的 URI 对象构造文件对象
3	String getParent()	得到文件对象的父路径名称
4	String getName()	得到文件对象的名称（不包含父路径）
5	String getPath()	得到文件对象的完整路径名称，相当于方法 3 和 4 的组合
6	String getAbsolutePath()	得到文件对象的绝对路径字符串
7	boolean canWrite()	判断文件对象是否可写
8	boolean exists()	判断文件对象所表示的文件或文件夹是否存在
9	boolean isDirectory()	判断文件对象所表示的是否是一个文件夹
10	long lastModified()	得到文件对象所表示的文件或文件夹的最后修改时间
11	long length()	得到文件对象所表示的文件的大小，单位为字节

续表

序号	方法原型	功能及参数说明
12	boolean createNewFile()	创建文件对象所表示的文件。若成功则返回 true，若文件已存在，则返回 false
13	boolean mkdir()	与方法 12 类似，但创建的是文件夹
14	boolean renameTo(File f)	将当前文件对象重命名为文件对象 f 的名称。若成功则返回 true
15	boolean delete()	删除文件对象所表示的文件或文件夹。若是文件夹，则必须为空才能删除
16	static File[] listRoots()	得到文件系统的根所组成的数组。对于 Windows 平台，该方法得到所有的磁盘分区。对于 UNIX/Linux，则得到根路径（即"/"）
17	static File createTempFile (String p, String s, File d)	在参数 3 指定的文件夹下，创建名为"参数 1.参数 2"的空临时文件。若参数 2 为空，则文件扩展名为 tmp；若参数 3 为空，则在系统默认的临时文件夹下创建
18	File[] listFiles()	得到文件对象所表示的文件夹下所有的文件和文件夹组成的数组

【例 10.1】显示指定文件夹下的文件信息（见图 10-7）。

FileDemo.java

```
001   package ch10;
002   /* 省略了各 import 语句，请使用 IDE 的自动 import 功能 */
006
007   public class FileDemo {
008       public static void main(String[] args) {
009           int fileCount = 0, dirCount = 0; // 文件和文件夹计数器
010           SimpleDateFormat sdf = new SimpleDateFormat("yyyy-MM-dd hh:mm:ss");
011           // 路径分隔符建议使用跨平台的"/"，也可用 File.separatorChar 动态获取
012           File home = new File("C:/Program Files/Java/jdk1.8.0_202");
013           System.out.println(home.getPath() + " 下的文件及文件夹: "); // 得到完整路径
014           System.out.printf("%-38s%-12s%20s\n", "Name", "Size(KB)", "Last Modified");
015           printLine();
016           File[] fs = home.listFiles(); // 得到文件夹下的所有文件及文件夹
017           for (File f : fs) {
018               System.out.printf("%-38s", f.getName()); // 得到文件名
019               if (f.isFile()) { // 若是文件
020                   long b = f.length(); // 得到大小
021                   System.out.printf("%-12d", b == 0 ? 0 : Math.max(1, b / 1024));
022                   fileCount++;
023               } else { // 若是文件夹
024                   System.out.printf("%-12s", "-");
025                   dirCount++;
026               }
027               Date d = new Date(f.lastModified()); // 得到最后修改时间并构造日期对象
028               System.out.printf("%20s\n", sdf.format(d)); // 格式化日期
029           }
030           printLine();
031           System.out.printf("共  %d 个文件, %d 个文件夹。", fileCount, dirCount);
032       }
033
034       static void printLine() { // 打印一串横线
035           for (int i = 0; i < 70; i++) {
036               System.out.print("-");
037           }
038           System.out.println();
039       }
040   }
```

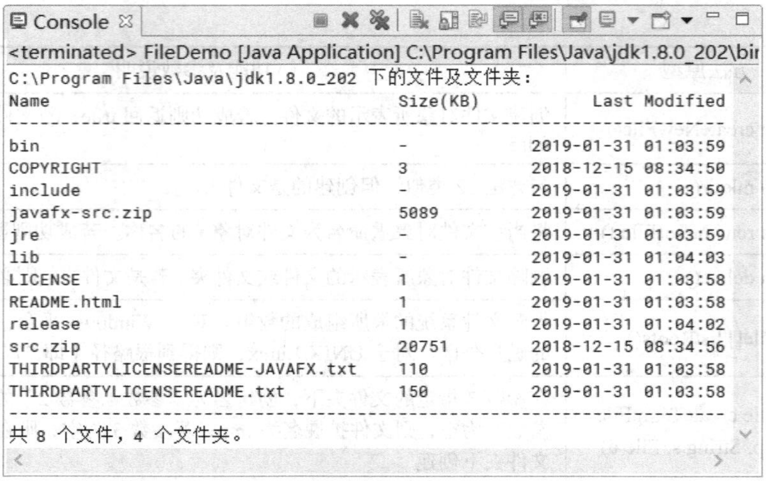

图 10-7　File 类演示

10.4.2　字节文件流：FileInputStream 和 FileOutputStream

FileInputStream 和 FileOutputStream 用于对字节文件进行读写，它们重写了各自父类（InputStream 和 OutputStream）的大部分方法。表 10-7 和表 10-8 分别列出了 FileInputStream 和 FileOutputStream 类的常用构造方法，其余 API 分别见前述表 10-2 和表 10-3。

表 10-7　　　　　　　　　　　　　　FileInputStream 类的常用构造方法

序号	方法原型	功能及参数说明
1	FileInputStream(String f)	根据参数指定的文件名创建字节文件输入流。若文件不存在或是文件夹，则抛出 FileNotFoundException 异常
2	FileInputStream(File f)	与方法 1 类似，但参数为 File 类型

表 10-8　　　　　　　　　　　　　　FileOutputStream 类的常用构造方法

序号	方法原型	功能及参数说明
1	FileOutputStream(String f)	根据参数指定的文件名创建字节文件输出流。无论指定的文件是否已存在，均会新建一个空文件
2	FileOutputStream (String f, boolean b)	参数 2 若为 false，则与方法 1 功能相同。否则，当参数 1 指定的文件已存在时，后续的写出操作将从已有文件的末尾开始(即追加写出)
3	FileOutputStream(File f, boolean b)	与方法 2 类似，但参数 1 为 File 类型

FileInputStream 和 FileOutputStream 的具体用法见 10.5 节。

10.4.3　字符文件流：FileReader 和 FileWriter

FileReader 和 FileWriter 作为字符型文件输入和输出流，分别继承自 InputStreamReader 和 OutputStreamWriter，而后二者又分别继承自 Reader 和 Writer。FileReader 和 FileWriter 类仅包含几个以文件名或文件作为参数的构造方法，较容易理解，故不再列出其 API。

【例 10.2】读取并显示指定文本文件的内容（见图 10-8）。

图 10-8 FileReader 演示

FileReaderDemo.java
```
001    package ch10;
002    /* 省略了各 import 语句，请使用 IDE 的自动 import 功能 */
009
010    public class FileReaderDemo {
011        public static void main(String[] args) {
012            String src = "AwesomeJava.txt"; // 要读取的文本文件(位于本类所在的包下)
013            URL url = FileReaderDemo.class.getResource(src); // 构造 URL 对象
014            int ch;
015            try (FileReader in = new FileReader(new File(url.toURI()))) { // 带资源的 try
016                while ((ch = in.read()) != -1) { // 每次读取 1 个字符
017                    System.out.print((char) ch); // 强制转换为字符并输出
018                }
019            } catch (URISyntaxException | FileNotFoundException e) { // 捕获多个异常类
020                System.out.println("要读取的文件不存在！ ");
021            } catch (IOException e) {
022                System.out.println("读取文件时发生错误！ ");
023            }
024        }
025    }
```

　　与 FileReader 对应的 FileWriter 类用于将字符数据写到文件，后者的用法与 FileOutputStream 非常相似，故不再赘述。

　　本节介绍了用于处理文件数据的文件流。除了文件流之外，节点流还包括内存数组流、内存字符串流、管道流等，初学者通常无须关注。本章后续内容将介绍与节点流相对应的另一类流——处理流，具体包括：缓冲流、转换流、打印流、数据流和对象流。

10.5　案例实践 9：文件复制器

【案例实践】利用文件流完成文件的复制，并显示相关信息（见图 10-9）。

FileCopier.java
```
001    package ch10;
002    /* 省略了各 import 语句，请使用 IDE 的自动 import 功能 */
007
008    public class FileCopier {
009        public static void main(String[] args) {
010            String src = "C:/TestFile.rar";    // 要复制的文件
011            String dest = "C:/TestFile2.rar"; // 复制到的文件
012
013            byte[] buff = new byte[1024];       // 用作缓冲的字节数组
014            long size = 0; // 已复制的字节数
015            int i = 0; // 每次读取的字节数
016            long begin = System.currentTimeMillis(); // 记录复制前时间
017
```

```
018            try (FileInputStream in = new FileInputStream(src);
                    FileOutputStream out = new FileOutputStream(dest)) { // 多个资源
019                System.out.print("正在复制中... ");
020                while ((i = in.read(buff)) != -1) { // 读取输入流
021                    out.write(buff, 0, i); // 思考: 为何不能调用 write(buff)方法?
022                    size += i; // 累加
023                }
024                long end = System.currentTimeMillis(); // 记录复制后时间
025                System.out.println("完毕。共 " + size + " 字节, 耗时 " + (end - begin) + " 毫秒。");
026            } catch (FileNotFoundException e) {
027                System.out.println("要复制的文件不存在! ");
028            } catch (IOException e) {
029                System.out.println("复制时出现错误! ");
030            }
031        }
032    }
```

图 10-9　文件复制器运行结果

说明:

(1)图 10-9 上部显示了被复制的字节数以及复制所耗费的时间,若多次运行程序,后者可能受操作系统缓存、磁盘读写速度等因素的影响而出现波动,但前者总是不变的——与被复制的文件大小相同。

(2)第 13 行中的字节数组实际上起到了缓冲作用,修改该数组的大小也会一定程度影响复制所耗费的时间。

(3)若每次仅进行 1 字节的读写操作——将第 20 行、第 21 行分别修改为调用 read()方法和 write(int)方法,此时虽能正确完成文件的复制,但耗费时间将从之前的 1.6 秒激增到 975 秒左右[1]——增幅达 608 倍之多。因此,在实际应用中,要尽量避免在循环中进行单字节或字符的读写操作。

(4)若将第 21 行修改为调用 write(buff),则会使复制得到的文件比被复制的文件略大(除非后者的大小恰好是 1024 的整数倍,此时二者是相同的)。这是因为第 20 行的 while 循环在最后一次读取时,输入流中可能已不足 1024 字节以供读取,但最后一次写出时依然将整个 buff 数组中的 1024 字节写到了输出流。请读者观察图 10-9 下部中箭头所指的数据——复制到的文件 TestFile2.rar 的大小恰好是 1024 的整数倍。

请读者根据上述说明自行修改代码并观察运行结果。

---

[1] 具体结果可能因机器的软硬件环境(特别是磁盘的 I/O 性能)而异。

10.6　缓　冲　流

缓冲流是一种处理流，它套接在某个真正用来被读写数据的流之上，使得后者具备缓冲特性，从而改善读写性能并提供某些方便特性。缓冲流维护着一个用以暂存数据的内存缓冲区（其实质是字节或字符数组），并允许自定义缓冲区的大小以满足不同需要。

相对于普通的流，缓冲流具有以下几个特点。

（1）缓冲输入流（BufferedInputStream 和 BufferedReader）重写了父类输入流的 mark 和 reset 方法，允许在输入流中任意位置做标记（将来可以回到该标记处），已达到多次重复读取流中某些数据的目的。

（2）当调用缓冲输出流（BufferedOutputStream 和 BufferedWriter）的 write 方法时，数据并未被真正写到缓冲输出流所套接的输出流中，而是被写到缓冲区。当调用缓冲输出流的 flush 方法后，才会将缓冲区中暂存的数据一次性写到输出流并清空缓冲区。

下面以缓冲流中数据的单位为划分来讲解上述 4 个缓冲流类。

10.6.1　字节缓冲流：BufferedInputStream 和 BufferedOutputStream

BufferedInputStream 和 BufferedOutputStream 用于对字节型数据进行缓冲读写，它们重写了各自的间接父类（InputStream 和 OutputStream）的大部分方法。表 10-9 列出了 BufferedInputStream 类的构造方法，其余 API 见表 10-2。

表 10-9　　　　　　　　　　　　　BufferedInputStream 类的构造方法

序号	方法原型	功能及参数说明
1	BufferedInputStream (InputStream in)	根据参数指定的字节输入流创建字节缓冲输入流，默认缓冲区为 8KB
2	BufferedInputStream (InputStream in, int size)	与方法 1 类似。参数 2 指定缓冲区的大小，单位为字节

【例 10.3】字节缓冲输入流演示（见图 10-10）。

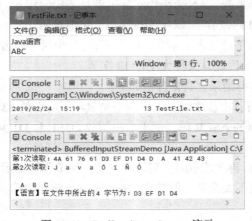

图 10-10　BufferedInputStream 演示

BufferedInputStreamDemo.java

```
001   package ch10;
002   /* 省略了各import语句, 请使用 IDE 的自动import功能 */
009
010   public class BufferedInputStreamDemo {
011       public static void main(String[] args) {
012           String src = "D:" + File.separatorChar + "TestFile.txt"; // 要读取的文本文件
013           int i = 0; // 存放当前读取的字节
014           try (InputStream is = new FileInputStream(src);
                   BufferedInputStream bis = new BufferedInputStream(is)) { // 套接在输入流上
015               bis.mark(1024); // 标记当前位置(尚未作读取操作, 当前位置为0)
016               System.out.print("第 1 次读取: ");
017               while ((i = bis.read()) != -1) { // 每次读取 1 字节
018                   System.out.printf("%-3X", i); // 以 16 进制输出
019               }
020               bis.reset(); // 回到之前标记的位置(从新读取)
021               System.out.print("\n第 2 次读取: ");
022               while ((i = bis.read()) != -1) {
023                   System.out.printf("%-3c", (char) i); // 强制将字节转换为字符
024               }
025               System.out.println();
026
027               /**** 以下代码做验证用 ****/
028               String s = "语言";
029               byte[] bs = s.getBytes("GBK"); // 以 GBK 编码得到 s 的字节数组
030               System.out.print("[" + s + "]在文件中所占的 " + bs.length + " 字节为: ");
031               for (byte b : bs) {
032                   System.out.printf("%-3X", b); // 以 16 进制输出 bs 的全部字节
033               }
034           } catch (FileNotFoundException e) {
035               System.out.println("找不到要读取的文件! ");
036           } catch (IOException e) {
037               System.out.println("读取过程中出现了 I/O 错误! ");
038           }
039       }
040   }
```

第 14 行在构造第一个资源 is 时, 有意使用了 FileInputStream, 目的是为了演示文本文件的存储实质。在实际开发中, 应尽量使用字符文件流来读写文本文件。

被读取的文本文件 TestFile.txt 的内容和大小分别如图 10-10 的上部和中间所示。首先来分析该文件的大小为什么是 13 字节。

(1) 保存 TestFile.txt 时, 文本编辑器使用的编码为 ANSI, 即操作系统的默认国家或地区的编码——对于简体中文操作系统, ANSI 编码实际上就是 GBK 编码。而在 GBK 编码中, 西文字符以 1 字节编码 (与 ASCII 码兼容), 汉字字符则以 2 字节编码。

(2) 文件中的 7 个英文字母各占 1 字节, 计 7 字节。2 个汉字各占 2 字节, 计 4 字节。1 个换行符占 2 字节[①], 计 2 字节。因此, 文件大小计 13 字节。

观察图 10-10 下部的运行结果, 具体分析如下:

(1) 第 17 行~第 19 行首次读取时, 以十六进制显示了所有的 13 字节——7 个英文字母和 1 个换行符显示的是它们各自的 ASCII 码, 而十六进制数 D3EF 和 D1D4 则分别为汉字字符 "语" 和 "言" 的 GBK 编码。

(2) 第 22 行~第 24 行再次读取时, 将读取的每一字节强制显示为字符, 虽然其中的 D3、EF、D1、D4 等显示的字符不太常见, 但是它们在 Unicode 编码中确实对应着那些字符。

---

① Windows 下的换行符由 "\r" 和 "\n" 2 个字符组成, ASCII 码分别为 13 和 10, 即十六进制的 D 和 A。

（3）在 Eclipse 的控制台中，"\r" 和 "\n" 均会显示为换行，若在 Windows 的命令行窗口中运行上述程序，得到的结果会略有不同。

（4）第 28 行～第 33 行的代码验证了 2 个汉字字符的存储格式。其中，第 29 行将"语言"字符串转换为字节数组时，指定了目标编码为 GBK——与 TestFile.txt 的保存编码相同，故之后输出的 4 字节与第 1 次读取时输出的一致。

通过上述对代码和运行结果的分析，进一步验证了之前对文本文件存储格式的分析，读者应通过本例，深刻了解文本文件的存储实质。

缓冲流作为处理流，其套接了其他的流，无论是通过 try-with-resources 语法自动管理流的关闭，还是通过调用 close 方法来显式关闭流，都应注意先后顺序，否则可能引起异常。以下为一般的关闭原则。

（1）先打开的后关闭、后打开的先关闭——后打开的流可能会使用到先打开的流。

（2）若流 A 依赖于流 B，应先关闭 A，再关闭 B。

（3）对于处理流，根据上一条原则，应先关闭处理流，再关闭被套接的节点流。

（4）处理流被关闭的时候，会自动调用对应节点流的 close 方法。

与 BufferedInputStream 相对应的 BufferedOutputStream 类也有 2 个构造方法，它们与 BufferedInputStream 类似，只不过接收的是 OutputStream 类型的参数，该类的其余 API 见表 10-3，其中的 flush 方法将在 10.6.2 节讨论。

10.6.2　字符缓冲流：BufferedReader 和 BufferedWriter

BufferedReader 和 BufferedWriter 用于对字符型数据进行缓冲读写，它们重写了各自父类（Reader 和 Writer）的大部分方法，并提供了以下额外特性。

（1）BufferedReader 提供了 readLine 方法一次读取流中的一行字符串，该方法在以文本行为基本处理单位的应用中使用较多。

（2）BufferedWriter 提供了 newLine 方法向输出流写一个换行符，该方法会自动判断操作系统使用何种换行符，以提高程序的可移植性。

BufferedReader 和 BufferedWriter 的构造方法分别与 BufferedInputStream 和 BufferedOutputStream 类似，但前二者作为字符缓冲流所套接的是 Reader 和 Writer 对象。

【例 10.4】字符缓冲输入、输出流演示（见图 10-11）。

图 10-11　BufferedReader 和 BufferedWriter 演示

BufferedReaderWriterDemo.java

```
001  package ch10;
002  /* 省略了各 import 语句，请使用 IDE 的自动 import 功能 */
009
010  public class BufferedReaderWriterDemo {
011      public static void main(String[] args) throws IOException {
```

```
012              File dest = new File("D:\\Unicode.txt"); // 待写出和读入的文件
013
014              /**** 以下为写出文件 ****/
015              int ch = '一'; // 要写出的第一个字符
016              String line; // 存放写出或读入的一行字符串
017              try (FileWriter out = new FileWriter(dest);
                     BufferedWriter bw = new BufferedWriter(out)) {
018                  for (int i = 0; i < 5; i++) { // 5 行
019                      line = "";
020                      for (int j = 0; j < 24; j++) { // 24 列
021                          line += ((char) (ch++) + " "); // 拼接字符串并准备下一字符
022                      }
023                      bw.write(line); // 写出字符串
024                      bw.newLine(); // 写出换行字符
025                      bw.flush(); // 每写一行,刷新缓冲输出流
026                  }
027              }
028
029              /**** 以下为读入文件 ****/
030              try (FileReader in = new FileReader(dest);
                     BufferedReader br = new BufferedReader(in)) {
031                  while ((line = br.readLine()) != null) { // 每次读入一行
032                      System.out.println(line);
033                  }
034              }
035          }
036  }
```

与 10.6.1 节中 BufferedOutputStream 一样，BufferedWriter 也重写了父类的 flush 方法，可以在某些关键点显式调用该方法，以强制将缓冲区数据刷新到被套接的输出流。例如，第 25 行在每写出 24 个汉字字符并换行后，刷新一次缓冲输出流。

在使用缓冲输出流时，还应注意以下细节。

（1）为缓冲输出流的缓冲区指定不同大小（默认为 8KB）会一定程度影响输出流的写出性能，在实际应用中，可以根据所处理数据的种类、大小等灵活设置。

（2）一般来说，缓冲输出流会在适当时机（如缓冲区被填满了）自动将缓冲区中的数据刷新到输出流，但这可能会降低数据接收的实时性。

（3）当调用缓冲输出流的 close 方法时，流在关闭前会自动调用 flush 方法[1]，读者可以查看 BufferedWriter 的 close 方法的代码。

（4）与 read、write 等方法一样，flush 方法应先于 close 方法前调用，否则会抛出异常。

（5）若既未显式调用 flush 方法，也未关闭缓冲输出流，则很可能导致之前写到缓冲区的数据未被真正写到输出流中。例如，读者可将第 17 行开始的 try-with-resources 结构改为常规的 try-catch 结构，然后将该行的资源声明语句挪到 try 块中，同时注释第 25 行，再次运行程序会发现没有任何输出结果——因为没有任何字符被写到 Unicode.txt 文件中。

10.7　转　换　流

前述 10.2 节和 10.3 节分别介绍了字节流和字符流，请读者想象这样的应用场景：若某个字节

---

[1] 在实际开发中，并不建议借助 close 方法的这一特性来隐式刷新缓冲输出流，因为这样无法灵活控制缓冲数据的写出时机。

流已被建立，出于某种需要，现要求将字节流中的字节数据按字符数据进行处理，此时应该如何做到呢？考虑到字符实际上是对连续若干字节的组装，而字节则是对字符的拆分，因此，完全可以通过编程的方式将字节转换为字符，但这样无疑增加了编程工作量。

本节介绍的转换流支持字节流到字符流的相互转换，并允许指定转换过程所采用的字符集（Charset）。转换流实际上扮演了字符流和字节流之间的"桥"，具体包括 InputStreamReader 和 OutputStreamWriter 两个类。

输入转换流 InputStreamReader 继承自 Reader，其套接在字节输入流之上，并根据指定的字符集把从输入流读取的字节转换为字符，表 10-10 列出了其常用 API。

表 10-10　　　　　　　　　　　InputStreamReader 类的常用 API

序号	方法原型	功能及参数说明
1	InputStreamReader (InputStream in)	根据指定的字节输入流创建字符输入流，转换时使用操作系统默认的字符集
2	InputStreamReader (InputStream in, String charset)	与方法 1 类似，同时以参数 2 指定转换所使用的字符集名称。可用的字符集名称请参考：http://www.iana.org/assignments/character-sets
3	String getEncoding()	得到字符输入流使用的字符集编码名称

以命令行程序中的键盘输入为例，键盘设备在 Java 中被抽象成了 System 类的静态常量字段 in。查看 System 类的源码，可以发现其 in 字段的类型为前述的 InputStream，即所有来自键盘的输入都是以字节形式接收的，而程序往往需要按照字符形式来接收和处理这些输入数据，此时可以利用转换流完成这种转换，如图 10-12 所示，为读取数据方便，在转换流上还套接了缓冲流。

图 10-12　套接了缓冲流的转换流

【例 10.5】转换流演示（见图 10-13）。

FakeAI.java

```java
001  package ch10;
002  /* 省略了各 import 语句，请使用 IDE 的自动 import 功能 */
006
007  public class FakeAI {
008      public static void main(String[] args) {
009          String[] old = { "吗", "你", "？", "?", "Can you" };
010          String[] replace = { "", "我", "！", "!", "I can" };
011          String line = null; // 存放输入的行
012          try (InputStreamReader r = new InputStreamReader(System.in);
013               BufferedReader br = new BufferedReader(r)) {
013              System.out.print("人: ");
014              while (!"exit".equalsIgnoreCase(line = br.readLine())) { // 输入的行不是 exit
015                  for (int i = 0; i < old.length; i++) {
016                      line = line.replace(old[i], replace[i]);
017                  }
018                  System.out.println("机: " + line + " [" + r.getEncoding() + "]");
019                  System.out.print("人: ");
020              }
021          } catch (IOException e) {
022              System.out.println("出现 I/O 错误! ");
023          }
024      }
025  }
```

图 10-13　InputStreamReader 演示（2 次运行）

第 12 行在构造输入转换流对象 r 时未指定转换所使用的字符集，则默认使用 IDE 为工程指定的字符集（本例所在的 Eclipse 工程为 UTF-8），运行结果如图 10-13 左图所示。若构造 r 时指定 GBK 字符集为第 2 个参数，则会得到如图 10-13 右图所示的结果——输出时之所以出现中文乱码，是因为输入字符的字符集 UTF-8 与转换采用的字符集 GBK 不兼容[①]。

输出转换流 OutputStreamWriter 继承自 Writer，其套接在字节输出流之上，并根据指定的字符集将字符转换为字节——与 InputStreamReader 的转换方向正好相反。OutputStreamWriter 所具有的 API 与 InputStreamReader 是对称的，限于篇幅不再赘述。

10.8　打　印　流

打印流专门用于输出数据，也就是说，打印流只包含输出流类而没有输入流类。打印流支持以自定义格式输出多种数据类型，它与其他输出流存在以下不同。

（1）打印流的输出方法被调用地较为频繁，因此这些方法被设计为不抛出 IOException 异常，但可以通过 checkError 方法检查输出状态。

（2）打印流的某些输出方法具有自动 flush 的特性，这些方法在执行时会立即将指定数据写到所套接的输出流中。

打印流具体包括 PrintStream 和 PrintWriter，它们分别直接继承自 FilterOutputStream 和 Writer，其中，PrintStream 用于输出字节数据[②]。查看 System 类的源码，会发现其静态常量字段 out 其实就是一个 PrintStream 类型的对象，在默认情况下，该对象指向 Java 程序的运行环境——如命令行窗口、IDE 的控制台窗口等。表 10-11 列出了 PrintStream 类的常用 API。

表 10-11　　　　　　　　　　　　　　　PrintStream 类的常用 API

序号	方法原型	功能及参数说明
1	PrintStream(OutputStream out, boolean autoFlush)	根据参数指定的字节输出流创建字节打印流，参数 2 指定字节打印流是否具有自动刷新特性

① 不同国家或地区在设计字符集编码时，往往会考虑对 ASCII 码的兼容，因此，本例中先后使用两种字符集对键盘输入做转换时，输入的西文字符都能被正确输出。

② PrintStream 也能输出字符，这也是为什么 PrintStream 未直接继承 OutputStream 的原因，此时会使用默认字符集将字符转换为字节——类似于 10.7 节的转换流。在需要输出字符而不是字节的情况下，应优先使用 PrintWriter。

续表

序号	方法原型	功能及参数说明
2	PrintStream(String file)	该方法先根据参数指定的文件名创建不具有追加特性的字节文件输出流，然后以之创建不具有自动刷新特性的字节打印流
3	void write(int b)	将指定字节写到字节打印流
4	void write(byte[] b, int offset, int len)	将字节数组 b 中从 offset 开始的 len 字节写到字节打印流
5	void print(基本类型 value)	将参数对应的字符串形式——String.valueOf(value)的返回值按默认字符集转换为字节，然后写到字节打印流
6	void print(String s)	将 s 按默认字符集转换为字节，然后写到字节打印流
7	void println()	向字节打印流写一个换行符。换行符由名为 line.separator 的系统属性定义，其可能是一个字符串而非单个字符
8	PrintStream printf (String format, Object ... values)	与 C 语言的 printf 函数类似。该方法用参数 2 指定的变长参数分别替换参数 1 中对应的格式说明符，然后将参数 1 转换为字节并写到字节打印流。注意方法返回类型为 PrintStream，意味着可以在同一条语句中连续调用该方法。若参数 1 包含非法或与对应参数不兼容的格式说明符，则抛出 IllegalFormatException 异常（Unchecked 型）。格式说明符见 13.2.2 节

当被构造为具有自动刷新特性的字节打印流在执行 write、print 和 println 等输出方法时，若满足下列情况之一则立即刷新——写出字节数组；写出换行符；写出的字节值为 10 (即\n)；执行任何一个 println 方法。

【例 10.6】打印流演示（见图 10-14）。

图 10-14　PrintStream 演示

PrintStreamDemo.java

```
001    package ch10;
002    /* 省略了各 import 语句，请使用 IDE 的自动 import 功能 */
008
009    public class PrintStreamDemo {
010        public static void main(String[] args) {
011            /**** 含 byte、char、int、long、float、double、String 等类型的对象数组 ****/
012            Object values[] = { (byte) -8, 'A', '我', Integer.MAX_VALUE, 022, 0x1A,
013                        987654321L, 3.14159, -1.7F, 2.1D, "Java 语言", System.lineSeparator() };
013            File file = new File("D:/log.txt"); // 写到的文件
014
015            try (FileOutputStream out = new FileOutputStream(file);
                     PrintStream log = new PrintStream(out)) {
016                for (Object v : values) {
017                    log.print(v + "|"); // 写出 values 的每个元素
018                }
019                byte[] bytes = { 65, 66, 67, 13, 10 }; // 字节数组(A、B、C 及 Windows 换行符)
020                log.write(bytes, 1, bytes.length - 1); // 从 B 开始写出
```

```
021              char[] chars = { '\t', 'J', 'a', 'v', 'a', '语', '言' }; // 字符数组
022              log.print(chars); // 写出字符数组
023          } catch (FileNotFoundException e) { // 第17行
024              System.out.println("创建文件时发生错误！");
025          } catch (IOException e) {
026              System.out.println("读写时发生错误！");
027          }
028      }
029  }
```

第 12 行的 values 数组中最后一个元素为 System.lineSeparator()方法的返回值——动态取得所在操作系统的换行符，读者在遇到类似需求时，也应采用这样的方式，而不要像第 19 行的 bytes 数组中最后两个元素那样——硬编码为特定操作系统的换行符，从而导致程序失去跨平台特性。

PrintWriter 用于输出字符数据，除了不支持写出字节数组外，其 API 与 PrintStream 非常类似。

注意：若 PrintWriter 对象被构造为支持自动刷新特性，则只有在调用 println 或 printf 等 API 时才会立即刷新（写出换行符时则不一定）。

10.9 数　据　流

前述的各种流都缺乏直接读写基本类型的能力，而这正是数据流要解决的问题。对于数据输出流，基本类型和字符串类型分别以它们在内存中的存储形式和 UTF 编码写到输出流中。对于数据输入流，则提供了从流中读取基本类型和 UTF 编码字符串等方法[1]。

数据流包括 DataInputStream 和 DataOutputStream，它们分别间接继承自 InputStream 和 OutputStream（即数据流是字节流），同时还分别实现了 DataInput 和 DataOutput 接口。此外，数据流作为处理流，要套接在 InputStream 和 OutputStream 之上。表 10-12 列出了 DataInputStream 的常用 API，需要注意的是，除构造方法外，其余方法都是 final 的[2]。

表 10-12　　　　　　　　　　　　DataInputStream 类的常用 API

序号	方法原型	功能及参数说明
1	DataInputStream(InputStream in)	根据参数指定的字节输入流创建数据输入流
2	int read (byte b[], int offset, int len)	从输入流中读取 len 字节以填充字节数组 b（读取的首字节存放于 b[offset]），返回值为实际读取的字节数。若读取前已到达流的末尾，则返回-1
3	int skipBytes(int n)	跳过 n 字节，返回值为实际跳过的字节数
4	byte readByte()	从输入流中读取一个 byte 型数据（1 字节）并返回之
5	int readUnsignedByte()	从输入流中读取一个无符号 byte 型数据并以 int 型返回之
6	char readChar()	从输入流中读取一个 char 型数据（2 字节）并返回之
7	int readInt()	从输入流中读取一个 int 型数据（4 字节）并返回之
8	String readLine()	从输入流中读取以换行符结尾的一行字符串并返回之。该方法已标记为过时，推荐使用 BufferedReader 的同名方法

[1] 数据输入流还提供了读取指定字节数的方法，至于将这些字节"理解"为何种类型，则由开发者控制。
[2] DataOutputStream 类的绝大部分方法也是 final 的，原因是：数据流不允许子类改变其对数据的这种最原始的读写机制。

序号	方法原型	功能及参数说明
9	String readUTF()	从输入流中读取一个以 UTF-8 修改版编码的字符串（读入字节数不定）并返回之。若读取的若干字节不是合法的以 UTF-8 修改版编码的字符串，则抛出 UTFDataFormatException 异常

DataOutputStream 类所具有的写出 API（形如 writeXxx）与 DataInputStream 的读入 API（形如 readXxx）是一一对称的，此处不再列出。

【例 10.7】数据流演示（见图 10-15）。

DataStreamDemo.java

```
001    package ch10;
002    /* 省略了各 import 语句，请使用 IDE 的自动 import 功能 */
008
009    public class DataStreamDemo {
010        String dataFile = "D:/cpu.dat"; // 用于写出和读入的字节文件
011
012        /**** 要写出的数据 ****/
013        long[] ids = { 100001, 100002, 100003 };
014        String[] names = { "酷睿 i9-9900k ", "锐龙 R7-2700X", "至强 E5-2620V4" };
015        float[] prices = { 4599, 2599, 3699 };
016        int[] counts = { 16, 20, 10 };
017
018        public static void main(String[] args) {
019            DataStreamDemo demo = new DataStreamDemo();
020            demo.save(); // 写出数据
021            demo.load(); // 读入数据
022        }
023
024        void save() {
025            try (FileOutputStream fos = new FileOutputStream(dataFile);
                     DataOutputStream dos = new DataOutputStream(fos)) {
026                for (int i = 0; i < ids.length; i++) {
027                    dos.writeLong(ids[i]); // 写出 long 型数据
028                    dos.writeUTF(names[i]); // 以 UTF 编码写出字符串
029                    dos.writeFloat(prices[i]); // 写出 float 型数据
030                    dos.writeInt(counts[i]); // 写出 int 型数据
031                }
032            } catch (IOException e) {
033                System.out.println("写出发生了 I/O 错误! ");
034                System.exit(-1); // 退出程序
035            }
036        }
037
038        void load() {
039            System.out.printf("%-10s%-13s%8s%13s\n", "id", "name", "price", "inventory");
040
041            for (int i = 0; i < 44; i++) { // 打印分隔线
042                System.out.print("-");
043            }
044            System.out.println();
045
046            try (FileInputStream fis = new FileInputStream(dataFile);
                     DataInputStream dis = new DataInputStream(fis)) {
047                while (true) { // 一直读入直至循环体抛出 IOException 异常
048                    long id = dis.readLong(); // 读入 long 型数据
049                    String name = dis.readUTF(); // 读入 UTF 编码的字符串
050                    float price = dis.readFloat(); // 读入 float 型数据
```

```
051                    int inventory = dis.readInt(); // 读入 int 型数据
052                    System.out.printf("%-10d%-12s%8.1f%12d\n", id, name, price, inventory);
053                }
054            } catch (IOException e) {
055                System.exit(-1);
056            }
057        }
058    }
```

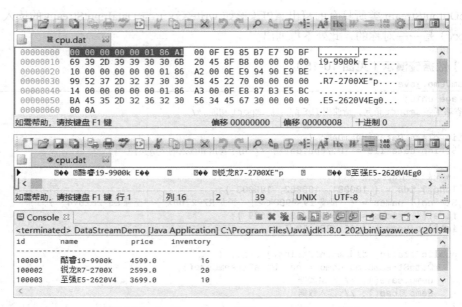

图 10-15　DataInputStream 和 DataOutputStream 演示

说明：

（1）基本类型以其在内存中的形式而非值的字符串形式直接写到文件，如图 10-15 上图所示的十六进制编辑器中被选中的 8 字节——恰为第 1 个被写出的 long 型数据 100001 的十六进制形式。

（2）字符串以 UTF 字符集编码写到文件，如图 10-15 中图所示的文本编辑器正确显示了第 14 行的 3 个字符串，前提是文本编辑器的编码必须设置为 UTF-8——与字符串被写到文件时使用的编码一致。

（3）图 10-15 中图所示的内容之所以出现乱码，是因为文本编辑器将写到文件中的那些非字符串数据对应的字节强行理解成了字符的编码。这也提醒读者，任何时候都不要将字节文件当做字符文件来处理。

（4）当第 4 次执行第 48 行时，因此时已到达数据输入流对象 dis 的末尾，故此行的 readLong() 方法会抛出 EOFException 异常。因 EOFException 是 IOException 的子类，故第 54 行仅捕获了 IOException 异常。

（5）图 10-15 下图所示为本例的运行结果。

注意： 开发者应保证从数据输入流读取数据的顺序（第 48 行～第 51 行）与之前向数据输出流写出数据的顺序（第 27 行～第 30 行）相一致，否则可能得到与之前写出数据不同的数据，但并不会出现语法错误[①]。

---

① 即使顺序不一致，但读取的若干字节总能被理解成对应的基本类型，只不过得到的数据是错误的。读者

10.10　对　象　流

10.9 节介绍的数据流虽然能够读写基本类型，但是仍缺乏对普通的对象类型的读写能力，而这正是对象流要解决的问题。对象流类包括 ObjectInputStream 和 ObjectOutputStream 两个类，它们分别继承自 InputStream 和 OutputStream（即对象流属于字节流），同时还分别实现了 ObjectInput 和 ObjectOutput 接口，而这两个接口分别是 DataInput 和 DataOutput 的子接口，意味着对象流同时具备对基本类型的读写能力。

对象流是处理流，套接在字节流之上。对于对象输出流（ObjectOutputStream），其将对象类型（也包括基本类型）的数据以字节形式写到输出流中，这一过程称为对象的序列化（Serialization）。对于对象输入流（ObjectInputStream），其从输入流中读取若干字节，并将其转换为某种类型的对象（恰为序列化前的状态），这一过程称为反序列化（Deserialization）。利用序列化和反序列化，可以持久保存对象（如写到文件中）以便将来还原该对象的状态，或通过网络将对象发至其他程序，从而实现对象的跨虚拟机传输。表 10-13 列出了 ObjectOutputStream 类的常用 API，其中不包括用以写出基本类型的 WriteXxx 方法。

表 10-13　　　　　　　　　　ObjectOutputStream 类的常用 API

序号	方法原型	功能及参数说明
1	ObjectOutputStream(OutputStream out)	根据参数指定的字节输出流创建对象输出流
2	final void writeObject(Object o)	写出参数指定的对象。若对同一对象多次调用该方法，则对象只会在第一次调用时被写出，其后的调用仅写出该对象的引用。若对象之前是由方法 3 写出的，则调用此方法时，依然会真正写出对象而非引用
3	void writeUnshared(Object o)	与方法 2 类似。不同的是，即使对同一对象多次调用该方法，每次调用都将该对象当做新对象写出

ObjectInputStream 的 API 基本与 ObjectOutputStream 一一对称，此处不再列出。

说明：

（1）并不是所有的对象类型都支持序列化，只有那些实现了 java.io.Serializable 接口的类的对象才能被序列化。

（2）Serializable 是一个空接口，其中并未定义任何方法，该接口只是为实现了该接口的类做一个标记，以告知 Java 虚拟机该类的对象允许被序列化。

（3）在默认情况下，序列化时，类中所有的字段都会被写到输出流，除非字段使用了 transient（瞬时的）或 static 关键字加以修饰。

（4）如果字段是对象类型，则该对象所属的类也应实现 Serializable 接口，否则将抛出 java.io.NotSerializableException（IOException 的间接子类）异常。

注意：序列化并非仅将对象的各个非瞬时和非静态字段写到输出流，诸如对象所属类的名称、类及该类的所有父类的某些信息等都会被一同写出。此外，序列化和反序列化的细节对于开发者来说是透明的，通常无须关心。若确实需要对序列化和反序列化的细节加以控制，可以让被序列

可尝试交换第 50 行、第 51 行的顺序并观察运行结果。

化的类实现 java.io.Externalizable 接口（Serializable 的子接口），然后重写接口中定义的两个用来控制写出和读入对象细节的方法，请读者自行查阅有关文档。

　　ObjectInputStream 和 ObjectOutputStream 两个类的具体用法将在 10.11 节中介绍。

10.11　案例实践 10：程序快照机

　　程序快照（Snapshot）是指将程序的当前状态序列化到文件，以便将来恢复，这类似于 Windows 操作系统的休眠——将 Windows 的当前状态写到 hiberfil.sys 文件后关机，下次启动时将读取该休眠文件，以恢复 Windows 到休眠前的状态。

【案例实践】将窗口状态保存到快照文件，再读取该文件以恢复（见图 10-16）。

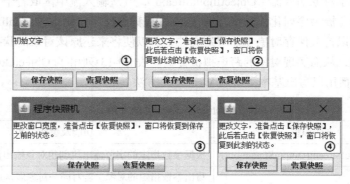

图 10-16　程序快照机

SnapshotDemo.java

```
001  package ch10;
002  /* 省略了各 import 语句，请使用 IDE 的自动 import 功能 */
016
017  /**** 提供保存快照和恢复快照方法的类 ****/
018  class Snapshot {
019      String file = "D:/Snapshot.dat"; // 快照文件
020
021      void save(MyFrame f) { // 写出快照
022          try (FileOutputStream fout = new FileOutputStream(file);
                   ObjectOutputStream out = new ObjectOutputStream(fout)) {
023              out.writeObject(f); // 序列化
024          } catch (IOException e) {
025              e.printStackTrace();
026              System.out.println("写出快照时发生了 I/O 错误！");
027          }
028      }
029
030      MyFrame load() { // 读入快照
031          MyFrame f = null; // 存放恢复的窗口
032          try (FileInputStream fin = new FileInputStream(file);
                  ObjectInputStream in = new ObjectInputStream(fin)) {
033              f = (MyFrame) in.readObject(); // 反序列化并造型
034          } catch (ClassNotFoundException | IOException e) { // readObject 可能抛出第 1 个异常
035              System.out.println("读入快照时发生了 I/O 错误！");
036          }
037          return f; // 返回窗口对象
038      }
```

```
039  }
040
041  /**** 继承窗口类并实现 Serializable 接口，以便实例化此类的对象 ****/
042  class MyFrame extends JFrame implements Serializable {
043      JButton saveBtn = new JButton("保存快照");
044      JButton loadBtn = new JButton("恢复快照");
045      JPanel panel = new JPanel();
046      JTextArea ta = new JTextArea("初始文字");
047      JScrollPane sp = new JScrollPane(ta);
048      transient Snapshot snapshot = new Snapshot(); // 不序列化此字段
049
050      public void setSnapshot(Snapshot snapshot) { // snapshot 字段的 setter
051          this.snapshot = snapshot;
052      }
053
054      MyFrame() { // 构造方法
055          init();
056          saveBtn.addActionListener(e -> snapshot.save(this)); // 单击保存快照按钮
057          loadBtn.addActionListener(e -> { // 单击恢复快照按钮
058              MyFrame f = snapshot.load();
059              f.setSnapshot(new Snapshot()); // 此行不可少(因未序列化 MyFrame 的 snapshot 字段)
060              f.setVisible(true); // 显示恢复的窗口
061              this.dispose(); // 关闭原来的窗口
062          });
063      }
064
065      void init() {
066          /* 省略了设置、添加组件到窗口的代码 */
075      }
076  }
077
078  public class SnapshotDemo { // 测试类
079      public static void main(String[] args) {
080          new MyFrame().setVisible(true);
081      }
082  }
```

图 10-16 中有一个细节需要说明：第②步在准备保存程序快照的那一刻，"保存快照"按钮是处于按下状态的——按下该按钮才会触发第 56 行中的 save 方法。因此，第③步单击"恢复快照"按钮后，得到的第④步窗口中的"保存快照"按钮的初始状态也是按下的。

10.12　其他常用 I/O 类

本节将介绍与 I/O 流相关的两个常用类——Scanner 和 Console，利用它们可以简化程序代码，或让程序具备 I/O 类所不支持的功能。需要说明的是，尽管这两个类提供的某些 API 与本章前述的 I/O 流类非常类似，但它们并不是 I/O 流类。

10.12.1　读入器：Scanner

请读者思考这样的问题：如何在命令行窗口中输入基本类型的数据供程序使用？以输入 int 型数据为例，如前述图 10-12 所示，可以先将 System.in 包装成 BufferedReader 对象，然后调用后者的 readLine 方法以得到输入的一行字符串（在命令行窗口中每次输入以回车结束），最后将字符串作为 Integer.parseInt(String)方法的参数，最终得到了基本类型。不难看出，这种方式较为烦琐。

java.util.Scanner 是 JDK 5 开始提供的工具类，其支持以较为简单的方式从输入流中获取基本类型或字符串数据，同时提供了对带有分隔符（用以分隔多个数据的字符，如空格、逗号等）的文本的解析能力——类似于 C 语言的 scanf 函数。表 10-14 列出了 Scanner 类的常用 API。

表 10-14　　　　　　　　　　　　　　Scanner 类的常用 API

序号	方法原型	功能及参数说明
1	Scanner(InputStream in, String cs)	根据指定的字节输入流作为输入源创建读入器，参数 2 指定读入时使用的字符集名称
2	Scanner(File in)	与方法 1 类似，但输入源类型为 File
3	void close()	关闭读入器，此后不能再从输入源中作读入或查找操作，否则将抛出 IllegalStateException 异常（Unchecked 型）。与大多数 I/O 流类不同，该方法未声明抛出 IOException 异常
4	Scanner useDelimiter(String p)	设置读入器的分隔模式（即分隔符的构成）。默认分割符包括空格、跳格和行终结符。有关模式的内容见第 13 章
5	String next()	从输入源中首个有效字符（非空格、跳格和行终结符）开始读入，遇到空格、跳格或行终结符停止读入
6	boolean hasNextXxx()	判断输入源中下一个标记是否是 Xxx 类型。Xxx 可以是除 char 外的基本类型、BigInteger 及 BigDecimal
7	Xxx nextXxx()	读入输入源中下一个标记并作为 Xxx 类型返回，若标记不是 Xxx 类型，则抛出 InputMismatchException 异常（Unchecked 型）。Xxx 的具体类型同方法 6

【例 10.8】读入器演示（见图 10-17）。

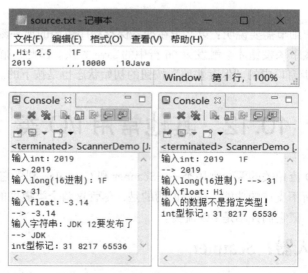

图 10-17　Scanner 演示（2 次运行）

ScannerDemo.java
```
001  package ch10;
002  /* 省略了各 import 语句，请使用 IDE 的自动 import 功能 */
007
008  public class ScannerDemo {
```

```
009        public static void main(String[] args) {
010            /**** 从命令行窗口读入数据 ****/
011            try (Scanner s = new Scanner(System.in)) { // Scanner 实现了 Closeable 接口
012                System.out.print("输入 int: ");
013                System.out.println("--> " + s.nextInt()); // 读入 int 型
014                System.out.print("输入 long(16 进制): ");
015                System.out.println("--> " + s.nextLong(16)); // 读入 long 型
016                System.out.print("输入 float: ");
017                System.out.println("--> " + s.nextFloat()); // 读入 float 型
018                System.out.print("输入字符串: ");
019                System.out.println("--> " + s.next());
020            } catch (InputMismatchException e) {
021                System.out.println("输入的数据不是指定类型! ");
022            }
023
024            /**** 从文件读入数据 ****/
025            String src = "D:/source.txt"; // 要读取的文件
026            try (Scanner s = new Scanner(new FileReader(src))) {
027                s.useDelimiter("\\s*,+\\s*|\\s+"); // 设置分隔符(逗号、空格、跳格、换行符等)
028                System.out.print("int 型标记: ");
029                while (s.hasNext()) { // 若有下一个标记
030                    if (s.hasNextInt(16)) { // 若下一标记是 16 进制 int 型
031                        System.out.print(s.nextInt(16) + " "); // 读取标记并输出
032                    } else {
033                        s.next(); // 否则继续读取(若无此行则陷入死循环)
034                    }
035                }
036            } catch (FileNotFoundException e) {
037                System.out.println("要读取的文件不存在! ");
038            }
039        }
040    }
```

10.12.2　控制台: Console

控制台是指程序的启动环境, 如 Windows 的命令行窗口、UNIX/Linux 的 Shell 窗口等, 其通常是一个基于纯文本的界面, 用以输入数据、输出结果以及出错信息等。即使在图形用户界面占统治地位的今天, 基于控制台的程序仍具有重要地位[1]。

从 JDK 6 开始提供了用以描述控制台的 java.io.Console 类, 其同时具有 System.in 和 System.out 两个标准 I/O 流的某些特点, 并提供了一些新的特性。使用 Console 类时, I/O 流对于开发者来说是透明的, 即不需要创建任何 I/O 流类的对象而直接调用 Console 类的读写 API, 从而简化了代码。表 10-15 列出了 Console 类的常用 API。

表 10-15　　　　　　　　　　　　　　Console 类的常用 API

序号	方法原型	功能及参数说明
1	PrintWriter writer()	得到与控制台关联的唯一 PrintWriter 对象
2	Reader reader()	得到与控制台关联的唯一 Reader 对象
3	Console printf (String format, Object ... args)	将变长参数 2 以参数 1 指定的格式写到控制台。各参数意义及用法见前述 PrintStream 类的同名方法

---

[1] 如 UNIX/Linux 下的很多命令有几十个可选参数, 不同的参数又可以相互组合, 而基于图形用户界面的程序很难完整表达出这些组合。事实上, 很多服务器端的程序都是基于控制台的, 相当一部分投入运营的 UNIX/Linux 服务器甚至没有安装任何图形用户界面。

续表

序号	方法原型	功能及参数说明
4	String readLine (String format, Object ... args)	与方法 3 类似，字符串被写到控制台后，等待从控制台读取一行字符串作为返回值
5	void flush()	刷新控制台，并立即将缓冲数据写出

　　若 Java 程序是从交互式环境下启动的（如在命令行窗口输入"java 类名"），则虚拟机自身会创建 Console 类的唯一实例并指向该启动环境。开发者不可能手动创建控制台对象——Console 类未提供构造方法，而是通过 System.console()方法获取该唯一实例。在某些情况下，获取的 Console 对象可能为空，这通常是由于 Java 程序是在非交互式环境下启动的[①]，此时则不能访问控制台。

【例 10.9】控制台演示（见图 10-18）。

ConsoleDemo.java

```
001    package ch10;
002    /* 省略了各 import 语句，请使用 IDE 的自动 import 功能 */
009
010    public class ConsoleDemo {
011        public static void main(String[] args) throws IOException {
012            Console c = System.console(); // 得到控制台对象
013            if (c == null) { // 若控制台不存在则退出
014                System.out.println("控制台不存在，请在命令行窗口启动程序！");
015                System.exit(0);
016            }
017
018            /**** 模拟用户登录 ****/
019            String name = null, psw = null;
020            name = c.readLine("账号："); // 等待输入一行字符串
021            psw = String.valueOf(c.readPassword("密码：")); // 输入密码
022            if ("admin".equalsIgnoreCase(name.trim()) && "admin".equals(psw)) { // 登录成功
023                c.printf("%1$s 于 %2$tY-%2$tm-%2$td %2$tH:%2$tM:%2$tS 登录，欢迎！",
                             name, new Date());
024            } else { // 登录失败
025                c.printf("账号或密码错误，程序退出！");
026                System.exit(0);
027            }
028
029            /**** 执行用户输入的命令并捕获输出 ****/
030            String command = null; // 要执行的命令
031            Process process = null; // 执行命令时产生的进程(请查阅 API 文档)
032            String line = null; // 存放执行命令时输出的每行信息
033            while (true) {
034                c.printf("\n>> ");
035                command = c.readLine(); // 等待输入命令
036                if ("exit".equalsIgnoreCase(command)) { // 若输入 exit 则退出
037                    c.printf("%1$s 于 %2$tY-%2$tm-%2$td %2$tH:%2$tM:%2$tS 退出，再见！",
                                 name, new Date());
038                    System.exit(0);
039                }
040                // 通过操作系统执行输入的命令
041                process = Runtime.getRuntime().exec("cmd /c " + command);
042                // 获得进程的输入流并包装(当执行的命令有输出信息时，将写到此输入流)
043                try (InputStream is = process.getInputStream();
                         InputStreamReader isr = new InputStreamReader(is);
```

---

① 通过以下方式启动的 Java 程序都不具有控制台：以 javaw 命令启动（如启动 Eclipse）、双击一个可执行 jar 文件（前提是安装并向操作系统注册了 JRE）、在代码中以后台方式启动 Java 程序。

```
                        BufferedReader br = new BufferedReader(isr)) {
044                        while ((line = br.readLine()) != null) { // 读入一行信息
045                            c.printf("%s\n", line); // 写到控制台
046                        }
047                    }
048                }
049            }
050    }
```

图 10-18　Console 演示（分别在 Eclipse 和命令行中运行）

习　　题

1. 什么是流？如何确定流的方向？

2. 列举几个流的典型应用场景，并确定各自流的方向。

3. 依据不同的角度，Java 中的流可被划分为哪几种？各自有何特点？

4. 简述读写文件的过程。

5. 缓冲流是如何提高流的读写性能的？

6. 将从网络接收的电影以缓冲形式保存到本地文件，需要用到哪些流类？请说明依据。

7. 载入之前保存的游戏存档数据文件，需要用到哪些流类？请说明依据。

8. 什么是对象序列化和反序列化？它们有何用处？具体如何实现？

9. Java 定义的 3 个标准输入输出流是什么？各自有何功能？

10. 什么是控制台？如何向控制台输入数据？

11. 对字符文件进行读写需要注意什么？

12. 如何得到某个控制台命令的输出？

第11章
多线程与并发

现代操作系统均支持多任务（Multi-tasking），即同一时刻可以执行多个程序。例如，在用 Word 编辑文档的同时，播放器在播放音乐、下载程序在下载文件等。即使对同一个程序而言，可能也需要同时执行多个"小任务"。例如，在线音乐播放器在播放音乐的同时，还在从网络上缓冲数据到本地以及刷新歌词显示。

上述的两个例子称为并发（Concurrent）程序，前一种并发由操作系统实现，而后一种并发通常以多线程（Multi-threading）方式实现。

11.1　概　　述

11.1.1　程序、进程与线程

程序、进程与线程是彼此相关但又有着明显区别的概念，因此，学习多线程前，有必要弄清楚这些概念。

1. 程序

程序（Program）是指令与数据的集合，通常以文件的形式存放在外存中，也就是说，程序是静态的代码，可以脱离于计算机而存在——例如，存储在 U 盘中的程序。

2. 进程

简单来说，进程（Process）就是运行中的程序，有时也称为任务（Task）。操作系统运行程序的过程即是进程从创建、存活到消亡的过程[①]。进程与程序的区别主要体现在以下几个方面。

（1）进程不能脱离于计算机而存在，处于存活状态（即运行中）的进程会占用某些系统资源，如 CPU 时间、内存空间、外设访问权等，而程序仅占据外存。

（2）进程是动态的代码，若不运行程序，则操作系统不会创建相应的进程。此外，可以创建同一个程序的多个进程。例如，在 Windows 中同时运行多次 notepad.exe，任务管理器中将出现多个名为"记事本"的进程。

（3）进程消亡时就不存在了，而对应的程序仍然存在。

3. 线程

线程（Thread）是进程中能够独立执行的实体（即控制流程），是 CPU 调度和分派的基本单

---

① Windows 下可以通过"任务管理器 → 进程"查看所有进程的相关信息，Linux 下则通过 ps 命令。

位。线程是进程的组成部分——进程允许包含多个同时执行的线程，这些线程共享进程占据的内存空间和其他系统资源。可见，线程的"粒度"较进程更小，在多个线程间切换所致的系统资源开销要比在多个进程间切换的开销小得多，因此，线程也称为轻量级的进程。

11.1.2　多任务与多线程

多任务是指操作系统中同时运行着多个进程，因此有时也称为多进程。多线程是指同一进程中的某些控制流程被多个线程同时执行。多任务与多线程是并发在不同级别的体现——前者是进程级别，而后者则是线程级别。换句话说，多任务是站在操作系统的角度来看并发，而多线程则是站在进程的角度来看并发。无论多任务还是多线程，它们通常能缩短完成某项任务所需的时间，从而提高了系统资源的利用率。

读者可能会思考——从理论上说，CPU 在任一时刻只能执行一条指令，那么，为什么那些只具有一个 CPU[①]的机器也支持并发呢？以多进程为例，原因说明如下。

（1）不是所有的进程在任一时刻都需要使用到 CPU 资源。例如，CPU 在执行某个进程的同时，另一个进程可能正在访问 I/O 设备，此时的两个进程完全可以同时执行。

（2）操作系统让 CPU 交替执行这些进程。当多个进程同时需要 CPU 为自己服务时，操作系统会依据某种选择策略让 CPU 选择其中一个执行，并在很短的一段时间后切换到另一个进程执行，依此执行下去。

因此，单 CPU 的机器支持多进程和多线程是从宏观（用户）角度来看的，从微观（CPU）角度看，多个进程仍然是以串行的方式执行的——即所谓的"微观串行，宏观并行"。读者可能会有这样的体验——出于某些原因，当某个进程一直占用着 CPU 资源时[②]，其他进程（甚至是操作系统）则响应迟钝，这也印证了单 CPU 的机器并不支持真正意义上的并发。

严格来说，只有那些具有多个 CPU 的机器才支持真正意义上的并发。对于那些计算密集型的程序（即程序执行时间主要耗费在 CPU 运算上，如计算圆周率小数点后一百万位、大矩阵相乘等），将程序编写为多个线程并将它们分派到各个 CPU 上并发执行，将大大缩短计算时间。

通常情况下，多个进程间不能（也不应）相互访问，除非通过操作系统或某些特定的通信管道（如系统剪贴板、文件、网络连接等）。从系统资源的角度看，每个进程都占据着一段专属于自身的内存空间，其他进程无权访问。相比之下，同属于一个进程的多个线程却可以共享该进程的内存空间，这也是多任务与多线程最大的区别。

11.1.3　线程状态及调度

1．线程的状态

与对象一样，线程也具有生命周期。线程在其生命周期中经历的状态包括 5 种——新建、可运行、运行、阻塞和终结，如图 11-1 所示。

（1）新建：线程被创建后所处的状态。

（2）可运行：此时的线程有资格运行，但线

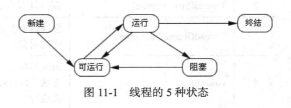

图 11-1　线程的 5 种状态

---

① 一个 CPU 可能有多个核心，尽管这些核心不是物理上的 CPU，但逻辑上却具有物理 CPU 的大部分功能。本章提及的 CPU 可能指单核的物理 CPU，也可能指多核的物理 CPU 中的每个核心。

② Windows 下，通过"任务管理器 → 性能"查看 CPU 的使用率接近 100%。

程调度程序尚未将其选定以进入运行状态。所有处于可运行状态的线程组成了一个集合——可运行线程池。

（3）运行：线程调度程序从可运行池中选定一个线程并运行，该线程即进入运行状态。运行中的线程可以回到可运行状态，也可以进入阻塞状态。

（4）阻塞：处于阻塞状态的线程并未终结，只是由于某些限制而暂停了。当特定事件发生时，处于阻塞状态的线程可以重新回到可运行状态。

（5）终结：线程运行完毕后便处于终结状态。线程一旦终结，不能再回到可运行状态。

2. 线程的调度

对于单 CPU 的机器，任一时刻只能有一个线程被执行，当多个线程处于可运行状态时，它们进入可运行线程池排队等待 CPU 为其服务。依据一定的原则（如先到先服务），从可运行线程池中选定一个线程并运行，这就是线程的调度。线程调度一般由操作系统中的线程调度程序负责，对于 Java 程序，则由 Java 虚拟机负责。

线程调度的模型有两种——分时模型和抢占模型。对于分时模型，所有线程轮流获得 CPU 的使用权，每个线程只能在指定的时间内享受 CPU 的服务，一旦时间到达，就必须将 CPU 的使用权让给另一个线程。分时模型下，线程并不会主动让出 CPU。

对于抢占模型，线程调度程序根据线程的优先级（Priority）来分配 CPU 的服务时间，优先级较高的线程将获得更多的服务时间。抢占模型下，线程可以主动让出 CPU 的使用权，以使那些优先级较低的线程有机会运行。显然，抢占模型比分时模型更加灵活，允许开发者控制更多的细节，Java 虚拟机采用了抢占式线程调度模型。

注意：Java 虚拟机调度线程的准确时机是无法预期的。因此，编程时不要对多个线程的执行顺序做任何假设——特别是对那些优先级相近的多个线程。

11.1.4   Thread 类与 Runnable 接口

Java 语言提供了完善的线程支持机制以及丰富的线程 API，其中最常用的是 Thread 类和 Runnable 接口，它们均位于 java.lang 包下。

1. Thread 类

Thread 类实现了 Runable 接口，是多线程的核心类，其常用 API 如表 11-1 所示。

表 11-1 Thread 类的常用 API

序号	方法原型	方法的功能及参数说明
1	Thread()	创建线程对象，名称默认为 Thread-n，其中 n 为整数
2	Thread(String name)	创建具有指定名称的线程对象
3	Thread(Runnable target)	创建具有指定运行目标的线程对象，参数为实现了 Runnable 接口的类的对象
4	void run()	Runnable 接口定义的 run 方法的重写版本，启动线程时将自动调用此方法。Thread 类重写此方法时并未做任何有意义的实现，通常交由子类重写
5	final void setPriority(int p)	设置线程对象的优先级，参数取值为 1～10。Thread 类定义了 3 个用以描述优先级的静态常量： ● MIN_PRIORITY：最低优先级，值为 1。

序号	方法原型	方法的功能及参数说明
5	final void setPriority(int p)	• NORM_PRIORITY：普通优先级，值为 5（默认值）。 • MAX_PRIORITY：最高优先级，值为 10。 操作系统不一定支持上述 10 个优先级。此外，优先级并非定量描述线程享受的 CPU 服务时间，二者并不存在正比关系
6	final void setDaemon (boolean b)	设置线程对象是否为守护（Daemon）线程。Java 中的线程分为用户线程（默认）和守护线程。虚拟机中负责垃圾回收、内存管理等工作的线程都是守护线程，程序一般很少创建守护线程。守护线程与用户线程的最大区别在于——当所有的用户线程执行完毕时，虚拟机便退出，而不管守护进程是否执行完毕
7	static Thread currentThread()	得到当前线程对象——即执行此方法的那个线程
8	boolean isInterrupted()	判断线程对象的中断标志，见 11.2.5 节
9	final boolean isAlive()	判断线程对象是否处于存活状态，即不处于新建或终结状态

Thread 类还定义了几个用于控制线程状态的重要 API，将在 11.2 节单独介绍。

2. Runnable 接口

Runnable 是一个函数式接口，它只定义了一个无参的 run 方法。实现了 Runnable 接口的类（设为 R）的对象可作为构造线程对象（设为 t）时的参数——启动 t 时，将自动执行 R 的 run 方法。

编写多线程程序，首先要创建线程对象，具体有以下两种方式。

（1）继承 Thread 类并重写其 run 方法，使用表 11-1 中的方法 1 或方法 2 来创建线程对象。

（2）编写类 R 实现 Runnable 接口并重写其 run 方法，然后构造 R 的对象 r，并将 r 作为表 11-1 中方法 3 的参数来创建线程对象。

【例 11.1】分别以两种方式创建线程对象。

ThreadDemo.java

```
001    package ch11;
002
003    /**** 方式 1 ****/
004    class MyThread extends Thread {
005        public void run() { // 重写 run 方法
006            System.out.println("线程 1 运行了。");
007        }
008    }
009
010    /**** 方式 2(注意此类并非线程类) ****/
011    class MyRunnable implements Runnable {
012        public void run() { // 重写 run 方法
013            System.out.println("线程 2 运行了。");
014        }
015    }
016
017    public class ThreadDemo { // 测试类
018        public static void main(String[] args) {
019            Thread t1 = new MyThread(); // 创建线程对象 t1
020
021            Runnable target = new MyRunnable(); // target 并非线程对象
022            Thread t2 = new Thread(target); // 创建线程对象 t2
023
024            // 创建线程对象 t3(本质上仍是方式 2，但使用了 Lambda 表达式以简化代码)
```

```
025            Thread t3 = new Thread(() -> System.out.println("线程 3 运行了。"));
026
027          // t1.start(); // 启动 t1
028          // t2.start(); // 启动 t2
029          // t3.start(); // 启动 t3
030      }
031  }
```

若某个类已继承了别的类，则无法再继承 Thread 类。因此，通过实现 Runnable 接口来编写线程类的方式更为灵活。但无论哪种方式，均要重写 run 方法。

11.2　线程状态控制

Java 中线程的状态在 Thread 类的内部枚举 State 中定义，与前述图 11-1 稍有不同——没有运行状态，阻塞状态则细分为等待、定时等待和阻塞状态。Thread 类包含了几个用以控制线程状态的 API，绝大部分多线程程序都会用到它们，具体包括 start、sleep、yield、join 和 interrupt 方法等。Java 中线程的状态及转换关系如图 11-2 所示。

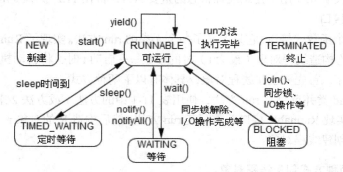

图 11-2　Java 中线程的状态及转换关系

11.2.1　start 方法

start 方法没有参数，其用于启动线程对象——使线程进入可运行状态。现在去掉前述【例 11.1】中第 27 行～第 29 行的注释，运行结果如图 11-3 所示。

说明：

（1）调用线程对象的 start 方法后，线程不一定立即执行，Java 虚拟机会在合适时机调用线程对象的 run 方法。

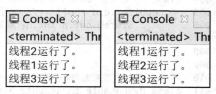

图 11-3　start 方法演示（2 次运行）

（2）如前所述，Java 虚拟机调度线程的准确时机是无法预期的。尽管第 27～29 行启动线程对象的顺序是 t1、t2 和 t3，但它们真正的执行顺序可以是全部 6 种可能中的任意一种，对于本章后面的一些示例程序也是如此。

（3）不要直接调用线程对象的 run 方法——该方法专门由 Java 虚拟机调用。

11.2.2　sleep 方法

sleep 方法是静态的，具有两个重载版本，其中接受 long 型参数的版本最为常用。sleep 方法使当前线程休眠参数指定的一段时间（单位为毫秒），其他线程并不受影响。当时间到达后，线程将回到可运行状态。若线程在休眠过程中被其他线程中断（见 11.2.5 节），则抛出 InterruptedException 异常（Checked 型），因此，通常将调用 sleep 方法的代码置于 try 块中。

【例 11.2】编写一个倒计时程序，计时到 0 时结束程序（见图 11-4）。

SleepDemo.java

```
001  package ch11;
002
003  public class SleepDemo {
004      /**** 线程类(本章数个演示程序中均有 Counter 类, 为互不影响, 设计成内部类) ****/
005      class Counter extends Thread {
006          int i = 0; // 计数器
007
008          Counter(int i) { // 构造方法
009              this.i = i;
010          }
011
012          public void run() { // 重写 run 方法
013              while (i >= 0) {
014                  System.out.print(i + "   "); // 打印计数器当前值
015                  try { // sleep 方法会抛出 Checked 型异常
016                      Thread.sleep(1000); // 休眠 1 秒
017                  } catch (InterruptedException e) {
018                      System.out.println("休眠中的线程被中断! ");
019                  }
020                  i--; // 修改计数器
021              }
022          }
023      }
024
025      public static void main(String[] args) {
026          System.out.print("倒计时开始: ");
027          new SleepDemo().new Counter(5).start(); // 创建并启动线程(注意内部类对象的创建语法)
028      }
029  }
```

图 11-4　sleep 方法演示

11.2.3　join 方法

join 方法具有 3 个重载版本，其中没有参数的版本最为常用。join 方法将调用该方法的线程对象合并到当前线程，并等前者执行完毕后，后者才继续执行。若调用 join 方法的线程被其他线程中断，则抛出 InterruptedException 异常。join 方法实际上将多个并行的线程合并成了一个串行的线程。

【例 11.3】将两个并行线程合并为一个串行线程（见图 11-5）。

JoinDemo.java

```
001  package ch11;
002
003  public class JoinDemo {
004      /**** 线程类(本章数个演示程序中均有 Counter 类, 为互不影响, 设计成内部类) ****/
005      class Counter extends Thread {
006          public void run() {
007              for (int i = 1; i <= 4; i++) {
008                  System.out.println("    Counter 线程: " + i);
009              }
010          }
011      }
012
```

```
013     public static void main(String[] args) { // main 方法对应着主线程
014         Counter c = new JoinDemo().new Counter(); // 创建线程(注意内部类对象的创建语法)
015         c.start();
016
017         for (int i = 1; i <= 8; i++) {
018             System.out.println("主线程: " + i);
019             if (i == 2) {
020                 try {
021                     c.join(); // 合并 c 到主线程
022                 } catch (InterruptedException e) {
023                     e.printStackTrace();
024                 }
025             }
026         }
027     }
028 }
```

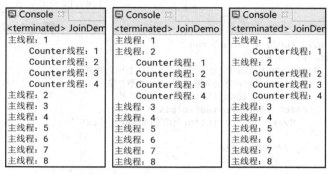

图 11-5　join 方法演示（3 次运行）

说明:

（1）作为程序入口的 main 方法由虚拟机的主线程调用，即 main 方法对应着主线程。

（2）多次运行可能得到不同结果，但总有一个规律——主线程最后且连续输出 3～8。

11.2.4　yield 方法

yield 方法是无参的静态方法，其使当前线程主动让出 CPU 的使用权，以使其他线程有机会执行。调用此方法后，当前线程将回到可运行状态。

【例 11.4】创建两个计数线程，当计数到 7 的倍数时，让出 CPU（见图 11-6）。

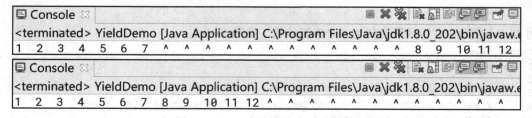

图 11-6　yield 方法演示（2 次运行）

YieldDemo.java
```
001 package ch11;
002
003 public class YieldDemo {
004     /**** 线程类(本章数个演示程序中均有 Counter 类，为互不影响，设计成内部类) ****/
005     class Counter extends Thread {
```

```
006            boolean b; // 是否有可能主动让出 CPU
007
008            Counter(boolean b) { // 构造方法
009                this.b = b;
010            }
011
012            public void run() {
013                int i = 1; // 计数器
014                while (i <= 12) {
015                    System.out.printf("%-3s", b ? i : "^");
016                    if (b && i % 7 == 0) { // 计数到 7 的倍数
017                        Thread.yield(); // 让出 CPU
018                    }
019                    i++;
020                }
021            }
022        }
023
024        public static void main(String[] args) {
025            YieldDemo demo = new YieldDemo();
026            Counter c1 = demo.new Counter(true); // 有可能主动让出 CPU
027            Counter c2 = demo.new Counter(false);// 不主动让出 CPU
028            c1.start();
029            c2.start();
030        }
031    }
```

注意： 某个线程让出 CPU 后，其将重新回到可运行线程池，而 CPU 接着运行的线程是由线程调度程序从可运行线程池中挑选的，该线程与池中其他线程均有可能被选中。换句话说，即使是主动让出 CPU 的线程也有可能立刻重新获得 CPU 而继续运行，就好像该线程之前未让出 CPU 一样。如图 11-6 所示，尽管 c1 线程输出 7 后主动让出了 CPU，但紧接着运行的线程既可能是 c2，也可能是 c1。

11.2.5　interrupt 方法

interrupt 方法没有参数，它经常用来中断线程。当线程 A 处于休眠状态时，另一个正在运行的线程 B 可以调用 A 的 interrupt 方法以唤醒 A——使 A 抛出 InterruptedException 异常，从而结束休眠，并重新回到可运行线程池等待 CPU 资源。

【**例 11.5**】创建 3 个线程对象 monitor、tom 和 teacher，模拟这样的场景——monitor 和 tom 准备休眠 10 秒后说"老师好!"，teacher 说 3 次"上课!"后，唤醒休眠的 monitor，monitor 被唤醒后再唤醒 tom（见图 11-7）。

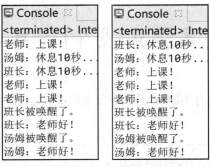

图 11-7　interrupt 方法演示（2 次运行）

InterruptDemo.java

```
001  package ch11;
002
003  class School implements Runnable {
004      Thread monitor, tom, teacher;
005
006      public School() {
007          monitor = new Thread(this, "班长"); // 创建线程时指定名称
008          tom = new Thread(this, "汤姆");
009          teacher = new Thread(this, "老师");
010      }
011
012      public void teach() {
013          monitor.start();
014          tom.start();
015          teacher.start();
016      }
017
018      public void run() {
019          Thread th = Thread.currentThread(); // 获得当前线程
020          if (th == monitor || th == tom) {
021              try {
022                  System.out.println(th.getName() + ": 休息 10 秒...");
023                  Thread.sleep(10000);
024              } catch (InterruptedException e) {
025                  System.out.println(th.getName() + "被唤醒了。");
026              }
027              System.out.println(th.getName() + ": 老师好! ");
028              tom.interrupt(); // 唤醒汤姆
029          } else if (th == teacher) {
030              for (int i = 0; i < 3; i++) {
031                  System.out.println(th.getName() + ": 上课! ");
032                  try {
033                      Thread.sleep(500);
034                  } catch (InterruptedException e) {
035                  }
036              }
037              monitor.interrupt(); // 唤醒班长
038          }
039      }
040  }
041
042  public class InterruptDemo {
043      public static void main(String[] args) {
044          new School().teach();
045      }
046  }
```

11.3 案例实践 11：数字秒表

【案例实践】编写一个计时精度为 1/24 秒的数字秒表程序，具有开始、暂停、继续和复位功能（见图 11-8 ）。

StopWatch.java

```
001  package ch11;
002  /* 省略了各 import 语句，请使用 IDE 的自动 import 功能 */
010
011  public class StopWatch extends JFrame {
```

图 11-8　数字秒表（初始状态、分别单击开始、暂停、继续）

```
012        JLabel contentLab = new JLabel("00 : 00 : 00.00"); // 计时内容标签
013        long begin, elapsed, total; // 开始时间、当前逝去时间、总逝去时间
014        boolean b = false; // 是否刷新时间
015
016        /**** 初始化 UI ****/
017        private void init() {
018            JButton startBtn = new JButton("开始");
019            JButton pauseBtn = new JButton("暂停");
020            JButton resumeBtn = new JButton("继续");
021            JButton resetBtn = new JButton("复位");
022
023            pauseBtn.setEnabled(false); // 设置各按钮的初始状态
024            resumeBtn.setEnabled(false);
025            resetBtn.setEnabled(false);
026
027            /* 省略了添加组件的代码 */
039
040            /**** 按钮单击事件处理 ****/
041            startBtn.addActionListener(e -> {
042                b = true; // 刷新时间
043                total = 0; // 总逝去时间清零
044                begin = System.currentTimeMillis(); // 修改开始时间
045                startBtn.setEnabled(false); // 修改各按钮的状态
046                pauseBtn.setEnabled(true);
047                resetBtn.setEnabled(true);
048            });
049            pauseBtn.addActionListener(e -> {
050                b = false; // 停止刷新时间
051                total += elapsed; // 累加到总逝去时间
052                pauseBtn.setEnabled(false);
053                resumeBtn.setEnabled(true);
054            });
055            resumeBtn.addActionListener(e -> {
056                b = true;
057                begin = System.currentTimeMillis();
058                pauseBtn.setEnabled(true);
059                resumeBtn.setEnabled(false);
060            });
061            resetBtn.addActionListener(e -> {
062                b = false;
063                contentLab.setText("00 : 00 : 00.00");
064                startBtn.setEnabled(true);
065                pauseBtn.setEnabled(false);
066                resumeBtn.setEnabled(false);
067                resetBtn.setEnabled(false);
068            });
069
070            setDefaultCloseOperation(EXIT_ON_CLOSE);
071            setSize(400, 200);
072            setVisible(true);
073        }
```

```
074
075        public void on() {
076            new Thread(() -> { // 创建线程对象(参数为 Lambda 表达式)
077                while (true) { // 死循环
078                    if (b) { // 刷新时间
079                        elapsed = System.currentTimeMillis() - begin; // 计算当前逝去的时间
080                        int h = (int) ((total + elapsed) / (60 * 60 * 1000)); // 计算各分量
081                        int m = (int) ((total + elapsed) % (60 * 60 * 1000) / (60 * 1000));
082                        int s = (int) ((total + elapsed) % (60 * 1000) / 1000);
083                        int ms = (int) ((total + elapsed) % 1000 / (1000 / 24));
084                        contentLab.setText(String.format("%02d : %02d : %02d.%02d", h, m, s, ms));
085                    }
086                    try {
087                        Thread.sleep(1000 / 24); // 休眠1/24秒
088                    } catch (InterruptedException e) {
089                        e.printStackTrace();
090                    }
091                }
092            }).start(); // 启动线程
093        }
094
095        public static void main(String[] args) {
096            StopWatch t = new StopWatch();
097            t.init();
098            t.on();
099        }
100    }
```

11.4 并 发 控 制

11.4.1 同步与异步

多个并发的线程可能会共享一些数据，此时需要考虑这些线程彼此的状态。例如，某个线程需要修改共享数据，在其未完成相关操作前，其他线程不应该打断它，否则将会破坏数据的完整性或一致性。

同步（Synchronization）是指一个方法或一段代码在同一时刻至多只能被一个线程执行，在该线程未执行完该方法或该段代码之前，其他并发的线程必须等待。若没有此限制，则称为异步（Asynchronization）。

注意： 相当一部分初学者容易混淆同步和异步的概念。在现实生活中，特别是在汉语语境下提到同步，表达的语义往往是指多个活动同时进行，而这恰好与多线程中的同步概念相反——多线程中的异步才对应着人们在日常生活中所说的同步。应当这样理解，在计算机和软件领域提到同步，表达的是阻塞、等待、加锁、排队、串行等语义。

【例 11.6】 用多线程模拟多个用户同时访问某网站，并显示访问计数（见图 11-9）。

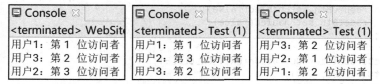

图 11-9　网站访问计数演示（3 次运行）

WebSiteCounter.java

```
001  package ch11;
002
003  public class WebSiteCounter {
004      public static void main(String args[]) throws InterruptedException {
005          WebSite site = new WebSite();
006
007          new Thread(site, "用户 1").start(); // 模拟 3 个用户
008          new Thread(site, "用户 2").start();
009          new Thread(site, "用户 3").start();
010
011          Thread.sleep(100); // 未捕获 InterruptedException(由所在方法抛出)
012      }
013  }
014
015  class WebSite implements Runnable { // 网站
016      int count = 0; // 访问计数器
017
018      public void run() {
019          System.out.println(Thread.currentThread().getName()
                        + ": 第 " + (++count) + " 位访问者");
020      }
021  }
```

显然，图 11-9 中的后两次运行结果是不符合逻辑的。以第 2 次为例，下面分析为什么会出现这样的运行结果。

（1）用户 1 线程不被打断地执行完第 19 行，打印计数 1 后，该线程终结。接着，用户 3 线程获得了 CPU，此时 count 值为 1。

（2）用户 3 线程计算完第 19 行中 "++count" 表达式的值为 2，准备继续拼接字符串并打印时[①]，用户 2 线程获得了 CPU 资源，此时 count 值为 2。

（3）用户 2 线程不被打断地执行完第 19 行，打印计数 3 后，该线程终结。接着，仅存的用户 3 线程重新获得了 CPU 资源。

（4）用户 3 线程继续执行上述（2）中未完成的部分，打印计数 2。

读者可接着尝试分析图 11-9 中第 3 次运行结果的出现原因。通过本例可以看出，当多个线程并发访问共享数据（如本例的 count 字段）时，必须考虑线程同步的问题。

同步是保障线程安全（Thread Safety）的手段之一。线程安全是指——当多个线程同时执行类 C 的方法时[②]，不管代码指定的调用顺序如何，也不管 Java 虚拟机具体如何调度这多个线程，在不添加任何同步相关代码的前提下，若能保证类 C 中这些方法的执行结果总是与预期一致，则称类 C 是线程安全的。显然，上述的 WebSiteCounter 类是非线程安全的。

11.4.2　synchronized 关键字

在 Java 虚拟机中，每个对象都有一个相关联的锁，利用对象锁可以实现多个线程间的互斥操作——当线程 A 访问某个对象时，可以获得该对象的锁，以强制其他线程必须等到线程 A 完成所需的操作并释放锁后，才能访问该对象。

Java 通过关键字 synchronized 来为指定对象或方法加锁，具体逻辑是：首先判断对象锁是否

---

① 第 19 行作为高级语言的一条语句，其并不具有原子性，即没有 "要么不执行，要么不被打断地执行完" 的特性。无论编译型还是解释型的高级语言，其每条语句（包括很简单的表达式）通常对应着若干条 CPU 指令，后者才具有原子性。

② 特别是当这些方法读写了相同的数据时。

存在，若是则获得锁，并在执行完紧随其后的代码段后释放对象锁；若否——锁已被其他线程拿走，则线程进入等待状态，直至获得锁。具体地，synchronized 有以下两种用法。

1. 同步代码块

同步代码块指定了需要同步的对象和代码——在拥有对象锁的前提下，才能执行这些代码。同步代码块的语法格式如下：

```
synchronized (同步对象) {
    // 需要同步的代码
}
```

对前述【例 11.6】中 WebSite 类的 run 方法做如下修改，将始终得到图 11-10 所示的正确逻辑——按顺序输出访问计数。

```
001  public void run() {
002      synchronized (this) {
003          ... // 原第 19 行略
004      }
005  }
```

 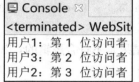 

图 11-10　加了同步控制的网站访问计数演示（3 次运行）

2. 同步方法

也可以使用 synchronized 关键字将某个方法声明为同步方法——在任何时刻，至多只有一个线程能执行该方法。同步方法的语法格式为：

```
synchronized   返回类型   方法名(形参表) {
    // 方法体
}
```

对前述【例 11.6】中 WebSite 类的 run 方法作如下修改，也将得到正确的逻辑。

```
001  public synchronized void run() {
002      ... // 原第 19 行略
003  }
```

容易看出，synchronized 关键字的本质是将同一段代码的执行方式由原来的多个线程同时执行变为了依次执行，因此在性能上会有一定损失。

注意：除 synchronized 关键字外，Java 还提供了用以修饰字段的 volatile（易变的）关键字。被 volatile 修饰的字段具有如下两个特性。

（1）字段作为共享数据被某个线程修改后的新值对其他线程的立即可见性。

（2）禁止编译器和虚拟机在优化字节码时对相关指令进行重排序，以保证语句执行顺序的始终一致性。

尽管可以利用上述特性解决某些场景下的多线程同步问题，且性能要优于前述的同步代码块和同步方法，但 volatile 仍无法保证与被修饰字段相关的表达式和语句的原子性。另外，volatile 还涉及 Java 虚拟机的某些复杂底层机制（如内存模型等），在未准确理解这些机制前，滥用 volatile 关键字可能会使程序出现非预期的、不确定的、难以解释的结果。因此，对于绝大多数项目，仍推荐使用 synchronized 关键字实现多线程的同步控制逻辑。限于篇幅，本书不对 volatile 关键字做深入介绍，有兴趣的读者可自行查阅相关资料。

11.4.3 wait、notify 和 notifyAll 方法

有时,多个线程需要共同完成某项工作,故需要在这些线程间建立沟通渠道,而不仅仅是依靠前述的互斥机制。根类 Object 提供了几个用于线程间通信的 API,具体如下。

1. public final void wait()

若正在执行同步代码的线程 A 在对象 x 上调用了 wait 方法,则 A 将暂停执行而进入对象 x 的等待池,同时释放对象 x 的锁。直至其他线程在对象 x 上调用 notify 或 notifyAll 方法时,A 才能重新获得对象 x 的锁并继续执行。注意,此 API 可能抛出 InterruptedException 异常。

2. public final native void notify()

唤醒正在等待调用此方法的那个对象的锁的某个线程。若等待同一对象锁的线程有多个,具体唤醒哪个线程则取决于 Java 虚拟机的底层实现。

3. public final native void notifyAll()

唤醒正在等待调用此方法的那个对象的锁的所有线程。

下面通过一个案例实践演示以上几个 API。

11.5 案例实践 12:生产者与消费者问题

生产者与消费者问题是典型的同步控制问题——生产者生产产品、消费者消费产品,二者必须相互协调才能避免出现产品不足或过剩的情况。

【案例实践】 编写多线程程序模拟生产者与消费者问题(见图 11-11)。

Repository.java

```
001  package ch11.pc;
002
003  public class Repository { // 仅能存放一个产品的仓库
004      private boolean isEmpty = true; // 仓库是否为空
005      private int product; // 存放的产品(以序号标识)
006
007      /**** 将产品 product 放入仓库(同步方法) ****/
008      public synchronized void put(int product) {
009          if (!isEmpty) { // 仓库非空
010              try {
011                  this.wait(); // 等待
012              } catch (InterruptedException e) {
013                  e.printStackTrace();
014              }
015          }
016          this.product = product; // 存放产品 product
017          this.isEmpty = false; // 修改仓库为非空
018          System.out.print("Produce " + product);
019          this.notify(); // 唤醒某个等待线程
020      }
021
022      /**** 从仓库取出产品(同步方法) ****/
023      public synchronized void get() {
024          if (isEmpty) { // 仓库为空
025              try {
026                  this.wait(); // 等待
027              } catch (InterruptedException e) {
```

Console 区

<terminated> PCDemo [Ja

Produce 1, Consume 1
Produce 2, Consume 2
Produce 3, Consume 3
Produce 4, Consume 4
Produce 5, Consume 5

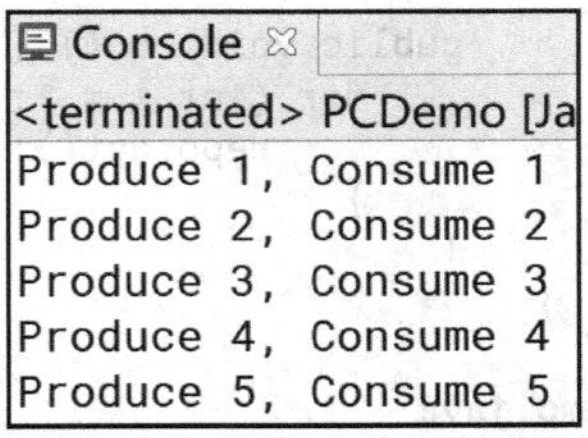

图 11-11 生产者与消费者问题演示

```
028                          e.printStackTrace();
029               }
030           }
031           System.out.println(", Consume " + this.product);
032           this.isEmpty = true; // 修改仓库为空
033           this.notify(); // 唤醒某个等待线程
034       }
035   }
```

Producer.java

```
001   package ch11.pc;
002
003   public class Producer extends Thread { // 生产者线程
004       Repository repo;
005
006       public Producer(Repository repo) { // 构造方法
007           this.repo = repo;
008       }
009
010       public void run() {
011           for (int i = 1; i < 6; i++) {
012               repo.put(i);
013           }
014       }
015   }
```

Consumer.java

```
001   package ch11.pc;
002
003   public class Consumer extends Thread { // 消费者线程
004       Repository repo;
005
006       public Consumer(Repository repo) { // 构造方法
007           this.repo = repo;
008       }
009
010       public void run() {
011           for (int i = 1; i < 6; i++) {
012               repo.get();
013           }
014       }
015   }
```

PCDemo.java

```
001   package ch11.pc;
002
003   public class PCDemo { // 测试类
004       public static void main(String args[]) {
005           Repository repo = new Repository();
006           Producer p = new Producer(repo);
007           Consumer c = new Consumer(repo);
008           p.start();
009           c.start();
010       }
011   }
```

习　题

1. 下列（　　）方法被调用后，一定会改变相应线程的状态。
   A. notify　　　　　B. yield　　　　　C. sleep　　　　　D. isAlive

2. 下列关于 Test 类的定义中，正确的是（　　）。
   A. ```
      class Test implements Runnable{
           public void run(){}
           public void someMethod(){}
      }
      ```
   B. ```
      class Test implements Runnable{
           public void run();
      }
      ```
   C. ```
      class Test implements Runnable{
           public void someMethod();
      }
      ```
   D. ```
      class Test implements Runnable{
           public void someMethod(){}
      }
      ```

3. 关于下列代码编译或执行结果的描述中，正确的是（　　）。
   ```
   001  package ch11;
   002
   003  public class Test {
   004      public static void main(String args[]) {
   005          TestThread t1 = new TestThread("one");
   006          t1.start();
   007          TestThread t2 = new TestThread("two");
   008          t2.start();
   009      }
   010  }
   011
   012  class TestThread extends Thread {
   013      private String name = "";
   014
   015      TestThread(String s) {
   016          name = s;
   017      }
   018
   019      public void run() {
   020          for (int i = 0; i < 2; i++) {
   021              try {
   022                  sleep(1000);
   023              } catch (InterruptedException e) {
   024              }
   025              System.out.println(name + " ");
   026          }
   027      }
   028  }
   ```
   A. 不能通过编译　　　　　　　　　　B. 输出 One Two One Two。
   C. 输出 Two One One Two　　　　　　D. 选项 B 或 C 都可能出现

4. 对于单 CPU 的机器，怎样理解线程 "宏观上并行、微观上串行" 的特点？

5. Java 中线程的生命周期包含哪几种状态？各自有何特点？

6. 编写示例代码，分别以继承 Thread 的类、实现 Runnable 接口的类、匿名内部类、Lambda 表达式等 4 种方式构造线程对象并启动。

7. 简述同步和异步的概念。日常生活中所说的同步与多线程中的同步有何本质区别？

8. 关键字 synchronized 有哪几种用法？各自的逻辑是什么？

9. 什么是线程安全？在使用非线程安全的类时，如何保证编写的代码是线程安全的？

10. 分析图 11-9 中第 3 次运行结果出现的原因。

第12章
容器框架与泛型

本章主要介绍 Java 的容器框架。与现实世界中容器的概念和作用类似，Java 中的容器能够将若干元素按照某种方式组织为一个整体，以方便对这些元素进行添加、删除、修改和查找等操作，前述第 4 章的数组其实就是一种原始的容器。

容器框架是用于描述和操作各种容器的统一架构[①]，其意义主要体现在以下方面。

1. 简化编程

容器框架提供了丰富的数据结构和功能，使得开发者能将更多的精力放在软件的业务，而不是这些功能的实现细节上。

2. 保证代码质量和运行效率

容器框架中的各种数据结构和算法已经被广泛测试，相对于开发者自己实现这些数据结构和算法来说，直接使用容器框架所编写的代码具有更高的质量和更好的性能。

3. 支持跨 API 的互操作

编程语言的很多 API 在设计时就考虑了对容器框架的支持。例如，Swing 中的 JTree 组件支持以 Hashtable（哈希表，是一种容器类）来构造对象，因此可以利用 Swing 的 API 将 Hashtable 包含的数据以 GUI 的形式呈现出来。

从 JDK 1.2 开始，Java 定义了一套完整的容器框架，具体包括一组接口、抽象类以及具体实现类，它们大多位于 java.util 包下。容器框架在整个 Java 类库中占据着非常重要的地位，绝大多数的 Java 程序都使用到了容器框架中的接口和类，这些接口和类的数目众多，且彼此间的继承和实现关系较为复杂，读者在学习本章时应注意多查阅 API 文档。

本章部分内容与数据结构中一些知识的关联较大（如哈希码、树形结构、时间复杂度等），若读者学习这些内容有困难，请查阅相关资料。

12.1　核 心 接 口

容器框架包含了一组重要的接口，它们描述了各种具体容器类共同遵守的协议，因此，在学习具体的容器类之前，有必要先对这些接口有所了解。图 12-1 给出了 Java 容器框架中几个处于核心地位的接口以及它们之间的继承关系。

---

① Java 容器框架中有 Collection 和 Set 接口，为防止它们在中文译名上的冲突，本书将 Collection 译为容器，Set 则译为集合。

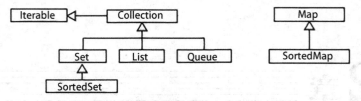

图 12-1　Java 容器框架的核心接口及其相互继承关系

12.1.1　容器根接口：Collection

Collection 是 Java 容器框架的根接口，它定义了各种具体容器的最大共性，其他绝大多数容器接口均直接或间接继承自该接口。

说明：图 12-1 中的 Iterable（可迭代的，位于 java.lang 包下）作为 Collection 的父接口，是从 JDK 5 开始提供的，其目的是使容器支持 JDK 5 的新语法——增强型 for 循环。

表 12-1 列出了 Collection 接口的常用 API。

表 12-1　　　　　　　　　　　　　Collection 接口的常用 API

序号	方法原型	功能及参数说明
1	int size()	得到容器中的元素个数
2	boolean isEmpty()	判断容器是否不包含任何元素
3	boolean contains(Object o)	判断容器是否包含元素 o
4	Iterator iterator()	得到容器的迭代器，见 12.1.6 节
5	Object[] toArray()	将容器转换为数组。返回的数组包含容器中的所有元素
6	boolean add(Object o)	向容器中添加元素 o。添加成功，则返回 true。若容器已包含 o，且不允许有重复元素，则返回 false
7	boolean remove(Object o)	从容器中删除元素 o。删除成功，则返回 true。若容器不包含 o，则返回 false
8	boolean containsAll(Collection c)	判断当前容器是否包含容器 c 中所有的元素
9	boolean addAll(Collection c)	将 c 中所有元素添加到当前容器中。若当前容器在此方法结束后发生了变化，则返回 true
10	boolean removeAll(Collection c)	将当前容器中也被 c 包含的所有元素删除。返回值同方法 9
11	boolean retainAll(Collection c)	仅保留当前容器中也被容器 c 包含的那些元素。即删除当前容器中未被包含在 c 中的所有元素。返回值同方法 9
12	void clear()	删除容器中所有元素

12.1.2　集合接口：Set

Set 接口继承自 Collection，用以描述不能包含重复元素的集合型容器。该接口中定义的方法与 Collection 完全一样，只是加上了"不允许出现重复元素"的限制。

Set 有一个常用的子接口 SortedSet（有序集合），有序集合中的所有元素按某种顺序呈升序排列，这种顺序既可以是元素的自然顺序，也可以是根据创建集合时指定的比较器所定制的比较规则而得到的顺序，具体见 12.2.2 节。表 12-2 列出了 SortedSet 接口的常用 API。

表 12-2　　　　　　　　　　　　　SortedSet 接口的常用 API

序号	方法原型	功能及参数说明
1	Comparator comparator()	得到用于排序的比较器。若使用自然顺序排序，则返回 null
2	SortedSet subSet (Object from, Object to)	得到有序集合中从 from（含）开始到 to（不含）结束的子集
3	Object first()	得到有序集合的第一个元素

12.1.3　列表接口：List

List 列表接口继承自 Collection，用以描述列表型容器。与集合接口不同，列表接口可以包含重复的元素，并允许根据元素所在的索引来访问元素，因此列表接口有时也被称为序列接口。表 12-3 列出了 List 接口的常用 API。

表 12-3　　　　　　　　　　　　　　List 接口的常用 API

序号	方法原型	功能及参数说明
1	void add(int i, object o)	在列表的索引 i 处插入指定元素 o
2	Object get(int i)	得到列表中索引 i 处的元素
3	Object set(int i, object o)	将列表中索引 i 处的元素替换为 o
4	Object remove(int i)	删除并返回列表中索引 i 处的元素
5	int indexOf(Object o)	返回列表中首个与 o 相等的元素的索引。若没有这样的元素，则返回−1
6	List subList(int from, int to)	得到列表中从索引 from（含）开始到索引 to（不含）结束的子列表
7	ListIterator listIterator()	得到含列表所有元素的迭代器。ListIterator 是 Iterator 的子接口，见 12.1.6 节

12.1.4　队列接口：Queue

Queue 接口继承自 Collection，是 JDK 5 提供的接口，用以描述队列型容器。队列其实是一种操作受限的列表[1]。通常只允许在队列的两端分别做添加和删除元素的操作。其中，允许删除元素（即出队）的一端称为队头，允许添加元素（即入队）的一端称为队尾，故队列具有先进先出（First In First Out，FIFO）特性。表 12-4 列出了 Queue 接口的常用 API。

表 12-4　　　　　　　　　　　　　Queue 接口的常用 API

序号	方法原型	功能及参数说明
1	boolean add(Object o)	将元素 o 添加至队尾。成功则返回 true。若队列可用空间不足（一般不会出现这种情况），则抛出 IllegalStateException 异常（Unchecked 型）
2	boolean offer(Object o)	与方法 1 类似。当队列可用空间不足时返回 false 而不抛出异常
3	Object remove()	删除并返回队头元素。若队列为空，则抛出 NoSuchElementException 异常（Unchecked 型）
4	Object poll()	与方法 3 类似。当队列为空时返回 null 而不抛出异常

[1] 这只是从操作的特点来理解队列，Java 集合框架中的 Queue 接口并非继承自 List 接口。

序号	方法原型	功能及参数说明
5	Object element()	得到队头元素。队列为空时抛出 NoSuchElementException 异常
6	Object peek()	与方法 5 类似。当队列为空时返回 null 而不抛出异常

容易看出，表 12-4 所列的 6 个方法其实对应着队列的 3 个基本操作：入队、出队、得到队头。方法 1、方法 3、方法 5 在某些特殊情况下会抛出 Unchecked 型异常，而它们对应的方法 2、方法 4、方法 6 则用特定的返回值（false 或 null）表示那些特殊情况。为方便代码编写，通常优先考虑使用方法 2、方法 4、方法 6。

Java 容器框架提供了几种不同的队列——FIFO 队列中的元素按照它们被插入的先后顺序排列，而优先队列则通常按照元素的比较值进行排序。对于 FIFO 队列，新添加的元素总是被插到队列的末尾，而其他种类的队列可能使用不同的插入规则。无论队列使用何种排序规则，队头元素总是指调用 remove 或 poll 方法时被删除的那个元素。

12.1.5　映射接口：Map

数学上的函数描述了自变量到因变量的映射，Map 则借鉴了与函数类似的思想——Map 中的每个元素都是由键到值的映射，从而形成了多个键值对（Key-Value Pairs），具体如图 12-2 所示。

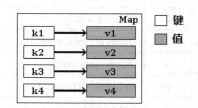

图 12-2　Map 中的键值对

基于键值对的数据结构有着广泛的应用场景，如 JavaScript 对象标记（JavaScript Object Notation，JSON）、NoSQL 数据库、分布式缓存系统等。

因元素形式较为特殊，故 Map 未继承 Collection 接口。Map 不允许包含重复的键——因为键是用来唯一标识键值对的。表 12-5 列出了 Map 接口的常用 API。

表 12-5　　　　　　　　　　　　Map 接口的常用 API

序号	方法原型	功能及参数说明
1	int size()	得到映射中的键值对个数
2	boolean containsKey(Object k)	判断映射是否包含键 k
3	boolean containsValue(Object v)	判断映射是否包含值 v
4	Object get(Object k)	得到映射中键 k 对应的值
5	Object put(Object k, Object v)	若存在键 k，则用 v 替换其对应的值并返回被替换的旧值。否则返回 null
6	Object remove(Object k)	若存在键 k，则删除该键值对并返回键 k 对应的值。否则返回 null
7	void clear()	删除映射中的所有键值对
8	Set keySet()	得到映射中所有的键构成的集合
9	Collection values()	得到映射中所有的值构成的集合
10	Set entrySet()	得到映射中所有的键值对构成的集合

Map 有一个子接口 SortedMap（有序映射），它包含的所有键值对按照键进行排序。该接口具

有的方法与前述 SortedSet 在形式上非常类似，故不再列出。

12.1.6　遍历容器

在实际应用中，经常需要按照某种次序将容器中的每个元素访问且仅访问一次，这就是遍历（也称为迭代）。通常以下列 5 种方式来遍历容器。

1. 将容器转换为数组

Collection 接口定义了 toArray 方法将容器对象转换为数组，此后可以利用循环结构依次取出数组中的元素并访问之，如下面的代码片段。

```
001    Object[] elements = c.toArray(); // c 为重写了 toArray 方法的容器实现类的对象
002    for (int i = 0; i < elements.length; i++) {   // 对数组做循环
003        Object o = elements[i];   // 取得数组的每个元素
004        ... //对元素 o 进行操作
005    }
```

2. 使用迭代器接口 Iterator

迭代器是一种允许对容器中元素进行遍历并有选择地删除元素的对象，其本身并不是容器。迭代器以 java.util.Iterator 接口描述，一般通过 Collection 接口的 iterator 方法得到。表 12-6 列出了 Iterator 接口的常用 API。

表 12-6　　　　　　　　　　　　　　Iterator 接口的常用 API

序号	方法原型	功能及参数说明
1	boolean hasNext()	若仍有未被迭代的元素，则返回 true
2	Object next()	得到下一个未被迭代的元素
3	void remove()	删除迭代器当前指向的（即最后被迭代的）元素

使用迭代器遍历容器的代码如下所示。

```
001    Iterator it = c.iterator();   // c 为重写了 iterator 方法的容器实现类的对象
002    while (it.hasNext()) {   // 判断是否仍有未被迭代的元素
003        Object o = it.next();   // 得到下一个元素
004        ... // 对元素 o 进行操作
005    }
```

3. 使用 size 和 get 方法

这种方式与方式 1 类似，先获得容器内元素的总个数，然后依次取出每个位置上的元素并访问之，如下面的代码片段。

```
001    for (int i = 0; i < c.size(); i++) {   // c 为重写了 size 方法的容器实现类的对象
002        Object o = c.get(i);   // 并且 c 具有按位置取元素的 get 方法
003        ... // 对元素 o 进行操作
004    }
```

4. 使用增强型 for 循环

尽管 Collection 作为容器框架的根接口定义了 toArray、iterator 和 size 等方法，但并非所有的容器实现类都重写了这些方法，此外，某些容器实现类不支持方式 3 中的 get 方法，故上述 3 种遍历方式各自都有一定的局限性。此时可以使用第 4 章的增强型 for 循环：

```
001  for (Object o : 容器对象) {
002      循环体      // 对元素 o 进行操作
003  }
```

5. 通过 Iterable 接口的 forEach 默认方法

从 JDK 8 开始，Iterable 接口增加了名为 forEach 的默认方法。该方法以方式 4 的形式封装了迭代逻辑，以支持近年来重新开始流行的函数式编程风格。forEach 方法接受一个 Consumer 类型的参数，而后者是函数式接口，因而可以直接使用 Lambda 表达式作为 forEach 方法的参数，如下面的代码片段。

```
001  容器对象.forEach(o -> {
002      ...  // 对元素 o 进行操作
003  });
```

不难看出，以上 5 种方式中，方式 4、5 明显优于其他 3 种，主要原因如下。

（1）绝大部分的容器实现类都支持方式 4、5 的遍历[①]，因而无须事先知道容器对象所对应的类重写了 Collection 接口的哪些方法。

（2）无须额外编写代码以控制循环的结束。

（3）屏蔽了从容器对象中取得元素的具体细节。

注意：由于 Map 未继承 Collection 接口，因此 Map 接口的实现类的对象不支持增强型 for 循环[②]。此时，可以先使用前述表 12-5 中的方法 10 将映射转换为集合，然后再对后者使用增强型 for 循环。

本章后续内容将分别介绍前述核心接口的常用实现类。为了一般性，在后续各示例程序中，将以产品作为容器所含元素的类型，其代码如下。

Product.java
```
001  package ch12;
002
003  public class Product {
004      private int id; // 产品编号
005      private String name; // 产品名称
006      private int inventory; // 产品库存
007
008      public Product(int id, String name, int inventory) { // 构造方法
009          this.id = id;
010          this.name = name;
011          this.inventory = inventory;
012      }
013
014      public void print() { // 打印产品信息
015          System.out.printf("%-10d%-12s\t%d\n", id, name, inventory);
016      }
017
018      /* 省略了各字段的 getters 和 setters */
025  }
```

下面的产品工具类则用于随机产生若干产品以及打印这些产品的信息。

ProductUtil.java
```
001  package ch12;
002
003  import java.util.Collection;
004  import java.util.Random;
005
006  public class ProductUtil {
007      static String[] names = { "洗衣机", "手机", "电视", "电脑", "微波炉", "空调", "冰箱" };
008      static Random rand = new Random(); // 随机数对象
009
010      /**** 随机打乱 names ****/
011      static {
012          int p, q; // 要交换的下标
013          String temp;
014          for (int i = 0; i < rand.nextInt(6) + 5; i++) {
015              p = rand.nextInt(names.length);
016              q = rand.nextInt(names.length);
```

---

① Collection 接口作为除 Map 外的所有容器的根接口，继承了 Iterable 接口。
② 但仍支持 forEach 方法——与 Iterable 接口一样，Map 接口也定义了名为 forEach 的默认方法。

```
017                temp = names[p]; // 交换 names[p] 和 names[q]
018                names[p] = names[q];
019                names[q] = temp;
020            }
021        }
022
023        /**** 生成产品数组 ****/
024        public static Product[] createProducts() {
025            int count = rand.nextInt(100) % 4 + 2; // 产生 2~5 个产品
026            Product[] ps = new Product[count]; // 构造产品数组
027            for (int i = 0; i < ps.length; i++) { // 生成产品
028                Product p = new Product(i + 1, names[i], rand.nextInt(101) + 100);
029                ps[i] = p;
030            }
031            return ps;
032        }
033
034        /**** 打印容器 c 中所有产品的信息 ****/
035        public static void printProducts(Collection c) {
036            c.forEach(o -> {
037                Product p = (Product) o; // 造型为产品
038                if (p != null) { // 判断 p 是否非空 (某些容器允许包含空对象)
039                    p.print();
040                } else {
041                    System.out.println("空对象");
042                }
043            });
044            System.out.println("--------------------");
045        }
046    }
```

12.2　常用集合类

集合不允许包含重复元素，但可以最多包含 1 个空对象。有 3 个常用的 Set 接口实现类——HashSet、LinkedHashSet 和 TreeSet。

12.2.1　哈希集合：HashSet 和 LinkedHashSet

哈希集合根据哈希码来存取集合中的元素。如前所述，集合中不允许出现重复元素，当向哈希集合中添加一个元素 x 时，如何判断 x 是否已存在呢？具体逻辑如下。

（1）首先，虚拟机会调用 x 的 hashCode 方法[①]计算出该元素的哈希码 h。

（2）若 h 与集合中所有元素的哈希码均不相同，则说明 x 不存在。

（3）若 h 与集合中某个元素 e 的哈希码相同，则继续调用 x.equals(e) 进一步判断——若 equals 方法返回 true，则说明 x 存在，否则 x 不存在。

可见，哈希集合判断两个元素相等要满足两个条件——对这两个元素分别调用 hashCode 方法的返回值相等、两个元素通过 equals 方法进行比较的结果为 true。之所以在比较了哈希码之后，又要通过 equals 方法进行比较，是因为哈希码的计算规则可能会出现冲突——对不同元素计算出的哈希码却相同。

因此，若重写了元素对应类的 equals 或 hashCode 方法中的某一个，则必须重写另一个，并且

---

① 若 x 所属的类未重写该方法，则调用其父类直至根类 Object 的 hashCode 方法。

要保证二者具有相同的判等逻辑——两个使 equals 方法返回 true 的对象的哈希码总是相同的。

　　HashSet 实现了 Set 接口，并且不保证元素的迭代顺序，对其进行查找、添加、删除元素等操作的时间复杂度是常量级的。在构造 HashSet 对象时，可以通过构造方法指定其初始容量（即最多能存放多少个元素，默认为 16）。当容量不够时，系统会自动追加空间。

　　注意：对 HashSet 进行迭代的所需时间跟集合中的元素个数与其所维护的 HashMap 对象的最大容量之和成正比。若程序对迭代性能要求较高，则不要将初始容量设置得过大或过小[①]。

　　LinkedHashSet（链式哈希集合）继承自 HashSet，其也是根据元素的哈希码来决定元素的存储位置。与 HashSet 不同的是，LinkedHashSet 使用指针（即链）来维护元素的次序，以保证其迭代顺序与添加元素的顺序一致。LinkedHashSet 的添加、删除等操作的性能与 HashSet 非常接近，其迭代性能则与初始容量无关。

【例 12.1】 哈希集合演示（见图 12-3）。

HashedProduct.java

```
001  package ch12;
002
003  /**** 重写了 equals 和 hashCode 方法的产品类，以自定义判等逻辑 ****/
004  public class HashedProduct extends Product {
005      public HashedProduct(int id, String name, int inventory) {
006          super(id, name, inventory); // 调用父类构造方法
007      }
008
009      /**** 重写 Object 类的 equals 方法 ****/
010      public boolean equals(Object o) {
011          if (o instanceof HashedProduct) {
012              return getName().equals(((HashedProduct) o).getName()); // 名称相同则认为相等
013          }
014          return false; // 若 o 不是 HashedProduct 对象则不相等
015      }
016
017      /**** 重写 Object 类的 hashCode 方法 ****/
018      public int hashCode() {
019          return this.getName().hashCode(); // 以名称为哈希码(String 类重写了 hashCode 方法)
020      }
021
022      /**** 将 Product 对象转为 HashedProduct 对象 ****/
023      public static HashedProduct from(Product p) {
024          int id = p.getId();
025          String name = p.getName();
026          int inventory = p.getInventory();
027          return new HashedProduct(id, name, inventory);
028      }
029  }
```

HashSetDemo.java

```
001  package ch12;
002
003  import java.util.HashSet;
004  import java.util.LinkedHashSet;
005
006  public class HashSetDemo {
007      public static void main(String[] args) {
```

---

① 若初始容量过大，则浪费了不必要的内存空间，可能会导致虚拟机可用内存不足，而一定程度上增加迭代时间。若初始容量过小，则每次因容量不够而追加空间时，都会频繁引起数据结构的复制，从而耗费较多的时间。

```
008             HashSet set1 = new HashSet(); // 哈希集合
009             HashSet set2 = new HashSet(8); // 指定了初始容量
010             LinkedHashSet set3 = new LinkedHashSet(8); // 链式哈希集合
011
012             Product[] ps = ProductUtil.createProducts(); // 生成产品数组
013             for (Product p : ps) {
014                 set1.add(p); // 添加到 set1
015                 set1.add(p); // 重复添加(无效)
016                 HashedProduct hp = HashedProduct.from(p);// 转换为 HashedProduct 对象
017                 set2.add(hp); // 添加到 set2
018                 set3.add(hp); // 添加到 set3
019             }
020
021             System.out.println("set1: ");
022             ProductUtil.printProducts(set1);
023
024             Product p = ps[ps.length - 1]; // 取得之前生成的最后一个产品
025             int id = p.getId();
026             String name = p.getName();
027             int inventory = p.getInventory();
028
029             Product p1 = new Product(id, name, inventory);
030             set1.add(p1); // 加 p1 到 set1(有效)
031             System.out.println("set1(添加后): ");
032             ProductUtil.printProducts(set1);
033
034             System.out.println("set2: ");
035             ProductUtil.printProducts(set2);
036             HashedProduct p2 = new HashedProduct(1, name, 200); // 名称与 set2 中某个产品相同
037             set2.add(p2); // 加 p2 到 set2(无效)
038             System.out.println("set2(添加后): ");
039             ProductUtil.printProducts(set2);
040
041             set3.add(null); // 添加空对象(有效)
042             set3.add(null); // 再次添加空对象(无效)
043             System.out.println("set3 的元素: ");
044             ProductUtil.printProducts(set3);
045     }
046 }
```

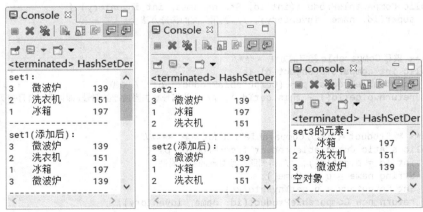

图 12-3　HashSet 和 LinkedHashSet 演示（1 次运行）

12.2.2　树形集合：TreeSet

TreeSet 与 HashSet 的特性类似，不同的是前者采用了树形结构来存取集合元素，还实现了

NavigableSet（可导航的集合）接口；而后者继承自 SortedSet 接口。因此，TreeSet 允许对集合元素进行排序，具体包括自然排序和自定义排序，其中自然排序是默认的排序方式。

1. 自然排序

java.lang.Comparable 接口定义了 int compareTo(Object o)方法，实现该接口的类的对象可以相互比较大小，具体逻辑为：

（1）若该方法返回 0，则表示当前对象与对象 o 相等。一般应使该方法返回 0 的逻辑与 equals 方法返回 true 的逻辑一致。

（2）若返回正数，则表示当前对象大于对象 o。

（3）若返回负数，则表示当前对象小于对象 o。

要使用自然排序，集合中元素对应的类必须实现 Comparable 接口。TreeSet 会采取某种排序算法[1]，并根据重写的 compareTo 方法的返回值，将集合中的所有元素按大小关系的升序进行排列。

2. 自定义排序

自定义排序方式则通过构造方法指定一个比较器——实现了 java.util.Comparator 接口的类的对象，以确定集合中全部元素的大小关系。Comparator 接口所定义的 int compare(Object o1, Object o2)方法的返回值意义与上述 compareTo 方法是一致的。

12.3　案例实践 13：产品排序

【案例实践】分别采用自然排序和自定义排序，对包含若干产品的树形集合进行排序（见图 12-4）。

ComparableProduct.java

```
001  package ch12.sort;
002
003  import ch12.Product;
004
005  /**** 实现了 Comparable 接口的产品类，以支持自然排序 ****/
006  public class ComparableProduct extends Product implements Comparable {
007      public ComparableProduct(int id, String name, int inventory) {
008          super(id, name, inventory); // 调用父类的构造方法
009      }
010
011      /**** 重写 Comparable 接口的方法 ****/
012      public int compareTo(Object o) {
013          ComparableProduct p = (ComparableProduct) o; // 造型
014          return p.getId() - this.getId(); // p 的编号减去当前产品编号(即以编号降序排列)
015      }
016
017      /**** 将 Product 对象转为 ComparableProduct 对象 ****/
018      public static ComparableProduct from(Product p) {
019          int id = p.getId(); // 得到原产品对象的各个属性
020          String name = p.getName();
021          int inventory = p.getInventory();
022          return new ComparableProduct(id, name, inventory);
023      }
024  }
```

ProductComparator.java

```
001  package ch12.sort;
```

① 采取的排序算法对使用者来说是透明的，通常无须关注。

```
002
003    import java.util.Comparator;
004
005    import ch12.Product;
006
007    /**** 实现 Comparator 接口的比较器类, 以支持自定义排序 ****/
008    public class ProductComparator implements Comparator {
009        /**** 重写 Comparator 接口的方法 ****/
010        public int compare(Object o1, Object o2) {
011            Product p1 = (Product) o1; // 造型为产品对象
012            Product p2 = (Product) o2;
013            return p1.getInventory() - p2.getInventory(); // 以库存升序排列
014        }
015    }
```

TreeSetDemo.java

```
001    package ch12.sort;
002
003    import java.util.TreeSet;
004
005    import ch12.Product;
006    import ch12.ProductUtil;
007
008    public class TreeSetDemo {
009        public static void main(String[] args) {
010            TreeSet set1 = new TreeSet(); // 构造树形集合(默认使用自然排序)
011
012            ProductComparator comparator = new ProductComparator(); // 构造比较器对象
013            TreeSet set2 = new TreeSet(comparator); // 构造树形集合(指定了比较器, 使用自定义排序)
014
015            Product[] ps = ProductUtil.createProducts(); // 生成产品数组
016            for (Product p : ps) {
017                ComparableProduct cp = ComparableProduct.from(p);
018                set1.add(cp); // 添加转换后的产品到 set1
019                set2.add(p); // 添加原产品到 set2
020            }
021
022            System.out.println("set1 的元素(自然排序): ");
023            ProductUtil.printProducts(set1);
024            System.out.println("set2 的元素(自定义排序): ");
025            ProductUtil.printProducts(set2);
026
027            Product low = (Product) set2.first(); // 得到最小的产品
028            System.out.println("库存最少: " + low.getName());
029            Product high = (Product) set2.last(); // 得到最大的产品
030            System.out.println("库存最多: " + high.getName());
031
032            Product target = new Product(9, "--", 150); // 用于比较的目标产品
033            /**** 打印所有大于等于目标的产品 ****/
034            TreeSet set3 = (TreeSet) set2.tailSet(target);
035            System.out.print("库存超过" + target.getInventory() + "(含): ");
036            for (Object o : set3) { // 迭代
037                Product p = (Product) o;
038                System.out.print(p.getName() + " ");
039            }
040        }
041    }
```

除了父接口 Set 和 SortedSet 中定义的 API 外, TreeSet 类还重写了父接口 NavigableSet 所定义的几个 API, 它们均容易理解, 故不再列出。

说明: 由于采用了树形结构存储元素, TreeSet 的大部分操作的时间复杂度与元素总个数呈对

数级关系。因此，当集合元素个数较多时，TreeSet 的操作性能将大大低于 LinkedHashSet 和 HashSet。

图 12-4　产品排序演示（2 次运行）

12.4　常用列表类

列表允许包含重复元素（包括空对象），有两个常用的 List 接口实现类——ArrayList 和 LinkedList，它们分别对应着列表的顺序存储方式和链式存储方式。

12.4.1　顺序列表：ArrayList

ArrayList 实现了 List 接口，其实质是基于可变长度数组的列表实现，简称为顺序表。对于顺序表，那些逻辑上具有相邻关系的元素在物理上（即内存中）也相邻。因此，ArrayList 和数组一样具有随机存取的特性，即查找列表中任意位置的元素所耗费的时间是固定的。对于插入、删除元素等操作，因需要移动位于插入、删除点之后的元素以维持操作之后各元素所占内存的连续性，故 ArrayList 在这些操作上的时间复杂度与元素总个数以及插入、删除点的位置呈线性关系。

与 HashSet 类似，ArrayList 也有一个用于性能调优的参数——初始容量。该容量是指列表所能包含元素的最大个数，可以通过构造方法指定。当不断向 ArrayList 中插入元素并且容量不足时，系统会自动为其追加容量。

ArrayList 类的大多数 API 都重写了父接口 List 中的对应 API，故不再列出。

【例 12.2】对包含若干产品的顺序列表进行添加、删除、修改和查找等操作（见图 12-5）。
ArrayListDemo.java

```
001   package ch12;
002
003   import java.util.ArrayList;
004
005   public class ArrayListDemo {
006       public static void main(String[] args) {
007           ArrayList list = new ArrayList(10); // 构造顺序表(指定了初始容量)
008
```

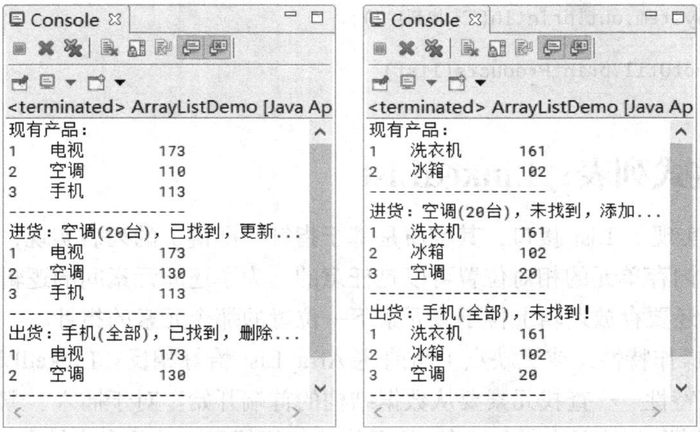

图 12-5 ArrayList 演示（2 次运行）

```
009    Product[] ps = ProductUtil.createProducts(); // 生成产品数组
010    for (Product p : ps) {
011        list.add(list.size(), p); // 添加到顺序表的末尾
012    }
013
014    System.out.println("现有产品：");
015    ProductUtil.printProducts(list);
016
017    /******** 模拟进货 ********/
018    String inName = "空调"; // 进货产品名称
019    int inCount = 20; // 进货产品数量
020    System.out.print("进货：" + inName + "(" + inCount + "台), ");
021    boolean found = false; // 标记进货产品是否已存在
022    for (Object o : list) {
023        Product p = (Product) o;
024        if (inName.equals(p.getName())) { // 根据产品名称寻找
025            found = true; // 找到
026            p.setInventory(p.getInventory() + inCount); // 修改已存在产品的库存
027            break; // 停止寻找
028        }
029    }
030    if (found) {
031        System.out.println("已找到，更新...");
032    } else {
033        System.out.println("未找到，添加...");
034        list.add(new Product(list.size() + 1, inName, inCount)); // 添加到顺序表末尾
035    }
036    ProductUtil.printProducts(list);
037
038    /******** 模拟出货 ********/
039    String outName = "手机"; // 出货产品名称
040    System.out.print("出货：" + outName + "(全部), ");
041    found = false;
042    for (Object o : list) {
043        Product p = (Product) o;
044        if (outName.equals(p.getName())) { // 根据产品名称寻找
045            found = true;
046            list.remove(p); // 删除找到的产品
047            break;
048        }
049    }
050    if (found) {
051        System.out.println("已找到，删除...");
052    } else {
```

```
053                System.out.println("未找到! ");
054            }
055        ProductUtil.printProducts(list);
056    }
057 }
```

12.4.2 链式列表：LinkedList

LinkedList 也实现了 List 接口，其实质是基于指针（即链）的列表实现，简称为链表。对于链表，各元素所占内存单元的相对位置可以是任意的。为了还原元素间的逻辑关系，每个元素除存放自身信息外，还要存放逻辑上位于该元素下一位置的那个元素的指针。

LinkedList 的操作特性（或优缺点）与前述 ArrayList 恰好相反。LinkedList 所基于的链式存储不具有随机存取特性——查找元素要从数据结构的首端开始。对于插入、删除元素等操作，则需要先找到插入、删除点对应的那个元素，然后修改其相邻元素的几个指针即可。因此，LinkedList 的查找、插入、删除等操作的时间复杂度都与元素总个数呈线性关系。此外，由于链表无须预先分配存储空间，因此 LinkedList 没有如 ArrayList 的初始容量那样的性能调优参数。

注意：LinkedList 还实现了 Deque（Double Ended Queue，双端队列）接口，而后者继承自 Queue 接口，这是为了让 LinkedList 支持在链表的两端均能进行入队和出队等操作[①]。LinkedList 类的部分 API 重写了父接口 List 和 Queue 中的对应 API，表 12-7 仅列出了在 Deque 接口中定义并被 LinkedList 类重写的常用 API。

表 12-7　　　　　　在 Deque 接口中定义并被 LinkedList 类重写的常用 API

序号	方法原型	功能及参数说明
1	Object getFirst()	得到链表的第一个元素。若链表为空，则抛出 NoSuchElementException 异常
2	void addLast(Object o)	将元素 o 添加到链表的末尾，以作为最后一个元素
3	Object removeFirst()	得到并删除链表的第一个元素。链表为空时同方法 1
4	boolean offerLast(Object o)	将元素 o 添加到链表的末尾。与方法 2 的区别见表 12-4
5	Object peekFirst()	得到链表的第一个元素。链表为空时返回 null
6	void push(Object o)	将元素 o 压入栈。此时把链表作为栈来使用
7	Object pop()	将元素 o 弹出栈。此时把链表作为栈来使用
8	Iterator descendingIterator()	得到逆序迭代器，链表元素按照从最后一个到第一个的顺序排列

【例 12.3】使用链式列表模拟先进先出队列和栈（见图 12-6）。

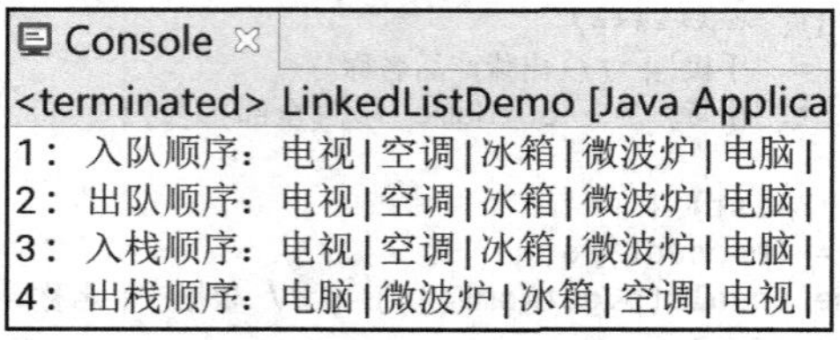

```
Console
<terminated> LinkedListDemo [Java Applica
1：入队顺序：电视 | 空调 | 冰箱 | 微波炉 | 电脑 |
2：出队顺序：电视 | 空调 | 冰箱 | 微波炉 | 电脑 |
3：入栈顺序：电视 | 空调 | 冰箱 | 微波炉 | 电脑 |
4：出栈顺序：电脑 | 微波炉 | 冰箱 | 空调 | 电视 |
```

图 12-6　LinkedList 演示

LinkedListDemo.java
```
001  package ch12;
002
```

---

① 因此，完全可以将 LinkedList 作为队列、双端队列和栈等数据结构来使用。

```
003  import java.util.LinkedList;
004
005  public class LinkedListDemo {
006      public static void main(String[] args) {
007          LinkedList queue = new LinkedList(); // 构造链表(作为队列使用)
008          LinkedList stack = new LinkedList(); // 构造链表(作为栈使用)
009          Product[] ps = ProductUtil.createProducts(); // 生成产品数组
010
011          System.out.print("1: 入队顺序: ");
012          for (Product p : ps) {
013              queue.offer(p); // 入队(作为链表的最后一个元素)
014              System.out.print(p.getName() + "|");
015          }
016
017          System.out.print("\n2: 出队顺序: ");
018          Product head; // 队头(第一个元素)
019          while ((head = (Product) queue.peek()) != null) { // 得到队头
020              System.out.print(head.getName() + "|");
021              queue.poll(); // 出队(删除第一个元素)
022          }
023
024          System.out.print("\n3: 入栈顺序: ");
025          for (Product p : ps) {
026              stack.push(p); // 入栈(作为链表的第一个元素)
027              System.out.print(p.getName() + "|");
028          }
029
030          System.out.print("\n4: 出栈顺序: ");
031          Product top; // 栈顶(第一个元素)
032          while ((top = (Product) stack.peek()) != null) { // 得到栈顶
033              System.out.print(top.getName() + "|");
034              stack.pop(); // 出栈(删除第一个元素)
035          }
036      }
037  }
```

12.5　常用映射类

映射不允许包含重复的键，但键和值均可以是空对象。映射中的每个键值对作为整体也被称为条目——以 Map 接口中的内部接口 Entry 表示。有 3 个常用 Map 接口实现类——HashMap、LinkedHashMap 和 TreeMap。

12.5.1　哈希映射：HashMap 和 LinkedHashMap

哈希映射根据哈希码来存取映射中的元素。从类的命名以及操作特性来看，哈希映射与前述的哈希集合非常相似。与哈希集合一样，若重写了哈希映射中键对应类的 equals 或 hashCode 方法中的某一个，则必须重写另一个。

HashMap 实现了 Map 接口，并且不保证元素的迭代顺序，其也有一个用于优化迭代性能的参数——初始容量。对 HashMap 进行查找、添加、删除元素等操作的时间复杂度是常量级的。

LinkedHashMap 继承自 HashMap 并实现了 Map 接口，其也是根据元素的哈希码来决定元素的存储位置。与 HashMap 不同的是，LinkedHashMap 使用指针（即链）来维护元素的次序以保证迭代顺序。LinkedHashMap 的查找、添加、删除等操作的性能与 HashMap 非常接近，其迭代性能则与初始容量无关。

值得一提的是，LinkedHashMap 还提供了两个 LinkedHashSet 所不具有的特性。

（1）LinkedHashMap 支持以键被访问的先后顺序排序（默认以键被添加的先后顺序排序）。在此种排序方式下，当通过某个键访问链式哈希映射后，该键会被放置到映射的末尾，即认为该键是"近期被访问最多"的键。

（2）LinkedHashMap 提供了"boolean removeEldestEntry（Map.Entry eldest）"方法，子类可以重写该方法以自定义最旧（即最早被访问）条目的自动删除策略——这使得构建基于 LRU（Least Recently Used，最近最少使用到的）算法的缓存系统变得非常容易。

此外，LinkedHashMap 还提供了"LinkedHashMap(int initialCapacity, float loadFactor, boolean accessOrder)"构造方法，其中，参数 1 指定初始容量，参数 2 指定装填因子（请查阅 API 文档），参数 3 则指定哈希集合是否按访问元素的先后顺序排序（默认为 false）。

【例 12.4】哈希映射演示（见图 12-7）。

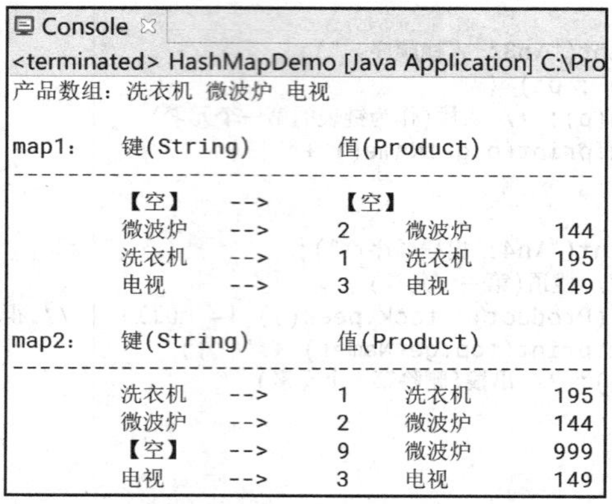

```
Console ⊠
<terminated> HashMapDemo [Java Application] C:\Pro
产品数组：洗衣机 微波炉 电视

map1:    键(String)        值(Product)
----------------------------------------
         【空】     -->     【空】
         微波炉    -->      2    微波炉    144
         洗衣机    -->      1    洗衣机    195
         电视      -->      3    电视      149

map2:    键(String)        值(Product)
----------------------------------------
         洗衣机    -->      1    洗衣机    195
         微波炉    -->      2    微波炉    144
         【空】    -->      9    微波炉    999
         电视      -->      3    电视      149
```

图 12-7　HashMap 和 LinkedHashMap 演示

HashMapDemo.java

```java
001   package ch12;
002
003   import java.util.HashMap;
004   import java.util.LinkedHashMap;
005   import java.util.Map;
006   import java.util.Set;
007
008   public class HashMapDemo {
009       public static void main(String[] args) {
010           HashMap map1 = new HashMap(8); // 哈希映射(指定了初始容量)
011           LinkedHashMap map2 = new LinkedHashMap(8, 0.75f, true); // 链式哈希映射(注意参数3)
012
013           Product[] ps = ProductUtil.createProducts(); // 生成产品数组
014           System.out.print("产品数组: ");
015           for (Product p : ps) {
016               System.out.print(p.getName() + "  ");
017               map1.put(p.getName(), p); // 以产品名称为键，以产品对象为值
018               map2.put(p.getName(), p);
019           }
020
021           map1.put(null, null); // 允许空键和空值
022           System.out.print("\n\nmap1: ");
023           printMap(map1);
024
```

```
025          map2.put(null, null); // 允许空键和空值
026          map2.put(null, new Product(9, "微波炉", 999)); // 键与上行相同(上行的空值会被替换)
027
028          /**** 得到以倒数第 2 个产品的名称为键的值(执行后该键将位于 map2 的最后) ****/
029          map2.get(ps[ps.length - 1].getName());
030          System.out.print("\nmap2: ");
031          printMap(map2);
032      }
033
034      /**** 打印 map 中的键值对 ****/
035      static void printMap(Map map) {
036          System.out.println("\t键(String)\t值(Product)");
037          System.out.println("----------------------------------------");
038
039          Set set = map.entrySet(); // 得到所有条目构成的集合(映射不支持增强型 for 循环)
040          for (Object o : set) { // 迭代条目集合
041              Map.Entry entry = (Map.Entry) o; // 将元素转回条目类型
042              String key = (String) entry.getKey(); // 获得键
043              Product value = (Product) entry.getValue(); // 获得值
044              System.out.printf("\t%-8s\t-->\t", key == null ? "【空】" : key);
045              if (value != null) { // 值可能为空
046                  value.print();
047              } else {
048                  System.out.println("【空】");
049              }
050          }
051      }
052  }
```

12.5.2　树形映射：TreeMap

　　TreeMap 与 HashMap 的操作特性类似,不同的是前者采用了红黑树结构来存取映射中的元素,因此其查找、插入、删除等操作的时间复杂度与树中元素总个数呈对数关系,并且实现了 NavigableMap(可导航的映射)接口,而后者继承自 SortedMap 接口。因此,TreeMap 允许对映射中的元素按照键来排序。

　　与前述 TreeSet 一样,TreeMap 也支持以键的自然顺序或自定义顺序对元素进行排序,具体则取决于创建 TreeMap 对象时所使用的构造方法。TreeMap 类的部分 API 重写了父接口 Map 和 SortedMap 中的对应 API,表 12-8 仅列出了在 NavigableMap 接口中定义并被 TreeMap 类重写的常用 API。

表 12-8　　　　在 NavigableMap 接口中定义并被 TreeMap 类重写的常用 API

序号	方法原型	功能及参数说明
1	Object lowerKey(Object k)	得到小于键 k 的最大键。若不存在则返回 null,下同
2	Map.Entry lowerEntry(Object k)	得到小于键 k 的最大键对应的条目
3	Object floorKey(Object k)	得到小于或等于键 k 的最大键
4	Map.Entry floorEntry(Object k)	得到小于或等于键 k 的最大键对应的条目
5	Map.Entry firstEntry()	得到最小键对应的条目
6	Map.Entry pollFirstEntry()	删除并返回最小键对应的条目
7	NavigableMap descendingMap()	得到当前映射的逆序映射
8	NavigableMap subMap (Object from, boolean fromInclusive, Object to, boolean toInclusive)	得到当前映射的子映射。4 个参数的意义分别是:起始键、是否包含起始键、结束键、是否包含结束键

对 TreeMap 进行自然排序或自定义排序的细节请读者参照 12.2.2 节，它们对于 TreeMap 同样适用，此处不再编写程序演示。

注意：本章目前已介绍的常用容器框架类都是非线程安全的。具体来说，当同时执行的多个线程分别调用了这些类的读型和写型 API 时[①]，极端情况下，读型方法的结果可能与预期不一致。此时，可以通过 11.4 节介绍的知识点将调用这些 API 的代码同步化，或者直接使用 java.util. concurrent 包下的对应类。例如，当程序所需的某个哈希映射对象可能会被多个线程读写时，应使用 ConcurrentHashMap 而非 HashMap 或 LinkedHashMap。

12.6　遗留容器类

Java 容器框架是从 JDK 1.2 开始出现的，在此之前的 JDK 中只有一些简单的、零散的容器类，包括 Vector、Stack 和 Hashtable 等，通常将这些类称为遗留容器类。除了能表示的数据结构较少、功能相对简单之外，遗留容器类在性能和并发操作等方面还存在一定的不足，而这正是它与容器框架中具有相似功能和特性的类的主要区别。

具体来说，遗留容器类的大部分方法都是线程安全的——这些方法均被 synchronized 关键字修饰成了同步方法，这在一定程度上降低了容器的性能。

为向下兼容，JDK 1.2 的后续版本（包括目前最新的 JDK 12）并未抛弃遗留容器类，而是基于容器框架对它们进行了重新设计。考虑到很多早期的 Java 程序使用到了遗留容器类，另外，这些类可能也被 JDK 中的其他 API（如 Swing）使用了，因此，读者对这些类也应该有一定了解。

注意：在开发新应用时，应尽量避免使用遗留容器类。

12.6.1　向量：Vector

Vector 实现了 List 接口。从操作特性看，Vector 非常像 ArrayList——支持以位置来存取容器中的元素，其容量也会随着元素被添加或删除而自动增大或缩小。当程序需要将不确定个数的多个元素以连续方式存储时，应优先考虑使用 ArrayList 类。除重写了父接口 List 中的 API 外，Vector 类自身还定义了一些 API，具体如表 12-9 所示。

表 12-9　　　　　　　　　　　　　Vector 类的常用 API

序号	方法原型	功能及参数说明
1	Vector(int initialCapacity, int increment)	使用指定初始容量和容量增量创建向量
2	Enumeration elements()	返回向量中所有元素构成的枚举[②]
3	int size()	得到向量中元素个数。此方法及后续方法都是同步的
4	Object firstElement()	得到向量中第一个元素
5	int indexOf(Object o, int i)	从索引 i 开始，在向量中查找第一个与 o 相等的元素，返回该元素索引。若不存在这样的元素则返回-1
6	Object elementAt(int i)	得到索引 i 处的元素

---

① 例如，线程 A 在迭代容器对象 c 的同时，线程 B 为 c 增加了元素。
② Enumeration 是 JDK 1.2 之前用于遍历容器的接口，该接口定义了 hasMoreElements 和 nextElement 两个方法，功能分别与 Iterator 接口的 hasNext 和 next 方法一样。应优先考虑使用 Iterator 而非 Enumeration。

续表

序号	方法原型	功能及参数说明
7	void setElementAt(Object o, int i)	将索引 i 处的元素替换为 o
8	void insertElementAt(Object o, int i)	在索引 i 之前插入 o，原索引大于或等于 i 的那些元素都将后移
9	void removeElementAt(int i)	删除索引 i 处的元素，原索引大于 i 的那些元素都将前移
10	boolean removeElement(Object o)	删除第一个与 o 相等的元素，原索引大于该元素索引的那些元素都将前移。若不存在这样的元素则返回−1

Vector 还有一个子类 Stack，后者表示具有 LIFO（Last In First Out，后进先出）特性的栈。Stack 类提供了 5 个额外的 API 以支持栈的常用操作，具体包括：添加元素至栈顶（push）、删除栈顶元素（pop）、取得栈顶元素（peek）、判断栈是否为空（empty），以及计算指定元素相对于栈顶的距离（search）。当程序需要栈型数据结构时，应优先考虑使用前述 Deque 接口的实现类，如 ArrayDeque 或 LinkedList 等。

12.6.2　哈希表：Hashtable

Hashtable 继承自 Dictionary（字典，该类已被标记为过期）[①]，后者所描述的也是由键到值的映射，故 Hashtable 的操作特性与前述 HashMap 类似，但 Hashtable 不允许包含空对象——键和值都不允许。当程序需要根据键找到对应的值时，应优先考虑使用 12.5 节中介绍的映射类。Hashtable 类的常用 API 如表 12-10 所示（不含重写自 Map 接口的 API）。

表 12-10　　　　　　　　　　　　　　Hashtable 类的常用 API

序号	方法原型	功能及参数说明
1	Hashtable()	创建默认初始容量为 11 的哈希表
2	Hashtable(int initialCapacity)	使用指定初始容量创建哈希表
3	Hashtable(Map m)	创建包含映射 m 中所有条目的哈希表
4	Enumeration keys()	得到哈希表中所有键的枚举。此方法及后续方法都是同步的
5	Enumeration elements()	得到哈希表中所有值的枚举
6	boolean contains(Object v)	判断哈希表是否包含与 v 相等的值

12.7　容器工具类

在实际开发中，经常需要按某种条件对容器或数组进行查找、替换、排序、反转甚至是打乱等操作，尽管可以编写代码去控制这些操作的细节，但这无疑增加了工作量，并且性能也得不到保证。Java 容器框架提供了两个常用的容器工具类——Collections（注意不是 Collection）和 Arrays，可以直接调用它们提供的静态方法，以完成上述操作。

---

① 从 JDK 1.2 开始，Hashtable 还实现了 Map 接口，以使其成为容器框架的成员之一。

12.7.1　Collections

Collections 类包含了众多对容器进行各种操作的静态方法，具体如表 12-11 所示。表 12-11 中所有 API 均是静态的。

表 12-11　　　　　　　　　　　　Collections 类的常用 API

序号	方法原型	功能及参数说明
1	void sort(List list, Comparator c)	对列表 list 中的所有元素按比较器 c 排列
2	int binarySearch(List list, Object o)	使用折半查找法在列表 list 中查找与 o 相等的某个元素的索引。调用此方法前必须保证列表有序，否则返回值不确定。若存在多个满足条件的元素，则无法保证返回哪一个
3	void reverse(List list)	反转列表 list 中所有元素的顺序
4	void shuffle(List list)	将列表 list 中所有元素随机打乱
5	void fill(List list, Object o)	用 o 填充列表 list，即所有元素均为 o
6	void copy(List dest, List src)	将列表 src 复制到列表 dest。dest 的长度必须大于或等于 src，若 dest 的长度较 src 大，则不会影响 dest 中的剩余元素
7	Object min (Collection c, Comparator cmp)	按比较器 cmp 得到集合 c 的最小元素
8	int indexOfSubList (List src, List target)	得到子列表 target 在列表 src 中第一次出现的索引
9	Xxx unmodifiableXxx(Xxx c)	得到容器 c 的只读副本。Xxx 可以是 Collection、Set、SortedSet、List、Map 或 SortedMap
10	Xxx synchronizedXxx(Xxx c)	得到容器 c 的同步副本。Xxx 同方法 9
11	int frequency(Collection c, Object o)	得到容器 c 中与 o 相等的元素的个数
12	boolean disjoint (Collection c1, Collection c2)	判断容器 c1 和 c2 是否不相交（即不存在相等的元素）
13	Set newSetFromMap(Map m)	将映射 m 转换为集合
14	Queue asLifoQueue(Deque d)	将双端队列 d 转换为后进先出队列

12.7.2　Arrays

Arrays 类包含了众多对数组进行各种操作的静态方法，具体如表 12-12 所示。表 12-12 中所有 API 均是静态的。

表 12-12　　　　　　　　　　　　Arrays 类的常用 API

序号	方法原型	功能及参数说明
1	void sort(xxx[] a, int from, int to)	对数组 a 按升序排序。xxx 可以是除 boolean 外的 7 种基本类型，也可以是 Object 类型（必须实现 Comparable 接口）。from（含）和 to（不含）分别指定了排序范围的起止下标
2	void parallelSort(xxx[] a)	JDK 8 新增的方法，以并行方式对数组 a 按升序排序——充分利用 CPU 的多个核心以提升排序性能。xxx 同方法 1
3	List asList(Object... elements)	将变长参数 elements 指定的多个元素添加到列表并返回

序号	方法原型	功能及参数说明
4	boolean equals(xxx[] a1, xxx[] a2)	判断数组 a1 和 a2 是否相等。当 a1 和 a2 具有相同长度，且对应元素均相等时，返回 true。xxx 可以是任何类型，后同
5	void fill(xxx[] a, xxx v)	用 v 填充数组 a 的每个元素
6	xxx[] copyOf(xxx [] a, int length)	得到数组 a 的副本，参数 2 指定了副本的长度。若参数 2 小于 a 的长度，则 a 被截断。若参数 2 大于 a 的长度，则用多个 xxx 类型对应的默认值填充剩余元素
7	String toString(xxx [] a)	得到数组 a 的字符串描述，形如 "[3, 2.4, Java 语言, false]"

因容器工具类提供的 API 都较容易理解，故不再编写示例程序。

注意：从 JDK 8 开始引入了流式（Stream）API，其涉及的类、接口大多位于 java.util.stream 包下。流式 API 借鉴了函数式编程的思想——在对容器对象进行过滤、转换、排序、聚合等操作时，使用流式 API 仅需编写 Lambda 表达式以指定具体的计算逻辑，而无须像传统方式那样显式编写循环结构以获得容器中的每个元素，这不仅极大简化了代码，同时能充分利用流式 API 的惰性计算及并行处理机制而获得性能提升。限于篇幅，本书对流式 API 不做深入介绍，有兴趣的读者请自行查阅相关资料。

12.8 泛 型

泛型（Generic Type）是从 JDK 5 开始引入的新特性，其本质是将类型参数化，即所操作的对象的类型被指定为一个参数。泛型通常但不限于与容器框架一起使用。

12.8.1 为什么需要泛型

如本章前述各示例程序所示，一般通过如下方式处理容器中的元素：

```
001    List list = new ArrayList();  // 构造容器对象
002    list.add(new Product(1, "空调", 100)); // 向容器添加元素(假设元素为 Product 类型)
003
004    for (Object o : list) { // 迭代为 Object 对象
005        Product p = (Product) o;    // 造型为 Product 对象
006        ...  // 处理 p
007    }
```

不难看出，上述处理方式具有明显的不足。

（1）即使元素具有明确的类型（如 Product），但其被添加到容器后，均被当做 Object 类型，从而失去了之前的真实类型。

（2）从容器中取得的元素也是 Object 类型，需要编写代码做类型的强制转换。

（3）开发者事先要清楚知道之前被添加元素的真实类型[①]，否则无法正确编写强制转换代码。若转换到了不正确的类型，编译器虽然不会提示任何错误，但在运行时会抛出 ClassCastException 异常——将错误延后到了程序的运行期，带来了安全隐患。

怎样以一种通用的方式来解决上述不足呢？试想，在构造容器对象时，若能以某种方式告知

---

① 在团队开发中，编写"向容器添加元素"代码与"从容器中取得元素"代码的可能不是同一个人。

编译器该容器将来只能存放 Product 类型的元素，则随后从容器中取得的元素自然而然会被编译器理解为 Product 类型——也就无须再对元素做强制类型转换了，这正是泛型解决上述不足的思路。下面使用泛型来改写之前的代码：

```
001    // 构造泛型容器对象（指明了容器中元素的确切类型）
002    List<Product> list = new ArrayList<Product>();
003    // 向容器添加元素（元素必须是 Product 类型，否则有语法错误）
004    list.add(new Product(1, "空调", 100));
005
006    for (Product p : list) {  // 迭代所得的元素 p 就是 Product 类型
007        ...  // 直接处理 p
008    }
```

请读者通过上述代码中的注释，仔细体会代码改写前后的区别。

泛型的引入使得 Java 的语法、数据类型、编译器以及 API（如容器框架）都有了较大的变化。除了能解决上述不足之外，泛型带来的最大好处是类型安全。泛型出现之前，被添加到容器中的元素的真实类型是否满足上层人员的设计要求完全取决于开发者——例如，开发文档要求某个 List 容器中必须存放产品对象，但开发者完全可以将字符串对象添加到该容器中——至少语法上没有任何错误，因为 List 接口的 add 方法可以接收任何类型的参数。泛型出现之后，通过指定容器所含元素的确切类型，程序在编译期就能由编译器检查出被添加的元素是否满足类型约束，而不会将可能出现的造型错误延后到程序的运行期。

引入泛型后，为兼容已有代码，JDK 5 之后的编译器并不认为未使用泛型的代码存在语法错误，但默认情况下，编译这样的程序会出现警告——使用了 raw（原始的）类型，如图 12-8 所示。通常情况下，应该尽量使用泛型来编写代码，以获得泛型带来的高效、安全以及可能的性能优化等好处。

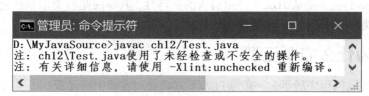

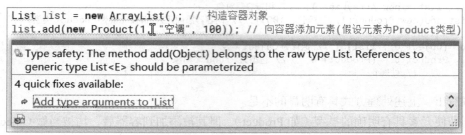

图 12-8　编译未使用泛型的代码（分别在命令行和 Eclipse 下）

12.8.2　泛型基础

泛型可以用在类、接口和方法的定义中，分别称为泛型类、泛型接口和泛型方法。下面以 List 接口的部分源码为例[①]，讲解泛型的基本定义格式。

---

① 为方便讲解，本章前述内容在列出各容器接口和类的 API 时，有意忽略了泛型，而将各方法的参数、返回类型等改成了根类 Object。从 JDK 5 开始，容器框架就用泛型重写了。

```
public interface List<E> {
    boolean add(E e);
    Iterator<E> iterator();
}
```

说明：

（1）第 1 行接口（或类）名之后的"<>"是泛型声明的语法，其中的 E 是类型参数名（相当于类型的占位符），其表达的意义是——List 接口中的元素都是 E 类型的。

（2）类型参数 E 被声明后，可以在整个接口（或类）中使用（如第 2 行、第 3 行）。

（3）泛型接口（或类）被定义后，在构造相应对象时可用具体类型名取代类型参数名，如下面的代码：

```
001  List<Product> list1 = new ArrayList<Product>(); // 两侧"<>"中均指定了类型名
002  List<Product> list2 = new ArrayList<>();        // 可省略右侧"<>"中的类型名(推荐此语法)
```

容易看出，类型参数非常像方法的形式参数——只不过后者描述参数的值，而前者描述的是参数的类型。

从理论上来说，类型参数的名称只要满足标识符命名规则即可，但通常遵循以下惯例。

（1）使用大写的单个字母，使其容易和普通的类名或接口名相区分。

（2）对于集合、列表中的元素以及映射中的条目用 E——Element。

（3）对于映射中的键用 K——Key，值用 V——Value。

（4）对于类型参数声明用 T——Type。

12.8.3　泛型不是协变的

先来看一段代码是否合法：

```
001  List<String> strList = new ArrayList<>();  // 合法，String 列表
002  List<Object> objList = strList;  // 非法，把 String 列表当做 Object 列表
```

第 1 行声明了字符串列表 strList，是合法的。第 2 行将字符串列表赋值给对象列表的引用，相当于给 strList 起了一个别名 objList，这是否合法呢？根据面向对象的知识——子类对象是一种父类对象，因此可以将 String 对象赋值给 Object 引用，但是否能将子类泛型对象赋值给父类泛型的引用呢？

事实上，第 2 行代码在编译时会出现"类型不匹配"错误——无法将 List<String> 转换为 List<Object>，编译器为什么不认为其是合法的呢？接着看下面的代码：

```
003  objList.add(new Product(1, "空调", 100)); // 添加 Product 对象
004  String s = strList.get(0);  // 将 Product 对象"理解"为 String 对象
```

说明：

（1）第 3 行将产品对象加入 objList 是合法的——Product 是 Object 的子类。

（2）第 4 行从 strList 中取出第 1 个元素直接赋值给 String 引用，根据 12.8.1 节的知识，这从语法上来说是合法的。

（3）若假设上述第 2 行是合法的，因 strList 与 objList 指向相同的对象，故第 4 行取出的元素实际上是 Product 类型，这就出现了"将 Product 对象赋值给 String 引用是合法的"这一明显的矛盾——Product 与 String 之间根本没有继承关系。

不难看出，若编译器允许将子类泛型（如 List<String>）当做父类泛型（如 List<Object>），则之前定义的子类泛型将完全失去其意义——非 String 类型的 Product 对象也能被加到 List<String> 容器中。

综上所述，子类泛型并不是一种父类泛型，否则将违背泛型的设计初衷——提供类型安全检

查，该限定也被表述为泛型不是协变的（Covariant）[①]。

12.8.4　类型通配符

考虑这样的需求：编写一个遍历列表容器的方法。首先用非泛型方式实现。

```
001    void traverseList(List list) {  // 非泛型容器
002        for (Object o : list) {  // 迭代列表容器
003            ... // 处理 o
004        }
005    }
```

如前所述，JDK 5 之后的编译器在编译上述代码时会出现警告，但仍能正常遍历包含任何类型元素的列表容器。现在用泛型方式来改写上述方法。

```
001    void traverseList(List<Object> list) {  // 泛型容器
002        for (Object o : list) {  // 迭代列表容器
003            ...    // 处理 o
004        }
005    }
```

上述代码将泛型列表所含元素的类型放宽到了根类 Object，其本意是为了提高方法的适用范围，但 12.8.3 节已经提到，除 Object 外的其他类型的泛型并不是一种 Object 泛型。因此，调用 traverseList 方法时，实参只能是 List<Object>类型——此时方法的适用范围甚至不如之前的非泛型版本。

如何做到使用泛型的同时，又能兼顾各种类型呢？解决办法是使用未知类型的泛型——以类型通配符 "?" 作为类型参数。继续改写之前的方法。

```
001    void traverseList(List<?> list) {  // 未知类型的泛型容器
002        for (Object o : list) {  // 迭代列表容器
003            ...    // 处理 o
004        }
005    }
```

调用上述方法时，实参可以是任何具体类型的泛型，如 List<Object>、List<Integer>，甚至是 List<List<Integer>>等。阅读下面的代码：

```
001    List<Integer> intList = new ArrayList<>();
002    intList.add(new Integer(2)); // 合法
003
004    List<?> unknownList = intList; // 合法
005    unknownList.add(new Integer(4)); // 非法
006    unknownList.add(null); // 合法
007    Integer e = (Integer) unknownList.get(0); // 合法
```

说明：

（1）既然 unknownList 中元素的类型是未知的，故不能向其加入任何对象，如第 5 行。

（2）因空对象可以赋值给任何类型的引用，故第 6 行是合法的。

（3）第 7 行中 get 方法的返回类型是 Object——对于任何容器，编译器总能确定其中元素的类型一定是一种 Object，故需要对其造型才能得到之前第 2 行添加的 Integer 对象。

12.8.5　有界泛型

在某些情况下，需要将容器中元素的类型限定在某个有限的范围内，此时可以使用有界泛型，具体包含上界泛型和下界泛型两种形式。为方便讲解，假设已存在 5 个类——RedApple 和

[①] Java 中的数组是协变的。例如，因 Integer 是 Number 的子类，那么 Integer 数组也是 Number 数组的子类型。换句话说，在所有需要 Number 数组的地方完全可以传递 Integer 数组——数组的这一特性并不适用于泛型。

GreenApple 继承自 Apple、Apple 继承自 Fruit、Fruit 继承自 Food。

1. 上界泛型

```
001    void testUpperGeneric(List<? extends Apple> list) {
002        Apple a = list.get(0);        // 合法
003        RedApple b = list.get(0);     // 非法, list 可能是 List<GreenApple>类型
004        list.add(new Apple());        // 非法, list 可能是 List<RedApple>类型
005        list.add(new RedApple());     // 非法, list 可能是 List<GreenApple>类型
006        list.add(new Fruit());        // 非法, Fruit 对象不是一种 Apple
007    }
```

说明：

（1）上界泛型使用了类型通配符和继承语法。第 1 行中形参 list 所含元素的类型被限定为 Apple 或其未知子类，其中的 Apple 称为类型通配符的上界（Upper Bound）。

（2）List<? extends Apple>与 List<Apple>是截然不同的——前者可以被类型为 List<Apple>、List<RedApple>或 List<GreenApple >的实参取代，而后者不可。

（3）因 List<? extends Apple>中的元素一定是一种 Apple，故第 2 行是合法的。

（4）调用 testUpperGeneric 方法时的实参类型可能是 List<GreenApple>或 List<RedApple>，故第 3 行～第 5 行都是非法的。

（5）因 Fruit 对象不是一种 Apple，故第 6 行明显是非法的。

2. 下界泛型

```
001    void testLowerGeneric(List<? super Apple> list) {
002        Apple a = list.get(0);        // 非法, list 可能是 List<Fruit>类型
003        Fruit b = list.get(0);        // 非法, list 可能是 List<Food>类型
004        list.add(new Apple());        // 合法
005        list.add(new RedApple());     // 合法
006        list.add(new Fruit());        // 非法, list 可能是 List<Apple>类型
007    }
```

说明：

（1）与上界泛型恰好相反，下界泛型使用 super 关键字将形参 list 所含元素的类型限定为 Apple 或其未知父类，其中的 Apple 称为类型通配符的下界（Lower Bound）。

（2）因 Apple 和 RedApple 对象一定是一种 Apple 的父类对象，故第 4 行、第 5 行是合法的。

（3）调用 testLowerGeneric 方法时的实参类型可能是 List<Fruit>、List<Food>或 List<Apple>，故第 2 行、第 3 行、第 6 行都是非法的。

上下界泛型通常用于将遗留的非泛型代码扩展为泛型代码，限于篇幅，本书对这部分内容不做介绍。

12.8.6　泛型方法

如前所述，通过在类（或接口）的定义中添加类型参数，可以将类泛型化。方法也能被泛型化，并且与其所在的类是否是泛型类无关。阅读下面的代码：

```
001    public <T> T ifThenElse(boolean isTrue, T first, T second) { // 泛型方法
002        return isTrue ? first : second;
003    }
```

第 1 行中的<T>是类型参数声明[①]，紧接着的 T 是方法返回类型，最后两个 T 则表示形参的类型。再来看另一种方法：

```
001    static <T> void fromArrayToList(T[] a, List<T> c) { // 泛型方法
```

---

① 声明类型参数的目的是告知编译器：后面出现的 T 是类型占位符，而不是名称为 T 的类型——毕竟 T 确实是合法的类型名。

```
002        for (T o : a) {
003            c.add(o);
004        }
005    }
```

分析下面各方法调用语句是否合法：

```
001    ifThenElse(true, "a", "b");  // 合法
002    ifThenElse(false, new Integer(1), new Integer(2));   // 合法
003    ifThenElse(true, "HELLO", new Integer(2));  // 合法
004
005    Integer[] intArray = new Integer[100];
006    String[] strArray = new String[100];
007    Object[] objArray = new Object[100];
008
009    List<String> strList = new ArrayList<>();
010    List<Object> objList = new ArrayList<>();
011    List<Number> numList = new ArrayList<>();
012
013    fromArrayToList(strArray, strList);   // 合法
014    fromArrayToList(objArray, objList);   // 合法
015    fromArrayToList(strArray, objList);   // 合法 (String 是 Object 的子类)
016    fromArrayToList(intArray, numList);   // 合法 (Integer 是 Number 的子类)
017    fromArrayToList(intArray, strList);   // 非法
```

说明：

（1）若泛型方法的多个形参使用了相同的类型参数，并且对应的多个实参具有不同的类型，则编译器会将该类型参数指定为这些实参的最近公共父类或父接口——直至 Object。例如，执行第 3 行、第 15 行、第 16 行时，类型参数 T 分别为 Serializable、Object 和 Number。

（2）执行第 17 行时，Integer 和 String 的最近公共父接口是 Serializable。根据 12.8.3 节的知识，数组是协变的——Integer 数组可以被当做 Serializable 数组，而泛型不是协变的——List<String>不能被当做 List<Serializable>，故该行是非法的。

（3）也可以为泛型方法声明多个类型参数，如下面的代码：

```
001    <K, V> Map<K, V> createMapFromArray(K[] keys, V[] values) { // 两个类型参数：K、V
002        Map<K, V> m = new HashMap<K, V>();
003        ...   // 读取数组，填充 m
004        return m;
005    }
```

习　题

1. 容器框架中定义了哪几个重要的接口？各自描述了什么样的数据结构？
2. 给出容器框架中几个核心接口的继承关系图。
3. 什么是遍历容器？具体有哪几种遍历方式？
4. 若要保证元素的迭代顺序与之前的添加顺序一致，不能使用哪些容器类？
5. Set 中的元素不允许重复，具体如何区分？
6. 分别简述 HashSet 与 TreeSet、ArrayList 与 LinkedList、HashMap 与 TreeMap 的区别。
7. 如何分别使用 Comparable 和 Comparator 接口对容器中的元素进行排序？
8. 遗留容器类包含哪几个？各自有何特点？
9. 简述 Collection 与 Collections 的区别。
10. 什么是泛型？其有何优点？

第 **13** 章
字符串与正则表达式

　　字符串是编写各种类型的程序时使用最为频繁的数据类型之一。在 C 语言中，字符串一般用一维字符数组或者字符指针来表示，并以 ASCII 码为 0 的字符作为字符串的结束标志。Java 将字符串作为对象来处理，并提供了数量众多的 API 以使对字符串的各种操作变得更加容易和规范。

13.1　String 类

　　字符串（Character String）是指由若干字符组成的序列。Java 将字符串作为对象来处理，并提供了一系列的 API 来操作字符串对象。

　　Java 中主要的字符串相关类 String、StringBuffer 和 StringBuilder 都位于 java.lang 包下——可见这几个类的重要性。其中，String 类用于表示字符串常量——建立后不能改变，而 StringBuffer 和 StringBuilder 类则相当于字符缓冲区，建立后可以修改。

13.1.1　字符串是对象

1. 字符串常量

　　字符串常量是指使用双引号括起来的若干字符，比如："我""Android 手机""Win10"等。Java 编译器自动为每一个字符串常量生成一个 String 类的实例，因此可以用字符串常量直接初始化一个 String 对象，例如：

```
String s = "Hello World!";
```

　　上述语句的实际意义是：为字符串"Hello World!"创建一个 String 类的实例，并将其引用赋值给 String 类的对象 s，这种创建字符串的方式称为隐式创建。

　　由于每个字符串常量对应一个 String 类的对象，所以字符串常量可以直接调用类 String 中提供的 API。例如：

```
int len = "Hello World!".length();  // len 为 12，即字符串包含字符的个数
```

　　String 类是专门用于处理字符串常量的类，也就是说，String 类的对象就是字符串常量。因此，它们一旦被创建，其内容就不能再改变，若要对字符串常量进行任何处理，只能通过 String 类的 API 来完成。此外，String 类中定义的 API 也不会改变其对象的内容。

2. String 对象的创建

　　如同创建其他类的对象一样，String 对象的创建也可以使用关键字 new 来实现，这种创建字符串的方式称为显式创建。由于 String 类含有多个重载的构造方法，因此，在创建 String 对象时，

可以选择使用不同的方式来初始化对象。

（1）String()：创建空字符串，如：

```
String  s = new  String(); // s 为空串 (并非空对象，而是字符个数为 0 的字符串)
```

（2）String(String value)：创建与 value 内容相同的字符串对象。

```
String  s = new  String("程序设计"); // s 内容为 "程序设计"
String  t = new  String(s); // t 内容为 "程序设计"
```

（3）String(char[] value)：创建与字符数组 value 内容相同的字符串对象。

```
char[] chars = {'程', '序', '设', '计'};
String  s = new String(chars);  // s 内容为 "程序设计"
```

（4）String(char[] value, int offset, int count)：创建内容为字符数组 value 中索引从 offset 开始的 count 个字符的字符串对象。

```
char[] chars = { '程', '序', '设', '计' };
String s = new String(chars, 0, 2); // s 内容为 "程序"
```

（5）String(StringBuffer sb)：创建与 StringBuffer 类（参见 13.4 节）的对象 sb 内容相同的字符串对象。

13.1.2　字符串对象的等价性

在 Java 中，对于两个具有相同基本类型的数据，可以使用关系运算符 "==" 来比较它们是否相等，对于对象类型却不能如此——两个内容相同的对象的引用并不相等。

对于两个字符串对象的比较，若比较的是内容，必须使用 String 类重写自根类 Object 的 equals 方法[1]（见 13.1.3 节）。若比较的是引用——即两个字符串对象是否引用了同一个对象，则使用 "==" 运算符。

【例 13.1】字符串的比较。

```
001  String str1 = new String("hello");
002  String str2 = new String("hello");
003  boolean b1 = str1.equals(str2); // true
004  boolean b2 = (str1 == str2); // false
005
006  String str3 = str1;
007  boolean b3 = (str1 == str3); // true
008
009  String str4 = "hello";
010  String str5 = "hello";
011  boolean b4 = str4.equals(str5); // true
012  boolean b5 = (str4 == str5); // true
013
014  boolean b6 = str1.equals(str4); // true
015  boolean b7 = (str1 == str4); // false
016  boolean b8 = (str1.intern() == str4); // true
```

说明：

（1）用 equals 进行比较的都为 true (b1、b4、b6)，说明这些字符串的内容都相同。

（2）虽然 str1 和 str2 的内容相同，但它们指向不同的对象，故 b2 为 false，类似地可以解释 b7 为 false。而 str3 和 str1 由于引用了同一个字符串对象，故 b3 为 true。

（3）如何解释 b5 为 true 呢？这里必须要先理解 Java 在字符串对象的管理过程中使用的字符串常量池（String Pool）机制。当隐式创建字符串对象 str4 时，JVM 会先查询字符串常量池中是

---

[1] C 语言中，用一维字符数组或者字符指针表示的两个字符串用 compare 函数比较其内容是否相等；C++ 标准库定义了类 string 类型，比较该类型的两个字符串内容是否相等则直接使用关系运算符 "==" 来比较。

否已经存在"hello"，若存在则直接让 str4 引用该常量，否则会在池中产生一个新字符串"hello"，然后让 str4 指向它。因此，str4 和 str5 指向的字符串对象都是常量池中的"hello"对象，那么 b5 自然是 true 了。

（4）当显式创建字符串对象 str1 时，除了在堆中创建"hello"对象外，也会复制一份放入常量池，并使 str1 指向堆中的"hello"对象。String 类的 intern()方法返回常量池中对应字符串对象的引用，故 b7、b8 分别为 false、true。

13.1.3　常用 API

String 类定义的 API 较多，大体上可分为求字符串长度及字符的访问、子串操作、字符串比较、字符串修改和字符串类型转换等几类，下面分别介绍。

1.　求字符串长度及字符的访问

（1）int length()：返回当前字符串对象的长度，即字符串中字符的个数。length 在这里是 String 类的方法，但对数组来说，它是属性，注意区别。

（2）char charAt(int index)：返回当前字符串中索引为 index 的字符。index 必须介于 0～length()−1 之间，否则会抛出 StringIndexOutOfBoundsException 异常（Unchecked 型）。如：

```
001  String str = new String("Java 程序设计");
002  for (int i = 0; i < str.length(); i++) { // 循环 8 次
003      System.out.print(str.charAt(i)); // 依次取得各字符
004  }
```

2.　子串操作

（1）int indexOf(String str, int from)：查找子串 str 在当前字符串中从 from 索引开始首次出现的位置。若不存在子串 str 则返回−1。

（2）int lastIndexOf(String str, int from)：查找子串 str 在当前字符串中从 from 索引开始最后一次出现的位置。若不存在子串 str 则返回−1。

（3）String substring(int begin, int end)：取得当前字符串中从索引 begin 开始（含）至索引 end 结束（不含）的子串。如：

```
001  String s = "售价为$45.60";
002  int index = s.indexOf('$');
003  System.out.println(s.substring(index)); // $45.60
```

3.　字符串比较

（1）boolean equals(Object obj)：重写自根类 Object 的方法。若 obj 是 String 类型，则比较内容是否相同，否则返回 false。

（2）boolean equalsIgnoreCase(String str)：以忽略字母大小写的方式比较 str 与当前字符串对象的内容是否相同。如：

```
001  boolean b1 = "abc".equals("abc"); // true
002  boolean b2 = "abc".equalsIgnoreCase("ABC"); // true
```

（3）int compareTo(String str)：按对应字符的 Unicode 编码比较 str 与当前字符串对象的大小。若当前串对象比 str 大，返回正整数；若比 str 小，返回负整数；若相等则返回 0。此方法相当于 C 语言中的 strcmp 函数。

（4）int compareToIgnoreCase(String str)：与方法(3)类似，但忽略字母大小写。如：

```
001  String s1 = "abd";
002  String s2 = "abcde";
003  if (s1.compareTo(s2) > 0) {
004      System.out.print(s1 + " > " + s2); // abd > abcde
005  }
```

（5）boolean startsWith(String prefix)：判断当前字符串对象是否以 prefix 开头。

（6）boolean endsWith(String suffix)：判断当前字符串对象是否以 suffix 结尾。如：

```
001  String s1 = "<title>我的首页</title>";
002  if (s1.startsWith("<title>") && s1.endsWith("</title>")) {
003      System.out.print("网页标题"); // 网页标题
004  }
```

4. 字符串修改

（1）String toLowerCase()：将当前字符串对象中的字母全部转为小写。

（2）String toUpperCase()：将当前字符串对象中的字母全部转为大写。如：

```
001  System.out.println("abCDe".toUpperCase()); // ABCDE
002  System.out.println("abCDe".toLowerCase()); // abcde
```

（3）String replace(char oldChar, char newChar)：将当前字符串对象中的 oldChar 字符全部用 newChar 替换。如：

```
001  String s = "人山人海".replace('人', '车');
002  System.out.println(s); // 车山车海
```

（4）String trim()：去掉当前字符串对象的首尾空白字符 (通常是空格字符)。如：

```
001  String username = " admin\t\r\n ";
002  System.out.println(username.trim()); // admin
```

5. 字符串类型转换

（1）static String valueOf(xxx value)：得到 value 对应的字符串，xxx 通常是除 byte 和 short 外的基本类型。如：

```
001  System.out.println(String.valueOf(0x1A)); // 26
002  System.out.println(String.valueOf(3.14)); // 3.14
```

如前述 5.8.6 节所述，根类 Object 的 toString 方法也能得到对象的字符串描述，该方法通常会被子类重写。如：

```
001  Integer i = new Integer(0x1A);
002  System.out.println(i.toString()); // 26
```

（2）将字符串解析为其他类型：具体见前述 2.8.2 节。

6. 其他 API

（1）String concat(String str)：将 str 连接到当前字符串对象字后。如：

```
001  String s = "Java".concat("程序"); // Java 程序
002  System.out.println(s.concat("设计").concat("(第 2 版)")); // Java 程序设计(第 2 版)
```

（2）String[] split(String str)：以 str 作为分隔串分割当前字符串对象，得到的多个子串以字符串数组返回。如：

```
001  String subs[] = "张三,李四,,王五".split(","); // subs 含 4 个元素
002  for (String sub : subs) {
003      if (sub.length() > 0) { // subs[2]为空串
004          System.out.print(sub.concat("\t")); // 张三    李四    王五
005      }
006  }
```

（3）static String format(String format, Object... args)：具体见 13.2.1 节。

13.2　字符串格式化

13.2.1　Formatter 类

C 语言的格式化输出函数 printf 在控制输出内容的格式方面相当强大，受此启发，从 JDK 5

开始新增了格式化器——java.util.Formatter 类，以支持在特定区域下，控制数值、字符串、日期和时间等数据的输出格式。

1. 创建 Formatter 对象

Formatter 类的常用构造方法如表 13-1 所示，其主要包括以下参数。

（1）输出目标：指定输出到的位置，可以是文件、输出流、打印流等。若未指定，则新建一个 StringBuilder 对象。可通过 Formatter 类的 out 方法得到输出目标。

（2）字符集名称：指定输出时使用的字符集。若未指定，则采用系统默认的字符集。若指定的字符集不受支持，则抛出 UnsupportedEncodingException 异常（Checked 型）。

（3）区域：指定输出时使用的语言和区域，通常用于程序的国际化和本地化。若未指定，则采用系统默认的区域。

表 13-1　　　　　　　　　　　　Formatter 类的常用构造方法

序号	方法原型	功能及参数说明
1	Formatter()	全部使用默认值
2	Formatter(Appendable a)	指定了输出目标
3	Formatter(File file, String csn, Locale l)	指定了文件型输出目标、字符集、区域
4	Formatter(OutputStream os, String csn, Locale l)	指定了输出流型输出目标、字符集、区域
5	Formatter(PrintStream ps)	指定了打印流型输出目标
6	Formatter(String fileName, String csn, Locale l)	与方法 3 类似，但参数 1 为字符串

2. 常用 API

Formatter 类的常用 API 如表 13-2 所示。

表 13-2　　　　　　　　　　　　Formatter 类的常用 API

序号	方法原型	功能及参数说明
1	void close()	关闭格式化器
2	void flush()	刷新格式化器
3	Formatter format (Locale l, String format, Object... args)	以 format、l 指定的格式、区域对 args 进行格式化，并将得到的字符串写入格式化器的输出目标
4	Formatter format (String format, Object... args)	与方法 3 类似，但未指定区域
5	IOException ioException()	得到格式化器的输出目标最后抛出的异常
6	Locale locale()	得到格式化器的区域
7	Appendable out()	得到格式化器的输出目标

表 13-2 中方法 3、4 的 format 参数即为格式字符串，其基本构成为：

`%[argument_index$][flags][width][.precision]conversion`

（1）可选的 argument_index：参数位置。十进制整数，用于表明参数在参数列表中的位置。第一个参数由 "1$" 表示，第二个参数由 "2$" 表示，依此类推。

（2）可选的 flags：格式修饰符。控制数据的对齐方式、精度等。例如，"−" 表示输出数据时左对齐。

（3）可选的 width：输出宽度。非负十进制整数值，用以指定输出的最少字符个数。

（4）可选的 precision：输出精度。非负十进制整数，通常用来限制字符数，或指定浮点数小数部分的位数。

（5）必选的 conversion：数据类型。指定转换时的输出数据类型，具体见表 13-3。

阅读下面的代码片段：

```
001  Formatter f = new Formatter(System.out);
002  f.format("%1$-6.2f 原样输出%1$f\n", Math.PI, "abc"); // 3.14 原样输出 3.141593
```

说明：

（1）"1$" 表示第 1 个参数——Math.PI，"-6.2" 表示左对齐——右边补空格、宽度至少为 6 个字符、保留 2 位小数，"f" 表示输出的数据类型为浮点数。

（2）格式字符串中的普通字符将按原样输出。

（3）最后一个参数 "abc" 实际上并未被用到。

格式字符串的完整用法将在 13.2.2 节介绍。

说明：String 类的 format、PrintStream 和 PrintWriter 类的 printf 及 format 等方法也支持格式化输出，它们实际上调用了 Formatter 类的 format 方法。因此，上面两行代码的作用等价于下面两行代码中的任意一行。

```
001  System.out.printf("%1$-6.2f 原样输出%1$f\n", Math.PI, "abc");
002  System.out.format("%1$-6.2f 原样输出%1$f\n", Math.PI, "abc");
```

13.2.2 格式说明与修饰符

格式字符串参数实际上包含两类字符串：普通字符串和以 "%" 开头的格式说明符，前者将按原样输出，而后者仅作为占位符——会被后续的某个参数或表达式的值取代。格式说明符由格式转换符和格式修饰符组成，后者是可选的。表 13-3 列出了常用的格式转换符。

表 13-3　　　　　　　　　　　常用格式转换符

序号	格式转换符	功能及说明	测试参数 arg	输出*
1	%c	得到参数的字符形式。参数类型一般是 char 或 Character，也可以是 byte、Byte、short、Short、int 或 Integer，但必须满足 0x0000≤ arg≤0x10FFFF	65 0x8A00 '\u0030' 0x110000	A 言 0 出错
2	%C	同 1，但得到的字母为大写		
3	%s	得到参数的字符串形式。若参数为 null，结果为 null。若参数实现了 Formattable 接口，则调用其 formatTo 方法；否则结果为 arg.toString()	null 0x1A -0.2 System.out	null 26 -0.2 java.io.PrintStre am@66848c
4	%S	同 3，但得到的字符串均为大写		
5	%b	得到参数的 boolean 值字符串形式。若参数为 null，结果为 false；若参数是 boolean 或 Boolean 类型，结果为 boolean 值对应的字符串形式；其他情况均为 true	true new Boolean(false) null new Date() 4>6	true false false true false
6	%B	同 5，结果为 TRUE 或 FALSE		

续表

序号	格式转换符	功能及说明	测试参数 arg	输出*
7	%d	得到参数的十进制（有符号数）形式。参数类型可以是 byte、Byte、short、Short、int、Integer、long、Long 或 BigInteger	12 012 −0x1000 (byte) 255	12 10 −4096 −1
8	%o	得到参数的八进制（无符号数）形式。参数类型同 7	12 012 −1L (byte) −2	14 12 37777777777 376
9	%x	得到参数的十六进制（无符号数）形式。参数类型同 7	12 012 −1L (byte) 127	c a ffffffffffffffff 7f
10	%X	同 9，但 a~f 均为大写		
11	%h	得到参数的哈希码的十六进制形式。若参数为 null，结果为 null；否则结果为 Integer.toHexString(arg.hashCode())	null true 31 new File("C:/")	null 4cf 1f 13ae94
12	%H	同 11，但 null 和 a~f 均为大写		
13	%f	得到参数的十进制（有符号数）形式，默认精度为 6（四舍五入）。参数类型可以是 float、Float、double 或 Double	−1.23456748 12f 2.4e3 1.23456789d	−1.234567 12.000000 2400.000000 1.234568
14	%a	得到参数的十六进制（有符号数）规范化指数形式（以 2 为底）。参数类型可以是 float、Float、double 或 Double	017e0f 1.0625 −25.6e1 0x1ap−3	0x1.1p4 0x1.1p0 −0x1.0p8 0x1.ap1
15	%A	同 14，但字母 x、p、a~f 均为大写		
16	%e	得到参数的十进制（有符号数）规范化指数形式（以 10 为底）。参数类型可以是 float、Float、double 或 Double	017e0f 1.0625 25.6e1 0x1ap−3	1.700000e+01 1.062500e+00 2.560000e+02 3.250000e+00
17	%E	同 16，但字母 e 为大写		
18	%g	得到参数的十进制（$10^{-4} \leqslant |arg| < 10^6$）或科学计数法（$|arg| < 10^{-4}$ 或 $|arg| \geqslant 10^6$）形式，默认有效位数和精度均为 6（四舍五入）。参数类型可以是 float、Float、double 或 Double	12.34567 −0.12345645 1000006.123 −0.00009	12.3457 −0.123456 1.00001e+06 −9.00000e−05
19	%G	同 18，但字母 e 为大写		
20	%%	%字符的转义	%%	%
21	%n	换行符的转义，由名为 line.separator 的系统属性指定	不需要对应的参数	无
22	%tx	得到日期和时间的不同格式。此处的 x 是占位符，具体取值见表 13-5。参数类型可以是 long、Long、Calendar 或 Date	见表 13-5。	
23	%Tx			

*　测试语句为 System.out.printf(格式转换符, arg)。

格式转换符可以与格式修饰符（或称格式标志）组合使用，后者用于控制数据的对齐方式、宽度、精度或指定使用哪个参数等。具体来说，格式修饰符位于"%"和"格式转换字符"中间，具体如表 13-4 所示。

表 13-4 格式修饰符

序号	格式修饰符	功能及说明
1	+	使数据总是带符号，即正数以"+"开头，负数以"−"开头。适用于： • 浮点数 • 对 BigInteger 应用 d、o、x、X • 对 byte、Byte、short、Short、int、Integer、long、Long 应用 d
2	−	使数据左对齐，适用于任何类型
3	0	用前导零来补足数据以达到指定宽度。适用于： • 整数 • 浮点数
4	空格	对于正数，用一个前导空格补充。与"+"的适用场合相同
5	#	主要用于使整数数据带进制的前缀（八进制带 0，十六进制带 0x）
6	,	使用本机默认的数字分组方式分割数据。适用于： • 对整数应用 d • 对浮点数应用 f、g、G
7	(	丢掉负数的负号，并将其绝对值用圆括号括起来。适用于： • 对 BigInteger 应用 d、o、x、X • 对 byte、Byte、short、Short、int、Integer、long、Long 应用 d • 对浮点数应用 e、E、f、g、G
8	宽度 W	指定数据的最小宽度 W（含小数点、正负号、P、E 等字符），适用于除"%n"外的任意转换符。若数据宽度大于或等于 W 则忽略，否则： • 若 W 单独使用，则补前导空格（即右对齐） • 若"0"和 W 组合，则补前导零 • 若"−"和 W 组合，则补后置空格（即左对齐）
9	.精度 P	对于对象类型的字符串描述，指定最大宽度为 P，超过则截断。 对浮点应用 e、E、f，保留小数点后的 P 位 对浮点应用 g、G，保留四舍五入后整个小数为 P 位（不含小数点、正负号、E 等字符）
10	索引号 N$	引用位于格式字符串后面的第 N 个参数。第 1 个参数用"%1$"引用，依此类推
11	<	使用前一个参数

【例 13.2】格式转换与说明符演示（见图 13-1）。

FormatStringDemo.java

```
001  package ch13;
002
003  import java.math.BigInteger;
004  import java.util.Date;
005
006  public class FormatStringDemo {
007      public static void main(String[] args) {
```

```
008            // +
009            System.out.printf("%+f|%+X|%+f|%+d|%n",
                            1.2, new BigInteger("32767"), -1D, (int) '我');
010            // 空格
011            System.out.printf("% f|% X|% f|% d|%n",
                            1.2, new BigInteger("32767"), -1D, (int) '我');
012            // 宽度 W 和左对齐-
013            System.out.printf("%10s|%-14E|%8o|%2A|%-12x|%n",
                            "Java 语言", 64.5, 32767, -1D, 65537L);
014            // 0
015            System.out.printf("%014E|%08o|%02A|%012x|%n",
                            64.5, 32767, -1D, 65537L);
016            // #
017            System.out.printf("%#X|%#o|%#x|%#e|%#f|%n",
                            024, 32767, -1, 65537f, 0x10.5P2);
018            // ,
019            System.out.printf("%,d|%,f|%,f|%,G|%n",
                            12345678, 0.1234, -1234.3456D, 65537.0623F);
020            // (
021            System.out.printf("%(d|%(o|%(d|%(e|%(f|%(g|%n",
                            -1, new BigInteger("-24"), 12L, -12.34E-2, -12.34E-2, 0.12D);
022            // .精度 P
023            System.out.printf("%10.5S|%-7.3s|%08.1f|%16.2E|%.4g|%n",
                            "Java 语言", new Date(), -12.354, -56.78765E-2, -123.45678);
024            // 索引号 N$
025            System.out.printf("%2$d|%4$d|%1$d|%2$d|%n", 1, 2, 3, 4);
026            // <
027            System.out.printf("%3$d|%<d|%<d|%2$d|%<d|%n", 1, 2, 3, 4, 5);
028        }
029    }
```

```
🖳 Console ☒
<terminated> FormatStringDemo [Java Application] C:\Program Files\Java
+1.200000|+7FFF|-1.000000|+25105|
 1.200000| 7FFF|-1.000000| 25105|
    Java语言|6.450000E+01|   77777|-0X1.0P0|10001       |
006.450000E+01|00077777|-0X1.0P0|000000010001|
0X14|077777|0xffffffff|6.553700e+04|65.250000|
12,345,678|0.123400|-1,234.345600|65,537.1|
(1)|(30)|12|(1.234000e-01)|(0.123400)|0.120000|
     JAVA语|Sun     |-00012.4|        -5.68E-01|-123.5|
2|4|1|2|
3|3|3|2|2|
```

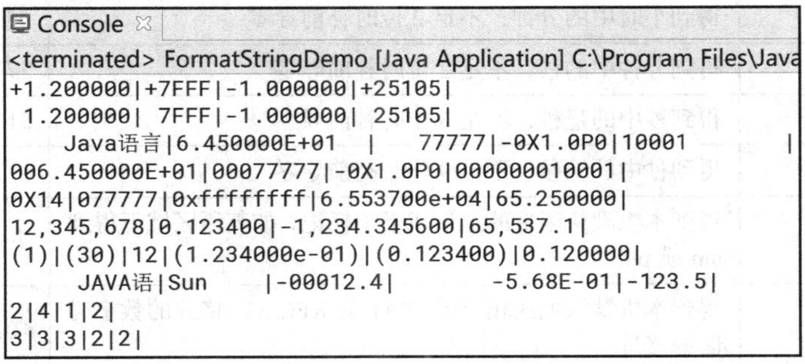

图 13-1　格式修饰符演示

在实际应用中，经常需要得到日期、时间的字符串描述，一般通过以下几种方式。

（1）直接调用对象的 toString 方法，但得到的字符串格式往往不能满足要求。

（2）调用对象所属类的某些 API（如 Date 类的 getMonth 方法），分别获取感兴趣的部分值（如月份），然后将这些值拼接成满足要求的字符串，但这种方式存在 3 个缺点：①调用的 API 可能被标记为过时了（如 Date 类的 getMonth 方法）；②对象所属的类没有这样的 API（如 Date 类没有用于直接得到今天是"星期几"的中文描述的方法）；③增加了编程工作量。

（3）构造合适的工具类（如 java.text.SimpleDateFormat、java.time.format.DateTimeFormatter）对象并调用相关 API 得到满足要求的字符串，但这种方式同样会增加编程工作量。

如表 13-3 所示，格式转换符"%tx"或"%Tx"能够按照多种格式得到时间、日期的字符串描述，其中的占位符"x"所代表的具体转换格式如表 13-5 所示。

表 13-5   用于日期和时间的格式转换符

序号	格式转换符	功能及说明	输出*
1	%tb 或%th	得到本机默认区域的月份简称，如英语区域下得到 Mar	三月
2	%tB	得到本机默认区域的月份全称，如英语区域下得到 March	三月
3	%ta	得到本机默认区域的"星期几"简称，如英语区域下得到 Fri	星期五
4	%tA	得到本机默认区域的"星期几"全称，如英语区域下得到 Friday	星期五
5	%tC	得到 4 位数年份的前 2 位，不足 2 位时补前导零	20
6	%tY	得到 4 位数年份，不足 4 位时补前导零	2019
7	%ty	得到 4 位数年份的后 2 位，不足 2 位时补前导零	19
8	%tj	得到本年中的第几天，不足 3 位时补前导零	067
9	%tm	得到本年中的第几月，不足 2 位时补前导零	03
10	%td	得到本月中的第几天，不足 2 位时补前导零	08
11	%te	得到本月中的第几天，不补前导零	8
12	%tH	得到 24 小时制的小时，不足 2 位时补前导零	19
13	%tI	得到 12 小时制的小时，不足 2 位时补前导零	07
14	%tk	得到 24 小时制的小时，不补前导零	19
15	%tl	得到 12 小时制的小时，不补前导零	7
16	%tM	得到小时中的分钟，不足 2 位时补前导零	05
17	%tS	得到分钟中的秒，不足 2 位时补前导零	27
18	%tL	得到秒中的毫秒，不足 3 位时补前导零	517
19	%tN	得到秒中的纳秒，不足 9 位时补前导零	517000000
20	%tp	得到本机默认区域的上午或下午标记，如英语区域下得到 am 或 pm	下午
21	%tz	得到本机默认地区相对于 GMT 的 RFC 822 格式的数字时区偏移量	+0800
22	%tZ	得到本机默认地区的时区缩写	CST
23	%ts	得到自 1970 年 1 月 1 日零点零分零秒所经过的秒数	1552043127
24	%tQ	得到自 1970 年 1 月 1 日零点零分零秒所经过的毫秒数	1552043127522
25	%tR	得到 "%tH:%tM"	19:05
26	%tT	得到 "%tH:%tM:%tS"	19:05:27
27	%tr	得到 "%tI:%tM:%tS %Tp"	07:05:27 下午
28	%tD	得到 "%tm/%td/%ty"	03/08/19
29	%tF	得到 "%tY-%tm-%td"	2019-03-08
30	%tc	得到 "%ta %tb %td %tT %tZ %tY"	星期五 三月 08 19:05:27 CST 2019

  * 测试语句为 System.out.printf（格式转换符, new Date()），本表撰写于 2019 年 3 月 8 日（星期五）。测试环境为 Windows 10 简体中文版。

在表 13-5 中，第 1 个～第 11 个转换符用于日期，第 12 个～第 24 个转换符用于时间，其余则用于日期和时间的组合。此外，表中大部分转换符的 "t" 都可以替换为 "T"，此时得到结果中的所有英文字母都将转为大写，请读者自行验证。

本节介绍的格式转换符和修饰符较多，且其中某些转换符和修饰符的使用方式较为复杂，读者不必一一记住，在需要时查阅相关文档即可。

13.3　案例实践 14：简单文本搜索器

【案例实践】实现一个简单的文本搜索程序，支持结果高亮与计数（见图 13-2）。

TextSearcher.java

```
001   package ch13;
002   /* 省略了各 import 语句，请使用 IDE 的自动 import 功能 */
012
013   public class TextSearcher extends JFrame {
014       public TextSearcher() {
015           init();
016       }
017
018       private void init() {
019           JTextPane tp = new JTextPane(); // 待搜索的文本面板
020           JPanel p = new JPanel();
021           JTextField tf = new JTextField(12); // 关键词文本框
022           JButton btn = new JButton("搜索");
023           p.add(new JLabel("搜索: "));
024           p.add(tf);
025           p.add(btn);
026
027           setLayout(new BorderLayout());
028           add(new JScrollPane(tp), BorderLayout.CENTER);
029           add(p, BorderLayout.SOUTH);
030
031           btn.addActionListener(e -> { // 处理按钮单击事件
032               String keyword = tf.getText().trim(); // 获得关键词
033               int length = keyword.length(); // 关键词长度
034               if (length < 1) {
035                   return;
036               }
037
038               int count = 0; // 匹配计数
039               String content = tp.getText(); // 获得待搜索的文本
040               int index = content.indexOf(keyword); // 第 1 次搜索
041               int start; // 文本面板选中内容的开始索引
042
043               tp.requestFocus();
044               while (index != -1) { // 找到
045                   start = index - count * (length - 1);
046                   tp.select(start, start + length); // 选中找到的关键词
047                   tp.insertComponent(new JButton(keyword)); // 每次用一个按钮替换一个关键词
048                   index = content.indexOf(keyword, index + length); // 继续搜索
049                   count++;
050               }
051               setTitle("匹配到 " + count + " 项");
052           });
053
054           setDefaultCloseOperation(JFrame.EXIT_ON_CLOSE);
```

```
055          setSize(500, 200);
056          setVisible(true);
057      }
058
059      public static void main(String args[]) {
060          new TextSearcher().init();
061      }
062  }
```

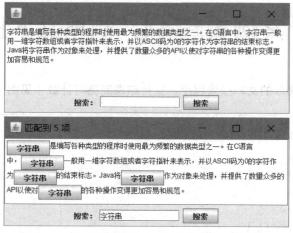

图 13-2　文本搜索器演示（单击搜索按钮前后）

13.4　StringBuffer 类

13.4.1　可变与不可变

Java 中的类分为可变（Mutable）类和不可变（Immutable）类。不可变类是指创建了类的实例后，不能改变该实例的内容。反之，则是可变类。

本章的 String 类及第 2 章的基本类型包装类，都是不可变类，一旦创建出这些类的实例后，就无法对其内容进行修改——因为没有提供修改其内容的 API。看下面的例子：

```
001  String s = "Hello";
002  s = s + " World!";
```

第 2 行看起来好像修改了 s 指向的对象内容——由原来的“Hello”变为“Hello World!”。然而，真正的代码执行逻辑是：

（1）第 1 行让 s 指向内容为“Hello”的字符串。

（2）第 2 行右侧在拼接字符串时，会产生一个新的、内容为“Hello World!”的字符串。

（3）让 s 指向上步的新字符串。

注意：s 原来指向的字符串“Hello”依然存在于内存中，只是不再被 s 引用。

容易看出，String 对象一旦创建后便不能再改变，每一个不同的字符串都对应一个 String 对象。此外，对于内容相同的字符串，不必每次都通过构造方法来创建，而应直接以字符串字面常量来赋值。例如：

```
001  String s1 = "Hello";
002  String s2 = new String("Hello"); // 不推荐
003  String s3 = "Hello"; // 推荐
```

说明：

（1）第 1 行的"Hello"会被放到字符串常量池中。

（2）第 2 行通过构造方法创建了一个新的 String 对象，尽管其内容与 s1 是相同的。

（3）第 3 行直接使用常量池中的"Hello"，而不会创建新的 String 对象。

当需要频繁拼接或修改字符串时，若直接使用 String 类会耗费较多的内存。此时，可使用字符串可变类——StringBuffer 或 StringBuilder，它们都提供了修改字符串内容的 API。

13.4.2　StringBuffer 类

正如类名所揭示的，StringBuffer 实际上是一种字符串缓冲区，每个 StringBuffer 对象所占的内存空间是可以动态调整的，以方便修改其中的字符串内容，从而节约内存开销。表 13-6 列出了 StringBuffer 类的常用 API。

表 13-6　　　　　　　　　　　　　　　　　StringBuffer 类的常用 API

序号	方法原型	功能及参数说明
1	StringBuffer()	创建初始容量为 16，不含任何内容的字符串缓冲区
2	StringBuffer(int capacity)	创建初始容量为 capacity，不含任何内容的字符串缓冲区
3	StringBuffer(String s)	创建初始容量为 s.length()+16，内容为 str 的字符串缓冲区
4	int length()	获得缓冲区中字符串内容的长度
5	int capacity()	获得字符串缓冲区的当前容量
6	StringBuffer append(xxx obj)	追加 obj 到缓冲区中字符串的末尾。xxx 可以是任何类型
7	StringBuffer insert (int offset, xxx obj)	在缓冲区中字符串的 offset 索引处插入 obj。xxx 可以是任何类型
8	StringBuffer delete(int start, int end)	删除缓冲区中字符串从索引 start（含）至索引 end（不含）的子串
9	StringBuffer deleteCharAt(int index)	删除缓冲区中字符串 index 索引处的字符
10	StringBuffer reverse()	翻转缓冲区中的字符串
11	void setCharAt(int index, char ch)	将缓冲区中字符串 index 索引处的字符修改为 ch
12	StringBuffer replace (int start, int end, String s)	将缓冲区中字符串从索引 start（含）至索引 end（不含）的子串替换为 s
13	String substring(int start)	获得缓冲区中字符串从索引 start（含）至末尾的子串
14	String substring(int start, int end)	获得缓冲区中字符串从索引 start（含）至索引 end（不含）的子串
15	String toString()	获得缓冲区中的字符串

表 13-6 中的 API 都较容易理解，故不再单独编写示例程序。

注意：从 JDK 5 开始新增了 StringBuilder 类，其功能与 StringBuffer 类似，但前者是非线程安全的，而后者是线程安全的。在单线程情况下，建议优先使用 StringBuilder——其性能通常高于 StringBuffer。

13.5　正则表达式

13.5.1　概述

在实际开发中，经常需要对用户输入的信息进行格式校验。例如，判断输入的字符串是否符合 email 格式。若手工编写代码实现校验逻辑，不仅耗时，而且健壮性也往往得不到保证。此时，可以使用 Java 提供的正则表达式（Regular Expression）。

正则表达式的本质是用于描述字符串组成规则的特殊字符串，包含普通字符和元字符。例如，正则表达式 "[a-z]*" 描述了所有仅包含小写字母的字符串，其中的 a、z 为普通字符，短横线、左右方括号及星号则为元字符。

从 JDK 1.4 开始提供了 java.util.regex 包，其下主要包括两个类——Pattern（模式）和 Matcher（匹配器）。Pattern 可以看成是经过编译的正则表达式，Matcher 则根据 Pattern 对某个字符串 S 进行匹配检查，以判断 S 是否满足 Pattern 指定的规则。此外，该包下还有一个 Unchecked 型的异常类 PatternSyntaxException，当正则表达式非法时，会抛出此异常。

13.5.2　Pattern 类

正则表达式被编译为 Pattern 对象后才能使用。表 13-7 列出了 Pattern 类的常用 API。

表 13-7　　　　　　　　　　　　　　　　Pattern 类的常用 API

序号	方法原型	功能及参数说明
1	static Pattern compile(String re)	将正则表达式 re 编译为模式
2	Matcher matcher(CharSequence input)	根据模式为字符串 input 创建匹配器。String 类实现了 CharSequence 接口，后者可视为 String
3	static boolean matches (String re, CharSequence input)	判断字符串 input 是否匹配正则表达式 re。因未创建相应模式及匹配器，该方法适合于只进行一次匹配的情况
4	String pattern()	返回模式使用的正则表达式
5	String[] split(CharSequence input)	根据模式将字符串 input 分割为字符串数组
6	String[] split (CharSequence input, int limit)	与方法 5 类似，但指定了子串的最大个数 limit

【例 13.3】Pattern 类演示（见图 13-3）。

PatternDemo.java

```
001  package ch13;
002
003  import java.util.regex.Matcher;
004  import java.util.regex.Pattern;
005
006  public class PatternDemo {
007      public static void main(String[] args) {
008          Pattern p = Pattern.compile("a*b");  // 根据参数指定的正则表达式创建模式
009          Matcher m1 = p.matcher("aaab");      // 获得目标字符串的匹配器
010          Matcher m2 = p.matcher("aabb");      // 复用模式 p
```

```
011        System.out.println(m1.matches()); // 执行匹配器(true)
012        System.out.println(m2.matches()); // 执行匹配器(false)
013
014        System.out.println(Pattern.matches("a*b", "b")); // 直接调用快捷方法(true)
015
016        Pattern p2 = Pattern.compile("[/]+");
017        String[] results = p2.split("张三/李四//王五///赵六/钱七"); // 按模式分割字符串
018        for (String s : results) {
019            System.out.print(s + "\t");
020        }
021    }
022 }
```

图 13-3　Pattern 类演示

13.5.3　Matcher 类

Matcher 是用于校验目标字符串的匹配器，一般通过 Pattern 类的 matcher 方法创建。多个 Matcher 对象可以使用同一 Pattern 对象。Matcher 类的常用 API 如表 13-8 所示。

表 13-8　　　　　　　　　　　　　　　　Matcher 类的常用 API

序号	方法原型	功能及参数说明
1	Pattern pattern()	返回匹配器的模式
2	Matcher usePattern(Pattern p)	修改匹配器的模式为 p
3	Matcher reset()	重设匹配器到初始状态
4	Matcher reset(CharSequence input)	重设匹配器到初始状态，并使用 input 为目标字符串
5	boolean find()	在目标字符串中查找下一个匹配的子串，找到则返回 true
6	int start()	返回上一次匹配操作所用子串的开始字符在目标字符串中的位置
7	int end()	返回上一次匹配操作所用子串的结束字符在目标字符串中的位置
8	String group()	返回上一次匹配的子串
9	String group(int i)	返回上一次匹配的子串中与第 i 个组相匹配的那个子串。正则表达式中以一对圆括号括起来的部分称为组
10	boolean matches()	执行匹配器。若目标字符串与模式完全匹配，则返回 true
11	boolean lookingAt()	判断目标字符串是否以匹配器的模式开头
12	String replaceAll(String s)	将目标字符串中与模式相匹配的全部子串替换为 s 并返回
13	String replaceFirst(String s)	将目标字符串中与模式相匹配的首个子串替换为 s 并返回

【例 13.4】Matcher 类演示（见图 13-4）。

MatcherDemo.java

```
001    package ch13;
002
003    import java.util.regex.Matcher;
004    import java.util.regex.Pattern;
005
006    public class MatcherDemo {
007        public static void main(String[] args) {
008            Pattern p1 = Pattern.compile("[a]*b"); // 零到多个 a 后跟一个 b
009            Matcher m1 = p1.matcher("aabfooaaabfooabfoob");
010            System.out.printf("%s, %s\n", m1.lookingAt(), m1.matches()); // true,false
011            while (m1.find()) { // 找到下一个匹配的子串
012                System.out.printf("索引[%2d ~ %2d]处匹配到 %s\n",
013                                  m1.start(), m1.end() - 1, m1.group());
014            }
015
016            Pattern p2 = Pattern.compile("[/]+"); // 一到多个/
017            Matcher m2 = p2.matcher("张三/李四//王五///赵六/钱七");
018            System.out.println(m2.replaceAll(" | ")); // 张三 | 李四 | 王五 | 赵六 | 钱七
019            System.out.println(m2.replaceFirst(" | ")); // 张三 | 李四//王五///赵六/钱七
020        }
021    }
```

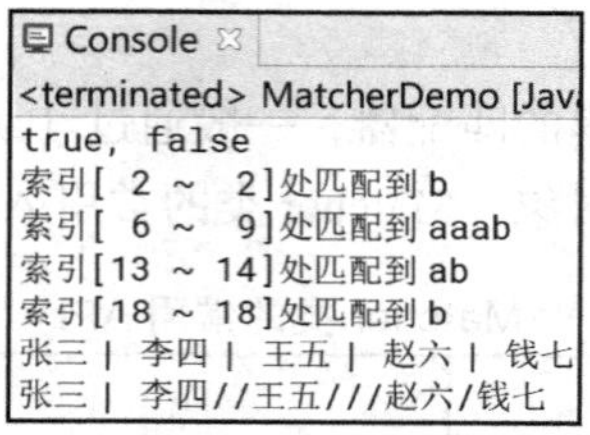

```
 Console ☒
<terminated> MatcherDemo [Jav
true, false
索引[ 2 ~  2]处匹配到 b
索引[ 6 ~  9]处匹配到 aaab
索引[13 ~ 14]处匹配到 ab
索引[18 ~ 18]处匹配到 b
张三 | 李四 | 王五 | 赵六 | 钱七
张三 | 李四//王五///赵六/钱七
```

图 13-4　Matcher 类演示

13.5.4　正则表达式语法

正则表达式由普通字符和元字符组成，其中的元字符包括以下几类。

1. 点号 .

点号匹配除"\n"之外的任何单个字符。例如，正则表达式"t.n"可匹配"tan""ten""tin""ton""t#n""tpn"和"t n"（t 和 n 之间有一个空格）等。

2. 方括号 [ ]

方括号匹配其内所有字符中的任意一个。为了解决点号匹配范围过广的问题，可以在方括号内指定需要匹配的若干字符——仅使用这些字符参与匹配。例如，正则表达式"t[aeio]n"只匹配"tan""ten""tin"和"ton"，而不匹配"txn"和"tion"等。方括号还有一些特殊写法，如"[a-z]"匹配一个小写字母、"[a-zA-Z]"匹配一个字母、"[0-9]"匹配一个数字字符、"[a-z0-9]"匹配一个小写字母或一个数字字符等。

3. 符号 |

"|"匹配其左侧或右侧的符号。例如，除了"tan""ten""tin"和"ton"外，若还要匹配"tion"，则可以使用正则表达式"t(a|e|i|o|io)n"，注意这里必须使用圆括号——用来标记正则表达式中的组（Group）。

4. 匹配次数

匹配次数元字符用来确定其左侧符号的出现次数，具体如表 13-9 所示。

表 13-9　　　　　　　　　　　　　　　　匹配次数元字符

序号	元字符	表达的意义
1	X?	匹配 X 出现零次或一次，如：Y，YXY
2	X*	匹配 X 出现零次或多次，如：Y，YXXXY
3	X+	匹配 X 出现一次或多次，如：YXY，YXX
4	X{n}	匹配 X 出现恰好 n 次
5	X{n,}	匹配 X 出现至少 n 次
6	X{n,m}	匹配 X 出现至少 n 次，至多 m 次

例如，正则表达式"[A-Z]{2}[0-9]{4}"表示以 2 个大写字母开头且后跟 4 个数字，"[/]+"表示至少 1 个"/"字符。

5. 符号 ^

"^"匹配一行的开始。例如，正则表达式"^Spring.*"匹配"Spring Framework"，而不匹配"a Spring Project"。此外，若"^"用在方括号内，则表示不需要参与匹配的字符。例如，正则表达式"[a-z&&[^bc]]"表示除 b 和 c 之外的小写字母——等价于[ad-z]，正则表达式"[a-z&&[^n-p]]"表示除 n 到 p 之外的小写字母——等价于"[a-mq-z]"，正则表达式"[^x][a-z]+"表示首个字符不能是 x 且后跟至少一个小写字母。

6. 符号 $

"$"匹配一行的结束。例如，正则表达式".*App$"匹配"Android App"，而不匹配"iOS Apps"和"App."。

7. 符号 \

"\"用来将其后的字符当作普通字符而非元字符。例如，正则表达式"\$"用来匹配"$"字符而非行结束，"\."用来匹配"."字符而非任一字符。

8. 其他常用符号

表 13-10 列出了其他常用符号。

表 13-10　　　　　　　　　　　　　　　　其他常用符号

序号	符号	意　　义	等价的正则表达式
1	\d	数字字符	[0-9]
2	\D	非数字字符	[^0-9]
3	\s	空白字符	[\t\n\f\r]
4	\S	非空白字符	[^\s]
5	\w	单词字符	[a-zA-Z_0-9]
6	\W	非单词字符	[^\w]

例如，正则表达式"\d{3}-\d{8}"表示 3 位数字后接一个短横线字符再接 8 位数字——类似于"010-23456789"形式的固定电话号码。表 13-11 给出了实际开发中经常使用的正则表达式。

表 13-11　　　　　　　　　　　　　常用正则表达式

序号	正则表达式	意　义
1	^\d+$	非负整数
2	^[0-9]*[1-9][0-9]*$	正整数
3	^\d+(\.\d+)?$	非负浮点数
4	^[a-zA-Z_\$][a-zA-Z0-9_\$]*$	Java 标识符
5	^[\w-]+(\.[\w-]+)*@[\w-]+(\.[\w-]+)+$	E-mail 地址
6	[\u4e00-\u9fa5]	中文字符
7	\n\s*\r	空白行
8	^\s*|\s*$	首尾空白字符
9	^\d{3}-?\d{8}|\d{4}-?\d{7}$	国内固话号码
10	^[1][3-9][0-9]{9}$	国内手机号码
11	^[1-9]\d{5}[1-9]\d{3}((0\d)|(1[0-2]))(([0|1|2]\d)|3[0-1])((\d{4})|\d{3}[xX])$	18 位身份证号

13.6　案例实践 15：用户注册校验

【案例实践】编写用户注册界面，并使用正则表达式对各输入项做格式校验（见图 13-5）。

图 13-5　用户注册校验演示

RegisteValidation.java

```
001   package ch13;
002   /* 省略了各 import 语句，请使用 IDE 的自动 import 功能 */
014
015   public class RegisteValidation extends JFrame {
016       void init() {
017           String[] labTexts = { "用户名称", "登录密码", "确认密码", "手机号码", "E-mail" };
018           int count = labTexts.length;
019           JLabel[] labs = new JLabel[count];
020           JTextField[] tfs = new JTextField[count];
021           JPanel[] panels = new JPanel[count];
022
023           setLayout(new GridLayout(count + 1, 0));
024           for (int i = 0; i < count; i++) {
025               labs[i] = new JLabel(labTexts[i]);
026               tfs[i] = (i == 1 || i == 2) ? new JPasswordField(16) : new JTextField(16);
027               panels[i] = new JPanel(new FlowLayout(FlowLayout.TRAILING));
028               panels[i].add(labs[i]);
```

```
029                 panels[i].add(tfs[i]);
030                 add(panels[i]);
031         }
032
033         JPanel btnPanel = new JPanel(new FlowLayout(FlowLayout.TRAILING));
034         JButton btnOk = new JButton("注册");
035         btnPanel.add(btnOk);
036         add(btnPanel);
037
038         String[] regExps = { "^\\w{6,12}$", "^\\w{6,12}$", "^\\w{6,12}$",
                                 "^[1][3-9][0-9]{9}$",
                                 "^[\\w-]+(\\.[\\w-]+)*@[\\w-]+(\\.[\\w-]+)+$" };
039         String[] errors = { "只能使用字母和数字，且长度必须介于 6 至 12", "格式错误。" };
040         btnOk.addActionListener(e -> {
041             String msg;
042             int i = 0;
043             for (; i < count; i++) { // 校验各输入项格式
044                 String input = tfs[i].getText().trim();
045                 if (!Pattern.matches(regExps[i], input)) { // 不匹配
046                     msg = "[" + labTexts[i] + "]" + (i <= 2 ? errors[0] : errors[1]);
047                     JOptionPane.showMessageDialog(this, msg, "错误",
                                                      JOptionPane.WARNING_MESSAGE);
048                     tfs[i].requestFocus();
049                     tfs[i].selectAll();
050                     break;
051                 }
052             }
053             if (i == count && !tfs[2].getText().trim().equals(tfs[1].getText().trim())) {
054                 JOptionPane.showMessageDialog(this, "确认密码必须与登录密码一致。", "错误",
                                                  JOptionPane.WARNING_MESSAGE);
055                 tfs[2].requestFocus();
056                 tfs[2].selectAll();
057             }
058         });
059
060         setTitle("用户注册校验");
061         setDefaultCloseOperation(EXIT_ON_CLOSE);
062         setSize(270, 250);
063         setVisible(true);
064     }
065
066     public static void main(String[] args) {
067         new RegisteValidation().init();
068     }
069 }
```

习　题

1. 编写程序，从键盘输入一行文本，输出其中的单词。
2. 编写 strToChars 方法将一个字符串转换为字符数组。
3. 分别用 StringBuffer 和循环两种方式实现字符串的逆序输出。
4. 使用 StringBuffer 实现删除连续的重复字符，如字符串"abcccddddeefggh"删除后变为"abcdefgh"。
5. 找出字符串数组"{"ca", "cab", "cabc", "cabcd", "cabcde"}"中包含"abc"的元素。
6. 用正则表达式判断一个字符串是否是合法的 Java 标识符。

第14章
反射与注解

假设有这样的需求——程序运行时，根据输入的类名（可能是任意的）创建该类的对象。显然，常规的编程技术（如 if 语句）无法满足这样的需求。反射（Reflection）是一种强大的编程技术，其能够在程序运行时动态获取、创建和修改对象，从而使得程序更具动态性——Java 语言的动态性很大一部分正是由反射机制提供的。

另外，很多程序都需要一些描述信息才能正常工作，而这些信息往往独立于代码而被组织到单独的文件中[①]。如果能将这些信息以某种方式"嵌到"代码中，不仅会减少文件维护工作量，同时也可以充分利用编程语言的强制语法检查特性降低出错的可能性。

注解（Annotation）是从 JDK 5 开始支持的新特性[②]，其为程序中的各种元素（可以是包、类型、字段、构造方法、普通方法、参数、局部变量等）提供描述信息，这些信息被称为元数据（Metadata，即描述数据的数据）。

14.1 类 型 信 息

14.1.1 Class 类

每个对象都有所属的类型，java.lang.Class 就是用于描述类型的类——每个具体的类型（包括类、接口、枚举、数组等）都是 Class 类的实例。Class 类是整个反射 API 的基础，通过 Class 类，不仅能够获得任何具体类型的全部信息（包括字段和方法等），而且能够动态创建新类型及该类型的对象。Class 类的常用 API 如表 14-1 所示。

表 14-1 Class 类的常用 API

序号	方法原型	功能及参数说明
1	static Class<?> forName (String className)	得到完全限定类名 className 对应的 Class 对象。若不存在，则抛出 ClassNotFoundException 异常（Checked 型）

---

① 这样的文件通常被称为配置文件，如 Spring 等框架对应的 xxx.properties、xxx.xml 等文件。随着 Java 注解特性的引入，这些框架也开始支持以注解而非配置文件的开发方式，并逐渐成为主流。

② 一些资料（包括 JDK 编译器）将 Annotation 译为"注释类型"。为区别于传统注释，本书将其译为注解。

序号	方法原型	功能及参数说明
2	T newInstance()	创建当前类的实例，相当于调用该类的无参构造方法。若当前类是抽象类、接口、数组、基本类型、void 或不具有无参构造方法，则抛出 InstantiationException 异常（Checked 型）。若当前类或其无参构造方法不可访问，则抛出 llegalAccessException 异常（Checked 型）。T 为泛型参数
3	boolean isInstance(Object obj)	判断 obj 是否是当前类的对象，作用与 instanceof 类似
4	boolean isInterface()	判断当前类是否是接口
5	boolean isEnum()	判断当前类是否是枚举
6	boolean isArray()	判断当前类是否是数组
7	boolean isPrimitive()	判断当前类是否是基本类型（8 种基本类型和 void）
8	boolean isAnonymousClass()	判断当前类是否是匿名类
9	Class<?> getComponentType()	若当前类是数组，则得到数组中元素的类型，否则返回 null
10	String getName()	得到当前类的名称，返回值具体为： • 非数组的对象类型：类的完全限定名 • 基本类型或 void：与基本类型和 void 的名称相同 • 数组：以 1 至多个连续的 "[" 表示数组维数，再跟上数组元素的类型名称（对象类型为 L+类的完整名称+分号，8 种基本类型除 boolean 型为 Z、long 型为 J 外，其余 6 种为各自类型名的首个字母大写）
11	Class<? super T> getSuperclass()	得到当前类的父类。若当前类是 Object、接口、基本类型或 void，则返回 null
12	Class<?>[] getInterfaces()	得到当前类实现的接口
13	Package getPackage()	得到当前类所在的包。java.lang.Package 类描述了包信息
14	int getModifiers()	得到当前类的修饰符对应的整数编码，这些整数编码作为静态常量定义于 java.lang.reflect.Modifier 类中
15	Field[] getFields()	得到当前类以及从父类和父接口继承的所有公共字段。Field 类见 14.2.2 节
16	Method[] getMethods()	得到当前类以及从父类和父接口继承的所有公共方法。Method 类见 14.2.3 节
17	Constructor<?>[] getConstructors()	得到当前类的所有公共构造方法。Constructor 类见 14.2.4 节
18	Field getField(String name)	得到当前类中名为 name 的公共字段。若不存在，则在当前类的父接口和父类中分别递归地寻找下去。若最后仍未找到，则抛出 NoSuchFieldException 异常（Checked 型）
19	Method getMethod(String name, Class<?>... paramTypes)	得到当前类中名为 name、形参类型为 paramTypes 的公共方法。若不存在，则在当前类的父类和父接口中分别递归寻找。若最后仍未找到，则抛出 NoSuchMethodException 异常（Checked 型）
20	Constructor<T> getConstructor (Class<?>... paramTypes)	得到当前类中形参类型为 paramTypes 的公共构造方法。若不存在，则抛出 NoSuchMethodException 异常
21	Field[] getDeclaredFields()	得到当前类声明的（不包括继承的，下同）所有字段

序号	方法原型	功能及参数说明
22	Field getDeclaredField (String name)	得到当前类声明的名为 name 的字段
23	Method[] getDeclaredMethods()	得到当前类声明的所有方法
24	Method getDeclaredMethod (String name, Class<?>... paramTypes)	得到当前类声明的名为 name、形参类型为 paramTypes 的方法
25	Constructor<?>[] getDeclaredConstructors()	得到当前类声明的所有构造方法
26	Constructor<T> getDeclaredConstructor (Class<?>... paramTypes)	得到当前类声明的形参类型为 paramTypes 的构造方法
27	InputStream getResourceAsStream (String name)	相对于当前类的所在位置，得到名为 name 的资源，以输入流返回
28	URL getResource(String name)	与方法 27 类似，但返回类型为 java.net.URL
29	T cast(Object obj)	将 obj 造型为当前类的对象，T 为泛型参数

14.1.2 获得 Class 对象

Class 类未提供构造方法，那么如何获得该类的对象呢？一般通过以下 5 种方式。

1. 对象名.getClass()

根类 Object 提供了 getClass 方法用于得到对象的所属类，此方式只适用于对象类型。

【例 14.1】通过 Object 类的 getClass 方法得到 Class 对象（见图 14-1）。

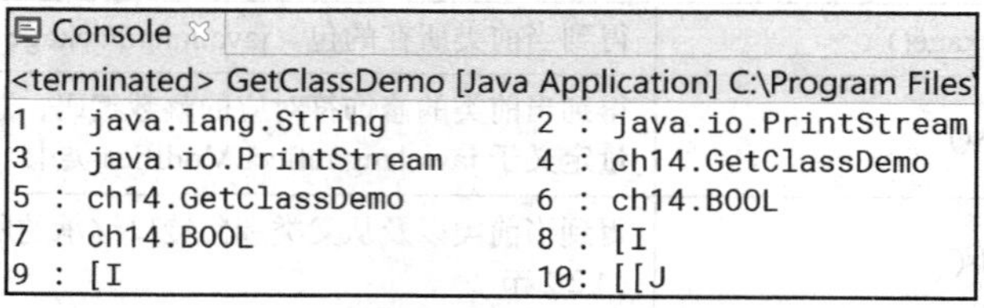

```
□ Console ✕
<terminated> GetClassDemo [Java Application] C:\Program Files
1 : java.lang.String        2 : java.io.PrintStream
3 : java.io.PrintStream     4 : ch14.GetClassDemo
5 : ch14.GetClassDemo       6 : ch14.BOOL
7 : ch14.BOOL               8 : [I
9 : [I                     10 : [[J
```

图 14-1 获得 Class 对象演示（1）

GetClassDemo.java

```java
001  package ch14;
002
003  import java.util.HashSet;
004
005  enum BOOL { // 枚举
006      YES, NO
007  };
008
009  public class GetClassDemo {
010      public static void main(String[] args) {
011          Class<?>[] classes = new Class[10];
012          classes[0] = "Hi".getClass(); // 字符串
013          classes[1] = System.out.getClass(); // I/O 流
014          classes[2] = new GetClassDemo().getClass(); // 当前类
015          classes[3] = BOOL.NO.getClass(); // 枚举
```

```
016          classes[4] = new int[5].getClass();        // 基本类型的一维数组
017          classes[5] = new long[2][5].getClass();     // 基本类型的二维数组
018          classes[6] = new String[5].getClass();      // 对象数组
019          classes[7] = new HashSet<String>().getClass(); // 泛型容器
020          classes[8] = classes[0].getClass(); // Class
021          classes[9] = classes.getClass();       // Class 数组
022
023          for (int i = 0; i < classes.length / 2; i++) {
024              System.out.printf("%-2s: %-24s", 2 * i + 1, classes[i].getName());
025              System.out.printf("%-2s: %-24s\n", 2 * i + 2, classes[i + 1].getName());
026          }
027      }
028  }
```

2. 类名.class

直接通过类名（而非对象名）得到 Class 对象，此方式也适用于基本类型和 void。

【例 14.2】通过 "类名.class" 得到 Class 对象（见图 14-2）。

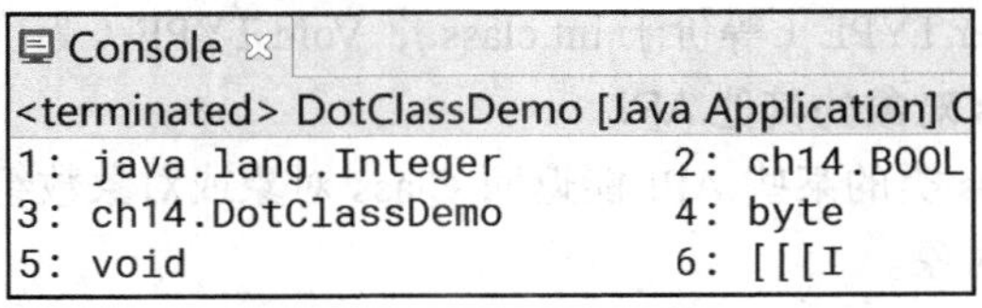

```
□ Console ✕
<terminated> DotClassDemo [Java Application] C
1: java.lang.Integer          2: ch14.BOOL
3: ch14.DotClassDemo          4: byte
5: void                        6: [[[I
```

图 14-2　获得 Class 对象演示（2）

DotClassDemo.java
```
001  package ch14;
002
003  public class DotClassDemo {
004      public static void main(String[] args) {
005          System.out.printf("1: %-24s", Integer.class.getName());
006          System.out.printf("2: %-24s\n", BOOL.class.getName());
007          System.out.printf("3: %-24s", DotClassDemo.class.getName());
008          System.out.printf("4: %-24s\n", byte.class.getName());
009          System.out.printf("5: %-24s", void.class.getName());
010          System.out.printf("6: %-24s\n", int[][][].class.getName());
011      }
012  }
```

3. Class.forName(String className)

具体见表 14-1 的方法 1。

【例 14.3】通过 Class 类的 forName 方法得到 Class 对象（见图 14-3）。

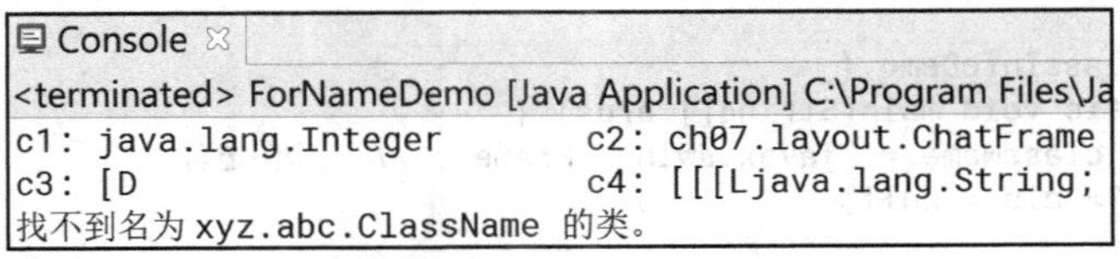

```
□ Console ✕
<terminated> ForNameDemo [Java Application] C:\Program Files\Ja
c1: java.lang.Integer          c2: ch07.layout.ChatFrame
c3: [D                          c4: [[[Ljava.lang.String;
找不到名为 xyz.abc.ClassName 的类。
```

图 14-3　获得 Class 对象演示（3）

ForNameDemo.java
```
001  package ch14;
002
003  public class ForNameDemo {
004      public static void main(String[] args) {
005          try {
006              Class<?> c1 = Class.forName("java.lang.Integer"); // 必须使用完全限定名
```

```
007                 Class<?> c2 = Class.forName("ch08.layout.ChatFrame");
008                 Class<?> c3 = Class.forName("[D"); // Double 型一维数组
009                 Class<?> c4 = Class.forName("[[[Ljava.lang.String;"); // String 型三维数组
010
011                 System.out.printf("c1: %-24s", c1.getName());
012                 System.out.printf("c2: %-24s\n", c2.getName());
013                 System.out.printf("c3: %-24s", c3.getName());
014                 System.out.printf("c4: %-24s\n", c4.getName());
015
016                 Class<?> c5 = Class.forName("xyz.abc.ClassName"); // 抛出异常
017                 System.out.printf("c5: %-24s", c5.getName());
018             } catch (ClassNotFoundException e) { // Checked 型异常
019                 System.out.println("找不到名为 " + e.getMessage() + " 的类。");
020             }
021         }
022     }
```

4. 基本类型的包装类.TYPE

对于基本类型和 void（空类型），除方式 2 外，还可以通过各自包装类的 TYPE 字段得到对应的 Class 对象，如 Integer.TYPE（等价于 int.class）、Void.TYPE（等价于 void.class）等。

5. 调用能返回 Class 对象的其他 API

如表 14-1 所示，Class 类的某些 API 能返回 Class 对象或对象数组，但前提是已经直接或间接得到了某个 Class 类的对象。

【例 14.4】 输出指定类的完整类名、实现的接口、继承结构等信息（见图 14-4）。

```
Console ⊠
<terminated> ClassInfoDemo [Java Application] C:\Program Files\Java\jdk1.8.0_202\bin\javaw.e
类：javax.swing.JFrame
实现的接口：WindowConstants Accessible RootPaneContainer HasGetTransferHandler
继承树(上层为父类)：
java.lang.Object
    |__ java.awt.Component
            |__ java.awt.Container
                    |__ java.awt.Window
                            |__ java.awt.Frame
                                    |__ javax.swing.JFrame
```

图 14-4　输出类的相关信息

ClassInfoDemo.java

```
001  package ch14;
002
003  import java.util.ArrayDeque;
004  import java.util.Deque;
005
006  public class ClassInfoDemo {
007      public static void main(String[] args) {
008          String className = "javax.swing.JFrame"; // 完全限定名
009          Class<?> cls = null;
010          try {
011              cls = Class.forName(className);
012          } catch (ClassNotFoundException e) {
013              System.out.println("找不到名为 " + e.getMessage() + " 的类。");
014              System.exit(-1);
015          }
016
017          System.out.printf("类:%s.%s\n", cls.getPackage().getName(), cls.getSimpleName());
018          System.out.print("实现的接口：");
019          for (Class<?> i : cls.getInterfaces()) { // 得到实现的所有接口
```

```
020          System.out.print(i.getSimpleName() + " ");
021      }
022
023      /**** 用栈(实际为双端队列)存放父类, 直至 Object 类(最先输出) ****/
024      Deque<Class<?>> stack = new ArrayDeque<>();
025      stack.push(cls); // 压入 cls
026
027      Class<?> parent = cls.getSuperclass(); // 得到 cls 的直接父类
028      while (parent != null) { // 若父类存在
029          stack.push(parent); // 压入父类
030          parent = parent.getSuperclass(); // 继续得到父类的父类(直至根类 Object)
031      }
032
033      System.out.println("\n继承树(上层为父类): ");
034      int level = 0; // 继承深度
035      while (!stack.isEmpty()) { // 栈非空
036          Class<?> c = stack.pop(); // 弹出栈顶
037          for (int i = 0; i < 4 * (2 * level - 1); i++) { // 控制缩进
038              System.out.print(" ");
039          }
040          if (level > 0) {
041              System.out.print("|__ ");
042          }
043          System.out.println(c.getName()); // 输出完整类名
044          level++;
045      }
046   }
047 }
```

14.2　成　员　信　息

14.2.1　Member 接口

获得了类型信息后, 往往需要对其包含的成员(即字段、方法和构造方法等)进行操作, 这也是反射主要的表现方式。反射包(java.lang.reflect)下定义了一个用以描述类型成员的 Member 接口, 该接口定义的方法如表 14-2 所示。

表 14-2　　　　　　　　　　　　Member 接口定义的方法

序号	方法原型	功能及参数说明
1	Class<?> getDeclaringClass()	得到声明当前成员的类型
2	String getName()	得到当前成员的简单名称
3	int getModifiers()	得到当前成员的修饰符对应的整数编码, 这些整数编码作为静态常量定义于 java.lang.reflect.Modifier 中
4	boolean isSynthetic()	判断当前成员是否由编译器生成。例如, 未编写任何构造方法时, 由编译器提供的默认构造方法

Member 接口有 3 个实现类——Field、Method 和 Constructor, 它们均位于反射包下。

14.2.2　Field 类

Field 类描述了类型的字段, 其常用 API 如表 14-3 所示。

表 14-3   Field 类的常用 API

序号	方法原型	功能及参数说明
1	boolean isEnumConstant()	判断当前字段是否为枚举常量
2	Class<?> getType()	得到当前字段的类型
3	Object get(Object obj)	得到参数 obj 的当前字段的值。若字段是静态字段，则忽略参数。若当前字段不可访问，则抛出 IllegalAccessException 异常，下同
4	xxx getXxx(Object obj)	得到参数 obj 的当前 Xxx 型字段的值。Xxx 可以是 8 种基本类型之一
5	void set(Object obj, Object value)	方法 3 的逆方法
6	void setXxx(Object obj, xxx value)	方法 4 的逆方法

【例 14.5】 通过反射机制获得并修改字段的值（见图 14-5）。

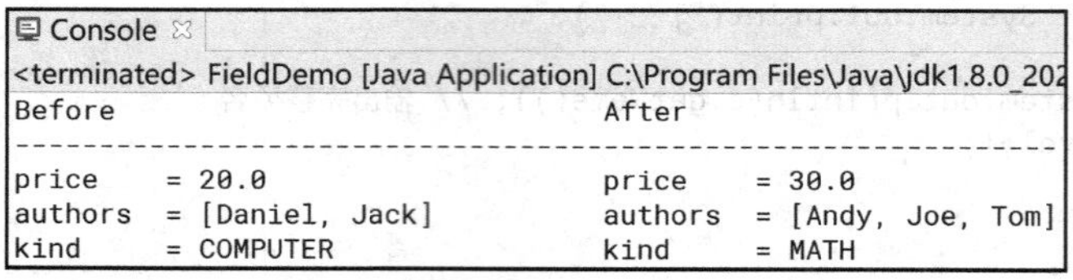

图 14-5   Field 类演示

FieldDemo.java

```
001  package ch14;
002
003  import java.lang.reflect.Field;
004  import java.util.Arrays;
005  import java.util.List;
006
007  enum BookKind { // 图书种类
008      COMPUTER, MATH, ENGLISH
009  };
010
011  class Book { // 图书类
012      double price = 20;
013      String[] authors = { "Daniel", "Jack" };
014      BookKind kind = BookKind.COMPUTER;
015  }
016
017  public class FieldDemo { // 测试类
018      public static void main(String[] args) {
019          Book book = new Book();
020          Class<?> cls = book.getClass();
021
022          try {
023              /**** 通过名称获得各字段 ****/
024              Field price = cls.getDeclaredField("price");
025              Field authors = cls.getDeclaredField("authors");
026              Field kind = cls.getDeclaredField("kind");
027
028              System.out.printf("%-35s%s\n", "Before", "After");
029              for (int i = 0; i < 62; i++) {
030                  System.out.print("-");
031              }
```

```
032
033                /**** 通过反射机制获得并修改各字段的值 ****/
034                System.out.printf("\n%-8s = %-24s", price.getName(), price.getDouble(book));
035                price.setDouble(book, 30);
036                System.out.printf("%-8s = %-24s\n", "price", book.price);
037
038                List<String> authorsList = Arrays.asList((String[]) authors.get(book));
039                System.out.printf("%-8s = %-24s", authors.getName(), authorsList);
040                String[] newAuthors = { "Andy", "Joe", "Tom" };
041                authors.set(book, newAuthors);
042                System.out.printf("%-8s = %-24s\n", "authors", Arrays.asList(book.authors));
043
044                System.out.printf("%-8s = %-24s", kind.getName(), (BookKind) kind.get(book));
045                kind.set(book, BookKind.MATH);
046                System.out.printf("%-8s = %-24s\n", "kind", book.kind);
047        } catch (NoSuchFieldException e) { // 由 getDeclaredField 方法抛出
048                System.out.println("找不到名为" + e.getMessage() + "的字段。");
049        } catch (IllegalAccessException e) { // 由 get/set 字段值的方法抛出
050                System.out.println("字段不可访问。");
051        }
052    }
053 }
```

14.2.3　Method 类

Method 类描述了类型的方法，通过该类不仅能获得方法的返回类型、形参类型、抛出的异常等信息，还能动态调用给定对象的方法。Method 类的常用 API 如表 14-4 所示。

表 14-4　　　　　　　　　　　　　　　Method 类的常用 API

序号	方法原型	功能及参数说明
1	Class<?> getReturnType()	得到当前方法的返回类型
2	Class<?>[] getParameterTypes()	得到当前方法的形参类型
3	Class<?>[] getExceptionTypes()	得到当前方法抛出的异常类型
4	Object invoke(Object obj, Object... args)	以 args 作为实参调用 obj 的当前方法。若当前方法不可访问，则抛出 IllegalAccessException 异常。若当前方法抛出异常，则 invoke 方法抛出 InvocationTargetException 异常（Checked 型，封装了当前方法抛出的异常）
5	boolean isVarArgs()	判断当前方法是否包含变长参数
6	boolean isDefault()	判断当前方法是否是函数式接口的默认方法

【例 14.6】在命令行输入要调用的方法名和实参值，输出方法返回值（见图 14-6）。

MethodDemo.java

```
001  package ch14;
002
003  import java.lang.reflect.InvocationTargetException;
004  import java.lang.reflect.Method;
005
006  public class MethodDemo {
007      public static void main(String[] args) {
008          if (args.length < 1) { // 判断命令行参数个数
009              System.out.print("\t格式错误, 正确用法: java ch14/MethodDemo 方法名 实参1 实参2 ...");
010              return;
011          }
012
```

```
013         try {
014             Class<?> theClass = Class.forName("java.lang.Math"); // 要调用的方法所在的类
015             Class<?>[] paramTypes = new Class<?>[args.length - 1]; // 方法的形参类型
016             for (int i = 0; i < paramTypes.length; i++) {
017                 paramTypes[i] = double.class; // 形参均为 double 型
018             }
019
020             /**** 命令行的首个参数作为要调用的方法名，后面的参数作为方法实参，然后调用方法 ****/
021             Method theMethod = theClass.getDeclaredMethod(args[0], paramTypes);
022             Double[] theArgs = new Double[paramTypes.length];
023             for (int i = 0; i < theArgs.length; i++) {
024                 theArgs[i] = Double.parseDouble(args[i + 1]);
025             }
026             Object result = theMethod.invoke(null, (Object[]) theArgs);
027
028             /**** 构造实参表以便打印 ****/
029             StringBuffer argsStr = new StringBuffer();
030             for (int i = 0; i < theArgs.length; i++) { //
031                 argsStr.append(args[i + 1]).append(", ");
032             }
033             argsStr.delete(argsStr.length() - 2, argsStr.length()); // 删除最后的逗号及空格
034             System.out.printf("\t%s.%s(%s) = %s", theClass.getSimpleName(),
                                    theMethod.getName(), argsStr, result);
035         } catch (ClassNotFoundException e) {
036             System.out.printf("\t 找不到类：%s。", e.getMessage());
037         } catch (NoSuchMethodException e) {
038             System.out.printf("\t 找不到方法：%s。", e.getMessage());
039         } catch (IllegalAccessException e) {
040             System.out.printf("\t 方法 %s 不可访问。" + e.getMessage());
041         } catch (InvocationTargetException e) {
042             System.out.printf("\t 调用方法 %s 时抛出异常：%s。", args[0],
                                    e.getTargetException().getMessage());
043         }
044     }
045 }
```

图 14-6　Method 类演示（8 次运行）

14.2.4　Constructor 类

Constructor 类描述了类的构造方法，通过该类能够以反射方式创建给定的类的实例。与前述 Class 类的 newInstance 方法（表 14-1 的方法 2）不同，可以通过 Constructor 类调用具有指定形参类型的构造方法。构造方法是一类特殊的方法，故 Constructor 类也支持表 14-4 中的大多数 API，其余常用 API 如表 14-5 所示。

表 14-5 Constructor 类的常用 API

序号	方法原型	功能及参数说明
1	Class<?>[] getParameterTypes()	得到当前构造方法的形参类型
2	Class<?>[] getExceptionTypes()	得到当前构造方法抛出的异常类型
3	T newInstance(Object ... args)	以 args 作为实参调用当前构造方法。若构造方法所在的类型无法被实例化（如类型是基本类型、抽象类、接口等），则抛出 InstantiationException 异常。若当前构造方法不可访问，则抛出 IllegalAccessException 异常。若当前构造方法抛出异常，则 newInstance 方法抛出 InvocationTargetException 异常
4	boolean isVarArgs()	判断当前构造方法是否包含变长参数

【例 14.7】利用反射获取 Date 类的所有构造方法，并分别调用它们（见图 14-7）。

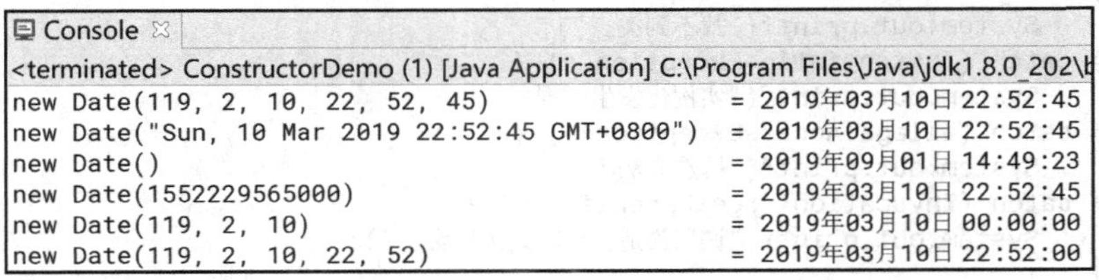

```
Console 
<terminated> ConstructorDemo (1) [Java Application] C:\Program Files\Java\jdk1.8.0_202\b
new Date(119, 2, 10, 22, 52, 45)                   = 2019年03月10日 22:52:45
new Date("Sun, 10 Mar 2019 22:52:45 GMT+0800")     = 2019年03月10日 22:52:45
new Date()                                         = 2019年09月01日 14:49:23
new Date(1552229565000)                            = 2019年03月10日 22:52:45
new Date(119, 2, 10)                               = 2019年03月10日 00:00:00
new Date(119, 2, 10, 22, 52)                       = 2019年03月10日 22:52:00
```

图 14-7　Constructor 类演示

ConstructorDemo.java

```
001    package ch14;
002
003    import java.lang.reflect.Constructor;
004    import java.lang.reflect.InvocationTargetException;
005
006    public class ConstructorDemo {
007        public static void main(String[] args) {
008            try {
009                Class<?> cls = Class.forName("java.util.Date");
010
011                /**** 得到 Date 类的所有构造方法并分别执行 ****/
012                Constructor<?>[] cs = cls.getDeclaredConstructors();
013                for (Constructor<?> c : cs) {
014                    Class<?>[] types = c.getParameterTypes(); // 得到形参类型
015                    Object[] values = new Object[types.length]; // 实参数组
016                    switch (types.length) { // 判断形参个数
017                        case 1: // 1个形参(这样的构造方法有 2 个，类型分别为 String 和 long)
018                            if (types[0].getSimpleName().equals("String")) {
019                                values[0] = "Sun, 10 Mar 2019 22:52:45 GMT+0800";
020                            } else { // long
021                                values[0] = 1552229565000L; // 2019-03-10 22:52:45
022                            }
023                            break;
024                        case 3: // 3个形参(年、月、日，详见 API 文档)
025                            values = new Object[] { 2019 - 1900, 3 - 1, 10 };
026                            break;
027                        case 5: // 5个形参(年、月、日、时、分)
028                            values = new Object[] { 2019 - 1900, 3 - 1, 10, 22, 52 };
029                            break;
030                        case 6: // 6个形参(年、月、日、时、分、秒)
031                            values = new Object[] { 2019 - 1900, 3 - 1, 10, 22, 52, 45 };
032                            break;
```

```
033                      }
034                      Object instance = c.newInstance(values); // 构造 Date 对象
035
036                      /**** 构造实参表以便打印 ****/
037                      String valuesStr = "";
038                      if (types.length == 1 && types[0].getSimpleName().equals("String"))
039                          valuesStr = "\"" + values[0] + "\"";
040                      else {
041                          for (int i = 0; i < values.length; i++) {
042                              valuesStr += values[i] + ", ";
043                          }
044                          if (values.length > 0) {
045                              valuesStr = valuesStr.substring(0, valuesStr.length() - 2);
046                          }
047                      }
048                      System.out.printf("%s%-38s = %3$tY 年%3$tm 月%3$td 日 %3$tH:%3$tM:%3$tS\n",
                                          "new Date(", valuesStr + ")", instance);
049                  }
050              } catch (ClassNotFoundException e) {
051                  System.out.printf("找不到类。");
052              } catch (InstantiationException e) {
053                  System.out.printf("实例化发生错误。");
054              } catch (IllegalAccessException e) {
055                  System.out.printf("构造方法不可访问。");
056              } catch (InvocationTargetException e) {
057                  System.out.printf("调用构造方法时抛出异常。");
058              }
059      }
060  }
```

反射机制能够在运行时动态获取类和对象的相关信息，使得 Java 程序更具动态性和可扩展性，利用反射机制甚至能编写具有 API 查看和代码分析能力的程序。当然，反射也具有一些不应被忽视的缺点，主要包括性能损失、受限于安全管理器定义的安全策略、暴露了类中不应被访问的信息[1]等。因此，尽量不要用反射来实现常规编程方式能够实现的操作。

14.3　注　　解

14.3.1　注解的定义与使用

下面通过一个简单的例子来介绍注解的定义与使用语法。

【例 14.8】编写一个注解，用以描述方法代码的作者和版本信息。

Description.java

```
001  package ch14;
002
003  import java.lang.annotation.Retention;
004  import java.lang.annotation.RetentionPolicy;
005
006  @Retention(RetentionPolicy.RUNTIME)
007  public @interface Description { // 定义名为 Description 的注解
008      String author(); // author 属性
009
010      String version() default "1.0"; // version 属性(指定了默认值)
011  }
```

---

[1] 例如，利用反射可以访问类的私有字段和方法——这对于常规编程方式是非法的。

说明：

（1）注解实际上是一类特殊的接口，以"@interface"标识。

（2）接口中的抽象方法实际上表示了注解所包含的属性。属性的类型只能是 8 种基本类型、String、Class、枚举、注解或这些类型对应的一维数组，且属性值必须是常量。

（3）每个属性可以通过可选的 default 关键字指定属性的默认值。

（4）属性对应的抽象方法不能带参数，也不能声明抛出异常。

上述代码在定义@Description 注解时，使用到了另外一个名为@Retention 的注解（第 6 行），有关内容将在 14.6 节介绍。有了注解的定义，接下来就可以使用该注解了。

【例 14.9】使用【例 14.8】定义的注解，为类的方法添加作者和版本信息。

Target.java

```
001  package ch14;
002
003  public class Target {
004      @Description(author = "Daniel Hu") // 使用之前定义的注解描述方法 methodA
005      public void methodA() {
006      }
007
008      @Deprecated
009      @Description(author = "Bill Gates", version = "1.1") // 方法 methodB 使用了多个注解
010      public void methodB() {
011      }
012  }
```

说明：

（1）被注解的元素称为目标元素，如第 5 行、第 10 行的两个方法。

（2）同一注解可用于多个元素，如第 5 行、第 10 行的方法均使用了@Description 注解。

（3）一个元素可使用多个注解，如第 10 行的方法同时使用了@Deprecated 和@Description 注解，其中前者是系统提供的标准注解，具体见 14.4.2 节。

（4）使用注解时，以"@注解名(属性名 1 = 属性值 1, 属性名 2 = 属性值 2, ...)"的格式为注解的每个属性指定值，未指定值的属性具有定义时的默认值。

（5）不含任何属性的注解称为标记注解（Marker Annotation），使用格式为"@注解名"，如第 6 章介绍的用以标记函数式接口的@FunctionalInterface 注解。

（6）若注解仅包含一个属性，则建议将该属性的名字定为 value，这样就可以将"@注解名(value=属性值)"简化为"@注解名(属性值)"。

14.3.2　访问注解信息

注解中的信息可以在运行时通过反射机制来读取。

【例 14.10】编写测试类，读取【例 14.9】Target 类中的注解信息（见图 14-8）。

AnnotationDemo.java

```
001  package ch14;
002
003  import java.lang.annotation.Annotation;
004  import java.lang.reflect.Method;
005
006  public class AnnotationDemo {
007      public static void main(String[] args) throws NoSuchMethodException {
008          Class<Target> c = Target.class; // 目标类
009          Method[] methods = c.getDeclaredMethods(); // 获得目标类的全部方法
```

```
010
011            /**** 获得所有使用了 Description 注解的方法，并分别读取各方法的注解信息 ****/
012            for (Method m : methods) {
013                if (m.isAnnotationPresent(Description.class)) { // 使用了 Description 注解
014                    System.out.println(m.getName() + "方法使用了 Description 注解");
015                    /**** 获得并读取注解信息 ****/
016                    Description annotation = m.getAnnotation(Description.class);
017                    System.out.print("\tauthor = " + annotation.author());
018                    System.out.println("\tversion = " + annotation.version());
019                } else {
020                    System.out.println(m.getName() + "方法未使用 Description 注解");
021                }
022            }
023
024            /**** 读取指定方法使用的所有注解 ****/
025            Method m = c.getMethod("methodB");
026            Annotation[] annotations = m.getAnnotations();
027            System.out.print(m.getName() + "方法使用的注解：");
028
029            for (Annotation anno : annotations) {
030                System.out.print(anno.annotationType().getName() + "\t");
031            }
032        }
033   }
```

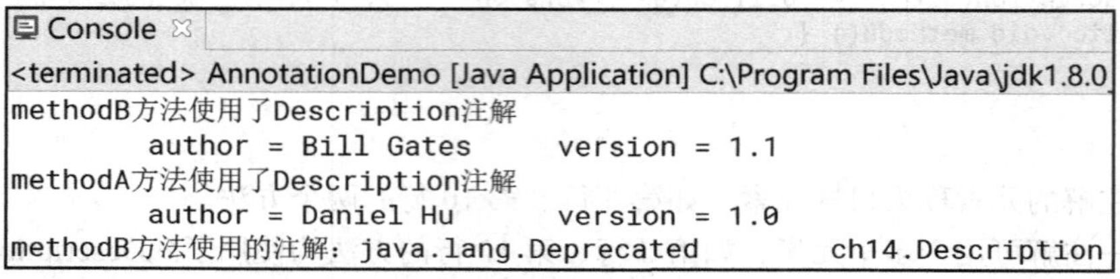

```
🖥 Console ⊠
<terminated> AnnotationDemo [Java Application] C:\Program Files\Java\jdk1.8.0
methodB方法使用了Description注解
        author = Bill Gates        version = 1.1
methodA方法使用了Description注解
        author = Daniel Hu         version = 1.0
methodB方法使用的注解：java.lang.Deprecated        ch14.Description
```

图 14-8　访问注解信息演示

说明：

（1）所有的注解都自动继承自 java.lang.annotation.Annotation 接口[①]，该接口定义了 "Class<? extends Annotation> annotationType()" 方法（第 30 行），用以得到注解对象所属的类型。

（2）使用 Java 的反射 API 取得注解时（第 16 行、第 26 行），得到的实际上是实现了注解对应接口的类的对象，通过该对象可以访问注解包含的各个属性值。

除前述表 14-4 所列 API 之外，Method 类还支持一些与注解有关的 API（如第 13 行、第 16 行、第 26 行等），这些 API 由 Method 类的间接父类 AccessibleObject 所实现的 AnnotatedElement 接口（java.lang.reflect 包下）定义，该接口的常用 API 如表 14-6 所示。

表 14-6　　　　　　　　　　　AnnotatedElement 接口的常用 API

序号	方法原型	功能及参数说明
1	<T extends Annotation> T getAnnotation (Class<T> annotationClass)	若元素使用了指定的注解，则返回该注解类型，否则返回 null。T 为泛型参数
2	Annotation[] getDeclaredAnnotations()	得到元素直接使用的（不含继承得到的）注解

① 注意，定义注解时并不需要显式指定"extends Annotation"以让注解继承 Annotation 接口，因为"@interface"的特殊语法会自动被编译器识别和处理。

序号	方法原型	功能及参数说明
3	Annotation[] getAnnotations()	得到元素使用的所有（含继承得到的）注解
4	boolean isAnnotationPresent (Class<? extends Annotation> annotationClass)	判断元素是否使用了指定的注解

与 Method 类一样，Class、Constructor、Field 及 Package 等反射相关类也实现了 AnnotatedElement 接口并各自定义了一些与注解相关的 API，具体请查阅 API 文档。

除了本节介绍的用户自定义注解外，Java 中的注解还包括标准注解、文档注解以及元注解等，下面分别加以介绍。

14.4　标　准　注　解

标准注解是 Java 内置的注解，其中常用的有@Override、@Deprecated 和@SuppressWarnings 等，它们均位于 java.lang 包下。

14.4.1　@Override

@Override 注解不包含任何属性，因此是一个标记注解，用于告知编译器其修饰的方法是由父类或接口定义的——即方法重写。由于只有方法才具有重写的概念，因此@Override 注解只能用于方法之上。

【例 14.11】@Override 注解演示（见图 14-9）。

OverrideAnnotationDemo.java

```
001    package ch14;
002
003    /**** 复数类 ****/
004    class Complex {
005        double real; // 实部
006        double image; // 虚部
007
008        public Complex(double real, double image) {
009            this.real = real;
010            this.image = image;
011        }
012
013        /**** (1) 下面的 Override 注解用以标记 toString 是重写父类 Object 的方法 ****/
014        /**** (2) 若 toString 的方法名或参数写错了，编译时会报语法错误 ****/
015        /**** (3) 若未指定 Override 注解，则即使写错了也不会报语法错误 ****/
016        @Override
017        public String toString() {
018            String sign = image >= 0 ? " + " : " - ";
019            return real + sign + Math.abs(image) + "i";
020        }
021    }
022
023    /**** 测试类 ****/
024    public class OverrideAnnotationDemo {
025        public static void main(String[] args) {
026            Complex c1 = new Complex(5.2, 3);
027            Complex c2 = new Complex(2.7, -1.6);
```

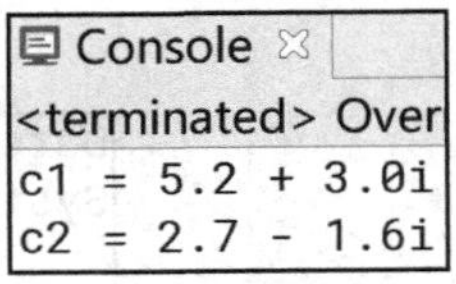

```
Console ⊠
<terminated> Over
c1 = 5.2 + 3.0i
c2 = 2.7 - 1.6i
```

图 14-9　@Override 注解演示

```
028          System.out.println("c1 = " + c1.toString());
029          System.out.println("c2 = " + c2.toString());
030      }
031  }
```

重写方法时，是否指定@Override 注解并不影响代码的编译，但指定该注解能有效避免重写方法时，由于粗心而写错了方法名、参数等——编译器会提示语法错误。

14.4.2 @Deprecated

@Deprecated（废弃、已过时之意）注解也是一个标记注解，可用于类、字段和方法。若某个元素被@Deprecated注解修饰——如java.util.Date类的构造方法"Date(int year, int month, int date)"，则表示不推荐使用该元素——因为不安全、有其他更好的选择或未来的 JDK 版本可能不再支持该元素等。在默认情况下，若代码使用到了以@Deprecated 注解修饰的元素，则编译时将出现警告，但仍会生成 class 文件。

【例 14.12】@Deprecated 注解演示（见图 14-10）。

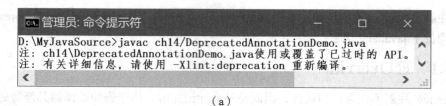

(a)

(b)

(c)

图 14-10 @Deprecated 注解演示

DeprecatedAnnotationDemo.java
```
001  package ch14;
002
003  import java.util.Date;
004
005  public class DeprecatedAnnotationDemo {
006      public static void main(String[] args) {
007          // 构造方法 Date(int year, int month, int day)已被标记为过时
008          Date d = new Date(2019 - 1900, 3, 12);
009          System.out.println(d.toString());
010      }
011  }
```

说明：

（1）图 14-10（a）在命令行中未指定任何编译选项，编译器仅提示使用了已过时的 API。

（2）图 14-10（b）使用了"-Xlint:deprecation"编译选项[1]，故编译器提供了具体的警告信息和引起警告的代码位置。

（3）图 14-10（c）显示了 Eclipse 以黄色波浪线标识引起警告的代码[2]，同时在构造方法 Date 上加了删除线——以示该方法已过时，当鼠标置于黄色波浪线之上时，将提示具体的警告信息以及快速修复建议。

注意：若子类继承或重写了父类中被@Deprecated 注解修饰的元素，则即使子类中该元素未使用@Deprecated 注解，其仍被视为已过时。

使用那些被标记为已过时的代码会增加未来对程序进行维护和 JRE 版本升级时发生潜在错误的可能性。另外，若某个类或方法被作者标记为已过时，则通常会提供一个更好的可替代选择，因此，无论是 JDK 还是第三方类库中被标记为已过时的代码，在实际开发中都应尽量避免使用。

14.4.3　@SuppressWarnings

@SuppressWarnings 注解的作用是告知编译器抑制（即忽略）被该注解修饰的代码中的某些警告，常用于类、字段和方法之上。@SuppressWarnings 注解的功能与 14.4.2 节的"-Xlint"编译选项类似，区别是后者在编译时通过编译选项来控制是否输出警告信息，而前者通过代码来控制。

如 14.4.2 节所述，"-Xlint"编译选项是带参数的[3]，使用格式为"-Xlint:参数"，这些参数也可作为@SuppressWarnings 注解的属性值，其中常用的属性值如表 14-7 所示。

表 14-7　　　　　　　　　@SuppressWarnings 注解常用的属性值

序号	属性值	抑制的警告
1	deprecation	已过时的类、字段或方法
2	unchecked	未检查的转换操作
3	rawtypes	使用了原始类型，如使用支持泛型的容器类时未指定泛型
4	static-access	不正确的静态访问，如通过对象访问静态方法
5	fallthrough	case 子句未带 break 语句
6	unused	未使用的变量或无效代码
7	serial	可序列化的类缺少 serialVersionUID 字段
8	all	所有的警告

【例 14.13】@SuppressWarnings 注解演示（见图 14-11）。

SuppressWarningsAnnotationDemo.java
```
001   package ch14;
002   /* 省略了各 import 语句，请使用 IDE 的自动 import 功能 */
008
009   /**** JButton 类间接实现了 Serializable 接口，因而本演示类是可序列化的 ****/
010   @SuppressWarnings("serial")
```

---

① 在命令行输入"javac"并回车，可查看编译器支持的编译选项及简单描述，具体请查阅有关文档。

② Eclipse 默认是自动编译的——编辑、保存时将自动分析和编译源代码。

③ 在命令行输入"javac -X"并回车，可查看"-Xlint"编译选项支持的全部参数。

```
011  public class SuppressWarningsAnnotationDemo extends JButton {
012      @SuppressWarnings("deprecation") // 忽略 m1 中已过时代码的警告
013      public void m1() {
014          Date d = new Date(113, 5, 2); // 调用了已过时的方法
015          System.out.println(d.toString());
016      }
017
018      @SuppressWarnings(value = { "deprecation", "unused" })
019      public void m2() {
020          // 使用了已过时的类，且声明了变量 names，但从未使用
021          java.io.StringBufferInputStream names = new java.io.StringBufferInputStream("test");
022      }
023
024      @SuppressWarnings({ "static-access", "rawtypes", "unchecked" })
025      public void m3() {
026          System.out.println("abc".valueOf(3.14)); // valueOf 是 String 类的静态方法
027          List list = new ArrayList(); // 未指定泛型
028          list.add("e1"); // 操作原始类型的容器对象
029      }
030
031      @SuppressWarnings(value = "unused")
032      public void m4() {
033          if (true) {
034              System.out.println("YES");
035          } else { // 此 else 控制的语句永远不可达
036              System.out.println("NO");
037          }
038      }
039  }
```

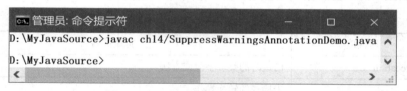

图 14-11　@SuppressWarnings 注解演示

由图 14-11 可见，编译 SuppressWarningsAnnotationDemo 类时，编译器并未报任何警告信息，在 IDE 中也是如此。

说明：

（1）查看@SuppressWarnings 注解的源代码，可以发现其定义了一个名为 value 的方法，因此，该注解的属性值可以采用第 12 行或第 31 行的语法，但推荐前者。

（2）value 方法的返回值为 String 数组，因此，可以为@SuppressWarnings 注解指定一个或多个属性值，多个属性值采用 String 数组的语法，如第 18 行、第 24 行。

（3）若@SuppressWarnings 标记于某个方法之上，则对该方法内所有语句有效。类似地，若标记于类之上，则对该类的所有方法都有效。例如，可以为第 10 行增加 deprecation 属性，然后删除第 12 行，同时删除第 18 行中的 deprecation 属性。

@SuppressWarnings 注解会抑制代码中的警告，看起来似乎增加了程序发生潜在错误的风险，但实际上恰恰相反——开发者必须准确分析每个警告出现的原因，才能选择合适的注解属性值。

除了使用@SuppressWarnings 注解之外，IDE 通常也提供了可配置的编译选项。以 Eclipse 为例，选择 Window 菜单的 Preferences 菜单项，在弹出对话框的左侧依次展开 Java、Compiler、Errors/Warnings 后，右侧将呈现所有可配置的编译选项——是否忽略某种警告，或将其视为语法

错误等，具体如图 14-12 所示。

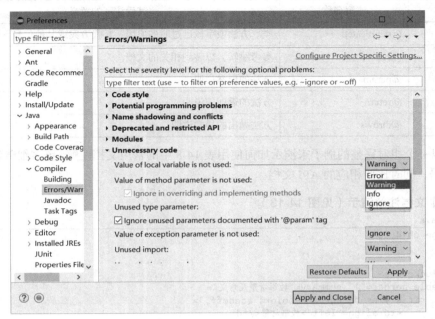

图 14-12　在 Eclipse 中配置编译选项

14.5　文档注解及 API 文档生成

Java 支持一种特殊的注释——文档注释，以作为 HTML 格式的 API 文档的内容（参见附录 C），在文档注释中可以使用文档注解。

14.5.1　文档注解

文档注解用来标记文档注释中某些特定的内容，它们只能出现在文档注释中。文档注解只被文档生成工具（如 javadoc.exe）识别和处理，因而并不影响代码的编译和运行。常用的文档注解如表 14-8 所示。

注意： 文档注解@deprecated 与前述的标准注解@Deprecated 的意义是完全不同的——前者被文档生成工具识别以生成 API 文档，而后者被编译器识别。尽管 JDK 8 及目前最新版本的编译器允许使用这两个注解中的任何一个来标记代码已过时，但这种状况可能会在后续 JDK 版本中发生改变。因此，应尽量使用标准注解@Deprecated 来标记类、方法或字段是过时的，而使用文档注解@deprecated 来说明已过时的原因、替代方案或其他信息。

表 14-8　　　　　　　　　　　　　　　　常用的文档注解

序号	注解名称	其后注释的意义
1	@author	类、方法等代码的作者
2	@version	代码版本
3	@since	类、方法或字段首次出现的版本

序号	注解名称	其后注释的意义
4	@deprecated	类、方法或字段已过时的原因、替代方案或其他信息
5	@see	参考跳转,以转到相关的文档
6	@param	方法的形参说明
7	@return	方法的返回值说明
8	@throws	方法抛出的异常说明

下面以一个相对完整的例子来演示如何使用表 14-8 中的常用文档注解,更多细节请读者查阅 JDK 的源码,同时比照相应的 API 文档。

【例 14.14】文档注解演示(见图 14-13)。

Language.java

```
001    package ch14.doc;
002
003    /**
004     * <blockquote>
005     * <table border="1" summary="枚举常量及意义">
006     *     <tr style="background-color: #ccccff;">
007     *         <td align="left">枚举常量</td>
008     *         <td align="left">意义</td>
009     *     </tr>
010     *
011     *     <tr>
012     *         <td><code>CN</code></td>
013     *         <td><code>中文</code></td>
014     *     </tr>
015     *
016     *     <tr>
017     *         <td><code>EN</code></td>
018     *         <td><code>英文</code></td>
019     *     </tr>
020     * </table>
021     * </blockquote>
022     *
023     * @author 胡平
024     * @version 2.1, 2019 年 3 月 15 日
025     */
026    public enum Language {
027        CN, EN
028    }
```

UnsupportedLanguageException.java

```
001    package ch14.doc;
002
003    /**
004     * 当指定的语言未定义时,抛出此异常。
005     *
006     * @see Language
007     * @author 胡平
008     */
009    public class UnsupportedLanguageException extends RuntimeException {
010        /**
011         * 调用父类的构造方法,传入异常描述信息为"尚不支持指定的语言"。
012         */
013        public UnsupportedLanguageException() {
```

```
014            super("尚不支持指定的语言");
015        }
016 }
```

DocAnnotationDemo.java

```
001 package ch14.doc;
002 /* 省略了各 import 语句 */
005
006 /**
007  * 本类用于演示文档注解。
008  *
009  * @author 胡平
010  * @version 2.0
011  */
012
013 public class DocAnnotationDemo {
014     /**
015      * 根据指定的语言，得到当前时间的字符串描述。
016      *
017      * @param lang
018      *                 指定的语言。
019      * @return 当前时间的字符串描述。
020      * @throws UnsupportedLanguageException
021      *                 若指定的语言未定义。
022      * @since 2.0
023      * @see Language
024      */
025     public String getTime(Language lang) throws UnsupportedLanguageException {
026         String timeFormatStr;
027         if (lang == Language.CN) {
028             timeFormatStr = "yyyy年MM月dd日 HH时mm分ss秒";
029         } else if (lang == Language.EN) {
030             timeFormatStr = "MM/dd/yyyy HH:mm:ss";
031         } else {
032             throw new UnsupportedLanguageException();
033         }
034         SimpleDateFormat sdf = new SimpleDateFormat(timeFormatStr);
035         return sdf.format(new Date());
036     }
037
038     /**
039      * 根据默认的语言，得到当前时间的字符串描述。
040      *
041      * @deprecated 从 2.0 开始，由 getTime(Language lang) 取代。
042      * @return 当前时间的字符串描述。
043      * @see #getTime(Language)
044      */
045     @Deprecated
046     public String getTime() {
047         return getTime(Language.EN);
048     }
049 }
```

调用含有文档注解的代码时，可充分借助 IDE 的"即指即显"功能——当鼠标指针移动到该代码之上时，IDE 会自动读取并呈现其对应的文档注解及注释，如图 14-13 所示。

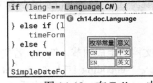 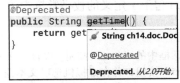

图 14-13　在 Eclipse 中直接查看代码的文档注解及注释

14.5.2 生成 API 文档

API 文档是软件产品的重要组成部分之一，详细和完整的 API 文档能让开发人员快速准确地理解代码，从而提高开发效率。一般通过两种方式生成 API 文档——JDK 提供的 javadoc.exe 命令和 IDE 提供的文档生成功能。相较而言，后者无须记忆众多的命令参数，使用起来更为简单直观。

以【例 14.14】为例，在 Eclipse 中生成 API 文档的具体步骤如下。

（1）在 Eclipse 窗口左侧的包浏览器中选中 doc 包——要生成文档的源文件所在的包。

（2）选择 "Project" 菜单的 "Generate Javadoc..." 菜单项。

（3）在弹出对话框的 "Destination" 文本框中指定 API 文档的保存目录，然后单击 "Finish" 按钮[①]。

图 14-14　使用浏览器查看生成的 API 文档

API 文档其实是一系列的 HTML 静态网页，其中的 index.html 为首页，通过该文件中的链接可查看类、方法、字段等的说明信息。请读者对比图 14-14 与【例 14.14】的相应代码，以理解各文档注解的用法及意义。关于 API 文档的查阅和配置细节，请参考附录 B。

14.6　元　注　解

JDK 提供了一类特殊的、用以定义注解的注解，这样的注解称为元注解（Meta Annotation），常用的元注解有 @Target、@Retention、@Documented 和 @Inherited 等，它们均位于 java.lang.annotation 包下。

14.6.1　@Target

元注解@Target 指定了注解能够修饰的目标元素的类型，其属性值可以是 ElementType 枚举（java.lang.annotation 包下）定义的枚举常量中的一个或多个，具体如表 14-9 所示。

---

① 也可以先单击对话框中的 "Next" 按钮，以自定义 API 文档的生成细节。例如，若代码中含有中文字符，可单击 2 次 "Next" 按钮，并在虚拟机选项文本框中输入 "-encoding UTF-8 -charset UTF-8"，最后单击 "Finish" 按钮。详细的选项信息可通过在命令行输入 "javadoc" 并按回车以查看。

表 14-9   ElementType 定义的枚举常量

序号	枚举常量	对应目标元素的类型
1	TYPE	类、接口（含注解）、枚举
2	FIELD	字段、枚举常量
3	METHOD	方法（不含构造方法）
4	PARAMETER	形参
5	CONSTRUCTOR	构造方法
6	LOCAL_VARIABLE	局部变量
7	ANNOTATION_TYPE	注解
8	PACKAGE	包

若注解未使用@Target，则该注解可用于任何类型的目标元素。

说明：作为元注解，本节介绍的 4 个注解的目标元素类型必须是注解，这一点可以通过各自源代码中的 "@Target(ElementType.ANNOTATION_TYPE)" 得到印证。

【例 14.15】元注解@Target 演示（见图 14-15 ）。

MethodAnnotation.java
```
001    package ch14.meta;
002
003    import java.lang.annotation.ElementType;
004    import java.lang.annotation.Target;
005
006    @Target({ ElementType.CONSTRUCTOR, ElementType.METHOD })
007    public @interface MethodAnnotation { // 此注解可用于构造方法和普通方法
008
009    }
```

TargetAnnotationDemo.java
```
001    package ch14.meta;
002
003    public class TargetAnnotationDemo {
004
005        @MethodAnnotation // 非法
006        int i; // 字段
007
008        @MethodAnnotation
009        public TargetAnnotationDemo() { // 构造方法
010        }
011
012        @MethodAnnotation
013        void m1() { // 普通方法
014        }
015    }
```

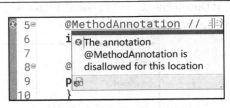

图 14-15   元注解@Target 演示

因注解 MethodAnnotation 的第 6 行规定了该注解只能用于构造方法或普通方法之上，故演示类 TargetAnnotationDemo 的第 5 行将报错，具体如图 14-15 所示。

14.6.2 @Retention

元注解@Retention 指定了注解的信息被保留到什么位置，其属性值来自于 RetentionPolicy 枚举（java.lang.annotation 包下）定义的枚举常量，具体如表 14-10 所示。

表 14-10　　　　　　　　　　　　RetentionPolicy 定义的枚举常量

序号	枚举常量	被@Retention 修饰的注解信息被保留的位置
1	SOURCE	仅保留在源代码中，如@Override、@SuppressWarning 等
2	CLASS	保留在编译得到的类中，但虚拟机不能读取
3	RUNTIME	与 CLASS 类似，但可以在运行时通过反射机制被虚拟机读取，如 14.3.1 节中的@Description 注解、14.4.2 节中的@Deprecated 注解等

若注解未通过@Retention 元注解指明保留策略，则保留策略默认为 CLASS。例如，若删除【例 14.8】中@Description 注解的第 6 行，则【例 14.10】的运行结果将如图 14-16 所示。由于在 CLASS 保留策略下，注解的信息不能在运行时获取，因此较少被使用。

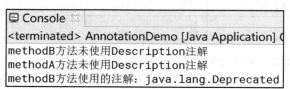

图 14-16　元注解@Retention 演示

14.6.3　@Documented

有时，需要将代码中的注解信息生成到 API 文档中，但默认情况下并不会这样，此时可以使用元注解@Documented。@Documented 是一个标记注解，其修饰的注解的信息将在生成 API 文档时一并导出。

注意：元注解@Documented 并非是生成其修饰的注解 A 本身的 API 文档[①]，而是在生成 A 的目标元素 T 的 API 文档时，将 A 的信息加到 T 的 API 文档中。

如图 14-17 所示，其左图截取了为【例 14.9】的 Target 类生成的 API 文档，可见文档中并不包含为两个方法指定的@Description 注解的有关信息。若在【例 14.8】的第 6 行上方加上"@Documented"一行，则为 Target 类生成 API 文档时，将包括@Description 注解的信息，具体如图 14-17 右图所示。

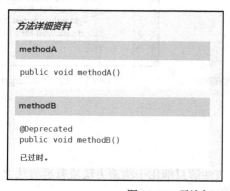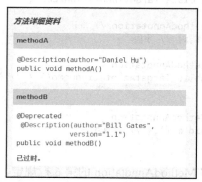

图 14-17　元注解@Documented 演示

请读者思考：若某个元素被标记为已过时，为什么该元素的 API 文档总带有"@Deprecate"的文字？

---

① 是否生成注解 A 的 API 文档，完全取决于用户——即使 A 未以@Documented 修饰，也可以生成 A 的 API 文档。

14.6.4　@Inherited

元注解@Inherited 是一个标记注解，表示其修饰的注解中的属性可被子类继承。下面通过一个例子来演示@Inherited 元注解的用法和意义。

【例 14.16】元注解@Inherited 演示（见图 14-18）。

InheritedDescription.java

```
001  package ch14.meta;
002
003  import java.lang.annotation.Inherited;
004  import java.lang.annotation.Retention;
005  import java.lang.annotation.RetentionPolicy;
006
007  /**** 指明@InheritedDescription 的目标类的子类也可访问 author、version 属性 ****/
008  /**** 使用@Inherited 时，要同时指定保留策略为 RUNTIME，否则无效 ****/
009  @Inherited
010  @Retention(RetentionPolicy.RUNTIME)
011  public @interface InheritedDescription {
012      String author();
013
014      String version() default "1.0";
015  }
```

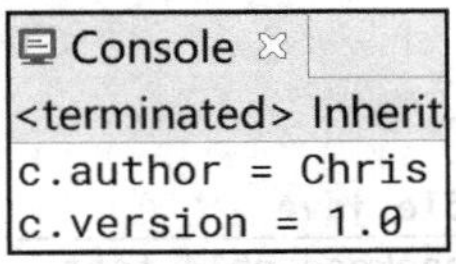

```
┌─────────────────────┐
│ ▣ Console  ⊠        │
│ <terminated> Inherit│
│ c.author = Chris    │
│ c.version = 1.0     │
└─────────────────────┘
```

图 14-18　元注解@Inherited 演示

InheritedAnnotationDemo.java

```
001  package ch14.meta;
002
003  @InheritedDescription(author = "Chris")
004  class Parent { // 父类(使用了注解)
005  }
006
007  class Child extends Parent { // 子类(未使用注解)
008  }
009
010  public class InheritedAnnotationDemo {
011      public static void main(String[] args) throws NoSuchMethodException {
012          Child c = new Child();
013          // 父类的@InheritedDescription 注解能被子类 Child 继承
014          InheritedDescription anno = c.getClass().getAnnotation(InheritedDescription.class);
015          System.out.println("c.author = " + anno.author());
016          System.out.println("c.version = " + anno.version());
017      }
018  }
```

若删除@InheritedDescription 注解的第 9 行，则演示类 InheritedAnnotationDemo 的第 15 行将抛出 NullPointerException 异常——此时父类 Parent 使用的注解无法被子类 Child 继承。

使用元注解@Inherited 时，应注意以下几点。

（1）元注解@Inherited 修饰的注解的目标元素必须是类。

（2）子类仅能访问父类的注解信息，而不能访问其实现的接口的注解信息。

（3）除直接父类外，子类也能访问间接父类中的注解信息。

14.7　案例实践 16：简易单元测试工具

【案例实践】使用注解机制，在不修改被测试代码的前提下，实现一个简单的单元测试工具[1]（见图 14-19）。

图 14-19　简易单元测试工具演示

Testable.java

```
001  package ch14.test;
002  /* 省略了各 import 语句，请使用 IDE 的自动 import 功能 */
007
008  @Retention(RetentionPolicy.RUNTIME) // 注意此行不能少
009  @Target(ElementType.METHOD) // 规定 Testable 注解只适用于普通方法
010  public @interface Testable {
011      /* 被测试方法的预期返回值(因注解的属性类型不能是 Object，故定为字符串类型) */
012      String expected() default "";
013  }
```

TestTarget.java

```
001  package ch14.test;
002
003  public class TestTarget { // 需要被测试的类
004      public TestTarget() { // 提供默认构造方法，以便将来通过反射机制实例化
005      }
006
007      @Testable // 以 Testable 注解修饰需要被测试的方法
008      void doNothing() {
009      }
010
011      @Testable
012      void badMethod() {
013          throw new RuntimeException(); // 故意抛出异常
014      }
015
016      void noTestableMethod() { // 此方法不会被测试
017      }
018
019      @Testable(expected = "20") // 预期值与实际值不一致
020      int getSum() {
021          int s = 0;
022          for (int i = 1; i <= 10; i++) {
023              s += i;
024          }
```

---

[1] 单元测试（Unit Testing）是指对软件中的最小可测试单元（如方法）进行检查和验证，是软件开发过程中进行的最低级别的测试活动。Java 平台下目前使用最为广泛的单元测试库是 JUnit。

```
025            return s;
026        }
027
028        @Testable(expected = "true") // 预期值与实际值一致
029        boolean isEven() {
030            int i = 10;
031            return i % 2 == 0;
032        }
033
034        @Testable(expected = "CH") // 预期值与实际值不一致
035        String getSubstring() {
036            return "CHINA".substring(1, 2);
037        }
038  }
```

TestLauncher.java

```
001  package ch14.test;
002
003  import java.lang.reflect.Method;
004
005  public class TestLauncher { // 单元测试启动类
006      public static void main(String[] args) throws ClassNotFoundException,
                                                        InstantiationException,
                                                        IllegalAccessException {
007          int pass = 0, fail = 0; // 测试成功或失败的方法个数
008          if (args.length != 1) { // 被测试的类以命令行参数指定
009              System.out.println("错误，必须指定要测试的类。");
010              return;
011          }
012
013          Class<?> targetClass = Class.forName(args[0]); // 得到被测试类的 Class 对象
014          Object targetObj = targetClass.newInstance();   // 实例化被测试类
015          Method[] methods = targetClass.getDeclaredMethods(); // 得到被测试类的方法
016
017          for (Method m : methods) {
018              if (m.isAnnotationPresent(Testable.class)) { // 若方法使用了 Testable 注解
019                  Class<?> returnType = m.getReturnType(); // 得到被测试方法的返回类型
020                  Object returnVal = null; // 被测试方法的实际返回值
021                  try {
022                      returnVal = m.invoke(targetObj); // 执行被测试方法
023                  } catch (Throwable e) { // 捕获到异常则认为方法执行失败
024                      System.out.println("→方法 " + m.getName() + " 执行时发生异常。");
025                      fail++;
026                      continue; // 不再进行返回值与预期值的比较
027                  }
028
029                  /**** 若被测方法未抛出异常，继续比较返回值与预期值 ****/
030                  Testable anno = m.getAnnotation(Testable.class); // 得到方法的注解
031                  String expectedStr = anno.expected(); // 获得预期值(字符串类型)
032                  Object expectedVal = null;
033
034                  /** 根据方法返回类型，将字符串转换成相应类型的值 **/
035                  if (returnType == int.class) {
036                      expectedVal = Integer.parseInt(expectedStr);
037                  } else if (returnType == float.class) {
038                      expectedVal = Float.parseFloat(expectedStr);
039                  } else if (returnType == String.class) {
040                      expectedVal = expectedStr;
041                  } else if (returnType == boolean.class) {
042                      expectedVal = Boolean.parseBoolean(expectedStr);
043                  }
044
```

```
045                    if (expectedVal != null) { // 注解指定了预期值
046                        if (expectedVal.equals(returnVal)) { // 与实际值一致
047                            System.out.println(" 方法 " + m.getName() + " 成功执行。");
048                            pass++;
049                        } else { // 与实际值不一致
050                            System.out.println("→方法 " + m.getName()
                                            + " 的实际返回值为 " + returnVal
                                            + ", 但预期值为 " + expectedStr + "。");
051                            fail++;
052                        }
053                    } else { // 注解未指定预期值
054                        System.out.println(" 方法 " + m.getName() + " 成功执行。");
055                        pass++;
056                    }
057                }
058            }
059        System.out.println("-----------------------------------------------------");
060        System.out.println("测试完毕, 成功 " + pass + " 个, 失败 " + fail + " 个。");
061    }
062 }
```

习   题

1. 什么是反射？如何理解"反射机制使得 Java 程序具有自省的特性"这句话？

2. 获得 Class 对象有哪些方式？各自有何特点？

3. 反射机制有哪些优点和缺点？

4. 如何做到"在类的外部访问该类的私有字段"？

5. 实际开发中，经常需要借助 IDE 自动生成字段的 get 和 set 方法。例如，为字段 Xxx 自动生成 getXxx 和 setXxx 方法，IDE 采用这样的方法命名有何意义？

附录 A
Eclipse 使用简介

1. Eclipse 简介

Eclipse 最初是由 IBM 开发的用于替代 Visual Age for Java（一个开发 Java 程序的商业软件）的下一代 IDE，其本身就是用 Java 语言编写的。2001 年 11 月，IBM 将 Eclipse 项目无偿捐献给开源社区，现在它由 Eclipse 基金会管理。

从诞生至今，无论是用于学习还是用于实际开发，Eclipse 已经服务了全世界数以百万计的开发者。目前，Eclipse 基金会管理着包括 Eclipse IDE、Jakarta EE（Java EE 前身）以及 350 多个开源项目在内的工具、运行环境及框架，业务涉及物联网、汽车、地理、系统工程等众多领域。谈到 Eclipse，通常是指 Eclipse IDE。

Eclipse 本身只是一个提供了若干基础服务的框架，那些供用户使用的每一个功能其实都是安装并运行在这些服务上的插件（Plug-in）。尽管大多数用户习惯于将 Eclipse 当作 Java IDE 来使用，但其功能并非仅限于此——只要安装合适的插件，完全可以将其作为 C/C++、HTML/CSS/JavaScript、Python、PHP 等语言的 IDE。

2. 下载和安装

（1）安装 JDK，并配置 Path 环境变量。

（2）进入 Eclipse 的官方下载页面 "https://www.eclipse.org/downloads/packages"，然后单击合适版本及操作系统的下载链接，具体如图 A-1 所示。

图 A-1

（3）解压下载的 zip 压缩包。

（4）运行解压得到的 eclipse 目录下的 eclipse.exe。

3. IDE 主界面

首次启动时，Eclipse 将弹出工作空间（Workspace）选择对话框。工作空间是一个用于存放多个工程（Project）的文件夹，此后建立的各工程将保存于该文件夹中。

单击对话框中的"Browse"（浏览）按钮，选择一个目录（或直接输入）并单击"OK"按钮后，Eclipse 将打开欢迎页面，关闭该页面后将进入主界面，如图 A-2 所示。

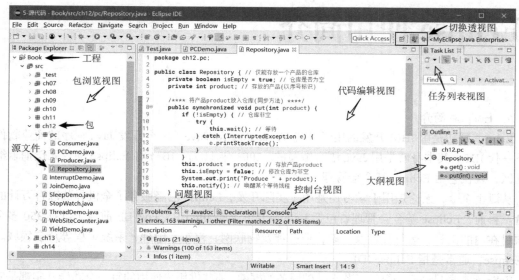

图 A-2

Eclipse 包含几种透视图（Perspective），当创建不同种类的工程或工程处于不同状态时，Eclipse 将自动切换透视图。每个透视图默认包含了若干视图（View）——界面中能够完成一定操作的子区域。任何时刻，Eclipse 的主界面都是由若干视图组成的。

若当前打开的工程是 Java 工程，则默认切换到 Java 透视图，其包含的常用视图有以下几种。

（1）包浏览视图：以树状结构显示了工作空间下的所有工程、每个工程包含的包、包下的源文件、工程依赖的 jar 包等。

（2）代码编辑视图：用于编辑源代码的区域。

（3）问题视图：以表格形式列出了当前工程包含的错误和警告等信息。

（4）大纲视图：以树状结构列出了当前编辑的源文件包含的字段和方法等。

（5）控制台视图：用于输入数据、输出结果的区域，相当于命令行窗口。

4. 工程管理

（1）新建工程。

在包浏览视图空白处单击右键，依次选择"New"→"Java Project"，将弹出新建工程对话框，如图 A-3 所示。输入工程名称（假设为 Test）后，直接单击"Finish"按钮。

若需要设置工程（通常没有必要），则单击"Next"按钮，将进入"工程设置"对话框。在"Source"选项页下方可以更改默认输出目录——编译得到的 class 文件的存放位置，默认为"工程文件夹/bin"，通常无须改动。

若工程需要用到某些第三方 jar 包，则可以在"Libaries"（库）选项页中单击"Add External JARs"（添加外部 jar 包）按钮，以向工程添加需要使用的多个 jar 文件。

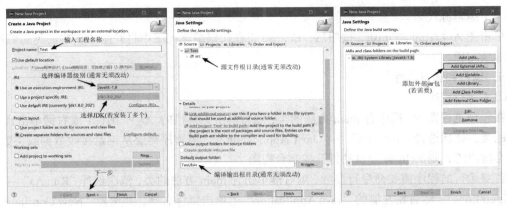

图 A-3

回到主界面后，包浏览视图将出现名为 Test 的工程，其下包含一个 src 目录，它是此工程下所有 Java 源文件的根目录。

（2）新建包。

尽管 Java 源文件可以不放在任何包下（即直接位于 src 目录下），但通常不建议这样做。因此，新建工程后应该新建包。在 src 目录上单击鼠标右键，依次选择"New"→"Package"，将进入新建包对话框，在"Name"文本框中输入包名（可以有多级）并单击"Finish"按钮后，src 下将出现刚才输入的包名。

（3）新建类。

在需要新建类的包上单击鼠标右键，依次选择"New"→"Class"，将打开"新建类"对话框，如图 A-4 所示。

图 A-4

在指定要继承的父类以及要实现的接口时，既可以直接输入，又可单击右侧的按钮，然后输入类或接口名的开头字母，并根据提示选择。

以上各输入项和选项，除类名必须输入外，其余通常使用默认设置，以后可以通过直接修改代码而达到相同的效果。对于创建接口、枚举等都是类似的。

（4）编辑源代码

单击图 A-4 中的"Finish"按钮后，Eclipse 将在代码编辑视图中打开刚才新建的类的源代码，以便继续编辑。

5. 运行和调试程序

（1）运行程序。

在包浏览视图中，选中含 main 方法的类，然后单击工具栏的 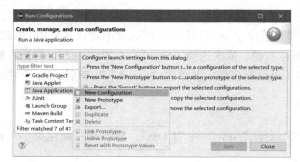 图标（或右键单击含 main 方法的类，依次选择"Run As"→"Java Application"）。若程序需要从键盘接收数据或将数据写到标准输出流，则 Eclipse 会自动打开控制台视图。

若要运行的程序需要命令行参数，则右键单击含 main 方法的类，依次选择"Run As"→"Run Configurations"，然后在左侧的"Java Application"上单击鼠标右键，并选择"New Configuration"以创建一个运行配置，具体如图 A-5 所示。

接着在对话框右侧切换到"Arguments"选项页，并在"Program arguments"文本区中填写需要的参数，然后单击"Run"按钮，具体如图 A-6 所示。

图 A-5

图 A-6

（2）调试程序。

首先，将光标置于需要暂停执行的代码行，然后双击左侧的行号（或依次选择"Run"→"Toggle Breakpoint"），以设置断点（Breakpoint）。然后，单击工具栏上的  图标。程序执行到设置了断点的代码行时将暂停执行，并自动切换到 Debug 透视图，如图 A-7 所示。

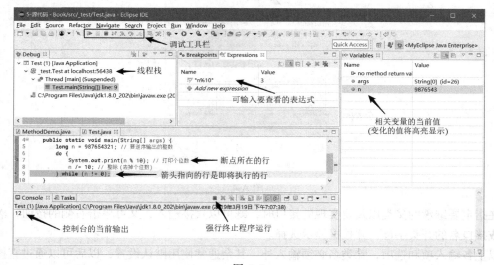

图 A-7

调试工具栏中几个常用按钮（图 A-7 中黑色矩形框部分）的作用如表 A-1 所示。

表 A-1　　　　　　　　　　　Eclipse 调试工具栏中的常用按钮

按钮	英文名称	中文名称	功能说明	默认快捷键
	Step Over	步进	将箭头指向的代码行执行完后停止	F6
	Step Into	进入型步进	若箭头指向的代码行包含方法调用，则转到该方法的方法体中步进执行	F5
	Step Return	步进返回	将被调方法执行完，然后返回到调用处	F7
	Resume	恢复	继续执行程序，直至遇到下一个断点	F8
	Terminate	终止	强行终止程序运行	Ctrl + F2

6. 常用功能与快捷键

Eclipse 提供了非常多的代码辅助功能，编写代码时，建议读者尽量通过相应快捷键来使用这些辅助功能。因篇幅所限，表 A-2 仅列出了其中常用的功能及对应快捷键。

表 A-2　　　　　　　　　　Eclipse 的常用功能及快捷键（Windows）

序号	默认快捷键	功能说明
1	Ctrl + Shift + L	弹出常用功能的快捷键面板，方便用户查看
2	Alt + /	弹出内容辅助提示（须先将光标置于需要提示的位置），几乎可用于代码的任何位置。应尽量通过提示而非完全手工输入的方式来编写代码
3	Ctrl + 1	为当前行弹出快速修复建议（注意，给出的修复建议不一定是开发者想要的）
4	Ctrl + Shift + F	格式化（即缩进）当前源文件，前提是代码中的各种语法结构是正确的
5	Ctrl + Shift + O	导入修复，即自动添加或删除代码中缺少或多余的 import 语句
6	Ctrl + /	注释或取消注释光标所在行或选中的多行（以单行注释的方式）
7	Ctrl + Shift + /	为选中的多行添加块注释
8	Ctrl + Shift + \	删除选中的多行的块注释
9	Alt + Shift + R	重命名（重构）当前光标处的类、字段、方法、变量等（一改全改）
10	Alt + Shift + S	弹出 Source 菜单，用于自动生成 getter、setter、构造方法、重写接口或父类的方法等
11	Alt + Shift + Z	弹出 Surround With 菜单，用于自动将选中代码以 if、while、for、try-catch 等结构环绕
12	移动鼠标	显示鼠标所指代码的信息及 API 文档，若该处代码有语法错误，则显示错误信息
13	Ctrl + 鼠标左键	打开鼠标所指的类、方法、字段、变量的源代码
14	F1	打开 Eclipse 帮助文档
15	F2	重命名包浏览视图中选择的工程、包、源文件、类、字段、方法等
16	F11	若当前编辑的类包含 main 方法，则以调试方式运行该类，否则运行上一次运行的类
17	Ctrl + F11	若当前编辑的类包含 main 方法，则以常规方式运行该类，否则运行上一次运行的类

续表

序号	默认快捷键	功能说明
18	Ctrl + S	保存当前文件
19	Ctrl + Shift + S	保存所有文件
20	Ctrl + X	剪切所选文件或内容
21	Ctrl + C	复制所选文件或内容
22	Ctrl + V	粘贴所选文件或内容
23	Ctrl + Z	撤销（Undo）上次的操作
24	Ctrl + Y	重做（Redo）上次的操作
25	Ctrl + L	将光标移动到指定行号的开头
26	Ctrl + Shift + P	将光标移动到当前位置所处语法结构的开始或结束括号处
27	Ctrl + D	删除光标所在行或选中的多行
28	Ctrl + Delete	删除光标后的单词
29	Ctrl + Backspace	删除光标前的单词
30	Ctrl + Shift + Delete	删除光标处到行尾的全部内容
31	Ctrl + Shift + Enter	在当前行上方插入新行
32	Shift + Enter	在当前行下方插入新行
33	Ctrl + F	在当前编辑区查找、替换
34	Ctrl + H	在整个工程中全局查找、替换
35	Ctrl + E	弹出当前打开的全部文件列表
36	Alt + ←	回到上一个编辑位置
37	Alt + →	回到下一个编辑位置
38	Alt + Shift + L	为选定的表达式提取局部变量
39	Alt + Shift + M	为选定的代码行提取方法
40	Ctrl + Shift + B	添加或取消光标所在行的断点

连续按 Ctrl + Shift + L 组合键两次，将打开快捷键设置对话框，以便用户查看和修改某些功能的快捷键，但通常不建议修改。此外，Eclipse 还提供了众多其他的设置选项，可依次选择"Window"→"Preferences"打开设置对话框，各设置项的意义及用法请查阅 Eclipse 自带的帮助文档（默认快捷键为 F1）。

7. 常用代码模板

对于使用频度较高的语句和语法结构，Eclipse 提供了代码模板，使得开发者仅需输入少量内容就可以自动生成这些语句和语法结构。表 A-3 列出了 Eclipse 的常用代码模板。

表 A-3　　　　　　　　　　　　　　　Eclipse 的常用代码模板

序号	模板名称	说明	模板内容（生成的代码）
1	sysout	打印到标准输出流	System.out.println(${word_selection}${});${cursor}
2	new	创建对象	${type} ${name} = new ${type}(${});

续表

序号	模板名称	说明	模板内容（生成的代码）

3	main	main 方法	`public static void main(String[] args) {`
			　`${cursor}`
			`}`

4	public_method	公共方法	`public ${void} ${name}(${}) {`
			　`${cursor}`
			`}`

5	if	if 语句	`if (${condition:var(boolean)}) {`
			　`${line_selection}${cursor}`
			`}`

6	ifNull	判空语句	`if (${name:var} == null) {`
			　`${cursor}`
			`}`

7	ifelse	if-else 语句	`if (${condition:var(boolean)}) {`
			　`${cursor}`
			`} else {`
			　
			`}`

8	elseif	else-if 块	`else if (${condition:var(boolean)}) {`
			　`${cursor}`
			`}`

9	switch	switch 语句	`switch (${key}) {`
			　`case ${value}:`
			　　`${cursor}`
			　　`break;`
			
			　`default:`
			　　`break;`
			`}`

10	for	常规 for 语句	`for (int ${index} = 0; ${index} < ${array}.length;`
			`${index}++) {`
			　`${line_selection}${cursor}`
			`}`

11	foreach	增强型 for 语句	`for (${iterable_type} ${iterable_element} : ${iterable}) {`
			　`${cursor}`
			`}`

12	while	while 语句	`while (${condition:var(boolean)}) {`
			　`${line_selection}${cursor}`
			`}`

13	do	do-while 语句	`do {`
			　`${line_selection}${cursor}`
			`} while (${condition:var(boolean)});`

14	try_catch	try-catch 结构	`try {`
			　`${line_selection}${cursor}`
			`} catch (${Exception} ${exception_variable_name}) {`
			　`// ${todo}: handle exception`
			`}`

续表

序号	模板名称	说明	模板内容（生成的代码）

15	try_finally	try-finally 结构	try {
			    ${line_selection}${cursor}
			} finally {
			    // ${todo}: handle finally clause
			}

16	cast	造型语句	${type} ${new_name} = (${type}) ${name};

17	instanceof	类型判断及造型语句	if (${name:var} instanceof ${type}) {
			    ${type} ${new_name} = (${type})${name};
			    ${cursor}
			}

18	synchronized	同步代码块	synchronized (${mutex:var}) {
			    ${line_selection}
			}

表 A-3 中形如 "${xxx}" 的内容实际上是 Eclipse 定义的代码占位符，不同模板产生的占位符可能不一样。用户仅需输入模板名称，然后按下内容辅助快捷键（默认为 Alt + /），Eclipse 将自动生成相应的代码，并选中代码中的首个占位符，以便用户直接编辑。当前占位符修改完毕后，可按 Tab 键切换到下一个占位符。

用户也可以自定义适合自己的代码模板——依次选择 "Window" → "Preferences"，将打开设置对话框，然后依次展开左侧的 "Java" → "Editor" → "Templates"，并单击右侧的 "New" 按钮。

总之，在使用包括 Eclipse 在内的各种 IDE 时，读者应遵循以下两个原则。

（1）尽量使用 IDE 提供的代码模板、内容提示、自动补全等功能，以提升开发效率，同时也能显著降低代码出错的可能。

（2）能用快捷键完成的操作，尽量不要通过以鼠标单击菜单和按钮的方式来完成。也就是说，若非必要，编程时双手尽量不要离开键盘。

附录 B
查阅 API 文档和源码

JDK 提供了数以千计的类和接口，它们各自又包含了众多的字段及 API，很难一一记住。因此，无论是初学者还是具有丰富经验的开发者，API 文档都是必备的，对于项目使用到的第三方 jar 包也是如此。

1. 在 IDE 外部查阅 API 文档

API 文档有在线版和离线版，前者可直接通过浏览器访问 jar 包提供者的官网来查阅①，后者则需要先下载到本地。图 B-1 所示为 JDK 运行时类库 rt.jar 中的 javax.swing.JFrame 类的 API 文档，通过其中的超链接，可以快速定位到其他包、类、接口、字段和方法等。

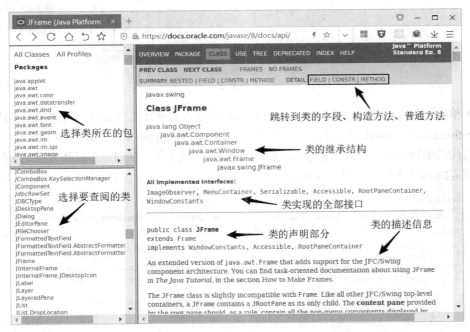

图 B-1

若不清楚类所在的包名或类的准确名称，可以先单击左上角的"All Classes"，左下区域将按照字母表顺序列出全部的类。用户也可以通过浏览器的查找功能找到感兴趣的类。

---

① 例如，JDK 运行时类库 rt.jar 的 API 文档网址为 https://docs.oracle.com/javase/8/docs/api。

2. 在 IDE 内部查阅 API 文档

若在 IDE 外部查阅 API 文档，势必会在 IDE 和 API 文档之间反复切换，严重影响了开发体验。因此，建议开发者在 IDE 内部查阅 API 文档。

下面以 Eclipse 和实际开发中经常使用的用以读写 Excel 文件的 poi 库为例，讲解如何在 IDE 中配置和查阅 API 文档[①]。

（1）在包浏览视图中展开 "Referenced Libraries"（引用的库），在需要查看 API 文档的 jar 包上单击右键并选择 "Properties"，将打开该 jar 包的属性对话框。

（2）选择对话框左侧的 "Javadoc Location"，并选中右侧的 "Javadoc URL" 单选按钮，然后在 "Javadoc location path" 文本框中输入 API 文档的网址[②]，具体如图 B-2 所示。

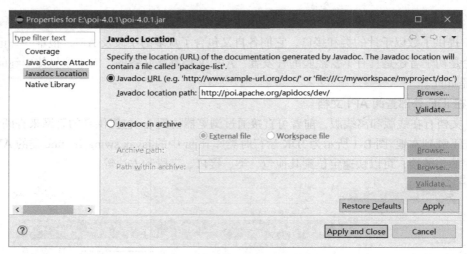

图 B-2

（3）单击图 B-2 右侧的 "Validate..." 按钮以验证输入的网址是否正确，若弹出的对话框中包含 "Location is likely valid..." 这样的语句，则单击下方的 "Apply and Close" 按钮。

回到代码编辑视图，当鼠标置于 poi-4.0.1.jar 所含的任意类、接口、字段和方法之上时，将自动显示相应的 API 文档，如图 B-3 所示。

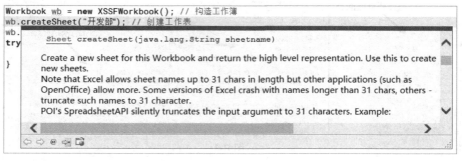

图 B-3

---

① 作为使用最为频繁的 jar 包，Eclipse 会自动配置 JDK 运行时类库 rt.jar 的 API 文档网址，因此可直接在 IDE 中查阅。

② 若处于无网络或网速较慢的环境，并且之前已将 API 文档对应的 HTML 网页下载到了本地，则此处可输入（或单击 "Browse..." 按钮来选择）API 文档的根目录——index.html 文件所在的目录。

3. 在 IDE 中查阅源代码

出于学习或调试代码的需要，开发者经常需要查看和跟踪 JDK 或第三方 jar 包的源代码，以便更深入地理解相关代码的执行细节。

下面以 Eclipse 和前述 poi 库为例，讲解如何在 IDE 中配置和查阅 jar 包的源代码[①]。

（1）到 jar 包提供者的官网下载对应的源代码文件并解压缩。

（2）在包浏览视图中展开 "Referenced Libraries"，在需要查看源代码的 jar 包上单击鼠标右键并选择 "Properties"，将打开该 jar 包的属性对话框。

（3）选择对话框左侧的 "Java Source Attachment"，并选中右侧的 "External location" 单选按钮，然后在 "Path" 文本框中输入源代码的根目录[②]，最后单击下方的 "Apply and Close" 按钮，具体如图 B-4 所示。

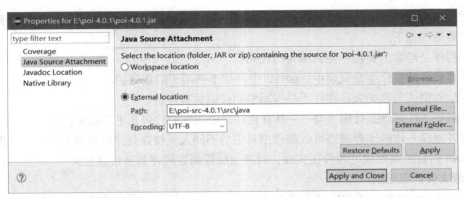

图 B-4

回到代码编辑视图，按住 Ctrl 键，将鼠标置于 poi-4.0.1.jar 所含的任意类、接口、字段和方法之上并单击左键，将打开相应的源代码（也适用于自己编写的代码），如图 B-5 所示。

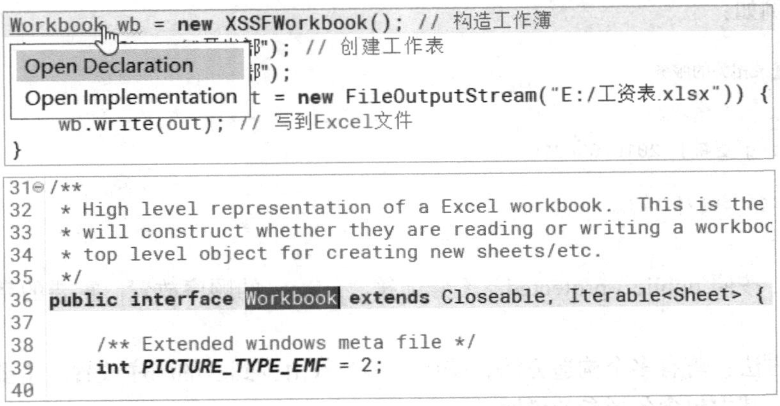

```
Workbook wb = new XSSFWorkbook(); // 构造工作簿
                    部"); // 创建工作表
  Open Declaration      部");
  Open Implementation t = new FileOutputStream("E:/工资表.xlsx")) {
      wb.write(out); // 写到Excel文件
}

31⊖ /**
32   * High level representation of a Excel workbook.  This is the
33   * will construct whether they are reading or writing a workboo
34   * top level object for creating new sheets/etc.
35   */
36  public interface Workbook extends Closeable, Iterable<Sheet> {
37
38      /** Extended windows meta file */
39      int PICTURE_TYPE_EMF = 2;
40
```

图 B-5

---

① 安装 JDK 时，若选择了安装源代码，则 JDK 安装目录下将有名为 src.zip 的文件——rt.jar 的源代码压缩文件。可直接在 IDE 中查阅 rt.jar 中的类、接口等的源代码，而无须任何额外配置。

② 此处的根目录是指 jar 包中顶级包名对应的文件夹的父文件夹。

编程规范对于开发者而言极其重要，参与同一软件项目的每个程序员都必须遵守一致的编程规范，主要原因如下。

（1）程序员经常需要接手他人编写的代码。

（2）在软件的整个生命周期中，60%以上的成本被用于后期维护。

（3）软件测试与维护人员往往不是编写最初代码的程序员。

（4）最好的注释就是代码本身——具有良好自说明性的代码几乎不需要注释。

制定并遵循一致的编程规范可以使得项目中的不同人员快速并准确地理解代码。本附录简要罗列了 Java 语言的编程规范和最佳实践，对其他编程语言同样具有借鉴意义。

1. 源文件内容组织

（1）package 语句：类和接口应置于某个包下，也就是说，源文件的首行非注释内容应该是 package 语句。

（2）import 语句：位于 package 语句之后，可以有零至多条。

（3）类和接口的声明：应给出文档注释，其中可以包含功能说明、重要提示、版本、作者、更新日期等，例如：

```
/**
 * 此类用于提供登录相关的服务。
 *
 * @version 1.2
 * @author huping 更新于 2019-03-21
 */
public class LoginService {
    ...
}
```

（4）字段：按照 public、protected、无修饰符、private 的顺序放置。重要的字段应给出文档注释。

（5）构造方法：若有多个构造方法，按照形参个数由少到多的顺序放置。重要的构造方法应给出文档注释，其中包含各形参的说明。

（6）功能方法：按照方法完成的功能而非访问权限分组。重载的多个方法按照形参个数由少到多的顺序放置。重要的功能方法应给出文档注释，其中包含功能说明、各形参意义、返回值意义、抛出的异常说明等。

（7）getter 及 setter 方法：务必借助 IDE 自动生成——严禁手工编写，并置于类的最后。除了获取和设置字段值外，不要在方法体中编写任何其他逻辑。

2．命名风格

（1）除常量可使用下划线外，其他的命名尽量不要出现下划线和美元符号。

（2）推荐用英语单词命名，严禁使用拼音（极少数情况除外，如 anhui、alibaba 等）、拼音英语混合甚至是中文。

（3）类名使用 UpperCamelCase（大驼峰）风格，字段、方法、形参、局部变量等使用 lowerCamelCase（小驼峰）风格，常量名则全部大写，多个单词以下划线分隔。

（4）类名以名词结尾，方法名以动词开头。

（5）包名全部小写，各级包尽量只使用一个单词。

（6）尽量不要使用缩写，除非该缩写是众所周知的，如 vip、id、btn 等。若使用了缩写，要确保整个项目范围内缩写的一致性。

（7）使用表意性强的命名。例如，类名 Exam2_1 和方法名 calc 的可读性显然不如 LoginFrame 和 calcTaxRate，为减少输入量而降低代码可读性是得不偿失的。

（8）如果可以，接口名尽量以 able 结尾，接口的实现类则以 Impl 结尾。

（9）抽象类名以 Abstract 开头，异常类以 Exception 结尾，测试类以 Test 结尾。

（10）类和接口名应体现其使用的设计模式。例如，OrderFactory 使用了工厂模式、ConnectionAdapter 使用了适配器模式、MessageObserver 使用了观察者模式。

（11）声明数组时，中括号应放在类型后，而不是放在变量名后。

（12）布尔型字段名不要加 is 前缀，并且使用肯定形式。例如，用 male 而非 notFemale 表示"是否为男性"。此外，布尔型变量的 getter 方法应以 is 而非 get 开头。

（13）使用统一的限定词后缀以区分意义相近的多个变量。例如，用 customerFirst 和 customerLast 分别表示第一个和最后一个顾客。常用的限定词包括但不限于 First、Last、Next、Previous、Current 等。

3．类和方法的设计原则

（1）创建高内聚的类。

方法的功能比类的功能更容易理解，类的功能也常常因此被误解和低估——类仅仅是存放方法的容器。有些开发人员甚至把这种误解进一步发挥——将大量彼此无关的方法置于同一个类中。之所以不能正确认识类的功能，原因之一是如何组织类中的代码实际上并不影响程序的执行逻辑。换句话说，将所有方法都集中在单个类中或分散在几十个类中，这两种设计都能以某种方式正确地实现预期的逻辑。

为了便于代码调试及后期维护，类应该根据方法的相关性来设计和组织。当类包含一组紧密关联的方法时，可以称该类是高内聚的。反之，若类包含许多互不相关的方法，则该类的内聚力较弱。创建类的基本目的就是将整个程序划分为相对独立的代码单元，应当努力创建具有高内聚特性的类。

（2）优先使用聚合（或组合）而非继承来扩展已有类的功能。若一定要使用继承，则务必保证子类和父类应满足里氏替换原则。

（3）编写职责专一的方法。

每个方法都应执行一项特定的任务，即具有专一职责，应避免编写出功能大而全的方法。表 C-1 列出了应被设计为独立方法的任务。

表 C-1 应被设计为独立方法的任务

序号	任务	说明
1	复杂的数学计算	若程序涉及复杂的数学计算，应考虑将每个计算任务封装到单独方法中，以便使用这些计算的其他方法不包含用于该计算的实际代码，从而更容易发现与该计算相关的问题
2	I/O 操作	I/O 操作本身就具有方法的特点——接收并处理输入，然后输出
3	相似度较高的操作	代码冗余是任何程序都应避免的。那些相似度较高甚至完全相同的操作应封装为单独的方法，对于各操作之间互不相同的部分，可以将其参数化——设计为方法的形参或返回值
4	频繁变更的操作	将经常变化的代码放入方法，可以降低依赖于该方法的其他方法出现问题的可能性
5	基本的业务操作	一个完整的业务逻辑往往由多个基本的业务操作组合而成。例如，用户注册包含了检查用户名和密码格式是否合法、检查用户名是否存在、存储用户信息、发送注册成功的短信和邮件等一系列基本操作。通过将基本业务操作置于独立方法，不仅增加了复杂业务的可理解性，也利于业务逻辑的变更与重组

4. 代码规范

（1）尽量使用可见性较低的访问权限修饰符来修饰类、字段和方法。

（2）在满足需要的前提下，优先使用局部变量而非字段。

（3）在满足需求的前提下，优先将局部变量定义在语句块中。

（4）使变量仅具有单焦点。用于多个目的的变量称为无焦点或多焦点变量。例如，变量 i 在某处表示循环计数器，而在另一处用于存放输入的整数。无焦点或多焦点变量所代表的意义与程序的执行流程有关——当执行到程序的不同位置时，其所表示的意义也不同。为节省极少的内存空间而降低代码可读性是得不偿失的。

（5）所有来自于用户的数据都是不可信的。对于来自于程序外部的任何数据，无论其是通过键盘输入还是鼠标选择的，都必须编写相应的检查逻辑，以防止执行后续逻辑时出现非预期结果。检查逻辑包括格式检查（如用户名长度是否介于 8～16、手机号是否满足格式要求等）和业务检查（如用户名是否已被注册、手机号是否真实存在等）。

（6）若 long 或 Long 型数据需要加尾缀，则建议使用大写 L。

（7）静态字段和方法应通过类名而不是对象名访问。

（8）所有重写的方法都应显式加上@Override 注解。

（9）严禁调用已标记为过时的方法。

（10）尽量不要设计出包含变长参数的方法。若方法的参数个数确实不固定，可以使用容器框架类或接口作为方法的形参类型。

（11）尽量不要在循环中使用 "+" 运算符拼接字符串，而应使用 StringBuilder 或 StringBuffer 对象的 append 方法。

（12）若变量在每次执行循环时都要重新赋值，则应在循环前声明该变量。

（13）尽量用 try 块包裹循环结构，而不是反过来。

（14）通过根类 Object 或经子类重写的 equals 方法判断两个对象是否相等时，应将常量或确定不为空的对象写在前面，以在简化代码的同时保证健壮性，例如：

```
if (option.equals("YES")) { // option 可能为空(此时会抛出 NullPointerException 异常)
    // ...
}
```

应改为:

```
if ("YES".equals(option)) { // 与 option != null && option.equals("YES") 等价
    // ...
}
```

（15）禁止使用任何魔法值——未经定义而直接出现（甚至在多处出现）的常量。例如:

```
String orderName = "订单_" + orderId; // 出现魔法值
```

应改为:

```
public static final String ORDER_NAME_PREFIX = "订单_"; // 先在某处定义常量
String orderName = ORDER_NAME_PREFIX + orderId; // 再使用常量
```

（16）尽量减少方法的返回点个数，例如:

```
public double calcTaxRate(int salary) {
    if (salary < 3500) {
        return 0; // 返回点 1
    } else if (salary < 5000) {
        return 0.05; // 返回点 2
    } else if (salary < 10000) {
        return 0.1; // 返回点 3
    } else {
        return 0.2; // 返回点 4
    }
}
```

劣于

```
public double calcTaxRate(int salary) {
    double taxRate;
    if (salary < 3500) {
        taxRate = 0;
    } else if (salary < 5000) {
        taxRate = 0.05;
    } else if (salary < 10000) {
        taxRate = 0.1;
    } else {
        taxRate = 0.2;
    }
    return taxRate; // 单个返回点
}
```

（17）对于多个互斥的语句块，应优先使用含 return 的 if 语句，而尽量少用 if-else 语句。注意，此规范优先级高于规范 16。例如:

```
public void register(String account) {
    if (account == null) {
        // A
    } else if (account.length() < 8 || account.length() > 16) {
        // B
    } else if ("administrator".equalsIgnoreCase(account)) {
        // C
    } else if (account.toLowerCase().startsWith("admin")) {
        // D
    } else {
        // E
    }
}
```

劣于

```
public void register(String account) {
    if (account == null) {
        // A
        return;
    }
    if (account.length() < 8 || account.length() > 16) {
        // B
```

```
        return;
    }
    if ("administrator".equalsIgnoreCase(account)) {
        // C
        return;
    }
    if (account.toLowerCase().startsWith("admin")) {
        // D
        return;
    }
    // E
}
```

（18）避免在循环语句中做无意义的重复计算。例如：

```
public void doSomeCalc() {
    int[] a = { 1, 2, 3, 4, 5, 6 };
    for (int i = 0; i < a.length; i++) {
        // ...
    }
}
```

劣于

```
public void doSomeCalc() {
    int[] a = { 1, 2, 3, 4, 5, 6 };
    for (int i = 0, len = a.length; i < len; i++) {
        // ...
    }
}
```

5. 注释规范

（1）与核心业务相关的重要代码务必给出详细注释，否则一段时间后，自己或接手的人可能很难理解这些代码。

（2）修改代码后，注意同时更新相应的注释——若代码与注释不一致，则注释也就失去了意义。当涉及到对方法形参、返回值、抛出异常、核心语句等的修改时，更应如此。

（3）若注释的是代码，则应该在上方添加详细的注释说明。若该代码确实不再需要了，则应删除这些代码。

（4）最好的注释就是代码本身——具有良好自说明性的代码几乎不需要注释。注释应力求简明准确，避免过多或无意义的注释。

（5）块注释。

块注释用于注释连续的多行，它可以出现在代码的任何地方，例如：

```
/*
 * 第 1 行注释
 * 第 2 行注释
 */
```

块注释可以只有一行，只有一行的块注释既可以单独占据一行，也可以放在某行代码之后以说明该行代码，例如：

```
/* 只有一行的块注释，注释内容左右应留一个空格 */
int item = 10;      /* 为便于区分，代码后的块注释与代码间要留有足够的空格 */
...
total += item;      /* 同一结构内若有多个位于代码后的单行块注释，它们应具有相同的缩进 */
```

表 C-2 列出了块注释的其他使用规范。

表 C-2　　　　　　　　　　　　　块注释的其他使用规范

序　号	规　　范
1	开头的"/*"和结尾的"*/"单独占一行
2	每行注释都以"*"开头，并且与开头和结尾行的"*"对齐
3	注释内容与"*"之间留一个空格
4	用自然语言书写注释，且不要划分段落
5	注释应与其后的代码缩进对齐，对于后述的单行注释及文档注释也应如此

（6）单行注释。

单行注释只能注释一行内容，其可以位于代码之后，也可以单独占据一行，例如：

```
if (count % 2 == 1) {
    // 总数为奇数时继续处理
    ...
} else {
    return; // 总数为偶数时直接返回
}
```

单行注释经常用于快速关闭或开启一行或一段代码。例如，在 Eclipse 中选中上述代码，然后按下单行注释快捷键（默认为 Ctrl + /），将使得该段代码无效。若选中的代码已经被注释了，则按下单行注释快捷键时将移除这些代码的注释。

（7）文档注释。

文档注释用于描述紧随其后的类、接口、字段、方法等。除了具有常规注释的功能外，文档注释还能被 IDE、javadoc.exe 识别和处理。下面给出一个方法的文档注释：

```
/**
 * 计算两个正整数的<b>最大公约数</b>
 *
 * @param a 第 1 个正整数
 * @param b 第 2 个正整数
 * @return a 和 b 的最大公约数
 * @throws IllegalArgumentException 当 a 或 b 为非正整数时抛出此异常
 */
public int greatestCommonDivisor(int a, int b) throws IllegalArgumentException {
    ...
}
```

（8）特殊注释标记。

特殊注释标记有着特定的含义，它们能被 IDE 识别，以方便开发者快速定位到这些标记。表 C-3 给出了常用的特殊注释标记。

表 C-3　　　　　　　　　　　　　常用的特殊注释标记

标记名称	意　义	示　例

TODO	标记尚未实现的代码	`// TODO 根据账号和回答找回密码`
		`public void forgetPassword(String account, String answer) {`
		` `
		`}`

FIXME	标记有错亟待修复的代码	`// FIXME 计算逻辑有错误`
		`public void doSomeJob() {`
		`    ...`
		`}`

续表

标记名称	意 义	示 例

XXX	标记需要改进和优化的代码	public void sendSMS(String phone, String msg) {
		    // XXX 用户可能多次单击发送按钮，恶意消耗服务器短信流量
		    smsService.send(phone, msg);
		}

Eclipse 的 Task（任务）视图会以表格的形式自动列出工程中的全部特殊注释标记，双击其中任何一个将跳转到相应的标记。

6. 代码缩进与格式化

是否对代码进行（以及如何）缩进和格式化对程序本身的执行逻辑没有任何影响，缩进与格式化只是在视觉上给阅读者以清晰的排版，从而方便其快速准确地理解代码逻辑。缩进与格式化一般遵循以下原则。

（1）类体、方法体、语句块的开始花括号置于该结构开始行的末尾。

（2）隶属于上层结构的代码应相对于上层结构开始行的首字符向右缩进 4 个空格。

（3）禁止使用 Tab 字符替代空格——不同 IDE 所设置的 Tab 字符显示宽度可能不一致。建议先对 IDE 做合适设置——保存文件时自动将代码中的所有 Tab 字符替换为 4 个空格。

（4）级别、层次相同的多行代码的首字符应对齐。

（5）类体、方法体、语句块的结束花括号与该结构开始行的首字符对齐。

（6）在适当位置插入空行以分隔负责不同逻辑的代码块，具体如表 C-4 所示。

表 C-4   建议插入空行的位置

序 号	位 置
1	package 语句与第一条 import 语句（如果有）之间
2	最后一条 import 语句与类或接口的声明行之间
3	变量声明与其后第一条语句之间
4	同属于一个方法的、负责不同功能的代码块之间
5	同属于一个类的多个方法之间
6	同属于一个源文件的多个类或接口之间
7	独占一行或多行的注释之前

注意：任何时刻都不要出现两条或以上的连续空行。

（7）为了打印以及在不同分辨率设备上阅读代码方便，尽量保证每行代码不超过 120 个字符——避免 IDE 出现水平滚动条。当语句或表达式必须被放置于多行时，可参考下列代码的换行规则，以提高代码可读性。

```
// 在逗号后换行
someMethod(longExpression1, longExpression2, longExpression3, longExpression4,
        longExpression5);

// 在运算符前换行
String aLongString = "今天是："
                    + year + "年" + month + "月" + day + "日 "
                    + hour + ":" + minute + ":" + second;
```

```
// 新行应与上一行同一级别表达式的开头处对齐
var = someMethod1(longExpression1,
                  someMethod2(longExpression2,
                             longExpression3));
```

（8）确保团队中每个成员的 IDE 使用相同的代码缩进与格式化设置。

7. 语句规范

（1）每条语句应独占一行——不要在一行放置多条语句。

（2）对于 if、else、for、while、do-while 等语法结构，即使其只控制 1 条语句，也应当用一对花括号将该条语句括起来以构成语句块，也就是说，不要依赖"未用花括号时，这些语法结构默认控制其后第一条语句"这一特性，以避免将来添加新的受控语句时因忘记加花括号而引入潜在 bug。

（3）return 语句。

```
return;
return selectedFiles.size();

// 一般不使用圆括号将返回值括起来，除非有意突出返回值
return (value < minValue ? minValue : value);
```

（4）try-with-resources 语句。

```
// 若 try 带多个资源声明，则每行放置一个且左对齐
try (InputStream is = new FileInputStream(src);
    BufferedInputStream bis = new BufferedInputStream(is)) {
  语句;
}
```

为鼓励和引导全世界 Java 开发者遵循某些已被实践证明的、有利于提升代码质量的编程规范与最佳实践，阿里巴巴于 2017 年 10 月 14 日正式发布了支持 Eclipse 和 IDEA 的 Java 代码规约扫描插件（https://github.com/alibaba/p3c）。安装了该插件后，IDE 会自动扫描项目源码是否满足指定的规范，并给出相应提示和建议。建议读者在开发实际项目时使用该插件，并根据实际需要更改其默认配置。

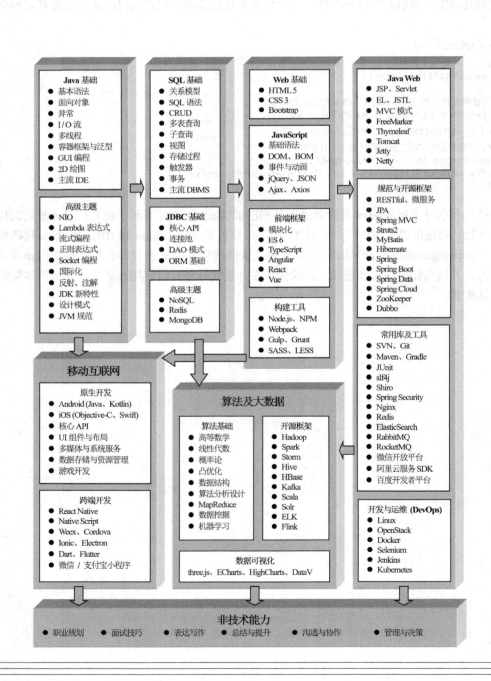

Java 基础
- 基本语法
- 面向对象
- 异常
- I/O 流
- 多线程
- 容器框架与泛型
- GUI 编程
- 2D 绘图
- 主流 IDE

高级主题
- NIO
- Lambda 表达式
- 流式编程
- 正则表达式
- Socket 编程
- 国际化
- 反射、注解
- JDK 新特性
- 设计模式
- JVM 规范

SQL 基础
- 关系模型
- SQL 语法
- CRUD
- 多表查询
- 子查询
- 视图
- 存储过程
- 触发器
- 事务
- 主流 DBMS

JDBC 基础
- 核心 API
- 连接池
- DAO 模式
- ORM 基础

高级主题
- NoSQL
- Redis
- MongoDB

Web 基础
- HTML 5
- CSS 3
- Bootstrap

JavaScript
- 基础语法
- DOM、BOM
- 事件与动画
- jQuery、JSON
- Ajax、Axios

前端框架
- 模块化
- ES 6
- TypeScript
- Angular
- React
- Vue

构建工具
- Node.js、NPM
- Webpack
- Gulp、Grunt
- SASS、LESS

Java Web
- JSP、Servlet
- EL、JSTL
- MVC 模式
- FreeMarker
- Thymeleaf
- Tomcat
- Jetty
- Netty

规范与开源框架
- RESTful、微服务
- JPA
- Spring MVC
- Struts2
- MyBatis
- Hibernate
- Spring
- Spring Boot
- Spring Data
- Spring Cloud
- ZooKeeper
- Dubbo

常用库及工具
- SVN、Git
- Maven、Gradle
- JUnit
- slf4j
- Shiro
- Spring Security
- Nginx
- Redis
- ElasticSearch
- RabbitMQ
- RocketMQ
- 微信开放平台
- 阿里云服务 SDK
- 百度开发者平台

移动互联网

原生开发
- Android (Java、Kotlin)
- iOS (Objective-C、Swift)
- 核心 API
- UI 组件与布局
- 多媒体与系统服务
- 数据存储与资源管理
- 游戏开发

跨端开发
- React Native
- Native Script
- Weex、Cordova
- Ionic、Electron
- Dart、Flutter
- 微信 / 支付宝小程序

算法及大数据

算法基础
- 高等数学
- 线性代数
- 概率论
- 凸优化
- 数据结构
- 算法分析设计
- MapReduce
- 数据挖掘
- 机器学习

开源框架
- Hadoop
- Spark
- Storm
- Hive
- HBase
- Kafka
- Scala
- Solr
- ELK
- Flink

数据可视化
three.js、ECharts、HighCharts、DataV

开发与运维 (DevOps)
- Linux
- OpenStack
- Docker
- Selenium
- Jenkins
- Kubernetes

非技术能力
- 职业规划
- 面试技巧
- 表达写作
- 总结与提升
- 沟通与协作
- 管理与决策